传感器及信号检测转换技术

马忠丽　周雪梅　蔡成涛　编著

哈尔滨工程大学出版社

内容简介

传感器及信号检测转换技术是研究信号提取、信号转换、信号传输和信号处理的重要课程。本书共9章,主要介绍了传感器与信号检测转换技术基础、常用不同种类传感器及其应用测量电路、信号抗干扰技术及电路、信号调理和转换接口电路及应用,以及传感器与信号检测转换技术相关实验内容。本书注重对学生实践能力和动手能力的培养,内容讲述深入浅出、通俗易懂。

本书可作为高等学校有关专业的本科生和研究生选用,也可作为各种成人教育的教材,还可作为有关工程技术人员学习信号检测与转换技术及应用的参考书。

图书在版编目(CIP)数据

传感器及信号检测转换技术/马忠丽,周雪梅,蔡成涛编著.—哈尔滨:哈尔滨工程大学出版社,2016.10(2018.1 重印)
ISBN 978 - 7 - 5661 - 1383 - 2

Ⅰ.①传… Ⅱ.①马… ②周… ③蔡… Ⅲ.①传感器
– 检测 – 教材 ②信号检测 – 教材 Ⅳ.①TP212
②TN911.23

中国版本图书馆 CIP 数据核字(2016)第 239680 号

选题策划　龚　晨
责任编辑　张忠远　付梦婷
封面设计　博鑫设计

出版发行	哈尔滨工程大学出版社
社　　址	哈尔滨市南岗区南通大街 145 号
邮政编码	150001
发行电话	0451 – 82519328
传　　真	0451 – 82519699
经　　销	新华书店
印　　刷	哈尔滨市石桥印务有限公司
开　　本	787 mm × 1 092 mm　1/16
印　　张	22.5
字　　数	562 千字
版　　次	2016 年 10 月第 1 版
印　　次	2018 年 1 月第 2 次印刷
定　　价	50.00 元

http://www.hrbeupress.com
E-mail:heupress@ hrbeu.edu.cn

前 言 PREFACE

由于传感器及信号检测转换技术的广泛应用,人们对这方面的知识需求愈加迫切。作者借鉴国内同行专家的教学成果,总结多年理论和实验教学经验,结合实际科学研究项目和成果,在原有的三本教材《检测与转换技术》《信号检测与转换实验技术》《信号检测与转换技术》基础上,经多次修改编写成本书。

全书共9章。第1章是传感器与信号检测转换技术概述,主要介绍检测与转换技术基础、传感器基础知识和测量误差与处理。第2章至第5章讲述常用不同种类传感器原理及其应用电路,主要包括电阻式传感器、电抗式和霍尔传感器、有源传感器(光电传感器、热电偶传感器和压电传感器),以及超声波、光纤和CCD图像传感器等。第6章讲述信号抗干扰技术及电路,主要包括信号干扰与噪声、屏蔽技术、接地技术、隔离电路和滤波电路。第7章讲述信号调理电路构成及其应用,主要包括信号放大电路和常用信号转换电路(电压比较器、U/F和F/U转换电路以及U/I和I/U转换电路),并以心电弱信号检测为例介绍了信号检测、转换与抗干扰电路的实际应用。第8章讲述信号转换接口电路构成及其应用,主要包括多路模拟开关、采样保持电路、模数/数模转换电路以及通信接口电路。第9章给出传感器与信号检测转换技术相关实验内容,主要包括实验仪器与实验装置的使用、基础性和综合设计性实验内容。附录A和附录B给出了常用热电阻和热电偶的分度表。

本书内容深入浅出、通俗易懂,注重对学生实践能力和动手能力的培养,加大了应用电路、设计与创新性实验的比例,进一步提高学生的科技创新意识及理论联系实际的能力。本书在编写过程中,还给出了大量专业词汇的英文注释,有利于学生专业英语运用能力的提高。

本书可以作为高等学校测控技术及仪器、自动化等专业或相近专业的理论和实验教材,也可供有关专业的本科生和研究生选用,还可作为各种成人教育的教材。此外,还可作为有关工程技术人员学习信号检测与转换技术及应用的参考书。

本书由哈尔滨工程大学自动化学院马忠丽、周雪梅、蔡成涛编写。马忠丽编写第5,6,9章及第7章部分内容,周雪梅编写第1章~第4章,蔡成涛编写第7章部分内容及第8章。哈尔滨工程大学高延滨教授负责全书的审稿工作。为本书编写提供大量支持和帮助的人员还有李慧欣同学,在此表示真诚感谢!

由于水平有限,书中难免存在不足和差错之处,恳请广大读者批评、指正。

编著者
2016 年 7 月

目　　录

第1章 传感器与信号检测转换技术概述

【本章要点】

检测与转换技术是自动检测技术和自动转换技术的总称,是以研究自动检测系统中的信号提取、信号转换、信号处理以及信号传输的理论和技术为主要内容的一门应用技术学科。本章主要介绍信号检测与转换技术基础、传感器基础知识和测量误差与处理。重点为检测仪表的基本性能及测量误差与处理。

1.1 信号检测与转换技术

1.1.1 检测与转换技术概述

1. 检测与转换技术的基本概念

(1)检测(detection):指通过各种科学的手段和方法获得客观事物的量值;转换(conversion)则是通过各种技术手段把客观事物的大小转换成人们能够识别、存储和传输的量值。检测与转换技术以研究信号提取、信号转换、信号处理以及信号传输的理论和技术为主要内容。

(2)信号提取(signal extracted):指从自然界诸多的被测量(物理量、化学量、生物量与社会量)中提取出有用的信息(一般是电信号),以便组成自动检测系统。

(3)信号转换(signal conversion):将所提取出的有用信号进行电量形式、幅值、功率等的转换,为了适应下一单元的需要和满足精度的需要,在此需要对信号提取及转换过程中引入的干扰进行补偿。

(4)信号处理(signal processing):视输出环节的需要,可将变换后的电信号进行数字运算(求均值、极值等)、模拟量 – 数字量变换等处理。

(5)信号传输(signal transmission):在排除干扰的情况下经济地、准确无误地把信号进行远、近距离的传递。

2. 检测系统的基本构成

检测系统(detection system)是测控系统(measurement and control system)的一种(后者是测量与控制系统的简称)。它依据被控对象、被控参数的特点,按照人们预期的目标对被控对象实施控制。广义上讲,单独的检测系统或单独的控制系统,也可以称作测控系统,因为检测与控制很难分开。

尽管测控系统的种类千变万化,其集成方式也各不相同,但是现代测控系统的基本构成大致相同,如图1.1所示。图中的部分模块属于可选配模块,最简单的测控系统只需传感器模块和执行器两部分组成。不同系统可以根据其功能和使用要求的不同进行配置,以达到最优的性能价格比。

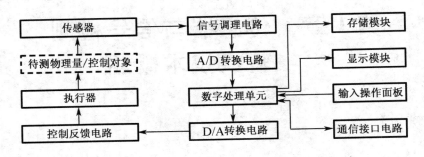

图 1.1　测控系统的组成

（1）传感器

传感器（sensor）是任何一种非电量检测系统中必须配备的单元，也是检测系统中最为重要的单元之一。其主要功能是提取信号，将非电量信号变成电信号或将不容易处理的电参量变成容易处理的电信号。例如，压力传感器可将压力信号转换成电荷或电压信号。目前，各种形式的传感器层出不穷，选好、用好传感器往往是决定检测系统是否能高质量工作的关键。

（2）信号调理电路

信号调理电路（signal conditioner）包括放大、调制解调、滤波、变换、隔离等功能，其目的是对信号进行加工，使其符合传输的需要。尽管现代数字化技术已经把信号处理变得十分简单，但无论从系统成本、连续信号的传输速度、传输系统复杂程度，还是实现技术的方便性等方面考虑，信号调理电路在检测技术中仍占有较为重要的位置。图 1.2 给出了几种常用传感器及其信号调理电路和作用。

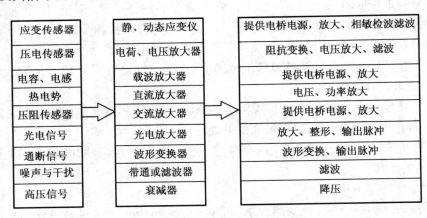

图 1.2　常用传感器及其信号调理电路和作用

（3）A/D 转换电路

A/D（模/数）转换电路（A/D converter）作用是将模拟信号数字化，以便后续信号处理电路对传感器拾取的信号进行处理。复杂检测系统一般同时包含多种不同类型的传感器或多个同类型的传感器，分别用于待测对象的不同状态量或不同部位状态的检测，多个传感器的信号经过 A/D 转换以后汇聚到系统中央处理器进行分析和综合,最终得出系统的测量结果。

（4）数字处理单元

数字处理单元（digital signal processing unit）一般由单片机、ARM（Advanced RISC Machines）、CPLD/FPGA（Complex Programmable Logic Device/ Field Programmable Gate Array）和 DSP（Digital Signal Processing）等高性能运算处理器构成,其复杂程度取决于系统的功能要求和使用要求。在检测系统中的主要作用是实现测量信号的分析、处理和控制。

（5）D/A 转换电路

D/A 转换电路（D/A converter）是一种把二进制数字信号转换为模拟量信号的电路。它把数字量的每一位按照权重转换成相应的模拟分量,然后根据叠加定理将每一位对应的模拟分量相加,输出相应的电流或电压,如图 1.3 所示。

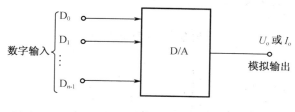

图 1.3　D/A 转换原理

（6）控制反馈电路、执行器

部分检测系统尤其是工业检测系统不仅需要完成对被测对象的检测,而且需要对其进行控制。控制反馈电路（control feedback circuit）和执行器（actuators）可完成对检测对象的控制。

（7）通信接口电路

通信接口电路（communication interface circuit）负责将系统的测量结果输出到其他设备,或从其他设备接收所需的测控指令。常用的通信接口电路主要包括同步串行通信接口、异步串行通信接口、CAN 总线技术、USB 总线技术、虚拟仪器总线技术、Internet 和 1394 总线技术等。

（8）显示模块和操作面板

显示模块（display module）和操作面板（operation panel）属于系统的人机接口单元,其目的是为系统使用者提供必要的人机接口界面。

（9）存储模块

存储模块（storage module）对数据处理单元的数据进行存储,要求具有存储可靠、写入速度快、容量大、可处理掉电等性能。

图 1.4 给出一个导弹姿态角测试系统的构成框图,此系统是一个典型的信号检测与转换系统。系统主要由传感器、电路模块、电源及其控制器和计算机构成。三个角速度传感器和三个磁传感器作为姿态角测量装置,是系统中的传感器部分;适配电路主要实现传感器采集信号的诸如放大、滤波等调理工作,是整个检测系统的信号调理部分;A/D 转换器实现采集的模拟信号到数字信号的转换,为数字处理单元（如 AVR 单片机等处理器）提供待处理的数据源;存储器作为检测系统的存储模块,对数据处理单元的数据进行存储;接口电

路实现检测系统和外部接口(如远程计算机等)的连接,为实现人机交互以及数据显示提供数据通讯接口。

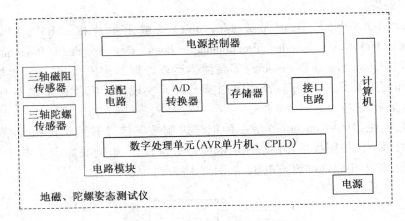

图 1.4 姿态角测试系统的组成框图

1.1.2 检测系统设计要求

检测系统的设计既涉及许多理论知识(设计原理方法),也涉及许多实际知识和技能(安装、测试与测量技术)。经过测试领域科技工作者几十年的努力,总结出检测系统设计中六个重要的设计要求。

1. 精度要求

为表征一套检测系统的性能和达标的水平,应有一些精度(precision)指标要求,如静态测量的基本误差、重复性误差、复现性、稳定性、回程误差、灵敏度、线性度等,和动态测量的稳态响应误差、瞬态响应误差等。这些精度指标不是每一套检测系统都必须全部满足,而是要根据不同的测量对象和要求,选用最能反映该系统精度的一些指标组合来表示。

2. 检测效率要求

一般情况下,检测系统的检测效率应与生产效率相适应。在自动化生产情况下,检测效率应适合生产线节拍的要求。提高检测效率不仅有经济上的效率,而且对提高检测精度也有一定作用,因为缩短了测量时间可减少环境变化对测量的影响,同时还可以节省人力,消除人的主观误差,提高测量的可靠性。

3. 可靠性要求

一台检测仪或一套自动检测系统,无论在原理上如何先进,在功能上如何全面,在精度上如何高,若可靠性(reliability)差,故障频繁,不能长时间稳定工作,则该仪器或系统就无使用价值。因此,对检测系统的可靠性要求是十分必要的。可靠性要求就是要求设备在一定时间、一定条件下不出现故障地发挥其功能的概率要高。可靠性要求可由可靠性设计来保证。在军工系统中,检测系统的可靠性是首位的。

4. 经济性要求

设计检测仪器时,应采用各种先进技术,以获得最佳经济效果。盲目追求复杂、高级的方案,不仅会造成系统成本的增加,有时甚至无法实现。因此,设计师应尽量选择最经济的方案,即技术先进、零部件少、工艺简单、成本低、可靠性高、安装及调试方便且维护方便的方案,这样产品在市场上才有竞争力。同时,设计师还要考虑系统的功能,具有较好的功能与产品成本比,即价值系数高。

5. 使用条件要求

针对使用条件的不同,系统的设计也不同。例如,在室外使用的检测仪器应适应宽范围的温度、湿度变化,以及抗震和耐烟雾;在车间使用的检测仪器除了防震外,电磁干扰尤其是强电设备启动的干扰应重点防范;在易燃易爆场合下工作的检测仪器则要求防爆和阻燃;在线测量与离线测量,以及连续工作与间歇工作等条件都不同。因此,在设计检测仪器时,应慎重考虑,以满足不同使用条件的要求。

6. 造型要求

检测仪器的外观设计极为重要。优美的造型、柔和的色泽也是人们选择产品考虑因素之一,有利于销售,同时也会使操作者加倍爱护和保养仪器,延长使用寿命,提高工作效率。

1.1.3 检测仪表性能指标

检测系统中经常用到检测仪表。检测仪表(measuring instrument)是用来检测生产过程中各个参数,即各种被测量信号的技术工具。检测仪表可以由许多单独的部件组成,也可以是一个不可分的整体。前者构成的是检测系统,属于复杂仪表;后者构成检测仪表,属于简单仪表,应用极为广泛。

检测仪表性能指标是评价仪表性能差异、质量优劣的主要依据。仪表的性能指标概括起来包括技术、经济及使用这三方面的指标,这里主要介绍能够衡量仪表检测能力的技术指标。

1. 量程

用仪表测出被测参数的最高值和最低值,分别称为仪表测量范围的上限和下限。测量范围的上限值和下限值的代数差即为仪表的量程(scale),记为 B。量程的定义可记为

$$B = x_{max} - x_{min} \tag{1.1}$$

式中 x_{max}——仪表测量的上限值;

x_{min}——仪表测量的下限值。

通常仪表刻度线的下限值 $x_{min} = 0$,这时量程 $B = x_{max}$。在整个测量范围内,由于仪表所提供被测量信息的可靠程度并不相同,所以在仪表下限值附近的测量误差较大,故不宜在该区使用。

2. 误差

仪表的测量误差包括基本误差与附加误差。基本误差是指检测系统在规定的标准条件下使用时所产生的误差。附加误差是指当使用条件偏离规定的标准条件时,除基本误差外还会产生的误差。这些误差在使用时应叠加到基本误差上去。

基本误差可以用以下几种形式描述。

(1)绝对误差

绝对误差(absolute error)是指仪表的测量值(或示值)x 与被测量的真值 A_0 之间的代数差记为

$$\Delta x = x - A_0 \tag{1.2}$$

在测量中常用到真值(true value)、实际值(actual value)、测量值(示值)(measured value)、标称值(nominal value)等概念,它们的具体区别如下。

①真值:被测量本身所具有的真正值称为真值。真值是一个理想的概念,一般是不知

道的。但在某些特定情况下，真值又是可知的，例如一个整圆周角为360°等。

②实际值：实际测量中，不可能都直接与国家基准相比，所以国家通过一系列的各级实物计量标准构成量值传递网，将国家基准所体现的计量单位逐级比较传递到日常工作仪器或量具上去。通常只能把精度更高一级的标准器具所测得的值作为"真值"。为了强调它并非是真正的"真值"，故把它称为实际值。

③测量值(示值)：由测量器具读数装置所指示出来的被测量的数值。

④标称值：测量器具上所标出来的数值。

由于一般无法求得真值 A_0，因此在实际应用时常用精度高一级的标准器具的示值(作为实际值)A 代替真值 A_0。一般来说，实际值 A 总比测量值 x 更接近于真值 A_0。x 与 A 之差常称为仪表示值误差，记为

$$\Delta x = x - A \tag{1.3}$$

通常以此值来代表绝对误差。

绝对误差说明了仪表的示值偏离真值的大小，是有量纲的数值。绝对误差不能完全表示测量值的满意程度，例如某采购员分别在三家商店购买 100 kg 大米、10 kg 苹果、1 kg 巧克力，发现均缺少约 0.5 kg，但该采购员对卖巧克力的商店意见最大。

(2) 相对误差

相对误差(relative error)是绝对误差 Δx 与被测量的约定值之比，它较绝对误差更能确切地说明测量质量，常用百分数表示。在实际测量中，相对误差有下列表示形式。

①实际相对误差(actual relative error)γ_A

γ_A 是用绝对误差 Δx 与被测量的实际值 A 的百分比值来表示的相对误差，记为

$$\gamma_A = \frac{\Delta x}{A} \times 100\% \tag{1.4}$$

②示值相对误差(indication relative error)γ_x

γ_x 是用绝对误差 Δx 与仪表的示值(测量值)x 的百分比值来表示的相对误差，记为

$$\gamma_x = \frac{\Delta x}{x} \times 100\% \tag{1.5}$$

③引用(或满度)相对误差(quoted relative error)γ_m

γ_m 是用绝对误差 Δx 与仪表的量程 B 之比来表示的相对误差，记为

$$\gamma_m = \frac{\Delta x}{B} \times 100\% \tag{1.6}$$

引用相对误差是应用最多的一种误差形式。引用相对误差公式中，分母是一个规定了的特定值，与测量值无关，但分子仍为仪表示值绝对误差。当测量值取仪表测量范围内的各个示值，即在刻度标尺各不同分格位置时，示值的绝对误差 Δx 的值也是不同的，故引用误差仍与仪表的具体示值有关。

④最大满度(或最大引用)相对误差(maximum quoted relative error)γ_{max}

γ_{max} 可表示为

$$\gamma_{max} = \frac{|\Delta x_{max}|}{B} \times 100\% \tag{1.7}$$

式(1.7)中的分子是一个规定了的特定值，它是仪表测量范围内示值绝对误差中的最大值。仪表的最大满度相对误差能很好地说明仪表的测量精确度，以便进行仪表之间的比较。最大满度相对误差是仪表基本误差的主要形式，故也常称其为仪表的基本误差。

3. 精度等级

仪表的最大满度相对误差 γ_{max} 可以描述仪表的测量精度,于是可以据此来区分仪表质量,确定仪表精度等级,以利生产检验和选择使用。

仪表在出厂检验时,其示值的最大满度相对误差不能超过规定的允许值,此值称为允许引用误差,记为 Q。一般仪表要满足 $\gamma_{max} < Q$。

工业仪表即以允许引用误差值的大小来划分精度等级(precision grade),并规定用允许引用误差去掉百分号(%)后的数字来表示精度等级。例如,精度等级为 1.5 级的仪表,其允许引用误差即为 1.5%,在正常使用这一精度的仪表时,其最大引用误差不得超过 1.5%。

国家规定电工仪表精度等级分为 0.1,0.2,0.5,1.0,1.5,2.5,5.0 七级。对于工业自动化仪表的精确度,也有和电工仪表相类似的规定,其精度等级一般在 0.5 ~ 4.0 级之间。

[例 1.1]　已知待测拉力约为 80 N 左右。现有两只测力仪表,一只为 0.25 级,测量范围为 0 ~ 300 N;另一只 0.5 级,测量范围为 0 ~ 100 N。问选用哪一只测力仪表较好,为什么?

[解]　设:Q 为允许引用误差,G 为仪表精度等级,B 为仪表量程,则仪表在某一测量点临近处的示值相对误差计算如下:

最大绝对误差:

$$\left.\begin{array}{c} \gamma_{max} = \dfrac{|\Delta x_{max}|}{B} \times 100\% \\[2mm] \gamma_{max} < Q \end{array}\right\} \Rightarrow |\Delta x_{max}| < B \times Q = B \times G\%$$

对于第一只表:

$$|\Delta x_{1max}| = B_1 \times G_1\% = 300 \times 0.25\% = 0.75 \text{ N}$$

示值相对误差:

$$\gamma_1 = \frac{\Delta x_{1max}}{x} \times 100\% = \pm \frac{0.75}{80} \times 100\% = \pm 0.937\,5\%$$

对于第二只表:

$$|\Delta x_{2max}| = B_2 \times G_2\% = 100 \times 0.5\% = 0.5 \text{ N}$$

示值相对误差:

$$\gamma_2 = \frac{\Delta x_{2max}}{x} \times 100\% = \pm \frac{0.5}{80} \times 100\% = \pm 0.625\%$$

所以,选择 0.5 级量限 0 ~ 100 V 的电压表比较好。

4. 灵敏度与分辨力

(1)灵敏度

灵敏度(sensitivity)是指稳态时仪表的单位输入量变化所引起的输出量的变化。这里所说的输入与输出的变化量均指它们在两个稳态值之间的变化量。以 Δx 表示输入变化量、Δy 表示输出变化量,则灵敏度可表示为

$$S = \frac{\Delta y}{\Delta x} \tag{1.8}$$

灵敏度 S 为有量纲的数,如果输入、输出为同类量,此时 S 可以理解为放大倍数。

仪表的灵敏度静态特性曲线是直线和曲线时的灵敏度的求法如图 1.5 所示。

仪表灵敏度高,可以提高仪表示值读数的精度,但仪表的灵敏度应与仪表等级相适应。

过高的灵敏度虽然提高了测量的精度,但会带来读数的不稳定。

（2）分辨力

分辨力（resolution）是指测量仪表能够检测出被测信号最小变化量的能力。实际中,分辨力可用测量仪表的输出值表示。模拟式显示装置的分辨力,通常为标尺分度值的一半。对数字式显示装置,其分辨力为末位数字的一个数码。为了保证检测精度,测量仪表的分辨力

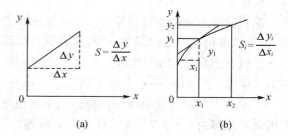

图 1.5 仪表的灵敏度静态特性曲线
（a）静态特性是直线；（b）静态特性是曲线

应小于系统允许误差的 1/3 或 1/5 或 1/10。思考图 1.6 所示的数字式温度计分辨力是多少?

5. 迟滞性

迟滞性（hysteresis）也称为变差（variation）。迟滞性表明传感器在全量程范围内,正（输入量增大）、反（输入量减小）行程期间输出 - 输入曲线不重合的程度,也就是说,对应于同一大小的输入信号,传感器正、反行程的输出信号大小不相等。迟滞大小一般由实验确定,其值表示为

$$e_{\mathrm{h}} = \frac{\Delta_{\max}}{y_{\mathrm{F.S.}}} \times 100\% \qquad (1.9)$$

式中 e_{h} ——迟滞性；

$\Delta_{\max}$ ——输出值在正、反行程间的最大差值；

$y_{\mathrm{F.S.}}$ ——满量程输出。

图 1.7 给出仪表的迟滞性曲线。

图 1.6 数字式仪表的分辨力

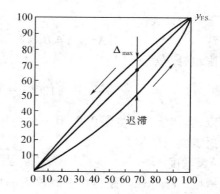

图 1.7 仪表的迟滞性曲线

迟滞性这种现象可能是由于仪表内某些元件吸收能量所引起,例如弹性变形的滞后现象、磁性元件的磁滞现象,也可能是由于仪表内传动机构的摩擦、间隙等造成的。

6. 线性度

（1）仪表静态特性曲线

为了方便标定和数据处理,要求仪表的输出 - 输入关系是线性关系并能正确无误地反

映被测量的真值,但实际上只有在理想情况下,仪表的输出 – 输入静态特性才呈线性。

如果没有迟滞效应,其静态特性可用下列多项式代数方程来表示,即

$$y = \alpha_0 + \alpha_1 x + \alpha_2 x^2 + \cdots + \alpha_n x^n \tag{1.10}$$

式中　x——输入量(被测量);

　　　y——输出量;

　　　α_0——零位输出;

　　　α_1——仪表的灵敏度;

　　　$\alpha_2, \alpha_3, \cdots, \alpha_n$——非线性项的待定常数。

这种多项式代数方程可能有如下四种情况(见图1.8):

①理想线性(见图1.8(a)):在这种情况下 $\alpha_0 = \alpha_2 = \cdots = \alpha_n = 0$,因此得到

$$y = \alpha_1 x \tag{1.11}$$

②在原点附近相当范围内输出 – 输入特性基本呈线性(见图1.8(b)):在这种情况下,除线性项外只存在奇次非线性项,即

$$y = \alpha_1 x + \alpha_3 x^3 + \alpha_5 x^5 + \cdots \tag{1.12}$$

③输出 – 输入特性曲线不对称(见图1.8(c)):除线性项外,非线性项只是偶次项,即

$$y = \alpha_1 x + \alpha_2 x^2 + \alpha_4 x^4 + \cdots \tag{1.13}$$

④普遍情况(见图1.8(d)):

$$y = \alpha_0 + \alpha_1 x + \alpha_2 x^2 + \cdots + \alpha_n x^n \tag{1.14}$$

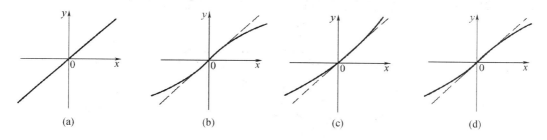

图1.8　仪表的静态特性

(a)理想线性;(b)原点附近基本呈线性;(c)输出 – 输入特性曲线不对称;(d)普遍情况

(2)线性度

仪表的静态特性是在静态标准条件下进行校准(标定)的。实际的仪表测出的输出 – 输入静态特性曲线与其理论拟合直线之间的偏差,就称为该仪表的"非线性误差",或称"线性度"(linearity)。通常用相对误差表示其大小,其值表示为

$$e_l = \pm \frac{\Delta_{\max}}{y_{\text{F.S.}}} \times 100\% \tag{1.15}$$

式中　e_l——非线性误差(线性度);

　　　$\Delta_{\max}$——输出平均值与基准拟合直线的最大偏差;

　　　$y_{\text{F.S.}}$——仪表满量程输出平均值。

由此可见,非线性误差大小是以一定的拟合直线或理想直线作为基准直线算出来的,因此,基准直线不同,所得出的线性度也就不一样。一般并不要求拟合直线必须通过所有的检测点,而只要找到一条能反映校准数据的一般趋势同时又使误差绝对值为最小的直线

即可。

①理论线性度(theory linearity):其又称为绝对线性度,表示传感器的实际输出校准曲线与理论直线之间的偏差程度。通常取原点作为理论直线的起始点,满量程输出作为终止点,这两点的连线即为理论直线,如图1.9(a)所示。

②独立线性度(independent linearity):选择拟合直线的方法是在校准曲线循环中找出一条最佳平均直线,并使实际输出特性相对于所选拟合直线的最大正偏差值、最小负偏差值相等,如图1.9(b)所示。

③端基线性度(terminal linearity):把仪表校准测量数据的零点输出平均值和满量程输出平均值连成直线,作为仪表静态特性的拟合直线,如图1.9(c)所示。这种方法简单直观,应用比较广泛。但是没有考虑所有校准数据的分布,拟合精度很低,尤其当传感器有比较明显的非线性时,拟合精度更差。

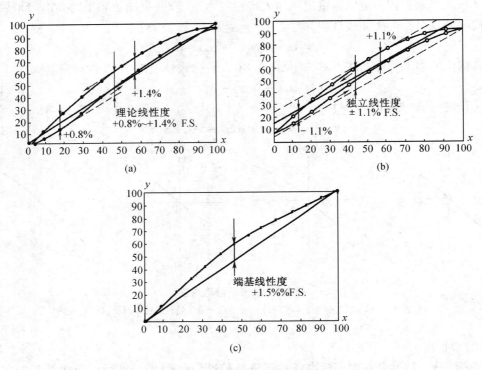

图1.9 三种线性度拟合曲线

(a)理论线性度的拟合线;(b)独立线性度的拟合线;(c)端基线性度的拟合线

④平均选点线性度(mean point linearity):为寻找较理想的拟合直线,可将测量得的 N 个检测点分成数目相等的两组:前 $N/2$ 个检测点为一组;后 $N/2$ 个检测点为另一组。两组检测点各自具有"点系中心"。检测点都分布在各自的点系中心的周围,通过这两个"点系中心"的直线就是所要的拟合直线。其斜率和截距可以分别求得。把斜率和截距代入直线方程式,即得平均选点法的拟合直线,再由此求出非线性误差。

⑤最小二乘法线性度(least squares linearity):设拟合直线方程通式为 $y = b + kx$。假定实际校准点有 N 个,对应的输出值是 $y_i, i = 1, 2, \cdots, N$,则第 i 个校准数据与拟合直线上相应值之间的残余误差的平方和为

$$\sum_{i=1}^{N} \Delta_i^2 = \sum_{i=1}^{N} \left[y_i - (b + kx_i) \right]^2 \tag{1.16}$$

最小二乘法拟合直线的拟合原则就是使上式为最小值,也就是说,使其对 k 和 b 的一阶偏导数等于零,从而求出 k 和 b 的表达式,即

$$\frac{\partial}{\partial k} \sum \Delta_i^2 = 2 \sum \left[(y_i - kx_i - b)(-x_i) \right] = 0$$

$$\frac{\partial}{\partial b} \sum \Delta_i^2 = 2 \sum \left[(y_i - kx_i - b)(-1) \right] = 0 \tag{1.17}$$

从以上二式求出 k 和 b 为

$$\begin{cases} k = \dfrac{N \sum x_i y_i - \sum x_i \times \sum y_i}{N \sum x_i^2 - \left(\sum x_i \right)^2} \\[4mm] b = \dfrac{\sum x_i^2 \times \sum y_i - \sum x_i \times \sum x_i y_i}{N \sum x_i^2 - \left(\sum x_i \right)^2} \end{cases} \tag{1.18}$$

式中,N 为标准次数,$i = 1, 2, \cdots, N$。

仪表其他技术指标还包括:重复性(repeatability)、漂移(drift)、可靠性(reliability)和响应时间(response time)等,本书就不一一介绍了。

1.1.4　检测与转换技术应用举例

目前,检测与转换技术的应用领域十分宽广,在国防、航空、航天、交通运输、能源、电力、机械、石油化工、轻工、纺织等工业部门,以及环境保护、生物医学和人们日常生活等领域都得到了大量应用。如美国的导弹防御系统、飞机的飞行监视、汽车自主导航系统、管网泄漏检测系统、蔬菜大棚环境监测系统、河流水质监测系统、超声波医学图像、计算机、空调、自动门、吸尘器等,可以说检测技术无处不在。图 1.10 给出了检测技术在计算机系统中的典型应用。

 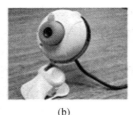  

(a)　　　　　　　　(b)　　　　　　　　(c)　　　　　　　　(d)

图 1.10　检测技术在计算机系统中的典型应用

(a)鼠标:光电传感器;(b)摄像头:CCD 传感器;(c)声位笔:超声波传感器;(d)麦克风:电容传感器

1. 人体心电信号检测系统

(1)心电信号特点

心脏周围的组织和体液都能导电,因此可将人体看成为一个具有长、宽、厚三维空间的容积导体。心脏好比电源,无数心肌细胞动作电位变化的总和可以传导并反映到体表。在体表很多点之间存在着电位差,也有很多点彼此之间无电位差是等电位的。心脏在每个心动周期中,由起搏点、心房、心室相继兴奋,伴随着生物电的变化,这些生物电的变化称为心

电(Electrocardiogram,ECG)。心电信号检测可用于对各种心律失常、心室心房肥大、心肌梗死等病症检查,起到临床24小时监视病人心脏功能的重要作用。

心电信号是一种较微弱的体表电信号,成年人的幅值约为 10 μV ~ 4 mV,频率在 0.04 ~ 100 Hz 范围内,属于低频率、低幅值信号,信号源内阻很大(两手臂间内阻约为几百千欧)。图1.11给出了人体心电信号检测系统的构成框图。

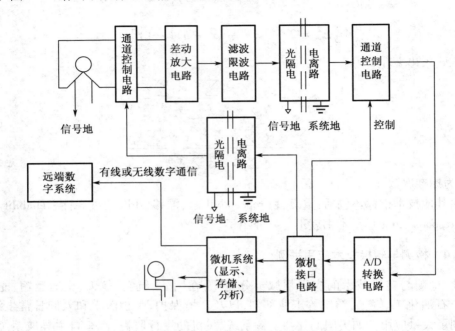

图 1.11 人体心电信号检测系统构成框图

(2)心电信号检测系统构成

①信号提取

系统中,直接获取的是电压差形式的人体心电信号,选用接触电阻较小的金属片就可以拾取人体的电压差,因此传感器部分在此例中被省略掉。

②信号放大

如前所述,由于心电信号属于微弱信号,所以需要放大器实现对信号的幅值放大。一般放大器可分运算放大器(operational amplifier)和差动放大器(differential amplifier)等不同种类。对于以电压差形式存在的人体心电信号,适合采用差动放大器。而对于人体心电信号,采用普通的一级差动放大器也不适合,还需要专门用于微弱差动信号检测的仪用放大器(instrument amplifier,也称测量放大器 measurement amplifier)。

③信号滤波

心电信号检测中,外部环境干扰时时存在,如由室内的照明及动力设备所引起的50 Hz 交流干扰(power frequency interference);电极和电解质或体液接触,在金属界面上总会产生极化电压,叠加在信号上形成电极噪声干扰(electrode noise interference);心电信号以外的人体电现象所引起的噪声,如肌电信号、脑电信号、呼吸电信号等;无线电波及高频设备和干扰;电子器件的噪声;其他医疗仪器的噪声等。当微弱心电信号被湮没于上述噪声和干扰中时,如果只进行简单的放大,噪声将和信号一起得到放大,仍然得不到干净、理想的信号。针对上述问题,可以采用模拟或数字滤波电路进行信号调理,如针对 50 Hz 工频干扰的陷波器(subsidence filter)和针对信号中夹杂的高频干扰的低通滤波器(low-pass filter)等。但是,如果信号与噪声在信号性质上和频率分布上都相同或相近,原理上就很难将信号和噪声分离开,则需要依靠 Kalman 滤波器等现代信号检测理论和方法做进一步的分析和处理。

④信号隔离

在人体心电检测系统中,从安全的角度,要求人体检测回路与市电(约 220 V)没有电气连接,这就要求系统采用光电隔离(photoelectric isolating)或变压器隔离(transformer isolating)电路等。而信号的隔离不仅要求数字信号、控制信号进行隔离,而且也要求被检测的模拟信号通路也是隔离的。

⑤信号转换

经过放大、滤波等预处理的信号在达到了合适的大小和一定的信噪比之后,下一步需要 A/D 转换电路和多路模拟开关(mufti-channel analog switch)以及采样保持电路(sampling holder)等配合工作,将心电信号经过转换后送给微机处理。

2. 高速机车轴温检测系统

火车高速重载是满足旅行需要和国民经济发展的客观要求,也是铁路运输发展的战略选择。随着高速重载战略的实施,机车速度提高(140 ~ 300 km/h)和牵引功率增大,使得机车与钢轨的冲击、动力效应和振动增大,导致机车走行部分的轴箱轴承、牵引电动机轴承、抱轴承及空心轴承的发热增多。因此,必须对高速铁路机车的轴箱轴承、牵引电动机轴承、抱轴承及空心轴承等处的温度进行在线监测,实时显示各测点的实际温度,温度超标时发出声音报警并用指示灯显示该点轴位和存储报警信息。图 1.12 为系统硬件构成图。

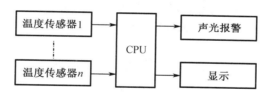

图 1.12　高速机车轴温检测系统

(1)测试系统的主要技术参数

①温度范围: $-55 \sim +125$ ℃。

②测温精度: ± 1 ℃。

③测温点数:38 点(可根据不同车型而增减)。

④报警温度:按绝对温度(75 ℃)和相对温度(环境温度 +55 ℃)报警(可根据不同车型和不同测点的要求而设定)。

⑤供电电压:直流 110 V(波动范围:65 ~140 V);功耗小于 15 W。

(2)对测试系统的其他要求

①应采取一系列比较完善的抗干扰措施,提高系统的抗干扰能力,能够使系统在机车强电干扰和恶劣的环境下,稳定可靠的正常运行。

②机车下各个接线盒之间应采用环形接线,不会因某处中断而影响系统工作。接线盒与主机之间应采用双总线输出方式,当一个总线因故障不能测出环境温度时,可自动转换到另一个总线工作,并用指示灯显示。

③有完善的自检功能。无论在初始化或正常工作中,当某传感器开路或短路时,都应显示或报警提示。当环境温度传感器发生故障不能测出环境温度时,系统可自动设定环境温度为 20 ℃,以维持系统正常工作。

④轴温数据的记录和查询。系统应能够自动记录并存储各测点的报警温度、最大温升率及其发生的时间,可供随时查询。系统应设有数据输出接口,可输出存储的数据,供机车检修时分析和参考。

⑤系统的车下部分(传感器、接线盒、接插件)应全部采用防尘、防水的密封机构,对环境的适应能力强,性能可靠。

(3)测试方案的选择

①DS1820 温度传感器芯片

与传统的温度传感器相比,这种单片数字式温度传感器具有外围电路简单、精度高、对电源要求不高、抗干扰能力强等优点。它的输出为数字信号,且以串行方式与外部连接,因此可以容易地将很多个测点串行集成到应用系统中,简化系统的设计和减少了系统的连线。

②检测计算机系统

目前在工程实际中常用的计算机系统主要有工业控制计算机、基于 ARM 板的嵌入式微处理器和单片机三种。高速机车轴温监测系统的监测任务相对简单,单片机完全能够实现,且其性能价格比最高;采用半导体数字式温度传感器,可直接输出数字量,所以监测计算机只需接收数字信号,完成比较简单的温度数据比较、报警、显示、存储等功能。

高速机车轴温测试系统采用新型数字式温度传感器,利用单根串行总线传输数字信号等新技术,具有测温精度高,抗干扰能力强,工作稳定可靠的特点,满足了高速机车的需要看,该系统可为高速机车的安全运行发挥应有的重要应用。

1.2　传感器基础知识

1.2.1　传感器定义、组成及分类

1. 传感器定义

国家标准 GB 7665—87 对传感器的定义是:"能感受规定的被测量并按照一定的规律转换成可用信号的器件或装置"。即传感器是一种检测装置,它能感受到被测量的信息,并能将检测到的信息,按一定规律变换成电信号或其他所需形式的信息输出,以满足信息的传输、处理、存储、显示、记录和控制等要求,是实现自动检测和自动控制的首要环节。

2. 传感器组成

传感器一般由敏感元件(sensitive element)、传感元件(sensing element)、转换电路(transform circuit)三个部分组成如图 1.13 所示。

敏感元件是能直接感受被测量,并将被测非电量信号按一定对应关系转换为易于转换为电信号的另一种非电量的元件。传感元件是能将敏感元件输出的非电信号或直接将被测非电量信号转换成电参量信号的元件。转换电路是将传感元件输出的电参量信号转换为便于显示、处理、传输的有用电信号的电路。

图 1.14 给出了测量压力的电位器式压力传感器的一般实物构成示意图。

图 1.13　传感器一般组成框图

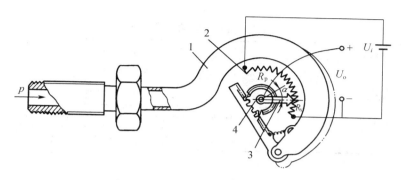

图 1.14　电位器式压力传感器的一般实物构成示意图

1—压力弹簧管；2—电位器；3—指针；4—齿轮

敏感元件，即弹簧管，能直接感受被测压力的变化，并将被测压力转换为弹簧管自由端的位移。这个位移信号通过连杆与齿轮的咬合，传送给与齿轮同轴相连的传感元件（圆盘电位器，potentiometer），转化为电位器滑动端的移动。电位器两固定端加以一定的电压信号 U_i，就与电位器构成转换电路（分压电路）。如果电位器滑动端的电阻为 R_x，两个固定端电阻为 R_P，则滑动端输出电压为

$$U_o = \frac{R_x}{R_P} U_i \qquad (1.19)$$

传感器的特性可以通过它的静态和动态特性描述出来。静态特性表示传感器在被测量各值处于稳定状态时的输出—输入关系。衡量传感器静态特性的重要指标是线性度、迟滞、重复性和灵敏度，与检测仪表的相应特性对比理解即可。传感器的特性一般要求：线性度要好、迟滞小、重复性好、灵敏度要高、信噪比大、响应时间迅速、频率响应范围宽、防水及抗腐蚀等性能好、能长期使用、低成本、通用性强等。

3. 传感器分类

传感器种类繁多。一个被测量，可以用不同种类的传感器测量，如温度既可以用热电偶测量，又可以用热电阻测量，还可以用光纤传感器测量；而同一原理的传感器，通常又可以测量多种非电量，如电阻应变传感器既可测量压力，又可测量加速度等。由此传感器的分类方法很多，主要可按以下四种方法分类。

（1）按输入被测量分类

表1.1给出了传感器输入的几类被测量和它们包含的被测量。这种分类方法的优点是明确了传感器的用途，便于读者根据用途有针对性地查阅所需的传感器。

（2）按物理原理不同分类

按此种分类方式，传感器可分为九种。电参量传感器（electric parameter）——电阻式、电感式、电容式等；磁电传感器（magnetoelectric）——磁电感应式、磁栅式等；压电传感器

（piezoelectric）——声波传感器、超声波传感器；光电传感器（photoelectric）——一般光电式、光电码盘式、光导纤维式、摄像式等；热电传感器（thermoelectric）——热电偶；波式传感器（wave）——超声波式、微波式等；射线传感器（radiation）——热辐射式、γ射线式；半导体传感器（semiconductor）——光敏电阻、气敏电阻、热敏电阻；其他原理的传感器——差动变压器、振弦式等。

表 1.1　按传感器输入量分类

基本被测量	包含被测量
热工量	温度、压力、压差、流量、热量、比热容、真空度等
机械量	位移、尺寸、形状、力、应力、力矩、加速度、振动等
化学物理量	液体、气体的化学成分、浓度、黏度、酸碱度、湿度、密度等
生物医学量	血压、体温、心电图、脑电波、其流量等

（3）按输出信号分类

按此种分类方式，传感器可分为四种。模拟传感器——将被测的非电量转换成模拟电信号；数字传感器——将被测的非电量转换成数字输出信号（包括直接和间接转换）；类数字传感器——将被测的信号转换成频率信号或短周期信号的输出（包括直接或间接转换）；开关传感器——当一个被测量的信号达到某个特定的阈值时，传感器相应地输出一个设定的低电平或高电平信号。

（4）按制造工艺分类

按此种分类方式，传感器可分为三种。集成传感器（integrated sensor）——用标准的生产硅基半导体集成电路的工艺技术制造的，通常还将用于初步处理被测信号的部分电路也集成在同一芯片上；薄膜传感器（thin film sensor）——通过沉积在介质衬底（基板）上的相应敏感材料的薄膜形成的，使用混合工艺时，同样可将部分电路制造在此基板上；厚膜传感器（thick film sensor）——利用相应材料的浆料，涂覆在陶瓷基片上制成的，基片通常是三氧化二铝制成的，然后进行热处理，使厚膜成形。

1.2.2　传感器功能材料

1. 功能材料

人们利用某些材料具有抵抗外力作用而保持自己的形状、结构不变的优良力学性能，制造用具、车辆和修建房屋、桥梁等，这些材料称为结构材料（structure material）。

人们利用某些材料优良的物理、化学和生物学性能来制造具有传导信息、存储或记录、转化或变换能量的功能元、器件，具有特定光学、电学、声学、磁学、热学、力学、化学、生物学功能及其相互转化功能，并应用于现代高新技术中材料称为功能材料（functional material）。

2. 传感器功能材料

在现代传感器技术中，应用较多的功能材料有贵金属材料、半导体材料、功能陶瓷材料、功能高分子材料和纳米材料等。在用途上，功能材料常用于制成元器件，材料与器件一体化；在材料评价上，常以元件形式对其物理性能进行评价；在生产制造上，是知识密集、多学科交叉、技术含量高的产品；在微观结构上，常有超纯、超低缺陷密度、结构高精度等优点。

（1）半导体材料

半导体材料（semiconductor）是构成许多有源元件的基本材料,如半导体激光器、半导体集成电路、半导体存储器和光电二极管等。半导体工业的发展水平是衡量一个国家先进程度的重要标志之一。半导体在室温下的电导率为 $10^{-9} \sim 10^5$ S/m（西门子/米）,介于导体和绝缘体之间。半导体内输送电流的荷电粒子（电子或空穴）的密度变化范围宽,这种变化能控制其电阻,是半导体的最大特征。

半导体材料主要包括元素半导体（element semiconductor）和化合物半导体（compound semiconductor）。迄今为止,只有硒、锗、硅真正用来制作半导体器件,而目前,90%以上的半导体器件和电路都是用硅来制作的。元素半导体材料划分为本征半导体和杂质半导体,本征半导体非常纯且缺陷极少,它的导电性对温度非常敏感。化合物型半导体常用的有 GaAs,GaP,SiC 等。化合物半导体种类繁多,性质各异,其最大的优点是可按任意比例组合两种以上的化合物半导体,从而获得混合晶体化合物半导体,其性能处于原来两种半导体材料之间,有广阔应用前景。表1.2给出了半导体材料在部分传感器中的应用。

表1.2　半导体材料在部分传感器中的应用

利用的物理现象	相应的元器件	所用的材料
压阻效应	应变片	Si(硅)、Ge(锗)、GaP(磷化钙)、InSb(锑化铟)
PN结的变化	感压二极管、三极管	Si(硅)、Ge(锗)
电阻变化	热敏电阻	金属氧化物、有机半导体、Si硅)、Ge(锗)
半导体与金属间感应电势	热电偶	$BiTe_6$(碲化钡)、Bi_2Se_2(硒化钡)等
光电效应	光敏电阻、光敏晶体管、光电池、CCD	Se(硒)、Si(硅)、Ge(锗)、PbO(氧化铅)、ZnO(氧化锌)等
霍尔效应	霍尔元件	Si(硒)、Ge(锗)、InSb(锑化铟)等
磁阻效应	磁阻元件	InSb(锑化铟)、InAs(砷化铟)等

（2）功能陶瓷材料

功能陶瓷（functional ceramics）主要是指利用材料的电、磁、声、光、热等方面直接的或耦合的效应以实现某种使用功能的多晶无机固体材料。功能陶瓷是知识和技术密集型产品,一般具有投资少,原材料、能源消耗少,劳动强度低,产值高,经济效益和社会效益显著,应用范围广等特点。

功能陶瓷材料所具有的卓越功能或特性在很大程度上是由其微观结构所决定,即这类材料具有很强组成敏感性和工艺敏感性。功能陶瓷一般都是通过高温烧结法制得的,所以又称其为烧结陶瓷（sintering ceramic）。由于组成陶瓷的物质不同,种类繁多,因而制造工艺多种多样,一般工艺流程如图1.15所示。

功能陶瓷大体上可分为压电陶瓷、磁性陶瓷和半导体陶瓷三类,在传感器中应用广泛。例如,可制成热敏传感器、加速度传感器、湿敏、光敏传感器等。

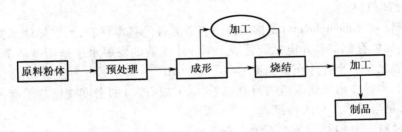

图 1.15　功能陶瓷工艺流程

（3）功能高分子材料

高分子材料（functional polymers）是以高分子化合物为主要成分的材料，常称聚合物或高聚物。功能高分子材料是指具有特殊功能的聚合物，一般是指具有传递、转换或储存物质、能量和信息作用的高分子及其复合材料；或指在原有力学性能的基础上，还具有化学反应活性、光敏性、导电性、生物相容性、能量转换性、磁性等功能的高分子及其复合材料。

功能高分子材料制备方法和工艺过程主要有三条路线：由功能基单体经加聚和缩聚反应制备功能高分子；已有高分子材料的功能化和多功能材料的复合；通过一定的加工手段赋予材料特定的功能。

功能高分子材料主要包括导电功能高分子材料和压电、热电高分子材料。导电高分子材料按导电原理可分为复合型导电高分子和结构型导电高分子两种。在 1969 年日本的河合平司发现极化后的聚偏二氟乙烯（PVDF）具有强的压电性之后，压电高分子材料逐步被推向实用化阶段。目前压电性较强的高分子材料除 PVDF 及其共聚物之外，还有聚氟乙烯（PVF）和聚氟乙炔（PVC）尼龙Ⅱ等。利用压电高分子薄膜材料，可以制成电声换能器、振动传感器、压力检测器和水声器等。利用 PVDF 的热电性能，可用作光导摄像管、红外辐射光检测器、温度监控器和火灾报警器等。

由于功能高分子材料成分的可设计性、质轻、加工方便等优点，将其作为传感器的敏感器件材料，已获得多方面的应用。

（4）纳米材料

纳米（nano）科技是 20 世纪 90 年代初迅速发展起来的新的前沿科研领域。它是指在 1～100 nm（10^{-9} m）尺度空间内，研究电子、原子和分子运动规律、特性的高新技术学科。

纳米材料又称为超微颗粒材料，由纳米粒子组成。纳米粒子也叫超微颗粒，是处在原子簇和宏观物体交界的过渡区域。它具有表面效应（surface effect）、小尺寸效应（small size effect）、量子尺寸效应（quantum size effect）和宏观量子隧道效应（macroscopic quantum tunnel effect）。当人们将宏观物体细分成超微颗粒（纳米级）后，它将显示出许多奇异的特性，即它的光学、热学、电学、磁学、力学以及化学方面的性质和大块固体时相比将会有显著的不同。

纳米材料主要有纳米颗粒型材料（也称纳米粉末）、纳米膜材料、碳纳米管、纳米固体材料等，如图 1.16 所示。碳纳米管是 1991 年由日本电镜学家饭岛教授通过高分辨电镜发现的，属碳材料家族中的新成员。碳纳米管尺寸尽管只有头发丝的十万分之一，但它的导电率是铜的 1 万倍；强度是钢的 100 倍而质量只有钢的七分之一；像金刚石那样硬，却有柔韧性，可以拉伸；熔点是已知材料中最高的。纳米管的细尖极易发射电子，用于做电子枪，可以做成几厘米厚的壁挂式电视屏，是电视制造业新的方向。

目前,纳米材料在仪器、化妆品、医药、印刷、造纸、电子、通信、建筑及军事等方面都得到越来越多的应用。如新型纳米光源和太阳能转换器——用纳米氧化物材料做成广告板,在电、光的作用下,会变得更加绚丽多彩;纳米传感器——半导体纳米材料做成的各种传感器,可灵敏地检测温度、湿度和大气成分的变化,这在汽车尾气和大气环境保护上已得到应用;纳米电子元器件——纳米加工技术可以使不同材质的材料集成在一起,它具有芯片的功能,又可以探测到电磁波、光波(包括可见光、红外线、紫外线等)信号,同时还能完成电脑的命令。如果将这一集成器件安装在卫星上,可以使卫星的质量大大减小。

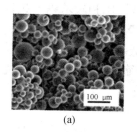 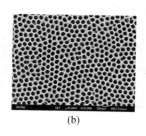 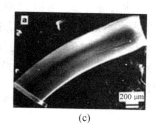 

(a)　　　　　　　　(b)　　　　　　　　(c)　　　　　　(d)

图 1.16　几种纳米材料

(a)纳米颗粒型材料;(b)纳米膜材料;(c)碳纳米管;(d)纳米固体材料

1.2.3　传感器微细加工技术

为达到传感器功能材料所需的结构高度精细化和成分高度精确的要求,常需要采用一些先进的传感器材料微细加工技术(micro-fabrication technology),如光刻技术、蚀刻技术、真空镀膜技术(包括离子镀、电子束蒸发沉积、离子注入、激光蒸发沉积等)、分子束外延、快速凝固、机械合金化、单晶生长、极限条件下(高温、高压、失重)制备材料等。采用这样一些先进的材料制备技术,可以获得具有超纯、超低缺陷密度、微观结构高度精细(如超晶格、纳米多层膜、量子点等)、亚稳态结构等微观结构特征的材料。

1. 光刻技术

光刻(lithography)也称照相平版印刷(术),它源于微电子的集成电路制造,是在微机械制造领域应用较早并仍被广泛采用且不断发展的一类微细加工方法,是加工制作半导体结构或器件和集成电路微图形结构的关键工艺技术。

光刻原理与印刷技术中的照相制版相似,都是在硅等基体材料上涂覆光致抗蚀剂(或称为光刻胶),然后用高极限分辨率的能量束通过掩模对光致蚀层进行曝光(或称光刻);经显影后,在抗蚀剂层上获得了与掩模图形相同的细微的几何图形,再利用刻蚀等方法,在基底或被加工材料上制造出微型结构。其主要包括光学光刻、电子束光刻、离子束光刻和 X 射线光刻。

(1)光学光刻

光学光刻(optical lithography)原理与印相片相同,只是用涂覆了感光胶(抗蚀剂)的硅片取代了相纸,掩模版取代了底片。光学光刻存在着极限分辨率较低和焦深不足两大问题。

(2)电子束光刻

电子束光刻(electron beam lithography)与传统意义的光刻(区域曝光)加工不同,是用

束线刻蚀进行图形的加工。其主要缺点在于产出量,加工过程较慢,不能用于制造大多数集成电路

（3）离子束光刻

离子束光刻（ion beam lithography）用离子束进行抗蚀剂的曝光始于 20 世纪 80 年代液态金属离子源的出现。离子束曝光在集成电路工业中主要用于光学掩模的修补和集成电路芯片的修复。

（4）X 射线光刻

X 射线（X-ray）波长非常短,可以忽略衍射现象,能够得到较大纵横比和较清晰的抗蚀剂图形,是光学光刻方法中获得亚微米实用图形分辨率的主要手段。X 射线可以穿透尘埃,因此可以消除因尘埃引起的图形缺陷,对制作环境的净化要求比较低。X 射线光刻主要特点为成像质量很好;1∶1 的曝光成像,而光学光刻则是 4∶1 或 5∶1 的缩小投影光刻,高曝光质量和可靠性,图像缩短效应弱。

2. 蚀刻技术

蚀刻技术（etching）就是将不需要的薄膜利用化学溶液或者其他方法去除掉。它是实现集成电路图形转移的主要技术手段。蚀刻技术分为湿法蚀刻和干法蚀刻,包括以物理作用为主的离子溅射蚀刻、以化学反应为主的等离子体蚀刻,以及兼有物理、化学作用的反应溅射蚀刻。

（1）干法蚀刻

干法蚀刻是用高能束或某些气体对基体进行去除材料的加工,被刻蚀表面粗糙度较低,刻蚀效果好,但对工艺条件要求较高,加工方式可分为溅射加工和直写加工,加工工艺主要包括离子束刻蚀和激光刻蚀。离子刻蚀也称溅射刻蚀或去除加工。离子束刻蚀又分为聚焦离子束刻蚀和反应离子束刻蚀。激光刻蚀是利用激光对气相或液相物质的良好的透光性进行蚀刻。

（2）湿法蚀刻

湿法蚀刻工艺是通过化学刻蚀液和被刻蚀物质之间化学反应,将被刻蚀物质剥离下来,包括各向同性与各向异性刻蚀。各向同性刻蚀是在任何方向上刻蚀速度均等的加工;而各向异性刻蚀则是与被刻蚀晶片的结构方向有关的一种刻蚀方法,它在特定方向上刻蚀速度大,其他方向上几乎不发生刻蚀。

3. 半导体掺杂

半导体掺杂（semiconductor doping）技术主要有两种,即高温（热）扩散和离子注入。掺入的杂质主要有两类:第一类是提供载流子的受主杂质或施主杂质（如 Si 中的 B,P,As）;第二类是产生复合中心的重金属杂质（如 Si 中的 Au）。

（1）热扩散

扩散（diffusion）是指将一定数量和种类的杂质掺入到硅片或其他晶体中去,以改变其电学性质,并使掺入的杂质数量和分布情况都满足要求。

粒子由高浓度区域向低浓度区域的运动,称为扩散运动。浓度差的存在是扩散运动的必要条件,温度的高低、粒子的大小、晶体结构初缺陷浓度及粒子运动方式都是决定扩散运动的重要因素。如果按原始杂质源在室温下的相态加以分类,则可分为固态源扩散、液态源扩散和气态源扩散。

（2）离子注入

离子注入（ion implantation）就是先使待掺杂的原子（或分子）电离，再加速到一定能量使之注入晶体中，然后经过退火，使杂质激活达到掺杂的目的。离子注入过程是一个非平衡过程。高能离子进入靶后，不断与原子核及核外电子碰撞，逐步损失能量，最后停止下来。离子注入需要离子注入设备，不同的离子注入机之间存在很大差别，但基本结构和原理都是相同的。

1.2.4　传感器发展趋势

在信息化社会，几乎没有任何一种科学技术的发展和应用能够离开传感器和信号检测技术的支持。

1. 开发新型传感器

开发新型传感器包括：采用新原理，填补传感器空白，仿生传感器等诸方面。它们之间是互相联系的。传感器的工作机理是基于各种效应和定律，由此启发人们进一步探索具有新效应的敏感功能材料，并以此研制出具有新原理的新型物性型传感器件，这是发展高性能、多功能、低成本和小型化传感器的重要途径。

2. 集成化、多功能化、智能化

传感器集成化包括两种定义。一个是同一功能的多元件并列化，即将同一类型的单个传感元件用集成工艺在同一平面上排列起来，排成一维的线性传感器，电荷耦合（Charge Coupled Device，CCD）图像传感器（image sensor）就属于这种情况。集成化的另一个定义是多功能一体化，即将传感器与放大、运算以及温度补偿等环节一体化，组装成一个器件。随着集成化技术的发展，各类混合集成和单片集成式压力传感器相继出现，有的已经成为商品。集成化压力传感器有压阻式、电容式等类型，其中压阻式集成化传感器发展快、应用广。

传感器的多功能化的典型实例：美国某大学传感器研究发展中心研制的单片硅多维力传感器可以同时测量 3 个线速度、3 个离心加速度（角速度）和 3 个角加速度。其主要元件是由 4 个安装在一个基板上的悬臂梁组成的单片硅结构，9 个布置在各个悬臂梁上的压阻敏感元件。多功能化不仅可以降低生产成本，减小体积，而且可以有效地提高传感器的稳定性、可靠性等性能指标。

传感器与微处理器相结合，使其不仅具有检测功能，还具有信息处理、逻辑判断、自诊断以及"思维"等人工智能，称为传感器的智能化。借助于半导体集成化技术把传感器部分与信号预处理电路、输入输出接口、微处理器等制作在同一块芯片上，即成为大规模集成智能传感器，是传感器重要的方向之一。

3. 新材料开发

传感器材料是传感器技术的重要基础，是传感器技术升级的重要支撑。随着材料科学的进步，传感器技术日臻成熟，其种类越来越多，除了半导体材料、陶瓷材料、光导纤维以及超导材料、高分子有机材料、纳米材料是人们一直极为关注的材料外，智能材料（intelligent material）的开发已经逐渐进入人们的视野。

智能材料是指设计和控制材料的物理、化学、机械、电学等参数，研制出生物体材料所具有的特性或者优于生物体材料性能的人造材料。有人认为，具有如述功能的材料可称之为智能材料，即具备对环境的判断有自适应功能，具备自诊断功能，具备自修复功能，具备自增强功能(或称时基功能)。除了生物体材料外,最引人注目的智能材料是形状记忆合金、形状记忆陶瓷和形状记忆聚合物。目前,智能材料的探索才刚刚开始,相信不久的将来会有很大的发展。

1.3　测量误差与处理

1.3.1　测量与测量误差

1. 测量及测量方法

测量(measurement)就是利用各种物理、化学效应,选择合适的方法与装置,将生产、科研、生活等各方面的有关信息通过检查与测量的方法,赋予定性或定量结果的过程。一个测量过程要经过比较、平衡、读数三步来完成。针对不同的测量任务,必须采取不同的测量方法才能实现。

(1)等精度测量和不等精度测量

等精度(equally accurate)测量是指在测量过程中,使影响测量误差的各因素(环境条件、仪器仪表、测量人员、测量方法等)保持不变,对同一被测量在短时间内进行次数相同的重复测量。这种方法获得的测量结果的可靠程度是相同的,常用于通常工程技术测量中。不等精度(non-equally accurate)测量是指在测量过程中,测量环境条件有部分不相同或全部不相同,如测量仪器精度、重复测量次数、测量人员熟练程度等有了变化。这种方法获得的测量结果可靠程度显然不同,但结果更精确。

(2)直接测量和间接测量

直接(direct)测量是指用事先分度(标定)好的测量仪表、量具对被测量进行测量,如用游标卡尺测量长度等;间接(indirect)测量是指用测量仪表、量具测出与被测量有确定函数关系的其他几个物理量,然后将测得的数值代入函数关系式,计算出所求的被测物理量,如阿基米德测量皇冠的比重,利用电压、电流计算功率等。

(3)接触测量和非接触测量

接触(contact)测量是指测量仪器直接与被测物体接触;而非接触式(non-contact)测量则是测量仪器不与被测物体接触。前者如接触式体温计测体温,后者如辐射式高温计测炉温等。

(4)离线测量和在线测量

离线(off-line)测量是指测量人员在规定的时间内反复读出一个或多个测量仪表的数据,并将这些数据记录在有关表格或者存放到某些数据存储载体之后,再将这些数据输入计算机进行分析处理。基于漏磁原理的管道内部缺陷检测器就属于离线测量。

在线(on-line)测量是指把测量仪表测得的信号直接送入到计算机中进行处理、识别并给出检测结果。如在流水线上,边加工,边检验,可提高产品的一致性和加工精度。

(5)偏差测量、零位测量、微差测量

偏差(deviation)测量是用仪表指针相对于刻度尺的位移(偏差)的大小来直接表示被测量的数值,例如模拟式万用表利用指针的偏转测量相应的物理量;零位(zero)测量是用仪表的指零机构来衡量被测量与标准量是否处于平衡状态,例如天平称重;微差(micro-difference)测量是将偏差法和零位法组合起来的一种测量方法,例如不平衡电桥测量电阻。

（6）静态测量和动态测量

静态（static）测量是指被测量随时间不变化或缓慢变化，例如用台秤测量物体质量等；动态（dynamic）测量则是指被测值本身随时间快速变化，例如用动态应变分析仪测量桥梁的应力等。

2. 测量误差基本概念

（1）测量误差定义

在一切测量中，所得的测量数据总是存在一定的误差。测量误差（measurement error）是指用器具进行测量时，被测量的测量值与被测量的真实值之间的差值，这里记为 δ。

$$\delta = x - x_0 \tag{1.20}$$

式中　δ——被测量参数的绝对误差；

　　　x_0——被测量参数的真值或实际值；

　　　x——测量所得到的被测量的数值，称为测量值、示值或标称值等。

显然，测量误差的定义与绝对误差的定义等同。

（2）测量误差来源

测量过程的误差来源，可大致归纳为以下四个方面。

①工具误差：指因测量工具本身不完善引起的误差，其主要包括读数误差、内部噪声引起的误差，此外，还有灵敏度不足引起的误差，器件老化引起的误差，检测系统工作条件变化时引起的误差。

②方法误差：指测量时方法不完善、引用经验公式以及系数的近似性，所依据的理论不严密以及对被测量定义不明确等诸因素所产生的误差，有时也称为理论误差。

③环境误差：测量工作环境与仪表校验时的规定标准状态不同，以及随时间而变化所引起的仪表性能与被测对象本身改变所造成的误差。

④个人误差：由于测试操作者个人的感官生理不同与变化，最小分辨力、反应速度和固有习惯以及操作不熟练、疏忽与过失等所造成的误差。

误差自始至终存在于一切科学实验和测量之中，被测量的真值永远是难以得到的，这就是误差公理。

1.3.2　测量误差分类

在测量中由不同因素产生的误差是混合在一起同时出现的。为了便于分析研究误差的性质、特点和消除方法，下面将对各种误差进行分类讨论。

1. 按误差出现的规律分类

（1）系统误差

系统误差（system error）简称系差，是按某种已知的函数规律变化而产生的误差。系统误差又可分为恒定系差和变值系差。前者是指在一定的条件下，误差的数值及符号都保持不变的系统误差；后者是指在一定的条件下，误差按某一确切规律变化的系统误差。

系统误差表明了一个测量结果偏离真值或实际值的程度。系统误差愈小，测量就越准确，所以还经常用"正确度"来表征系统误差大小。

（2）随机误差

随机误差（random error）简称随差，又称偶然误差，它是由未知变化规律产生的误差，具有随机变量的一切特点，在一定条件下服从统计规律，因此经过多次测量后，对其总和可以用统计规律来描述,从理论上估计对测量结果的影响。

随机误差表现了测量结果的分散性。在误差理论中,用精密度来表征随机误差的大小,随机误差愈小,精密度愈高。如果一个测量结果的随机误差和系统误差均很小,则表明测量既精密又准确,称为"精确度"高。

(3)粗大误差

粗大误差(gross error)是指在一定的条件下测量结果显著地偏离其实际值时所对应的误差,简称粗差。从性质上来看,粗差并不是单独的类别,它本身既可能具有系统误差的性质,也可能具有随机误差的性质,只不过在一定测量条件下其绝对值特别大而已。

粗大误差是由于测量方法不妥当,各种随机因素的影响或测量人员粗心(又称这类误差为疏失误差)所造成的。在测量及数据处理中,当发现某次测量结果所对应的误差特别大时,应认真判断该误差是否属于粗大误差,如属粗差,该值应舍去不用。

2. 按使用条件分类

(1)基本误差

基本误差(basic error)是指检测系统在规定的标准条件下使用时所产生的误差。所谓标准条件一般指检测系统在实验室(或制造厂、计量部门)标定刻度时所保持的工作条件,如电源电压 220 V±1.1 V,温度 20 ℃±5 ℃,湿度小于 85%,电源频率 50 Hz 等。检测系统的精确度就是由基本误差决定的。

(2)附加误差

当使用条件偏离规定的标准条件时,除基本误差外还会产生附加误差(additional error),如由于温度超过标准引起的温度附加误差、电源附加误差以及频率附加误差等。这些误差在使用时应叠加到基本误差上去。

3. 按误差与被测量的关系分类

(1)定值误差

定值误差(stable value error)是指误差对被测量来说是一个定值,不随被测量变化。这类误差可以是系统误差,也可以是随机误差。

(2)累积误差

累积误差(accumulation error)是指对各部分计算结果进行积分(或累加)时,其误差也随之累加,最后所得到的误差总和。这类误差一般是系统误差。

1.3.3 测量误差处理

1. 系统误差的处理

系统误差没有通用的处理方法,很大程度取决于观测者的经验和技巧,好的测量方法可以有效地消除或减弱系统误差,下面介绍几种方法。

(1)引入修正值法

通过检测系统的标定可以知道修正值,将测量结果的指示值加上修正值,就可得到被测量的实际值。这时的系统误差不是被完全消除,而是被大大削弱,因为修正值本身也是有误差的。

(2)平衡式测量法

该方法是用标准量与被检测量相比较的测量方法,其优点是测量误差主要取决于参加比较的标准器具的误差,而标准器具的误差是可以做得很小的。这种方法必须使检测系统有足够的灵敏度。自动平衡显示仪表就属于平衡式测量法。

（3）替换法

该方法用可调的标准器具代替被测量接入检测系统,然后调整标准器具,使检测系统的指示与被测量接入时相同,则此时标准器具的数值等于被测量。替换法在两次测量过程中,测量电路及指示器的工作状态均保持不变。因此,检测系统的精确度对测量结果基本上没有影响,测量的精确度主要取决于标准已知量。

（4）对照法

在一个检测系统中,改变一下测量安排,可测出两个结果。将这两个测量结果互相对照,并通过适当的数据处理,对测量结果进行改正。

2. 随机误差的处理

对于随机误差可以采用统计学方法来研究其规律和处理测量数据,以减弱其对测量结果的影响,并估计出其最终残留影响的大小。对于随机误差所作的概率统计处理,是在完全排除了系统误差的前提下进行的。大量实际统计数据表明绝大多数随机误差及在此影响下的测量数据可用正态分布来描述。

（1）随机误差的正态分布

由于随机误差是按正态分布(normal distribution)规律出现的,具有统计意义,通常以正态分布曲线的两个参数:数学期望值(mathematical expectation)和均方根误差(Root Mean Square Error,RMS)作为评定指标。

设在一定条件下,对一个被测量(真值为 x_0)进行 N 次的等精度重复测量,得到一组测量结果 $x_1, x_2, \cdots, x_N$,则各值以正态分布出现时的概率密度分布为

$$p(x) = \frac{1}{\sigma\sqrt{2\pi}}\exp\left[-\frac{(x-x_0)^2}{2\sigma^2}\right] \tag{1.21}$$

式中, x_0 为被测量真实值,也就是正态分布的数学期望值,影响随机变量分布的集中位置,或称其正态分布的位置特征参数; σ 为均方根误差,表征随机变量的分散程度,故称为正态分布的离散特征参数。

当 x_0 值改变, σ 值保持不变,正态分布曲线的形状保持不变,位置随 x_0 值改变,沿横坐标移动,如图 1.17 所示。当 x_0 值不变, σ 值改变,则正态分布曲线的位置不变,但形状改变,如图 1.18 所示。 σ 值变小,则正态分布曲线变得尖锐,表示随机变量的离散性变小; σ 值变大,则正态分布曲线变平缓,表示随机变量的离散性变大。

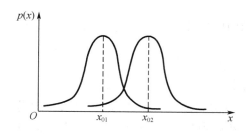

图 1.17 x_0 对正态分布的影响示意图

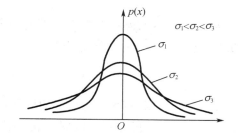

图 1.18 σ 对正态分布的影响示意图

由测量误差 $\delta = x - x_0$,则误差 δ 的概率密度分布可用式(1.22)表示。

$$p(\delta) = \frac{1}{\sigma\sqrt{2\pi}}\exp\left(-\frac{\delta^2}{2\sigma^2}\right) \tag{1.22}$$

在已经消除系统误差条件下的等精度重复测量中,当测量数据足够多时,测量的随机误差大都呈正态分布,因而完全可以参照式(1.24)对测量随机误差进行比较分析。

当测量次数很大时,均方根值 σ,即均方根误差,或称标准偏差,可用式(1.23)计算,即

$$\sigma = \lim_{N\to\infty}\sqrt{\frac{\sum\limits_{i=1}^{N}(x_i - x_0)^2}{N}} = \lim_{N\to\infty}\sqrt{\frac{\sum\limits_{i=1}^{N}\delta_i^2}{N}} \tag{1.23}$$

（2）被测量值的真值估计

在实际工程测量中,测量次数 N 不可能无穷大,而被测量的真值 x_0 通常也不可能已知。根据对已消除系统误差的有限次等精度测量数据样本 $x_1,x_2,\cdots,x_N$,求其算术平均值 $\bar{x}$,即

$$\bar{x} = \frac{x_1 + x_2 + \cdots + x_N}{N} = \sum_{i=1}^{N}\frac{x_i}{N} \tag{1.24}$$

$\bar{x}$ 是被测参量真值 x_0（或数学期望值）的最佳估计值,也是实际测量中比较容易得到的真值近似值。

（3）被测量值的均方根误差估计

对已消除系统误差的一组 N 个（有限次）等精度测量数据 $x_1,x_2,\cdots,x_N$,采用其算术平均值 $\bar{x}$ 近似代替测量真值 x_0 后总会存在偏差。偏差的大小,目前常使用贝塞尔（Bessel）公式来计算,即

$$\hat{\sigma} = \sqrt{\frac{\sum\limits_{i=1}^{N}(x_i - \bar{x})^2}{N-1}} = \sqrt{\frac{\sum\limits_{i=1}^{N}\Delta_i^2}{N-1}} \tag{1.25}$$

式中　x_i——第 i 次测量值;

　　　N——测量次数,这里为有限值;

　　　$\bar{x}$——全部 N 次测量值的算术平均值,简称测量均值;

　　　Δ_i——第 i 次测量的残余误差（residual error）;

　　　$\hat{\sigma}$——标准偏差 σ 估计值,亦称实验标准偏差。

（4）算术平均值的标准差

严格地讲,贝塞尔公式只有当 $N\to\infty$ 时,$\hat{\sigma} = \sigma$、$\bar{x} = x_0$ 才成立。可以证明（详细证明参阅概率论或误差理论中的相关部分）算术平均值的标准差为

$$\sigma_{\bar{x}} = \frac{1}{\sqrt{N}}\sigma \tag{1.26}$$

在实际工作中,测量次数 N 只能是一个有限值,为了不产生误解,建议用算术平均值 $\bar{x}$ 标准差的估计值 $\hat{\sigma}_{\bar{x}}$ 来代替。则

$$\hat{\sigma}_{\bar{x}} = \frac{1}{\sqrt{N}}\hat{\sigma} \tag{1.27}$$

以上分析表明,算术平均值 $\bar{x}$ 的标准差仅为单次测量值 x_i 标准差的 $1/N$,也就是说,算术平均值 $\bar{x}$ 的离散度比测量数据 x_i 的离散度要小。所以,在有限次等精度重复测量中,用算术平均值估计被测量值要比用测量数据序列中任何一个都更为合理和可靠。

式(1.26)还表明,在 N 较小时,增加测量次数 N,可明显减小测量结果的标准偏差,提高测量的精密度。但随着 N 的增大,减小的程度愈来愈小;当 N 大到一定数值时,$\hat{\sigma}_{\bar{x}}$ 就几

乎不变了。所以,在实际测量中,对普通被测量,测量次数 N 一般取 4 ~ 24 次。若要进一步提高测量精密度,通常需要从选择精度等级更高的测量仪器,采用更为科学的测量方案,改善外部测量环境等方面入手。

(5)测量结果中随机误差的表示方法

对于一组数据进行 N 次等精度测量,在不考虑系统误差和粗大误差的情况下,所得的数据表示为

$$x = \bar{x} \pm k\hat{\sigma}_{\bar{x}} = \bar{x} \pm k\frac{\hat{\sigma}}{\sqrt{N}} \qquad (1.28)$$

式中,k 为置信系数,一般选取 1、2、3。当 $k = 3$ 时,$3\hat{\sigma}$ 为极限误差。

3. 粗大误差的处理

在测量过程中,一般情况下不能及时确定哪个测量值是坏值而加以舍弃,必须在整理数据时加以判别。判断坏值的方法有几种,概括起来都属于统计判别法。根据理论上的严密性和使用上的简便性,目前常用的判别准则有:拉依达准则(Pauta criterion)($3\hat{\sigma}$ 准则)和肖维奈准则(Chauvenet criterion)。

(1)拉依达准则($3\hat{\sigma}$ 准则)

有一列 N 次等精度测量数据 $x_1, x_2, \cdots, x_N$,其算术平均值为 $\bar{x}$,残余误差为 $\Delta_i = x_i - \bar{x}$。按贝塞尔公式计算出测量值的标准偏差为 $\hat{\sigma}$,则根据随机误差正态分布理论中极限误差为 $3\hat{\sigma}$ 的理论,可以得到拉依达准则:凡残余误差大于三倍标准偏差者被认为是粗差,它所对应的测量值是坏值,应予以舍弃。

上述准则可以表示为

$$|\Delta_b| = |x_b - \bar{x}| > 3\hat{\sigma} \qquad (1.29)$$

式中　x_b——应舍弃的测量值,即坏值($1 \leqslant b \leqslant N$);

　　　Δ_b——坏值的残余误差;

　　　$\bar{x}$——包括坏值在内的全部测量值的算术平均值;

　　　$3\hat{\sigma}$——准则的判别值,注意在计算 $3\hat{\sigma}$ 时,也应包括坏值的残余误差 Δ_b 在内。

拉依达准则计算简便,但因它是在测量次数为无限大(即 $N \to \infty$)的前提下建立的,因此当 N 较小时,此准则判定结果的可靠性并不高。

例如,当 $N = 10$ 时,因 $\sqrt{N-1} = 3$,由贝塞尔公式则有

$$3\hat{\sigma} = 3\sqrt{\frac{\Delta_1^2 + \Delta_2^2 + \cdots + \Delta_{10}^2}{10 - 1}}$$

$$= \sqrt{\Delta_1^2 + \Delta_2^2 + \cdots + \Delta_{10}^2} \geqslant \sqrt{\Delta_b^2} = |\Delta_b|, 1 \leqslant b \leqslant 10 \qquad (1.30)$$

这就意味着 $\Delta_b \leqslant 3\hat{\sigma}$,即使有粗大误差也无法剔除。如果将 $3\hat{\sigma}$ 改为 $2\hat{\sigma}$,可以同理证明,5 次以内的测量,也无法剔除粗大误差,而下面的方法却能改善这种情况。

(2)肖维奈准则

在一系列等精度测量数据 $x_1, x_2, \cdots, x_N$ 中,如某测量值 $x_b(1 \leqslant b \leqslant N)$ 的残余误差的绝对值 $|\Delta_b|$ 大于标准偏差的 k_c 倍时,则此测量值 x_b 可判为可疑数值或坏值,而予以剔除。肖维奈准则用公式可表示为

$$|\Delta_b| > k_c\hat{\sigma} \qquad (1.31)$$

式中,k_c 为肖维奈准则中与测量次数有关的判别系数,可由表 1.3 查出。

表 1.3 肖维奈准则的判别系数

N	k_c	N	k_c	N	k_c
3	1.38	13	2.07	23	2.30
4	1.53	14	2.10	24	2.31
5	1.65	15	2.13	25	2.33
6	1.73	16	2.15	30	2.39
7	1.80	17	2.17	40	2.49
8	1.86	18	2.20	50	2.58
9	1.92	19	2.22	75	2.71
10	1.96	20	2.24	100	2.81
11	2.00	21	2.26	200	3.02
12	2.03	22	2.28	500	3.29

肖维奈准则的系数 k_c 随 N 改变。当 N 小时，k_c 也变小，因而总保持着可剔除的概率。肖维奈准则的缺点是概率参差不齐，即 N 不同时，置信水平也就不同。

1.3.4 测量误差合成与分配

直接测量是常用的测量方法，但是在很多场合由于进行直接测量有困难或直接测量难以保证准确度，而需要采用间接测量。在这种间接测量中，测量误差是各个测量值误差的函数，研究这种函数误差有以下两个方面。

（1）已知被测量与各参数之间的函数关系及各测量值的误差，求函数的总误差，即误差合成（error combination）。在间接测量中，如功率、电能、增益等量值的测量，一般都是通过电压、电流、电阻、时间等直接测量值计算出来的，如何用各分项误差求出总误差是经常遇到的问题。

（2）已知各参数之间的函数关系及对总误差的要求，分别确定各个参数测量的误差，即误差分配（error distribution）。如在制订测量方案时，总误差由测量任务被限制在某一允许范围内，如何确定各参数误差的允许界限，这就是由总误差求分项误差的问题。

1. 测量误差的合成

（1）误差传递公式

在间接测量中，设 y 为间接测量值（函数），x_j 为各个直接测量值（自变量），则它们之间的关系一般为多元函数

$$y = f(x_1, x_2, \cdots, x_n) \tag{1.32}$$

自变量的误差为 $\Delta x_1, \Delta x_2, \cdots, \Delta x_n$，则

$$\Delta y = \sum_{j=1}^{n} \frac{\partial f}{\partial x_j} \Delta x_j \tag{1.33}$$

式中，$\Delta x_j = x_j - A_j$，x_j 为各个测量值，A_j 为实际值，式（1.35）为绝对误差传递公式。

若将上式两边除以 y，则相对误差表达式为

$$\gamma_y = \frac{\Delta y}{y} = \frac{\displaystyle\sum_{j=1}^{n} \frac{\partial f}{\partial x_j} \Delta x_j}{f} \tag{1.34}$$

由于

$$\frac{\dfrac{\mathrm{d}f}{\mathrm{d}x}}{f} = \frac{\mathrm{d}\ln f}{\mathrm{d}x} \qquad (1.35)$$

因而

$$\gamma_y = \sum_{j=1}^{n} \frac{\partial \ln f}{\partial x_j} \Delta x_j \qquad (1.36)$$

式(1.36)是相对误差传递公式。

（2）常用函数的合成误差

①和差函数的合成

设 $y = A \pm B$，其中 A, B 是两组测量结果，则

$$\Delta y = \Delta A \pm \Delta B$$

$$\gamma_y = \frac{\Delta y}{y} = \frac{\Delta A \pm \Delta B}{A \pm B} \qquad (1.37)$$

②积函数的合成误差

设 $y = A \cdot B$，A 和 B 的绝对误差为 ΔA 和 ΔB，则

$$\Delta y = \sum_{j=1}^{n} \frac{\partial f}{\partial x_j} \Delta x_j = B\Delta A + A\Delta B$$

$$\gamma_y = \frac{\Delta y}{y} = \frac{\Delta A}{A} + \frac{\Delta B}{B} = \gamma_A + \gamma_B \qquad (1.38)$$

③商函数的合成误差

设 $y = A/B$，A 和 B 的绝对误差为 ΔA 和 ΔB，则

$$\Delta y = \frac{1}{B}\Delta A + \left(-\frac{A}{B^2}\right)\Delta B$$

$$\gamma_y = \frac{\Delta y}{y} = \frac{\Delta A}{A} - \frac{\Delta B}{B} = \gamma_A - \gamma_B \qquad (1.39)$$

④幂函数的合成误差

设 $y = KA^m B^n$（K 为常数），则

$$\Delta y = KmA^{m-1}B^n \Delta A + KnA^m B^{n-1} \Delta B$$

$$\gamma_y = \frac{\Delta y}{y} = m\frac{\Delta A}{A} + n\frac{\Delta B}{B} = m\gamma_A + n\gamma_B \qquad (1.40)$$

[例1.2]　用弓高弦长法间接测量大工件直径。如图1.19所示，车间工人用一把卡尺量得弓高 $h = 50$ mm，弦长 $l = 500$ mm。已知，工厂检验部门又用高准确度等级的卡尺量得弓高 $h = 50.1$ mm，弦长 $l = 499$ mm。试问车间工人测量该工件直径的系统误差，并求修正后的测量结果。

[解]

建立间接测量大工件直径的函数模型

$$D = \frac{l^2}{4h} + h$$

不考虑测量值的系统误差，可求出在 $h = 50$ mm，$l = 500$ mm 处的直径测量值

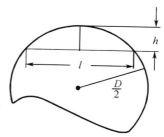

图1.19　某工件示意图

$$D_0 = \frac{l^2}{4h} + h = 1\ 300\ \text{mm}$$

车间工人测量弓高 h、弦长 l 的系统误差为

$$\Delta h = 50 - 50.1 = -0.1\ \text{mm}, \Delta l = 500 - 499 = 1\ \text{mm}$$

误差传递系数为

$$\frac{\partial f}{\partial h} = -\left(\frac{l^2}{4h^2} - 1\right) = -\left(\frac{500^2}{4 \times 50^2} - 1\right) = -24$$

$$\frac{\partial f}{\partial l} = \frac{l}{2h} = \frac{500}{2 \times 50} = 5$$

直径的系统误差

$$\Delta D = \frac{\partial f}{\partial l}\Delta l + \frac{\partial f}{\partial h}\Delta h = 7.4\ \text{mm}$$

故修正后的测量结果为

$$D = D_0 - \Delta D = 1\ 300 - 7.4 = 1\ 292.6\ \text{mm}$$

2. 测量误差的分配

(1) 按误差相同的原则分配误差

这里指分配给各组成环节的误差相同，即

$$\Delta x_1 = \Delta x_2 = \cdots = \Delta x_j = \cdots = \Delta x_n \tag{1.41}$$

因为

$$\Delta y = \sum_{j=1}^{n}\left(\frac{\partial f}{\partial x_j}\Delta x_j\right) = \left(\sum_{j=1}^{n}\frac{\partial f}{\partial x_j}\right)\Delta x_j \tag{1.42}$$

所以

$$\Delta x_j = \frac{\Delta y}{\sum_{j=1}^{n}\frac{\partial f}{\partial x_j}} \tag{1.43}$$

可见这种分配多用于各分项性质相同、误差大小相近的情况。当然这样分配后，不一定完全合理，可以对各项的 Δx_j 进行适当的调整，以利于实现。

将上式用相对误差表示时，有

$$\gamma_j = \frac{\gamma_{ym}}{n} \tag{1.44}$$

式中，γ_{ym} 为总的测量准确度的要求。

(2) 按总误差影响相同的原则分配误差

这里指分项误差的值不同，但它们对总误差的影响是相同的，即

$$\frac{\partial f}{\partial x_1}\Delta x_1 = \frac{\partial f}{\partial x_2}\Delta x_2 = \cdots = \frac{\partial f}{\partial x_n}\Delta x_n \tag{1.45}$$

因为

$$\Delta y = \sum_{j=1}^{n}\left(\frac{\partial f}{\partial x_j}\Delta x_j\right) = n\frac{\partial f}{\partial x_j}\Delta x_j \tag{1.46}$$

所以

$$\Delta x_j = \frac{\Delta y}{n\frac{\partial f}{\partial x_j}} \tag{1.47}$$

[**例**1.3]　用测电压和电流的方法测量功率,要求功率的相对误差 $\gamma_p < 5.0\%$。测得电压 $U = 10$ V,电流 $I = 80$ mA。按对总误差影响相同的原则分配误差,应如何选择电压和电流表(即选择精度等级 G)。

[**解**]

$$P = UI = 800 \text{（mW）}$$

$$\Delta P \leqslant 800 \times (\pm 5.0\%) = \pm 40 \text{（mW）}$$

得

$$\Delta U \leqslant \frac{\Delta P}{n\dfrac{\partial P}{\partial U}} = \frac{\Delta P}{nI} = \frac{40}{2 \times 80} = 0.25 \text{（V）}$$

已知测量结果为 $U_x = 10$ V,选用 $U_B = 15$ V 的电压表,则

$$\Delta U_{\max} = \pm G\% U_B = \pm G\% \times 15 \leqslant 0.25 \text{（V）}$$

所以,$\pm G\% \leqslant 0.25/15 = 0.016\ 7$,$G \leqslant 1.67$。因此,可选 $U_B = 15$ V,精度等级 $G = 1.5$ 级电压表。

$$\Delta I \leqslant \frac{\Delta P}{n\dfrac{\partial P}{\partial I}} = \frac{\Delta P}{nU} = \frac{40}{2 \times 10} = 2 \text{（mA）}$$

已知 $I_x = 80$ mA,选量程 $I_B = 100$ mA 的电流表。则

$$\Delta I_{\max} = \pm G\% I_B = \pm G\% \times 100 \text{ mA} \leqslant 2 \text{ mA}$$

所以,有 $\pm G\% \leqslant 2/100 = 0.02$,$G \leqslant 2$,因此可量程 $I_B = 100$ mA,精度等级 $G = 1.5$ 级电流表。

1.4　本　章　小　结

本章主要介绍传感器及信号检测与转换技术基础,传感器基础知识以及测量误差的处理方法和误差合成与分配。学生应该通过更多课外材料的阅读,提高对检测与转换技术领域的新技术、新发展的认识和理解。

1.5　思　　考　　题

1. 自动检测与转换系统的基本组成是什么?

2. 简述心电信号检测系统的基本组成及各部分功能。

3. 检测仪表和检测系统的技术性能有哪些,有什么含义,如何测量或计算?

4. 测量误差来源有哪些? 按误差出现的规律,测量误差分哪几类?

5. 举例说明什么是系统误差、随机误差、粗大误差以及它们的特点。

6. 对某量进行多次重复的等精度测量,测量次数为 10 次,在不考虑系统误差和粗大误差的情况下,测量结果如下:

测量结果:123.95,123.45,123.60,123.60,123.87,123.88,123.00,123.85,123.82,123.60。

试求标准偏差和极限偏差,并写出测量结果表达式。

7. 已知某仪表最大绝对误差为 ± 5 ℃,测量范围为 $0 \sim 1\ 000$ ℃,试问仪表的精度等级是多少?

8. 用高压表测量 1 000 V 电压,测得值为 1 005 V;用电压表测量 100 V 电压,测得值为 105 V;用温度计测量 200 ℃ 炉温,测得值为 205 ℃。试比较三种仪表的测量误差。

9. 要测量 100 ℃ 的温度,现有 0.5 级测量范围为 0~300 ℃ 和 1.0 级、测量范围 0~100 ℃ 的两种温度计,试分析各自产生的示值误差,如何选择两种温度计?

10. 已知一组测量数据:$x = 1,2,3,4,5$;$y = 500.6,442.4,428.6,370.1,343.1$。求其最小二乘线性度。要求:用 C 语言或 Matlab 语言编程求取,给出程序代码和运行结果。

11. 已知一长方体,直接测量其各边长为 $a = 161.6$ mm,$b = 44.5$ mm,$c = 11.2$ mm。已知测量的系统误差为 $\Delta a = 1.2$ mm,$\Delta b = -0.8$ mm,$\Delta c = 0.5$ mm,试求立方体的体积 V。

12. 传感器的基本组成是什么? 简述其各部分主要功能。

13. 常用的传感器功能材料有哪些,各自有什么特点?

第2章 电阻式传感器

【本章要点】

电阻式传感器(resistance sensor)是把位移、力、压力、加速度、扭矩等非电物理量转换为电参量变化的传感器。其主要包括电阻应变式传感器、热电阻传感器、电位器式传感器和各种半导体电阻传感器等。本章主要介绍电阻应变式传感器和热电阻传感器,重点在于两类传感器工作原理和测量电路。

2.1 电阻应变传感器

电阻应变传感器(resistance strain sensor)是以电阻应变片作为传感元件的电阻式传感器。电阻应变式传感器由弹性敏感元件、电阻应变片、补偿电阻和外壳组成,可根据具体测量要求设计成多种结构形式。弹性敏感元件在被测量的作用下产生形变,并使附着其上的电阻应变片一起形变。电阻应变片再将形变转换为电阻值的变化,从而可以测量力、压力、扭矩、位移、加速度和温度等多种物理量。

2.1.1 电阻应变片测量原理

电阻应变片(resistance strain gauge)是利用电阻应变效应制成的,以单根金属丝为例进行推导和分析。

由物理学可知,一般金属电阻丝的电阻 R 为

$$R = \rho \frac{L}{S} \tag{2.1}$$

式中 ρ——材料的电阻率,$\Omega \cdot m$;

L——金属丝长度,m;

S——金属丝的横截面积,m^2。

对式(2.1)两端先取对数再微分,可得

$$\ln R = \ln \rho + \ln L - \ln S \tag{2.2}$$

$$\frac{dR}{R} = \frac{d\rho}{\rho} + \frac{dL}{L} - \frac{dS}{S} \quad \text{或} \quad \frac{\Delta R}{R} = \frac{\Delta \rho}{\rho} + \frac{\Delta L}{L} - \frac{\Delta S}{S} \tag{2.3}$$

又因为

$$S = \pi r^2 \tag{2.4}$$

所以有

$$\frac{\Delta R}{R} = \frac{\Delta \rho}{\rho} + \frac{\Delta L}{L} - 2\frac{\Delta r}{r} \tag{2.5}$$

式中 $\Delta L/L = \varepsilon_L$ 为金属丝的轴向应变(axial strain);

r——金属丝截面半径,m;

$\Delta r / r = \varepsilon_r$,为金属丝的径向应变(radial strain)。

当电阻丝沿轴向拉伸时,沿径向则缩小,二者之间的关系为

$$\varepsilon_r = - \nu \varepsilon_L \tag{2.6}$$

式中,ν 为电阻丝材料的泊松比(Poisson Ratio)。

将式(2.5)和式(2.6)合并可得

$$\frac{\Delta R}{R} = \frac{\Delta \rho}{\rho} + (1 + 2\nu) \varepsilon_L = S_r \cdot \varepsilon_L \tag{2.7}$$

$$S_r = \frac{\Delta \rho}{\rho} / \varepsilon_L + (1 + 2\nu) = \frac{\Delta R}{R} / \varepsilon_L \tag{2.8}$$

式中,S_r 为电阻应变片的灵敏度系数。

从式(2.8)可见,灵敏度 S_r 表示单位应变所引起的电阻丝电阻的相对变化。S_r 的大小不仅与电阻丝的几何尺寸$(1 + 2\nu)$有关,而且与材料电阻率$(\Delta \rho / \rho) / \varepsilon_L$ 的变化有关。对大多数金属电阻丝而言,其几何尺寸是常数;$(\Delta \rho / \rho) / \varepsilon_L$ 值也是常数,且往往很小。所以式(2.8)变为

$$S_r = 1.6 + \frac{\Delta \rho}{\rho} / \varepsilon_L \approx 2 \sim 3.6 \tag{2.9}$$

得到

$$\frac{\Delta R}{R} = (2 \sim 3.6) \varepsilon_L \tag{2.10}$$

由于轴向应变 ε_L 与沿轴向施加的外力成比例,即

$$\varepsilon_L = \frac{P_L}{E} \tag{2.11}$$

式中　P_L——沿轴向施加的外力,Pa;

E——材料的弹性模量(elastic modulus),$E = 2.06 \times 10^{11}$ Pa。

所以有

$$\frac{\Delta R}{R} = \frac{(2 \sim 3.6)}{E} P_L \tag{2.12}$$

式(2.12)即为电阻应变片工作原理表达式。

对于每一种电阻丝,在一定的变形范围内,无论受拉或受压,应变灵敏度系数保持不变,当超出某一范围时,S_r 值将发生变化。

2.1.2　电阻应变片种类

电阻应变片按材料分为金属式和半导体式,前者包括丝式、箔式、薄膜型,后者包括薄膜型、扩散型、外延型、PN 结型;按结构分为单片、双片、特殊形状;按使用环境分为高温、低温、高压、磁场、水下等。

下面按照材料分类,对电阻应变片进行介绍。

1. 金属式电阻应变片

(1)金属丝式(metal wire)应变片

这种应变片的敏感元件是由高电阻率的金属丝构成。为了获得高阻值,金属丝排列成栅网形式,放置并粘贴在绝缘基片上。金属丝的两端焊接时有引出导线,敏感栅上面贴有

保护片,其结构如图 2.1(a)所示。

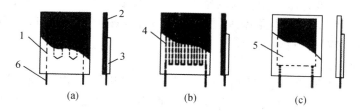

图 2.1　金属式应变片结构
(a)金属丝式;(b)金属箔式;(c)金属薄膜式
1—金属丝;2—基底;3—盖层;4—金属箔;5—薄膜电阻;6—引线

由图 2.1 可知,金属丝式电阻应变片由敏感栅(sensitive grid)(根据种类不同包括金属丝 1、金属箔 4、薄膜电阻 5)、基底(basal)2、盖层(cover layer)3、引线(lead)6 和黏合层(bonding layer)等部分组成。其中敏感栅是应变片内实现应变 – 电阻转换的最重要的传感元件。金属丝式电阻应变片(图 2.1(a))中,敏感栅栅丝直径一般为 0.015 ~ 0.05 mm。可以制成 U 形、V 形和 H 形等多种形状,如图 2.2 所示。根据不同用途,栅长范围为 0.2 ~ 200 mm。基底用以保持敏感栅及引线的几何形状和相对位置,并将被测件上的应变迅速准确地传递到敏感栅上,因此基底做得很薄,一般为 0.02 ~ 0.4 mm。盖层起防潮、防腐、防损的作用,用以保护敏感栅。基底和盖层用专门的薄纸制成的称为纸基,用各种黏结剂和有机树脂薄膜制成的称为胶基,现多采用后者。黏结剂将敏感栅、基底及盖层黏结在一起。在使用应变片时也采用黏结剂将应变片与被测件粘牢。引线常用直径为 0.10 ~ 0.15 mm 的镀锡铜线,并与敏感栅两输出端焊接。

(2)金属箔式(metal foil)电阻应变片

箔式电阻应变片的敏感元件是通过光刻技术、腐蚀等工序制成的一种很薄的金属箔栅,如图 2.1(b)所示。金属箔的厚度只有 0.003 ~ 0.10 mm,横向部分的特别粗,可大大减少横向效应,敏感栅的粘贴面积大,能更好地随同试件变形。金属箔式应变片还具有散热性能好,允许电流大、灵敏度、寿命长、可制成任意形状、易加工、生产效率高等优点,所以其使用范围日益扩大,已逐渐取代丝式应变片而占主要的地位。但需要注意,制造箔式应变片的电阻值的分散性要比丝式的大,有的能相差几十欧姆,故需要作阻值的调整。

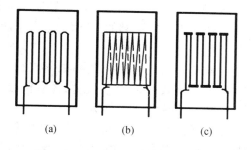

图 2.2　金属丝应变片金属丝形状
(a)U 形;(b)V 形;(c)H 形

(3)金属薄膜式(metal film)电阻应变片

与金属丝式和箔式两种传统的金属粘贴式电阻应变片不同,金属薄膜应变片是采用真空蒸发或真空沉积的方法,将金属敏感材料直接镀制于弹性基片上,如图 2.1(c)所示。相对于金属粘贴式应变片而言,薄膜应变片的应变传递性能得到了极大的改善,几乎无蠕变,并且具有应变灵敏系数高、稳定性好、可靠性高、工作温度范围宽(–100 ~ 180 ℃)、使用寿命长、成本低等优点,是一种很有发展前途的新型应变片,目前在实际使用中遇到的主要问题是尚难控制其电阻对温度和时间的变化关系。

对金属式电阻应变片敏感栅材料的基本要求是灵敏度系数大,并且在较大应变范围内保持常数;电阻温度系数小;电阻率大;机械强度高,且易于拉丝或辗薄;与铜丝的焊接性好,与其他金属的接触热电势小。

2. 半导体应变片

半导体应变片是利用压阻效应(piezoresistive effect)进行工作的。所谓压阻效应就是指一块半导体材料的某一轴向受到一定作用力时,电阻率就会发生变化。当半导体应变片受到轴向力的作用,其电阻的相对变化量为

$$\frac{\Delta R}{R} = (1 + 2\nu)\varepsilon_L + \frac{\Delta \rho}{\rho} \tag{2.13}$$

实验结果表明

$$\frac{\Delta \rho}{\rho} = \pi_e \sigma = \pi_e E \varepsilon_L \tag{2.14}$$

式中　π_e——半导体材料的压阻系数,m^2/N;

σ——半导体小条沿其纵向受到的应力,Pa;

E——半导体材料的弹性模量,Pa;

ε_L——沿半导体小条轴向的应变。

将式(2.13)和式(2.14)合并得

$$\frac{\Delta R}{R} = (1 + 2\nu)\varepsilon_L + \pi_e E \varepsilon_L = (1 + 2\nu + \pi_e E)\varepsilon_L \tag{2.15}$$

则半导体应变片的灵敏度系数为

$$S_r = \frac{\Delta R/R}{\varepsilon_L} = 1 + 2\nu + \pi_e E \tag{2.16}$$

式(2.16)中的前两项是由半导体几何尺寸的变化引起的,其数值一般在1.6左右;第三项为压阻效应所引起的,其值远远大于前两项之和,故可将式(2.16)改写为

$$S_r \approx \pi_e E \tag{2.17}$$

与丝式和箔式应变片的灵敏系数(约为2.0～3.6)相比,半导体应变片灵敏系数很高,约为丝式和箔式的50倍。此外,还有机械滞后小、横向效应小以及体积小等优点,因而扩大了半导体应变片的适用范围。

半导体应变片采用锗、硅半导体材料,利用光刻、腐蚀或压膜工艺,在基底上制成应变敏感栅,然后用覆盖层加以保护。半导体应变片结构及外形如图2.3和图2.4所示。

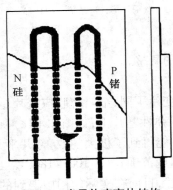

图2.3　半导体应变片结构

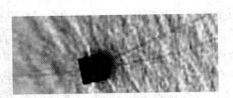

图2.4　半导体应变片实物外形

半导体应变片的缺点主要是电阻值及灵敏度系数的温度稳定性差,测量较大的应变时非线性严重,灵敏度系数的离散度较大等,这就为其使用带来一定的困难。虽然如此,在动态测量中仍被广泛采用。

2.1.3　电阻应变传感器测量电路

电阻应变传感器测量电路的主要作用是将应变片的电阻变化转换成电压信号输出。最常用的测量电路是电桥。电桥根据供桥电源的不同分为直流(Direct Current,DC)电桥和交流(Alternating Current,AC)电桥。电阻应变传感器的测量电路可以用直流电桥,也可以用交流电桥。这里只对直流电桥加以介绍。

1. 直流电桥(DC bridge)

直流电桥是一种用来测量电阻或与电阻有一定函数关系的非电量比较式仪器。它将被测量电阻与标准电阻进行比较而得到测量结果,其测量灵敏度和准确度都较高。直流电桥由 S. H. Christie(克利斯第)于 1833 年首先发明,但很少应用,直到 1847 年 Sir. Charles Wheatstone(惠斯通)才认识到电桥是测电阻非常准确的方法,并因此得名叫惠斯通电桥。

直流电桥按电桥的测量方式可分为平衡电桥(balance bridge)和非平衡电桥(non-balance bridge)。平衡电桥是把待测电阻与标准电阻进行比较,通过调节电桥平衡,从而测得待测电阻值,只能用于测量具有相对稳定状态的物理量。而在实际工程中和科学实验中,很多物理量是连续变化的,这时需要采用非平衡电桥。非平衡电桥的基本原理是通过桥式电路来测量电阻,根据电桥输出的不平衡电压,再进行运算处理,从而得到引起电阻变化的其他物理量,如温度、压力、形变等。下面对它们的工作原理分别进行介绍。

(1)平衡测量

图 2.5(a)中,电阻 R_1,R_2,R_3,R_4 构成一直流电桥,检流计 G 中无电流时,电桥达到平衡,电桥平衡的条件为

$$\frac{R_1}{R_2} = \frac{R_4}{R_3} \quad 或 \quad R_1 R_3 = R_2 R_4 \tag{2.18}$$

设 $R_1 = R_x$ 为被测电阻,则

$$R_x = \frac{R_2}{R_3}R_4 \tag{2.19}$$

最常用的单臂直流电桥用来测量约 $1\ \Omega \sim 0.1\ M\Omega$ 的电阻。

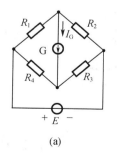

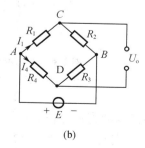

(a)　　　　　　　　　　(b)

图 2.5　两种直流电桥

(a)直流电桥平衡测量;(b)直流不平衡电桥

（2）不平衡测量

这种方法测量的不是电桥恢复平衡所需的作用量，而是测量两个分压器之间的电压差或测量通过跨接在分压器之间的检测器的电流。图2.5（b）中，根据直流电桥的平衡条件，C,D两点的输出电压为

$$U_o = U_C - U_D = I_1 R_1 - I_4 R_4 = \frac{R_1 R_3 - R_2 R_4}{(R_1 + R_2)(R_3 + R_4)}E \tag{2.20}$$

工作时，若各桥臂的电阻都发生变化，电桥将有电压输出，即

$$R_1 \rightarrow R_1 + \Delta R_1, R_2 \rightarrow R_2 + \Delta R_2, R_3 \rightarrow R_3 + \Delta R_3, R_4 \rightarrow R_4 + \Delta R_4$$

式中，$\Delta R_1, \Delta R_2, \Delta R_3, \Delta R_4$分别为四个桥臂电阻的变化量。

假设四个桥臂初始电阻相等，且电阻变化量很小，即

$$R_1 = R_2 = R_3 = R_4 = R, \quad \Delta R_i \ll R$$

可得

$$U_o \approx \frac{E}{4R}(\Delta R_1 - \Delta R_2 + \Delta R_3 - \Delta R_4) \tag{2.21}$$

上式称为直流电桥不平衡测量的和差特性。

由式（2.21）可见：

①至少有一个桥臂的电阻发生变化，电桥才有输出电压，即$U_o \neq 0$，这时电桥称为单臂电桥（one-arm bridge），见图2.6（a）。

②如果电桥两个桥臂电阻发生变化，且变化量相同时，则必须满足相邻两个桥臂电阻发生变化，且变化趋势相反；或者相对两个桥臂电阻变化，且变化趋势相同时，才能保证电桥有输出，且输出为单臂电桥的两倍，这时电桥称为半桥（double-arm bridge），见图2.6（b）和图2.6（c）。

③如果电桥四个桥臂电阻同时变化，必须同时保证相邻两个桥臂电阻变化趋势相反、相对两个桥臂电阻变化趋势相同，才能保证电桥输出最大，且输出为单臂电桥的四倍，这时电桥称为全桥（whole-arm bridge），见图2.6（d）。

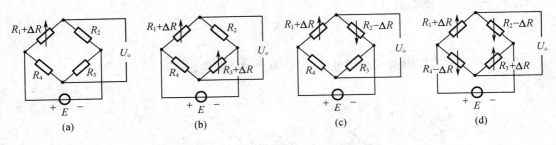

图2.6　直流电桥不平衡测量典型电路

（a）单臂电桥；（b）半桥－对臂电阻变化相同；（c）半桥－临臂电阻变化相反；（d）全桥

2. 电阻应变传感器的直流电桥测量电路

当直流电桥用于应变电阻的测量时，主要利用直流电桥的不平衡测量法，通常采用图2.6所示的三种桥路。

（1）单臂电桥

图2.6（a）中，R_1为工作应变片时，R_2, R_3, R_4为固定电阻。R_1上的箭头表示应变片的

电阻变化趋势,箭头向上表示电阻变大,箭头向下表示电阻变小。令 $R_1 = R_2 = R_3 = R_4 = R$,此时输出电压为

$$U_o \approx \frac{E}{4R}\Delta R \tag{2.22}$$

式中,ΔR 为应变电阻 R_1 在外力的作用下的电阻变化量。

（2）半桥

图 2.6(b)中,两个相对桥臂 R_1,R_3 为工作应变片,阻值同时变大,R_2,R_4 为固定电阻。图 2.6(c)中,两个邻臂 R_1,R_2 为工作应变片,阻值一个变大,另一个变小,R_3,R_4 为固定电阻。若 $R_1 = R_2 = R_3 = R_4 = R$,$\Delta R_1 = \Delta R_2 = \Delta R$,此时输出电压为

$$U_o \approx \frac{E}{2R}\Delta R \tag{2.23}$$

（3）全桥

图 2.6(d)中,四个电阻 R_1,R_2 R_3,R_4 都为工作应变片。若 $R_1 = R_2 = R_3 = R_4 = R$,$\Delta R_1 = \Delta R_2 = \Delta R_3 = \Delta R_4 = \Delta R$,此时输出电压为

$$U_o \approx \frac{E}{R}\Delta R \tag{2.24}$$

在以上三种桥路中,全桥四臂工作方式的灵敏度最高,双臂半桥次之,单臂电桥灵敏度最低。

3. 电阻应变传感器的温度补偿电路

电阻应变片对温度变化十分敏感,当温度变化时,应变片的电阻值也会发生变化,这将给测量结果带来误差。在桥路输出中,消除这种误差对它进行修正,以求出仅由应变片引起电桥输出的方法叫温度补偿(temperature compensation)。常用的温度补偿方法有热敏电阻补偿法和电桥补偿法。这里主要介绍后者。

由电阻应变片的电桥测量电路知道,电桥相邻两臂若同时产生大小相等、符号相同的电阻增量,电桥的输出将保持不变。利用这个性质,可将应变片的温度影响相互抵消。其方法如图 2.7 所示:将两个特性相同的应变片 R_1 和 R_2,用同样的方法粘贴在相同材质的两个试件上,置于相同的环境温度中,R_1 受应力(被测外力 F)为工作片,R_2 不受应力为补偿片,把这两个应变片分别安置在电桥的相邻两臂。测量时,若温度发生变化,这两个应变片将引起相同的电阻增量,对输出 U_o 不产生影响。因此电阻应变传感器的直流电桥测量电路常接成半桥和全桥的形式,一方面提高测量精度,另一方面同时达到比较好的温度补偿效果。

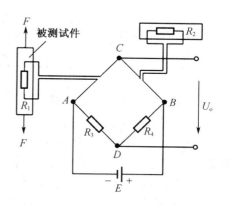

图 2.7 电阻应变片的电桥温度补偿电路

电桥温度补偿电路的优点是成本低,且在一定温度范围内补偿效果较好。但一种阻值的应变片,只能在一种材料上使用,且其电阻值不随温度作直线变化,使用温度范围受到限制。

2.1.4 电阻应变传感器命名与选择

1. 应变片命名规则

对于电阻应变片的命名,国际国内均未有统一的标准,一般各电阻应变片生产企业均按各自方式自行命名。我国某电阻应变片生产公司对电阻应变片的命名规则,如图 2.8 所示。

2. 应变片选择方法

在实际应用中,应遵循试验或应用条件为先,试件或弹性体材料状况次之的原则,选用与之匹配的最佳性价比的应变片。表 2.1 列出了选择应变片应考虑的内容,仅适用于常规情况,不包括核辐射(nuclear radiation)、强磁场(strong magnetic field)、高离心力(high centrifugal force)等特殊场合。

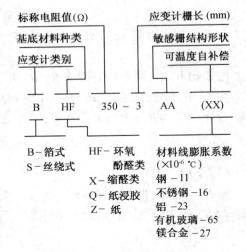

图 2.8 电阻应变计的命名规则

表 2.1 选择应变片应考虑的内容

步骤	选择参数	考虑内容
1	应变片的系列	应用精度、环境条件等
2	敏感栅栅长	试件材料大小尺寸、粘贴面积、安装条件、应变梯度等
3	敏感栅结构	应变梯度、应力种类、散热条件、安装空间、应变计电阻等
4	标称电阻	使用条件、功耗大小、最大允许电压等
5	温度自补偿系数	试件材料类型、工作温度范围、应用精度等
6	蠕变补偿代号	弹性体的固有蠕变特性、实际测试的精度、工艺方法、防护胶种类、密封形式等
7	引线连接方式	根据实际需要选择应变计的引线连接方式

(1)应变片敏感栅长度选择

应变片在加载状态下的输出应变是敏感栅区域的平均应变。为获得真实测量值,通常应变片栅长应不大于测量区域半径的 1/10 ~ 1/5。栅长较长的应变片具有易于粘贴和接线、散热性好等优点。对于应变场变化不大和一般传感器用途,选用栅长 3 ~ 6 mm 的应变片。如果对非均匀材料(如混凝土、铸铁、铸钢等)进行应变测量,应选择栅长不小于材料的不均匀颗粒尺寸的应变片,以便比较真实地反映结构内的平均应变。

(2)应变片敏感栅材料和基底材料选择

60 ℃ 以内、长时间、最大应变量在 1 000 μm/m 以下的应变测量,一般选用以康铜合金箔为敏感栅、改性酚醛或聚酰亚胺为基底的应变片;150 ℃ 以内的应变测量,一般选用以康铜、卡玛合金箔为敏感栅、聚酰亚胺为基底的应变片等。

(3)应变片敏感栅结构形式选择

测量未知主应力方向试件的应变或测量剪切应变(shear strain)时选用多轴应变片;测量已知主应力方向试件的应变时,可选用单轴应变片;用于压力传感器的应变片可选用圆形敏感栅的多轴应变片;测量应力分布时,可选用排列成串或行的多个敏感栅的多轴应变片等。

(4)应变片电阻选择

应变片电阻的选择应根据应变片的散热面积、导线电阻的影响、信噪比、功耗大小来选择。对于传感器一般推荐选用 350 Ω、1 000 Ω 电阻的应变片。对于应力分布试验、应力测试、静态应变测量等,应尽量选用与仪器相匹配的阻值,一般推荐选用 120 Ω、350 Ω 的应变片。

(5)温度及弹性模量自补偿系数选择

应变计温度及弹性模量自补偿系数的选择可参照温度自补偿功能及弹性模量自补偿功能来进行选择。

(6)蠕变标号选择

一般应变片型号中 N*、T* 为蠕变标号(creep label),标号不同,蠕变值不同。其规律是:相邻标号之间实际蠕变值相差 0.015% ~ 0.01% F. S./30 min。

(7)接线方式选择

电阻应变片有多种接方式线,一般分为标准引线方式,即接线方式为圆柱状引线;带状引线方式,必须注明引线长度;其他引线方式,如漆包线、高温导线等。

表2.2 给出了几种国产电阻应变片的技术数据。

表2.2 几种国产电阻应变片的技术数据

型号	形式	阻值/Ω	灵敏度系数 S_r	线栅尺寸
PZ – 17	圆角线栅	120 ± 0.2	1.95 ~ 2.10	2.8 mm × 17 mm
PJ – 120	纸基圆角线栅	118	2.0 ± 1%	2.8 mm × 18 mm
8120	纸基圆角线栅	120	1.9 ~ 2.1	3 mm × 12 mm
PJ – 320	胶基圆角线栅	320	2.0 ~ 2.1	11 mm × 11 mm
PB – 5	胶基箔式	120 ± 0.5	2.0 ~ 2.2	3 mm × 5 mm

2.1.5 电阻应变传感器应用

电阻应变传感器的应用十分广泛,使用方式有两类:第一类是将应变片粘贴于被测构件上,直接用来测定构件的应力或应变;第二类是将应变片粘贴于弹性元件(elastic element)上,与弹性元件一起构成应变式传感器,常用来测量力、位移、压力、加速度等物理参数。

1. 弹性敏感元件

弹性敏感元件是指由弹性材料制成的敏感元件。在传感器的工作过程中常采用弹性敏感元件把力、压力、力矩、振动等被测参量转换成应变量或位移量,然后再通过各种转换元件把应变量或位移量转换成电量。弹性敏感元件一般包括:弹簧管、膜盒、波纹管等。

(1)压力弹簧管

压力弹簧管(pressure spring tube)又称为布尔顿管(Bourdon tube)。它是一种管体呈圆弧形、螺旋形、涡线形、麻花形,且截面为椭圆形或扁圆形,具有灵敏度高、刚度大、过载能力强的特点。压力弹簧管常用铜合金或不锈钢材料制作。常用的布尔顿管有：C 型和扭绞型两种，如图 2.9(a)(b)所示，压力弹簧管实物如图 2.9(c)所示。

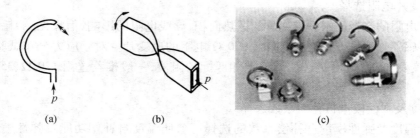

图 2.9　压力弹簧管

(a)C 型；(b)扭绞型；(c)压力弹簧管实物图

（2）膜片和膜盒

膜片(diaphragm)是一种可以在垂直于它的挠性面(flexible surface)方向移动的力敏元件。它的作用是将被测力转换成膜片的中心位移或中心集中力输出，传给指示器或执行机构，具有质量轻、体积小、结构简单、性能可靠、输出位移范围大、价格低廉的优点。

为加大膜片中心的弹性位移，使测压灵敏度提高，常将两个膜片对焊起来，成为膜盒(capsule)，这样也便于和被测压力连接。只要把被测压力接到盒内，使盒外为环境大气压，膜盒中心的位移便能反映被测压力值。若将膜盒内部抽成真空并密封，当外界大气压力变化时，膜盒中心位移就能反映大气的绝对压力值。便携式气象仪器(portable meteorological instruments)常用这种原理测大气压力。又因为大气压力与海拔高度有一定的关系，所以航空仪表中的高度计也常用真空膜盒构成。

膜片及膜盒弹性敏感元件常用磷青铜、铍青铜或不锈钢材料制作。常用的膜片和膜盒如图 2.10 所示。

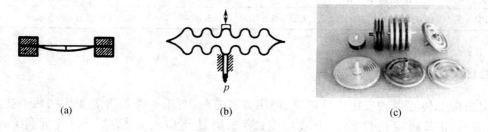

图 2.10　膜片和膜盒

(a)膜片；(b)膜盒；(c)膜片和膜盒实物

（3）波纹管

波纹管(bellows)是一种具有一定波纹形状的薄壁弹性元件。它具有在受轴向力、径向力(或弯矩)作用时，会产生相应位移的特点。波纹管也是由弹性金属制成的，材料和膜片膜盒一样，特点是线性好而且弹性位移大。

波纹管的纵断面如图 2.11(a)所示。图中，R_e 为外半径；R_i 为内半径；α 为波纹的倾角；p 为被测压力。其结构很像手风琴的风箱。当管内接入被测压力时，随着被测压力的增大,将引起管壁波纹变形,管将在轴线方向上伸长。金属波纹管实物如图2.11(b)所示。

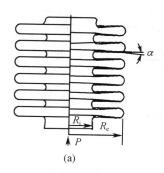 

(a)　　　　　　　　　　(b)

图2.11　波纹管

(a)波纹管的纵断面;(b)金属波纹管实物图

2. 电阻应变片的应用种类

(1)第一类

应变片粘贴于被测构件上,直接用来测定构件的应力或应变。

例如,为了研究或验证机械、桥梁、建筑等某些构件在工作状态下的受力、变形情况,可利用形状不同的应变片,粘贴在构件的预测部位,测得构件的拉、压应力,扭矩(torque)或弯矩(bending moment)等,如图2.12所示。

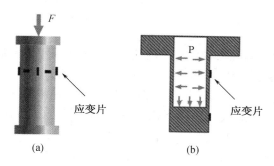

(a)　　　　　　　　　　(b)

图2.12　电阻应变式传感器测构件的拉、压应力

(a)柱式测力传感器;(b)筒式测力传感器

(2)第二类

应变片粘贴于弹性元件上,与弹性元件一起构成应变式传感器。

这种传感器常用来测量力、位移、压力、加速度等物理参数,见图2.13。在这种情况下,弹性元件将得到与被测量成正比的应变,再通过应变片转换成电阻的变化后输出。

如图2.13(a)所示,用于位移传感器时,当被测物体产生位移时,悬臂梁随之产生与位移相等的挠度(deflection),因而应变片产生相应的应变。在小挠度情况下,挠度与应变情况成正比。将应变片接入桥路,输出与位移成正比的电压信号。

如图2.13(b)所示,用于加速度传感器测量时,基座固定在振动体上。振动(vibration)加速度使质量块产生惯性力,悬臂梁则相当于惯性系统中的弹簧,在惯性力的作用下产生弯曲变形。因此,梁的应变在一定的频率范围内与振动体的加速度成正比。

图 2.13　电阻应变式传感器测量位移、加速度物理参数

（a）位移传感器；（b）加速度传感器

3. 电阻应变片的粘贴处理

电阻应变片的粘贴一般分为五个步骤，分别是去污（decontamination）、贴片（patch）、测量（measurement）、焊接（welding）和固定（fixed），见图 2.14。

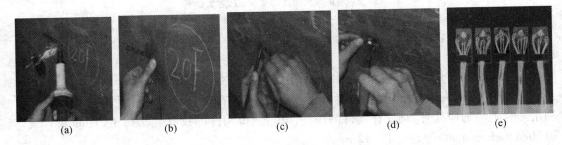

图 2.14　电阻应变片粘贴的五个步骤

（a）去污；（b）贴片；（c）测量；（d）焊接；（e）固定

首先采用手持砂轮工具除去构件表面的油污、漆、锈斑等，并用细纱布交叉打磨出细纹以增加粘贴力，用浸有酒精或丙酮的纱布片或脱脂棉球擦洗。然后在应变片表面和处理过的粘贴表面上涂一层均匀的粘贴胶，用镊子将应变片放上去并调好位置，盖上塑料薄膜，用手指糅合滚压，以排出下面的气泡。接下来从分开的端子处，预先用万用表测量应变片的电阻，发现端子折断和坏的应变片。然后将引线和端子用烙铁焊接起来，注意不要把端子扯断。最后用胶布将引线和被测对象固定在一起，防止损坏引线和应变片。

4. 电阻应变传感器应用实例

（1）智能电子秤

作为质量测量仪器，智能电子秤（intelligent electronic scale）因其测量准确，测量速度快，易于实时测量和监控等优点，成为了测量领域的主流产品。这里介绍基于电阻应变传感器的智能电子秤的设计。

①系统功能分析

要求设计的电子秤以单片机为主要部件，用汇编语言进行软件设计，硬件则以电阻应变传感器和桥式测量电路为主，量程为 0～500 g。

②系统整体结构分析

电阻应变传感器经直流电桥组成的测量电路后，输出的电量是模拟量，数值比较小达不到 A/D 转换接收的电压范围。所以，送 A/D 转换之前要对其进行前端放大处理。然后，A/D 转换的结果送单片机进行数据处理并显示。其数据显示部分采用 LCD 显示，系统整体结构示意图如图 2.15 所示。

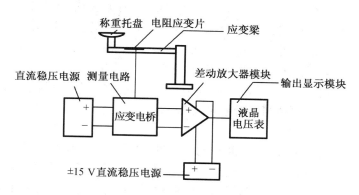

图2.15 电子秤系统整体结构示意图

③系统硬件电路设计

a. 电阻应变传感器选用 PB – 5 金属箔式应变片,测量电路采用直流半桥电路。

b. 放大电路采用三运放结构。三运放结构具有差动输入阻抗高、共模抑制比高、偏置电流低、良好的温度稳定性、低噪单端输出和增益调整方便等优点。

c. 数据采集系统的核心是微处理器,对整个系统进行控制和数据处理,由采样/保持器、放大器、A/D 转换器和单片机组成,如图 2.16 所示。

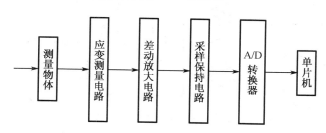

图2.16 电子秤数据采集系统框图

(a)采样/保持电路:低速场合采用继电器作为开关,可以减小开关漏电流的影响;高速场合也采用晶体管、场效应管作为开关。

(b)A/D 转换器:采用 8 路 8 位逐次逼近式 ADC0809 A/D 转换器,结果为 8 位二进制数据,转换时间短,且转换精度在 0.1% 上下,比较适中,适用于一般场合。

d. 显示部分可以将处理得出的信号在显示器上显示,让人们直观地看到被测体的质量,也可以进行报警提示。采用极低功耗的汉字图形 LCD 液晶显示模块。

e. 键盘电路可选择电子秤工作模式、设定测量上限等。键盘部分采用矩阵式的键盘,这种结构的特点是把检测线分为两组,一组为行线,一组为列线,按键放在行线和列线的交叉点上。

④系统软件设计

a. 监控程序的设计:实时地响应来自系统的各种信息,按信息的类别进行处理。当系统出现故障时,能自动的采取有效的措施消除故障,保证系统能够继续进行正常工作。

b. 数据处理子程序的设计:整个程序的核心主要用来调整输入值系数,使输出满足量程要求。另外完成 A/D 的采样结果从十六进制数向十进制数形式转化。

c. 数据采集子程序设计:数据采集用 ADC0809 芯片来完成,主要分为启动、读取数据、延时等待转换结束、读出转换结果、存入指定内存单元、继续转换(退出)几个步骤。

d. 显示子程序的设计:使用字符显示,首先调用事先编好的键盘显示子程序,然后输出写显示命令。在显示过程中一定要调用延时子程序。当输入通道采集了一个新的过程参数,或仪表操作人员键入一个参数,或仪表与系统出现异常情况时显示管理软件应及时调用显示驱动程序模块,以更新当前的显示数据。

(2)数控车床切削力测量

在数控车床(digital controlled lathe)的加工过程中,通过对切削力的测量可以分析与研究数控车床各零部件、机构的受力情况和工作状态,验证设计和计算结果的正确性,确定整机工作过程中的负载分布,这利于验证数控机床安全可靠地运行,有助于实现数控机床自动加工、自动检测、自动控制和切削力过载报警与保护。

①切削力测量系统硬件结构

测量系统硬件原理框图如图 2.17 所示。该测量系统主要由电阻应变片测力传感器、信号放大器、多路开关、A/D 转换器、单片机和显示装置组成。系统由电阻应变片对切削力进行连续自动检测,对数据进行转换后,以 AT89C51 单片机为控制核心进行集中控制,外围电路针对单片机的功能特点而设计而成。

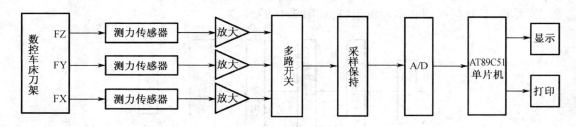

图 2.17 系统硬件原理图

a. 测力传感器

测力仪中最常用的传感器是电阻应变传感器,由电阻应变片和测量转换电路组成。电阻应变片就是将被测量的力通过它产生的金属弹性变形转化为电阻值变化的敏感元件,测量时应变片上的应变与被测量的力成比例,从而实现对力的检测。

b. 放大器

放大器的作用是把传感器输出的信号(一般为微伏至毫伏级)放大到 A/D 转换器所能接收的统一的 0 ~ 5 V 电平。

c. 多路开关

多路开关是把数控车床切削过程中由传感器变换后的各路的电信号与 A/D 相连,以便进行 A/D 转换,这样既可节省设备,又不至于令各个被测参数之间互相竞争。多路开关每次闭合的通道号由程序控制。

d. 采样/保持电路

由于现场所测的切削力是连续变化的,而单片机采样却是断续的,为了使参数未被采样时仍能维持原来的数值,所以需要采用采样保持电路,这里选用大规模集成电路芯片 LF398。

e. A/D 转换器

把测力传感器输出的模拟电压变成数字量,可以用 ADC0809 八位 A/D 转换器。

f. 显示装置

A/D 转换器虽然将测力传感器输出的模拟电压值转换为数字量,但是它并不是实际数控车床切削力的值,要得到真正的切削力的值还需进行静态标定和标度变换。

(a)静态标定:通过实验建立测力传感器输出电压与切削力之间的关系曲线和数学模型。

(b)标度变换:将 A/D 转换器转换后的 00H ~ FFH 数字量再转换为实际的切削力的值。

以上两步工作进行完毕后,才能经单片机将实际的切削力的值在数码管上显示出来。

②系统软件

系统软件包括系统主程序、A/D 采样程序、标度变换程序、动态显示程序和中断服务程序等,中断服务程序主要是利用定时器中断产生的时标,对 LED 数码管进行动态刷新显示。

2.2　热电阻传感器

热电阻传感器(thermal Resistor)是采用热电阻(thermal resistance)(电阻值随温度变化的温度检测元件)作为温度敏感元件的传感器。其主要用于对温度和与温度有关的参量进行检测,测量精度高,在低温(300 ℃以下)范围内,比热电偶的灵敏度要高,广泛用于中低温(−200 ~ 650 ℃)范围内的温度测量,便于远距离测量和多点测量。

2.2.1　热电阻工作原理

物质的电阻率随温度变化的物理现象称为热阻效应(thermal resistance effect)。利用电阻的热阻效应制成的传感器称为热电阻传感器(thermal resistor)。

按热电阻的材料来分,可分为金属热电阻和半导体热电阻两大类,前者通常简称为热电阻,后者称为热敏电阻(thermistor)。大多数金属热电阻在温度升高 1 ℃时,其阻值将增加 0.4% ~ 0.6%;热敏电阻阻值一般随温度升高而减小,在温度增加 1 ℃时,其阻值将减少 2% ~ 6%。大多数金属热电阻阻值随温度的升高而增加的原因在于温度升高时,自由电子的动能增加,从而改变自由电子的运动方式,使其做定向运动所需要的能量就增加,反映在电阻上阻值就会增大。一般金属热电阻和温度之间关系为

$$R_T = R_0[1 + \alpha(T - T_0)] \tag{2.25}$$

式中　R_T——温度 T 时的电阻值,Ω;

　　　R_0——温度 T_0 时的电阻值,Ω;

　　　α——热电阻温度系数,$1/℃$。

α 一般表示单位温度引起的电阻相对变化量,不是常数,随温度的变化而变化,只能在一定的温度范围内看作常数。

热电阻灵敏度为

$$S_t = \frac{1}{R_0}\frac{\mathrm{d}R_T}{\mathrm{d}T} = \alpha \tag{2.26}$$

由式(2.25)可知,热电阻阻值和温度变化之间关系一般为非线性,为了方便计算被测

温度,将热电阻测量的温度 T 与电阻阻值 R_T 的对应关系形成表格,这就是热电阻分度表(见附录 A)。在分度表中,一般要规定初始电阻 R_0 和初始温度 T_0 的值。这样,如果知道被测温度 T,可以查到对应的热电阻的阻值 R_T;反之,如果知道热电阻的阻值 R_T,可以查到对应被测温度 T。

2.2.2　热电阻结构类型

1. 金属热电阻

(1)金属热电阻材料

金属热电阻感温材料种类较多,应用最多的是铂丝,此外还有铜、镍、铁、铁－镍、钨、银等。我国按统一国家标准规定生产的标准化热电阻有铂热电阻、铜热电阻和镍热电阻。

①铂热电阻

物理化学性能稳定,尤其是耐氧化,甚至在很宽的温度范围内(1 200 ℃ 以下)保持上述特性。铂热电阻温度计是目前测温仪表中精确度最高的一种。我国目前生产三种初始电阻值的铂电阻,即 $R_0 = 46\ \Omega, 100\ \Omega, 1\ 000\ \Omega$,相应分度号分别为 Pt46,Pt100 和 Pt1000。

根据标准 751—1983 规定,工业铂电阻的温度与电阻的关系如下。

在 $-200\ ℃$ 至 $0\ ℃$ 范围内

$$R_T = R_0 \left[1 + AT + BT^2 + C(T - 100\ ℃) T^3 \right] \tag{2.27}$$

在 $0\ ℃$ 至 $650\ ℃$ 范围内

$$R_T = R_0 \left[1 + AT + BT^2 \right] \tag{2.28}$$

式中　R_T——温度 T 时的电阻值,Ω;

R_0——温度 T_0 时的电阻值,Ω;

A, B, C——为常数,其中 $A = 3.908\ 002 \times 10^{-3}/℃$,$B = -5.802 \times 10^{-7}/(℃)^2$,$C = -4.273\ 50 \times 10^{-12}/(℃)^3$。

②铜热电阻

容易提纯,工艺性好,价格便宜,电阻率低但电阻温度系数比铂高。由于电阻率低,制成一定阻值的热电阻时,体积较大,热惯性(thermal inertia)增大。我国工业用铜热电阻有两种初始电阻值,即 $R_0 = 50\ \Omega$ 和 $R_0 = 100\ \Omega$,相应分度号分别为 Cu50 和 Cu100。测温范围 $-50 \sim 150\ ℃$。

在 $-50 \sim 150\ ℃$ 范围内

$$R_T = R_0 \left[1 + AT + BT(T - 100\ ℃) + CT^2(T - 100\ ℃) \right] \tag{2.29}$$

式中符号意义同上,其中 $A = 4.28 \times 10^{-3}/℃$,$B = 9.31 \times 10^{-8}/(℃)^2$,$C = 1.23 \times 10^{-9}/(℃)^3$。

③镍热电阻

电阻温度系数较大,电阻率也较高,纯镍丝做成的镍热电阻比铂电阻的灵敏度高,但随温度变化的非线性较严重,提纯也较难。我国已将其规定为标准化的热电阻,初始电阻值有 $R_0 = 100\ \Omega, 300\ \Omega, 500\ \Omega$ 三种,测温范围 $-60 \sim 180\ ℃$。

(2)金属热电阻类型

工业用金属热电阻有普通型(normal type)热电阻、铠装(armor type)热电阻、薄膜(film type)热电阻以及隔爆型(flameproof type)热电阻等。

①普通型热电阻

普通型热电阻外形结构如图2.18所示。其主要结构包括接线盒、接线端子、保护管、绝缘套管、感温元件(电阻体)。铂热电阻的电阻体结构如图2.19(a)所示,铜热电阻的电阻体结构如图2.19(b)所示,实物如图2.20(a)所示。

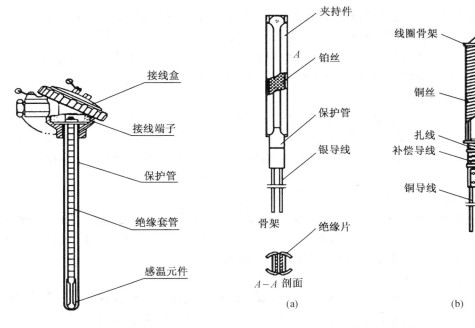

图2.18 普通型热电阻基本结构

图2.19 热电阻体结构图
(a)铂热电阻体;(b)铜热电阻体

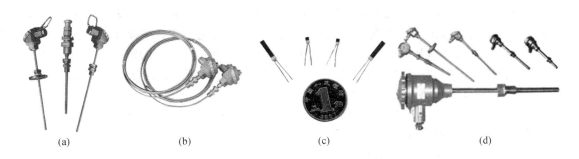

图2.20 不同金属热电阻实物图
(a)普通热电阻;(b)铠装热电阻;(c)薄膜热电阻;(d)隔爆型热电阻

铂电阻体结构有三种基本形式。

a. 玻璃烧结(glass sintering)式:把细铂丝(直径0.03~0.04 mm)用双绕法绕在刻有螺纹的玻璃管架上,最外层再套以直径4~5 mm的薄玻璃管,烧结在一起,起保护作用,引出线也烧结在玻璃棒上。这种结构的热惯性小。

b. 陶瓷管架(ceramic pipe rack)式:其工艺特点同玻璃烧结式一样,采用陶瓷管架,其外护层采用涂釉方法,有利于减小热惯性,缺点是电阻丝的热应力较大,影响稳定性、复现性,易碎,尤其引线易断。

c. 云母管架(mica pipe rack)式:铂丝绕在侧边做有锯齿形的云母片基体上,以避免铂丝滑动短路或电阻不稳定,在绕有铂丝的云母片外面覆盖一层绝缘保护云母片,外侧再用银带缠绕固定。为了改善传热条件,一般在云母管架电阻体装入外保护管时,两边再压上具有弹性的导热支撑片。

铜热电阻体通常采用管形塑料作骨架,用漆包铜电阻丝(直径0.07~0.1 mm)双线无感地绕在管架上,由于铜的电阻率较小,所以需要多层绕制。它的热惯性比铂电阻体大很多。铜电阻体上还有锰铜补偿绕组,以便调整铜电阻体的电阻温度系数。整个电阻体绕制后经过酚醛树脂漆的浸渍处理,以提高其导热性和机械紧固作用。

②铠装热电阻

铠装(sheathed)热电阻是由感温元件(电阻体)、引线、绝缘材料和不锈钢套管组合而成的坚实体,实物如图2.20(b)所示,它的外径一般为2~8 mm。与普通型热电阻相比,铠装热电阻体积小,内部无空气隙,热惯性小,测量滞后小,机械性能好,耐振,抗冲击,能弯曲,便于安装,使用寿命长。

③薄膜热电阻

薄膜(thin film)热电阻也叫端面热电阻,感温元件由真空蒸镀特殊处理的电阻丝绕制,紧贴在传感器端面,实物如图2.20(c)所示。它与一般轴向热电阻相比,能更正确和快速地反映被测端面的实际温度,适用于测量轴和其他机件的端面温度。

④隔爆型热电阻

通过特殊结构的接线盒,把其外壳内部爆炸性混合气体因受到火花或电弧等影响而发生的爆炸局限在接线盒内,生产现场不会引起爆炸,实物如图2.20(d)所示。隔爆(explosion – proof)型热电阻可用于具有爆炸危险场所的温度测量。

2. 半导体热电阻

(1)半导体热电阻材料及特点

半导体热电阻又称为热敏电阻。常用来制造热敏电阻的材料为锰、镍、铜、钛、镁等的氧化物。将这些材料按一定比例混合,经高温烧结而成热敏电阻。其主要特点是:

①灵敏度较高,电阻温度系数比金属大10~100倍以上,能检测出$10^{-6}℃$的温度变化;

②工作温度范围宽,常温器件适用于 $-55~315℃$,高温器件最高可达到 2 000 ℃,低温器件适用于 $-273~-55℃$;

③体积小,能够测量其他温度计无法测量的空隙、腔体及生物体内血管的温度;

④使用方便,电阻值可在 0.1~100 kΩ 间任意选择;

⑤易加工成复杂的形状,可大批量生产;

⑥稳定性好、过载能力强。

(2)热敏电阻类型

热敏电阻按其电阻阻值随温度变化的基本性能的不同可分为三种类型:负温度系数(Negative Temperature Coefficient,NTC)型、正温度系数(Positive Temperature Coefficient,PTC)型和临界温度(Critical Temperature Resistor,CTR)型。

①NTC 型

随温度上升电阻呈指数关系减小,电阻值与温度关系可近似表示为

$$R_T = R_0 e^{\left[\beta\left(\frac{1}{T}-\frac{1}{T_0}\right)\right]}$$

(2.30)

式中　R_T, R_0——分别为温度为 T, T_0 时电阻值，Ω；

　　　　　β——材料的材料常数。

NTC 型热敏电阻材料一般是半导体陶瓷和非氧化物系材料，测温范围为 $-10 \sim 300\,℃$，广泛用于测温、控温、温度补偿等方面。

②PTC 型

随温度上升电阻急剧增加，电阻值与温度关系可近似表示为

$$R_T = R_0 e^{[\gamma(T-T_0)]} \tag{2.31}$$

式中，γ 为材料的材料常数。

PTC 热敏电阻是以半导体化的 $BaTiO_3$ 等材料，并添加增大其正电阻温度系数的 Mn，Fe，Cu，Cr 的氧化物，采用陶瓷工艺成形、高温烧结而成。在工业上可用作温度的测量与控制，也用于汽车某部位的温度检测与调节，还大量用于民用设备，如控制瞬间开水器的水温、空调器与冷库的温度等方面。

③CTR 型

具有负电阻突变特性，在某一温度下，电阻值随温度的增加激剧减小。其构成材料是钒、钡、锶、磷等元素氧化物的混合烧结体，是半玻璃状的半导体，一般作为控温报警等应用。

三种热敏电阻与铂热电阻随温度变化的特性曲线比较见图 2.21。

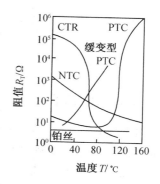

图 2.21　热敏电阻三种类型特性

（3）热敏电阻命名

热敏电阻在电路中的文字符号用字母"R_t"表示。在我国，敏感电阻元件的产品型号组成包括主称（用字母表示）、类别（用字母表示）、用途或特征（用字母或数字表示）和序号（用数字表示）。国产热敏电阻的命名如表 2.3。

表 2.3　国产热敏电阻命名

主称			类别					
符号	意义		符号	意义				
M	温度敏感元件		F	负温度系数热敏电阻器（NTC）				
			Z	正温度系数热敏电阻器（PTC）				
序号	0	1	2	3	4	5	6	7	8	9
NTC 型	特殊	普通	稳压	微波	旁热	测温	控温	/	线性	/
PTC 型	/	普通	限流	/	延迟	测温	控温	消磁	/	恒温

例如：MZ21 – N8R0RMJ 表示开关温度为 $100\,℃ \pm 5\,℃$，标称零功率电阻值为 $8\,\Omega$（$8R0R = 8\,\Omega$），基本误差为 $\pm 20\%$，瓷片直径为 $\phi 10\,mm$ 的过电流保护用的直热式阶跃型正温度系数（PTC）热敏电阻。

（4）热敏电阻结构

热敏电阻的结构形式常做成棒状、珠状、片状等，其外形、结构及符号如图 2.22 所示。

棒状的保护管外径为 1.5 ~ 2 mm,长度为 5 ~ 7 mm;珠状的外径为 1 ~ 3 mm;圆片状的直径在 3 ~ 10 mm 间,厚度为 1 ~ 3 mm。

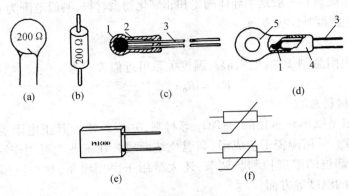

图 2.22　热敏电阻的外形、结构及符号

1—热敏电阻;2—玻璃外壳;3—引出线;4—紫铜外壳;5—传热安装孔

(a)圆片型热敏电阻;(b)柱型热敏电阻;(c)珠型热敏电阻;

(d)铠装型;(e)厚膜型;(f)图形符号

2.2.3　热电阻测温线路

利用热电阻测温实际是测量热电阻在工作状态下的阻值,然后再由电阻和温度之间的关系,查询分度表得到被测温度,所以热电阻测温线路主要包括热电阻传感器、电阻测量桥路、显示仪表及连接导线。工业用热电阻常与动圈式仪表(moving coil meter)或自动平衡电桥(automatic balance bridge)配套使用。当与动圈仪表配套使用时,其测量电桥都是不平衡电桥。

由于热电阻的阻值,除了半导体热敏电阻的阻值很大,高达兆欧以上外,一般金属热电阻的阻值都在几欧到几十欧范围内。所以,热电阻本体的引线电阻和连接导线的电阻都会给温度测量结果带来很大影响。尤其是热电阻引线常处于被测温度的环境中,受到被测温度的影响,其电阻值也随温度变化,且难以估计和修正。为了消除导线电阻对温度测量的影响,热电阻传感器与桥式电路的连接线路从二线制发展到三线制和四线制接法。

1. 二线制接法

二线制接法如图 2.23 所示。热电阻 R_t 的两根引线 r 通过连接导线 r' 接入不平衡电桥,热电阻 R_t 所在桥臂的电阻包括:引线电阻 $2r$、连接导线电阻 $2r'$ 及热电阻 R_t 组成。由于引线及连接导线的电阻与热电阻处于电桥的一个桥臂之中,它们随环境温度的变化全部加入到热电阻的变化之中,直接影响热电阻测量温度的准确性。

由于二线制接法简单,实际工作中仍有应用,为使误差不致过大,要求引线的电阻值:对铜电阻而言,不应超过 R_0 的 0.2%;对铂电阻而言,不应超过 R_0 的 0.1%。

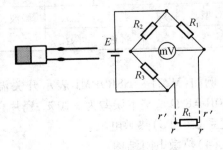

图 2.23　二线制接法

2. 三线制接法

三线制接法如图 2.24 所示。热电阻 R_t 有三根引线。两根引线及其连接导线的电阻分别加到电桥相邻两桥臂中,增加的一根导线用以补偿连接导线的电阻引起的测量误差。三线制要求三根导线的材质、线径、长度一致且工作温度相同,使三根导线的电阻值相同。

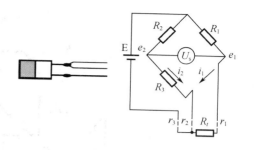

图 2.24　三线制接法

r_1,r_2,r_3 为延长线电阻,则

$$U_s = e_1 - e_2 \qquad (2.32)$$

设 $i_1 = i_2 = i$

则

$$e_1 = i_1(r_1 + R_t + r_3)$$
$$e_2 = i_2(r_2 + R_3 + r_3) \qquad (2.33)$$

由于三根引线材料相同、长度相同,即 $r_1 = r_2 = r_3$,则

$$U_s = i(R_t - R_3) \qquad (2.34)$$

3. 四线制接法

作为精密测温用的热电阻,经常用四根引线。这是为了更好地消除引线电阻变化对测温的影响。在实验室测温和计量标准工作中,采用四引线热电阻,配合用的仪表为精密电位差计或精密测温电桥。在用精密电桥测温时电桥本身就要求有四根引线。图 2.25 为用电位差计(potentiometer)精密测量热电阻值的四线制线路。

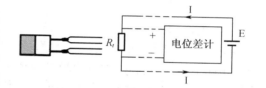

图 2.25　四线制接法

在利用电位差计平衡读数时,电位差计不取电流,热电阻的电位测量线(与接线端子相接的导线与引线)没有电流流过,所以热电阻引线和连接导线的电阻无论怎样变化也不会影响热电阻 R_t 的测量,从而完全消除了引线电阻变化对测温精度的影响。

利用四线制的电位差计法测量热电阻操作比较麻烦,而且应保持工作电流稳定,故多用于实验室的测温工作中。

4. 实际测量电路

(1)动圈式仪表

动圈式仪表(moving coil instrument)是一种小型模拟式显示仪表,常与热电偶、热电阻等配合,来测量、监视和控制温度。测量机构是根据法国达松伐耳(D'Arsonval)于 1882 年提出的检流计原理设计而成,见图 2.26。

由细导线绕成的可动线圈,靠金属张丝或轴尖支承在永久磁铁极靴的间隙中。当电流通过可动线圈时感生磁场与永久磁场相互作用产生力矩,驱动线圈偏转,使张丝或游丝变形而产生反力矩,当二力矩平衡时指针稳定在某一位置。指针转角的大小与流过线圈的电流成正比,指针在标尺上指示出被测值。动圈仪表原理简单,成本较低,测量指示精确度较高。

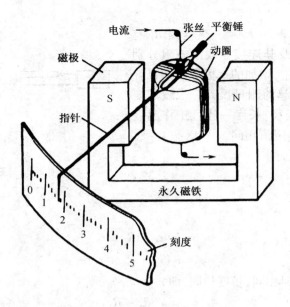

图 2.26　动圈式仪表

（2）测量电路

如图 2.27 所示，动圈式仪表的测量机构连接在桥路的对角线上，桥路采用稳压电源（stabilized voltage supply）供电，220 V 交流电压经过桥式整流（bridge rectifier）滤波后再经稳压管稳压，以 40 V 的输出电压供给电桥。桥路在平衡时，回路参数应满足

$$R_3 = R_4, R_t + R_0 + r_0 = R_2 + r_2 \tag{2.35}$$

式中，R_t 为热电阻在测温下限时的电阻值，r_0，r_2 分别为 R_0，R_2 的微调电阻。

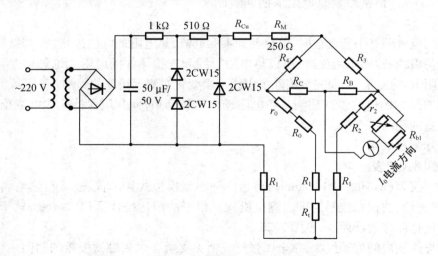

图 2.27　热电阻与动圈式仪表组成测温线路

当温度变化使 R_t 变化时，$R_t + R_0 + r_0 \neq R_2 + r_2$，但此时 $R_3 = R_4$，故桥路不平衡，且有电流从仪表动圈流入，使表头产生偏转。

热电阻电路采用三线制连接。图 2.27 中，R_{b1} 为仪表附加电阻，用来和连接导线的电阻匹配后达到仪表的规定值(一般规定为 5 Ω),R_C 用于限制满量程电流。

5. 测温误差

(1)热电阻基本误差

工业用热电阻已定型生产,并且采用统一的分度表,实际热电阻参数值偏离标准值,允许有一定误差,对于偏离标准值引起的误差可以通过单独标定加以减小,但因电阻本身不稳定和标准仪器的传递误差所引起的基本误差是不能减小的。

此外,热电阻测温时要通过电流,增大电流可以提高输出信号,但会引起热电阻的自热,使测量产生附加误差,因此对热电阻的工作电流有一定限制。一般要求,工作电流不超过 6 mA,与此相配合使用的显示仪表也应满足这一要求,此时热电阻自热现象所引起的测温误差一般不会超过 0.1 ℃,实际工作中热电阻的工作电流常用 2 ~ 4 mA。

(2)引线电阻误差

金属热电阻本身的阻值不大,所以热电阻到显示仪表间的引线电阻将直接影响测量误差。为此,工业测量中在允许的情况下应尽量采用三线制接法连接热电阻。采用二线制接法时,应严格限制引线电阻值。

(3)显示仪表误差

工业用电阻温度计配套使用的显示仪表,如动圈式仪表、自动平衡电桥或电位差计,一般均根据不同测量范围以确定温度值分度,其误差以精度等级形式给出。应当注意的是,这个误差不是温度误差,而是指电阻测量误差,在使用具体仪表时,要按上述方法计算电阻测量误差,再根据这个误差求出对应的温度误差。

2.2.4　热敏电阻传感器应用实例

1. 婴幼儿踢被、尿床报警器电路

图 2.28 给出一个由温度检测控制电路、尿床检测电路和语音报警电路三部分电路组成的婴幼儿踢被、尿床报警器电路。

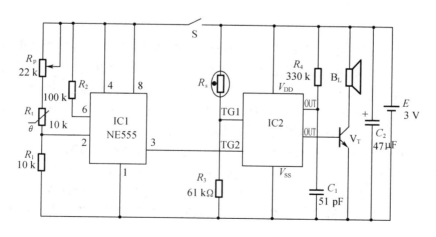

图 2.28　婴幼儿踢被、尿床报警器电路

温度检测电路由 NTC 型热敏电阻器 R_t、电阻器 R_1、R_2、电位器 R_P 和时基集成电路 IC1 组成。当婴幼儿踢被时,R_t 由低阻状态变为高阻状态,使 IC1 的 2 脚变为低电平(低于 1

V),3 脚输出高电平,IC2 受触发工作,其输出的语音电信号经三极管 VT 放大后,驱动 B_L 发出"注意保温"的语音报警声。调整 R_P 的阻值,可改变温度检测控制(即踢被报警动作)的灵敏度。$R_1 \sim R_4$ 均选用 1/8 W 的碳膜电阻器,R_t 选用负温度系数的热敏电阻器,R_P 选用膜式可变电阻器或有机实心电阻器,IC1 选用 NE555(定时器)型时基集成电路,IC2 选用 HFC5221 型语音集成电路,B_L 选用 0.25 W、8 Ω 的电动式扬声器,S 选用单极拨动式开关。

2. 远程多点油库温度检测系统

该系统由温度检测模块、无线数据通信模块和显示模块三大部分组成。本系统主要功能是通过温度传感器将油罐的温度信号转换为电信号,再通过对电信号的处理和转换将数字量输入到单片机中进行计算,把温度数据通过无线通信的方式传输给监测主机。最后,主机将测得的数据整理显示出来,当个别点的温度达到预设的上下限值时运用显示屏和警铃进行报警,以此实现远程多点的油库温度测量系统。图 2.29 为系统总体设计原理框图。

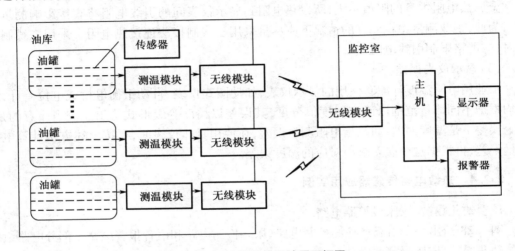

图 2.29 系统总体设计原理框图

(1)测温模块设计

油库中的油罐最多可以实现 64 个点的温度检测,这 64 个点是由 8 组最小单位的测温模块组成的,而每组最小单位测温模块是由 8 个温度传感器构成的。它们的排列方式是先将圆柱体的油罐的侧面平均分成 8 份,每份安装一组最小单位的测温模块,然后每组最小单位的测温模块按照圆柱体的高线依次成直线排列。在数据上传时也是按照每组的数据进行传送的。图 2.30 为最小单位温度检测模块原理框图。

8 个温度传感器首先连接的是 8 位的多路开关,多路开关由单片机控制,方便按地址选择需要进行计算的温度传感器的电信号;信号预处理的作用是去除测量过程中引入的干扰;由于采集的电压信号较小,我们需要进行滤波放大;放大的信号经过 A/D 转换器转化成数字量;单片机控制读取哪个传感器、计算温度数值、上传温度数据这三方面的工作。

(2)无线通信模块设计

传统的通信方式虽然安全可靠且信号稳定,但由于需要模块系统建立的是油库和监控室之间的数据通信,繁复地布线会给安装和以后的机动带来影响,所以选择了无线通信。短距离的无线数据通信抗毁性强,不用借助其他网络,可以点对多的通信,是集检测、传输和控制的一体化技术。各测温点将温度数据传送给无线收发电路模块,无线通信模块对温

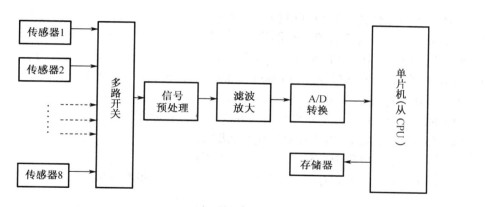

图 2.30 最小单位温度检测模块原理框图

度数据进行调制、放大,将数据经过天线以电磁波形式发送;接收端接收到符合该频率的信号后对数据包进行解调,还原温度数据,将数据上传主机显示。

(3)显示模块设计

显示模块是在 PC 机上开发出来的显示终端,PC 机的编程采用 Visual Basic 6.0 软件。通过软件开发,它能实现以下功能。

①串口通信:主要完成接收温度数据,发送采集指令。

②温度数据可视化:在 PC 机端按照各测温模块小组的排列顺序显示该油库油罐全部 64 个检测点的实时温度。

③温度报警:当某一点的温度高于临界值时实施报警,并在显示器上显示是哪个位置温度过高,该温度过高点方格内会闪烁红色,以示警示。

④历史查阅:可查某一点以往的温度信息及该点是否曾经报警过,报警过几次。

⑤数据打印:查阅历史数据的同时,可以选择打印该点的数据。

2.3 本章小结

本章主要介绍电阻应变式传感器和热电阻传感器的工作原理和应用电路。通过本章的学习,应具有根据不同要求选择不同的电阻式传感器进行相应检测电路设计的能力。

2.4 思考题

1. 什么是电阻式传感器?

2. 说明电阻应变传感器的工作原理。

3. 简述电阻应变片的分类及主要特性。

4. 一应变片的电阻 $R_0 = 120\ \Omega$,$S_r = 2.05$,用作应变为 0.005 的传感元件。

(1)求 ΔR 与 $\Delta R/R$;

(2)若电源电压 $E = 3$ V,求测量电桥的非平衡输出电压 $U_\circ$。

5. 电阻应变效应做成的传感器可以测量哪些物理量?

6. 解释应变效应、压阻效应。试说明金属应变片与半导体应变片的相同和不同之处。

7. 简述电阻应变传感器单臂电桥测量转换电路在测量时由于温度变化产生误差的过程。电阻应变式传感器进行温度补偿的方法是什么？

8. 采用四片相同的金属丝应变片（$S_r = 2$），将其贴在实心圆柱形测力弹性元件上。如题图 2.1 所示，受元件质量 $M = 1\,000$ kg 的力的作用，圆柱断面半径 $r = 1$ cm，杨氏模量 $E = 2 \times 10^7$ MPa，泊松比为 0.3。求

（1）画出应变片在圆柱上粘贴位置及相应测量桥路原理图；

（2）各应变片的应变、电阻相对变化量 $\Delta R/R$；

（3）若供电电桥电压为 6 V，求桥路输出电压；

（4）此种测量方式能否补偿环境温度对测量的影响？说明原因。

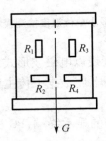

题图 2.1

9. 热电阻传感器主要分为哪几种类型，它们应用在哪些不同场合？

10. 热电阻与热敏电阻的电阻 – 温度特性有什么不同？

11. 热电阻测量时采用哪几种测量电路？说明这几种电路工作原理。

12. 设计一个电冰箱温控电路实例，剖析其工作原理。

13. 用分度号为 Pt100 铂电阻测温，在计算时错用了 Cu100 的分度表，查得的温度为 140 ℃，问实际温度为多少？

14. 某 NTC 热敏电阻，其 β 值为 2 900 K，若冰点电阻为 500 kΩ，求热敏电阻在 100 ℃ 时的阻值。

第 3 章　电抗式和霍尔传感器

【本章要点】

电抗式传感器(reactance type sensor)是把位移、力、压力等非电物理量转换为电容、电感等电抗值变化的传感器,主要包括电容式传感器和电感式传感器两种。霍尔传感器是把力、位移、速度、转速等非电物理量利用霍尔效应转换为电信号输出的传感器。本章重点介绍电容式传感器、霍尔传感器工作原理、测量电路和应用实例。

3.1　电容传感器

电容传感器(capacitance sensor)是将被测非电量的变化转换为电容量变化的一种传感器。其结构简单、分辨力高、可非接触测量,并能在高温、辐射和强烈振动等恶劣条件下工作。随着集成电路技术和计算机技术的发展,它成为一种很有发展前途的传感器。

3.1.1　电容传感器工作原理

如图 3.1 所示,两平行极板组成一个电容器,若忽略其边缘效应,它的电容量为

$$C = \varepsilon A/\delta = \varepsilon_0 \varepsilon_r A/\delta \tag{3.1}$$

式中　C——电容器电容量,F;

　　　A——极板相互遮盖面积,m^2;

　　　δ——两平行极板间的距离,m;

　　　ε_r——极板间介质相对介电常数(dielectric constant)(无量纲);

　　　ε_0——真空介电常数,其值为 8.85×10^{-12} F/m;

　　　ε——极板间介质绝对介电常数,F/m。

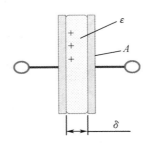

图 3.1　平行板电容器结构示意图

由式(3.1)可见,在 ε, A, δ 三个参量中,只要保持其中任意两个不变,改变另外一个,均可使电容器的电容量 C 改变,这就是电容传感器的工作原理。

3.1.2 电容传感器结构形式

根据工作原理,电容传感器可分为极距变化型、面积变化型和介质变化型三类。极距变化型一般用来测量微小的线位移或由于力、压力、振动等引起的极距变化,如电容压力传感器。面积变化型一般用于测量角位移或较大的线位移。介质变化型常用于物位测量和各种介质的温度、密度、湿度的测定。

1. 极距变化型

图3.2为极距(polar distance changing)变化型电容传感器的原理图。由式(3.1)可知电容器的初始电容量 C_0 为

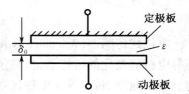

图 3.2 极距变化型电容
传感器原理图

$$C_0 = \varepsilon A/\delta_0 = \varepsilon_0\varepsilon_r A/\delta_0 \qquad (3.2)$$

式中 C_0——电容器初始电容量,F;

δ_0——两平行极板间初始极距,m。

当动极板因被测量变化而向上移动使极距 δ_0 减小 $\Delta\delta$ 时,电容量增大了 ΔC,则有

$$C_0 + \Delta C = \varepsilon_0\varepsilon_r A/(\delta_0 - \Delta\delta) = C_0/(1 - \Delta\delta/\delta_0) \qquad (3.3)$$

可见,传感器输出特性 $C = f(\delta)$ 是非线性的,如图3.3所示。此时,电容相对变化量为

$$\frac{\Delta C}{C_0} = \frac{\Delta\delta}{\delta_0}\left(1 - \frac{\Delta\delta}{\delta_0}\right)^{-1} \qquad (3.4)$$

如果满足条件 $\Delta\delta/\delta_0 \ll 1$,式(3.4)可按泰勒级数(Taylor series)展开成

$$\frac{\Delta C}{C_0} = \frac{\Delta\delta}{\delta_0}\left[1 + \frac{\Delta\delta}{\delta_0} + \left(\frac{\Delta\delta}{\delta_0}\right)^2 + \left(\frac{\Delta\delta}{\delta_0}\right)^3 + \cdots\right] \qquad (3.5)$$

式(3.5)略去高次(非线性)项,可得近似的线性关系和灵敏度 S_C 分别为

$$\frac{\Delta C}{C_0} \approx \frac{\Delta\delta}{\delta_0} \qquad (3.6)$$

$$S_C = \Delta C/\Delta\delta = C_0/\delta_0 = \varepsilon_0\varepsilon_r A/\delta_0^2 \qquad (3.7)$$

如果考虑式(3.5)中的线性项及二次项,则

$$\frac{\Delta C}{C_0} \approx \frac{\Delta\delta}{\delta_0}\left(1 + \frac{\Delta\delta}{\delta_0}\right) \qquad (3.8)$$

式(3.6)的特性如图3.4中的直线1所示,而式(3.8)的特性如3.4中的曲线2所示。

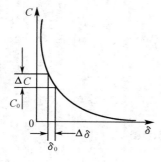

图 3.3 $C = f(\delta)$ 特性曲线

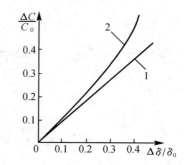

图 3.4 极距变化型电容传感器的非线性特性

由以上讨论可知。

（1）变极距型电容传感器只有在 $|\Delta\delta/\delta_0|$ 值很小时，才有近似的线性输出。

（2）灵敏度 S_C 与初始极距 δ_0 的平方成反比，故可用减小 δ_0 的办法来提高灵敏度。例如在电容式压力传感器中，常取 $\delta_0 = 0.1 \sim 0.2$ mm，$C_0 = 20 \sim 100$ pF。由于变极距型的分辨力极高，可测小至 0.01 μm 的线位移，故在微位移检测中应用最广。

（3）由式（3.8）可知，δ_0 的减小会导致非线性误差增大；δ_0 过小还可能引起电容器击穿或短路。为此，极板间可采用高介电常数的材料（如云母、塑料膜等）作介质，见图3.5。设两种介质的相对介电质常数为 ε_{r1} 和 ε_{r2}（$\varepsilon_{r1} = 1$，为空气；ε_{r2} 为高介电常数的材料），相应的介质厚度为 δ_1 和 δ_2，则

$$C_0 = \frac{\varepsilon_0 A}{\delta_1 + \delta_2/\varepsilon_{r2}} \tag{3.9}$$

显然，初始电容值明显增大。

（4）为提高传感器灵敏度，常采用差动结构（differential structure），如图3.6所示。动极板置于两个定极板之间，初始位置时，$\delta_1 = \delta_2 = \delta_0$，两边初始电容相等。当动极板向上移动位移 $\Delta\delta$ 时，两边极距分别变为 $\delta_1 = \delta_0 - \Delta\delta$ 和 $\delta_2 = \delta_0 + \Delta\delta$；两组电容分别变为 $C_1 = C_0 + \Delta C_1$ 和 $C_2 = C_0 - \Delta C_2$，总的相对变化量为

$$\Delta C/C_0 = \frac{C_1 - C_2}{C_0} = \frac{\Delta C_1 + \Delta C_2}{C_0} = 2\frac{\Delta\delta}{\delta_0}\left[1 + \left(\frac{\Delta\delta}{\delta_0}\right)^2 + \left(\frac{\Delta\delta}{\delta_0}\right)^4 + \cdots\right] \tag{3.10}$$

式中，ΔC_1 和 ΔC_2 分别为两个电容器的电容变化量，单位为 F。

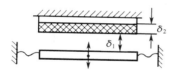

图3.5 具有固体介质的变极距型电容传感器

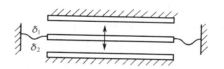

图3.6 变极距型差动式结构

略去式（3.10）高次项，可得近似的线性关系

$$\Delta C/C_0 \approx 2\frac{\Delta\delta}{\delta_0} \tag{3.11}$$

显然，差动式结构比普通的电容式传感器的灵敏度提高一倍，且非线性误差大为减小。由于结构上的对称性，该结构还能有效地补偿温度变化所造成的误差。

2. 变面积型

变面积型电容传感器有三种类型，分别为平面线位移型、角位移型和柱面线位移型，见图3.7。

下面以平面线位移型为例，介绍变面积型电容传感器工作原理。如图3.8(a)所示，与极距变化型不同的是，被测量通过动极板移动，引起两极板有效覆盖面积 A 的改变，从而得到电容的变化。电容器初始电容量为 $C_0 = \varepsilon_0\varepsilon_r l_0 b_0/\delta_0$，动极板相对于定极板沿长度 l_0 的方向平移 Δl，则此时电容量为

$$C = C_0 - \Delta C = \frac{\varepsilon_0\varepsilon_r(l_0 - \Delta l)b_0}{\delta_0} \tag{3.12}$$

式中 l_0——极板初始长度，m；

Δl——动极板沿长度方向平移距离,m;

b_0——极板宽度,m。

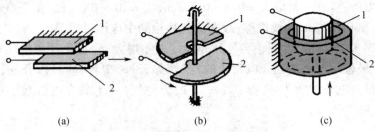

图 3.7　变面积型电容传感器三种类型

(a)平面线位移型;(b)角位移型;(c)柱面位移型

1—定极板;2—动极板

电容的相对变化量为

$$\Delta C/C_0 = \Delta l/l_0 \tag{3.13}$$

灵敏度为

$$S_C = \Delta C/\Delta l = \frac{\varepsilon_0 \varepsilon_r b_0}{\delta_0} \tag{3.14}$$

显然,这种电容传感器的输出特性呈线性,因此其量程不受线性范围的限制,适合于测量较大的直线位移和角位移。必须指出,上述讨论只在初始极距 δ_0 精确保持不变时成立,否则将导致测量误差。

变面积型电容传感器与变极距型相比,灵敏度较低。因此在实际应用中,也采用差动式结构,以提高其灵敏度,如图 3.8(b)所示。

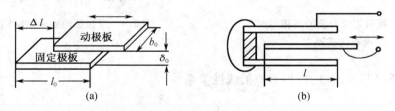

图 3.8　变面积型电容传感器原理图

(a)单片式;(b)差动式

3. 变介质型

图 3.9 为变介质(medium)型电容传感器原理结构图。图中两平行极板固定不动,极距为 δ_0,初始电介质的相对介电常数为 ε_{r1}。当相对介电常数为 ε_{r2} 的电介质以不同深度插入电容器中,会改变两种介质的极板覆盖面积,此时,传感器的总电容量 C 为

$$C = C_1 + C_2 = \frac{\varepsilon_0 b_0}{\delta_0}[\varepsilon_{r1}(l_0 - l) + \varepsilon_{r2}l] \tag{3.15}$$

式中　C_1,C_2——介质插入前后的电容量,F;

　　　l_0,b_0——极板长度和宽度,m;

　　　l——第二种电介质进入极间的长度,m。

若介质 1 为空气($\varepsilon_{r1} = 1$),当 $l = 0$ 时电容式传感器的初始电容 $C_0 = \varepsilon_0 \varepsilon_{r1} l_0 b_0/\delta_0$;当介

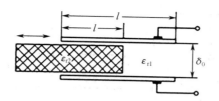

图 3.9　变介质型电容传感器

质 2 进入极间后引起电容的相对变化为

$$\Delta C / C_0 = \frac{C - C_0}{C_0} = \frac{\varepsilon_{r2} - \varepsilon_{r1}}{\varepsilon_{r1} l_0} l = \frac{\varepsilon_{r2} - 1}{l_0} l \quad (3.16)$$

可见,传感器的电容量的变化与介质 2 的移动量 l 呈线性关系。表 3.1 给出了几种常用介质的相对介电常数。

表 3.1　几种介质的相对介电常数

介质名称	相对介电常数 ε_r	介质名称	相对介电常数 ε_r	介质名称	相对介电常数 ε_r
真空	1	玻璃釉	3 ~ 5	聚丙烯	2 ~ 2.2
空气	略大于 1	SiO_2	38	聚苯乙烯	2.4 ~ 2.6
其他气体	1 ~ 1.2	云母	5 ~ 8	环氧树脂	3 ~ 10
变压器油	2 ~ 4	干的纸	2 ~ 4	高频陶瓷	10 ~ 160

上述原理可用于非导电散材物料的物位测量。如图 3.10 所示,将电容器极板插入被监测的介质中,随着灌装量的增加,极板覆盖面增大。由式(3.16)可知,测出的电容量即反映灌装高度 l。

3.1.3　电容传感器测量电路

电容传感器测量电路的主要作用是将传感器产生的电容量变化转换成电压信号输出。其最常用的测量电路是交流电桥,还包括信号放大部分、交流信号转变为直流信号部分——解调电路、高频干扰的滤除部分——滤波电路等,如图 3.11 所示。这里主要介绍交流电桥、调制解调电路。滤波电路将在后续章节介绍。

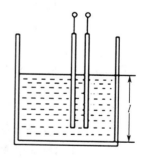

图 3.10　非导电流散材料物位的电容测量

1. 交流电桥

交流电桥(AC bridge)一般采用高频正(余)弦交流电压作为电桥电源,广泛用于测量交流等效电阻 R、电感 L、电容 C、电容损耗系数 D、电感品质因数 Q 等参数,其测量结果较为准确。

(1)交流电桥平衡条件

交流电桥的形式如图 3.12 所示。四个桥臂可以为电阻、电感、电容或三者任意组合起来的复阻抗,设分别用 Z_1, Z_2, Z_3, Z_4 表示。每一个复阻抗都包括实部和虚部,即电阻分量和电抗分量。复阻抗的表达形式为 $Z = R + jX = |Z| \angle \varphi = |Z| e^{j\varphi}$,其中,$R$ 为实部,X 为虚

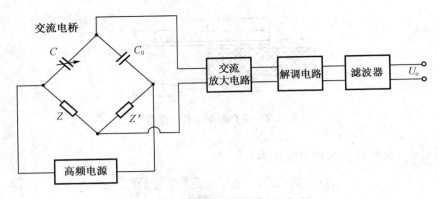

图 3.11 电容式传感器测量电路

部,$|Z|$ 为模,φ 为初相角。交流电桥输出电压

$$\dot{U}_o = \frac{Z_1 Z_3 - Z_2 Z_4}{(Z_1 + Z_2)(Z_3 + Z_4)} \dot{U}_i \qquad (3.17)$$

所以交流电桥平衡条件是

$$Z_1 Z_3 = Z_2 Z_4 \qquad (3.18)$$

也可表示为

$$R_1 R_3 - X_1 X_3 = R_2 R_4 - X_2 X_4$$
$$R_1 X_3 + X_1 R_3 = R_2 X_4 + X_2 R_4 \qquad (3.19)$$

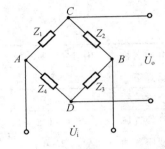

图 3.12 交流电桥一般形式

用极坐标形式表示为

$$\begin{cases} |Z_1| \cdot |Z_3| = |Z_2| \cdot |Z_4| \\ \varphi_1 + \varphi_3 = \varphi_2 + \varphi_4 \end{cases} \qquad (3.20)$$

由以上公式可见:

①不是任何四个阻抗组成的交流电桥都可达到平衡状态,为达到电桥平衡状态,必须满足两个平衡条件;

②实际操作交流电桥使其达到平衡状态时,必须至少调节两个标准元件的量值;

③调节平衡的次数越少越好,说明电桥有较好的收敛性;

④电桥平衡时,与电源的幅值无关,但是否与电源频率有关,决定于四个桥臂的配置。

交流电桥与直流电桥的对比如下:

①直流电桥。采用直流电源作为激励电源,稳定性好;电桥的平衡电路简单,输出为直流电,可用直流仪表测量,精度高;电桥的连接导线不会形成分布电容(distributed capacitance),对连接导线的连接方式要求低。缺点是易引入工频干扰(power frequency interference);做直流放大时,直流放大器比较复杂,易受零漂和接地电位的影响。

②交流电桥。输出为交流信号,外界工频干扰不易被引入,但要求供桥电源稳定性要好;交流放大器比较简单,没有零漂的影响。

(2)交流电桥用于电容传感器

①电容器损耗角

实际电容器的两极板间所充介质并不是理想介质,而存在"漏电"现象,在电路中要消耗一定的能量。实际电容器相当于两极板间并联有一只很大的电阻,见图 3.13(a)。

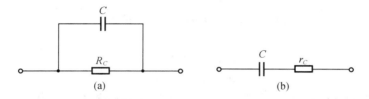

图 3.13　实际电容器电路及其等效电路

（a）实际电路；（b）等效电路

则阻抗为

$$Z_C = R_C \mathbin{/\!/} \frac{1}{j\omega C} = \frac{R_C(1 - j\omega C R_C)}{1 + (\omega C R_C)^2} \overset{R_C \gg \frac{1}{\omega C}}{\approx} \frac{1}{R_C(\omega C)^2} + \frac{1}{j\omega C} \tag{3.21}$$

令

$$r_C = \frac{1}{R_C(\omega C)^2} \tag{3.22}$$

将式（3.22）代入式（3.21），得

$$Z_C = r_C + \frac{1}{j\omega C} \tag{3.23}$$

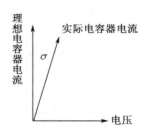

图 3.14　电容器电压电流关系

式（3.23）表明，实际电容器等价于理想电容与一个阻值为 r_C（称为损耗电阻）的电阻串联，如图 3.13（b）所示。当 $R_C \to \infty$ 时，电容器成为理想电容。一般情况 R_C 为一个较大的阻值，所以正弦交流电通过时，电容器两端电压和通过的电流之间的相位角不是 $\pi/2$，而是 $\pi/2 - \sigma$。如图 3.14 所示，σ 为电容器损耗角（loss angle），是衡量实际电容器与理想电容器差别的重要参数是材料本征特性，不依赖于电容器几何尺寸。为方便起见，一般用 $\tan\sigma$ 来表示电容器的损耗，表示为

$$\tan\sigma = \frac{1}{\omega C R_C} = r_C \omega C \tag{3.24}$$

②平衡交流电桥用于电容传感器测量

如图 3.15 所示为测量电容的平衡交流电桥电路，待测电容传感器 C_x 接在一个桥臂上，R_x 为待测电容量对应的串联损耗电阻，C_2 为标准电容箱，其串联损耗电阻可以不考虑，R_2 为标准电阻箱。当电桥平衡时，可得

$$R_x + \frac{1}{j\omega C_x} = \frac{R_4}{R_3}\Big(R_2 + \frac{1}{j\omega C_2}\Big) \tag{3.25}$$

求得

$$C_x = \frac{R_3}{R_4}C_2 ; \quad R_x = \frac{R_4}{R_3}R_2 ; \quad \tan\sigma = \omega R_x C_x = \omega R_2 C_2 \tag{3.26}$$

③不平衡交流电桥用于电容传感器测量

如图 3.16 所示，待测电容传感器 C_x 接在交流电桥的一个桥臂上，C_0 为标准电容，R_3 和 R_4 为电阻，$\dot{U}_i = U_{\max}\cos\omega t$ 为交流电源，则根据式（3.17），电桥输出为

$$\dot{U}_o = \frac{R_4/j\omega C_0 - R_3/j\omega C_x}{(1/j\omega C_x + 1/j\omega C_0)(R_3 + R_4)}U_{max}\cos\omega t \tag{3.27}$$

化简得到

$$\dot{U}_o = \frac{R_4 C_x - R_3 C_0}{(C_x + C_0)(R_3 + R_4)}U_{max}\cos\omega t \tag{3.28}$$

式(3.28)表明,电桥输出信号为交流信号,被测电容量会改变输出交流信号的幅值,因此可以通过测量输出信号幅值得到被测电容量的值。

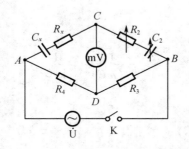

图3.15　测量电容的平衡
交流电桥电路

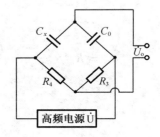

图3.16　电容式传感器不平衡
交流电桥测量电路

2. 调制解调

工程中被测物理量,如力、位移、温度等,经过传感器变换后,通常是一些缓变的微小电信号。从放大处理来看,直流放大有零漂和级间耦合等问题。为此,常把缓变信号先变为频率适当的交流信号,然后利用交流放大器放大,最后再恢复为原来的缓变信号。这样的变换过程称为调制与解调(mod/demod circuit),它广泛用于传感器的信号调理电路中。

（1）调制与解调基本概念

①信号调制

调制(modulation)是用一个信号(称为被调制信号 $x(t)$)去控制另一个作为载体的信号(常称为载波信号(carrier signal $y(t)$)),让后者(载波信号)的某一特征参数(如果载波信号为正弦信号,其特征参数有幅值、相位、频率)按前者(被调制信号)变化。在测控系统中,通常将被测量的信号作被调制信号,经过调制的信号称为已调信号 $x_m(t)$。

②信号解调

在已调信号中提取反映被测信号的值,并采用滤波技术将它和噪声分离处理,这一过程称为解调(demodulation)。显然解调是调制的逆过程。

幅度调制解调过程可以用图3.17表述。

（2）调制与解调方法及原理

①调制方法

a. 载波信号为正(余)弦信号

对于正(余)弦信号,特征参数有三个:幅值(amplitude)、频率(frequency)和相位(phase)。相应的调制也可以分为幅度调制(amplitude modulation,AM)、频率调制(frequency modulation,FM)和相位调制(modulation phase,PM),输出的波形分别称为调幅波、调频波和调相波,三种调制信号波形如图3.18所示。

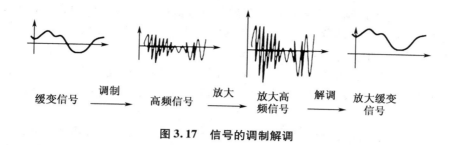

$$\text{缓变信号} \xrightarrow{\text{调制}} \text{高频信号} \xrightarrow{\text{放大}} \text{放大高频信号} \xrightarrow{\text{解调}} \text{放大缓变信号}$$

图 3.17 信号的调制解调

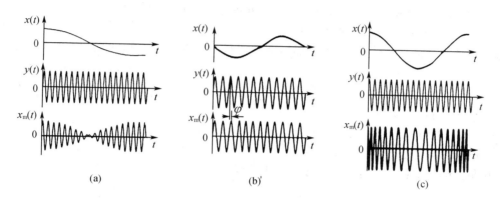

(a)　　　　　　　　　(b)'　　　　　　　　(c)

图 3.18 正余弦载波信号下的调制信号波形

(a)调幅信号波形;(b)调相信号波形;(c)调频信号波形

设调制信号为 $x(t)$,载波信号为 $y(t) = U_{cm}\cos\omega_c t$,则调幅波的一般表达式可写为

$$x_m(t) = [U_{cm} \cdot x(t)]\cos\omega_c t \tag{3.29}$$

式中　U_{cm}——载波信号幅度;

　　　ω_c——载波信号角频率。

式(3.29)说明,调幅信号 $x_m(t)$ 的幅度在载波信号幅度 U_{cm} 的基础上,又增大了 $x(t)$ 倍。调幅波形随调制信号的变化情况如图 3.18(a)所示。

设调制信号为 $x(t) = U_{\Omega m}\cos\Omega t$,载波信号为 $y(t) = U_{cm}\cos(\omega_c t + \varphi)$,则调相波的一般表达式可写为

$$x_m(t) = U_m\cos(\omega_c t + \varphi + m_p\cos\Omega t) \tag{3.30}$$

式中　U_m——调相波幅度;

　　　$\omega_c t$——载波信号的相位;

　　　φ——载波信号的初相位;

　　　m_p——调相指数,$m_p = K_p U_{\Omega m}$,其中 K_p 为比例系数;

　　　Ω——调制信号角频率。

式(3.30)说明,调相信号 $x_m(t)$ 的相角在载波相位的基础上,又增加了一项按余弦规律变化的部分。调相波形随调制信号的变化情况如图 3.18(b)所示。

设调制信号为 $x(t) = U_{\Omega m}\cos\Omega t$,载波信号为余弦函数 $y(t) = U_{cm}\cos\omega_c t$,则调频波的一般表达式可写为

$$x_m(t) = U_m\cos\left(\omega_c t + \frac{\Delta\omega}{\Omega}\sin\Omega t\right) \tag{3.31}$$

式中,$\Delta\omega = K_f U_{\Omega m}$为由调制信号 $x(t)$ 所决定的角位移偏移,其中 K_f 为比例系数;$\Delta\omega/\Omega = m_f$ 称为调频波的调制指数。调频波形随调制信号的变化情况如图 3.18(c)所示。

b. 载波信号为矩形脉冲信号

载波信号通常由一列占空比(duty ratio)不同的矩形脉冲构成。其中,占空比指在一串理想的脉冲周期序列中(如方波),正脉冲的持续时间 t 与脉冲总周期 T 的比值,见图 3.19 所示。

矩形脉冲信号的特征参数有脉冲幅度、脉冲相位和脉冲宽度等,相应的调制方式也可以分为脉冲幅度调制(pulse amplitude modulation,PAM)、脉冲相位调制(pulse phase modulation,PPM)和脉冲宽度调制(pulse width modulation,PWM)等。

图 3.20 所示为脉冲宽度调制信号波形图,图中 T 为载波信号的脉冲周期。图 3.20 上半部分为被调制信号 x 的波形,下半部为脉宽调制信号的波形。脉冲宽度调制数学表达式可写为

$$B = b + mx \tag{3.32}$$

式中　B——脉冲的宽度;

b——常量;

m——调制度。

可见,脉冲的宽度 B 是调制信号 x 的线性函数。

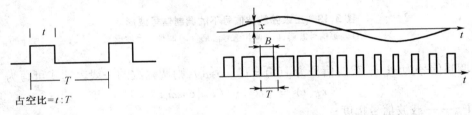

图 3.19　占空比定义　　　　图 3.20　脉冲调宽信号的波形

具体实现脉冲宽度调制的技术称为 PWM 控制技术,其实现方法很多。

(a)硬件调制法

原理是把被测量信号 $x(t)$ 作为调制信号,用模拟电路构成三角波载波发生电路,用比较器来确定它们的交点,在交点时刻对开关器件的通断进行控制,就可以得到 PWM 波。如图 3.21 所示,当被调制信号 $x(t)$ 的幅值大于三角波信号,比较器输出正脉冲,否则输出 0。

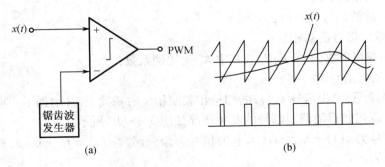

(a)　　　　　　　　(b)

图 3.21　硬件调制 PWM 控制技术构成框图和原理图

(a)原理图;(b)波形图

（b）软件生成法

实质是用软件来实现调制的方法，包括自然采样法和规则采样法两种方法。其中规则采样法是在自然采样法的基础上得出的，包括对称规则采样法和不对称规则采样法。对称规则采样法如图 3.22 所示，基本原理是取三角波载波 V_t 两个正峰值之间为一个采样周期（$T_S = t_3 - t_1$），使每个 PWM 脉冲的中点和三角波这个周期的中点（即 $t = t_2$ 时刻的点）重合，在三角波 $t = t_2$ 时刻对被调制信号 V_r 采样得到相应的值 $V_r(t_2)$，用与 $V_r(t_2)$ 值相等的一条水平直线近似代替 V_r，用该直线与三角波载波的交点，即 $t = t_a$、$t = t_b$ 对应的点代替被调制信号与载波的交点，即可得出控制功率开关器件通断的时刻。

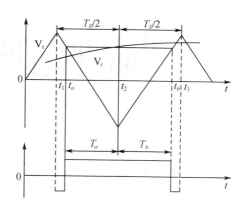

图 3.22 规则采样法 PWM 控制技术原理图

规则采样法的主要优点是计算简单、便于在线实时运算，缺点是直流电压利用率较低，线性控制范围较小，且只适用于同步调制。

此外，PWM 控制技术还有线电压控制（line voltage control）、电流控制（current control）、矢量控制（vector control）直接转矩控制（direct torque control，DTC）和非线性控制（nonlinear control）等，可以参阅其他书籍了解和详细学习。

②解调方法

调制方式不同，解调方法也不一样。与调制分类相对应，解调可分为正弦波解调和脉冲波解调。正弦波解调可分为幅度解调、频率解调和相位解调；脉冲波解调可分为脉冲幅度解调、脉冲相位解调很和脉冲宽度解调等。

③调制和解调原理分析

调制和解调实际是信号频谱搬迁（spectrum shifting）的过程，下面以载波信号是高频余弦信号的幅度调制和解调为例分析调制和解调原理。

a. 幅度调制过程原理分析

设被测量信号为 $x(t)$，高频载波信号为 $y(t) = \cos 2\pi f_0 t$，波形如图 3.23（a）所示。则调幅波是将高频余弦载波信号与测量信号相乘，可写为 $x_m(t) = x(t) \cdot y(t)$。由傅里叶变换（Fourier transform）的性质可知：时域中两个信号相乘，对应在频域中为两个信号卷积（signal convolution），即

$$x(t) \cdot y(t) \Leftrightarrow X(f) * Y(f) \tag{3.33}$$

余弦函数的频谱是一对脉冲谱线

$$\cos 2\pi f_0 t \Leftrightarrow \frac{1}{2}\delta(f - f_0) + \frac{1}{2}\delta(f + f_0) \tag{3.34}$$

一个函数与单位脉冲函数卷积的结果，就是将其以坐标原点为中心的频谱平移至该脉冲函数处。所以 $x(t)$ 和 $y(t) = \cos 2\pi f_0 t$ 相乘，在频域中相当于把 $x(t)$ 的频谱由原点平移至载波频率 f_0 处，其幅值减半，见式（3.34）所示。信号波形变化和频谱搬迁过程如图 3.23（b）所示。

$$x_m(t) = x(t) \cdot y(t) = x(t) \cdot \cos 2\pi f_0 t$$
$$\Leftrightarrow X(f) * Y(f) = \frac{1}{2}X(f) * \delta(f - f_0) + \frac{1}{2}X(f) * \delta(f + f_0) \tag{3.35}$$

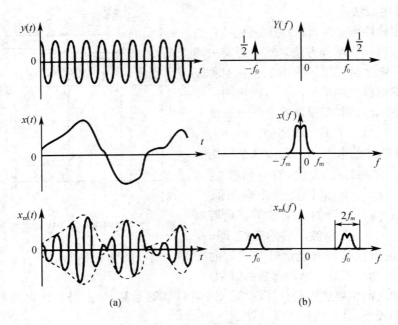

图 3.23 幅度调制过程分析

（a）信号波形；（b）信号频谱搬迁

综上所述，幅度调制过程在时域是调制波与载波相乘的运算；在频域是调制波频谱与载波频谱卷积的运算，是频率"搬移"的过程。

b. 幅度解调过程原理分析

把调幅波 $x_m(t)$ 和一个与调制过程中施加的载波信号 $y(t) = \cos 2\pi f_0 t$ 相同的信号 $y'(t) = \cos 2\pi f_0 t$（一般称为参考信号）相乘，即

$$x_m(t) \cdot y'(t) = x(t)\cos 2\pi f_0 t \cos 2\pi f_0 t = \frac{1}{2}x(t) + \frac{1}{2}x(t) \cdot \cos 4\pi f_0 t \qquad (3.36)$$

可以得到一个式（3.36）所示的新信号。式（3.36）前半部分可以复现原信号的频谱（只是其幅值减少一半，可用放大处理来补偿）；后半部分的高频成分可以用低通滤波器滤除。这一过程称为同步解调（synchronous demodulation）。"同步"指解调时所乘的信号与调制时的载波信号具有相同的频率和相位。

从频域的角度分析，解调过程相当于将频域中调幅信号再一次进行"搬移"。这次频移是根据参考信号频谱对已调波频谱进行搬移。由于参考信号频谱与原来调制时载波信号频谱相同而使第二次"搬移"后的频谱有一部分"搬移"到原点处，所以频谱中包含有与原调制信号相同的频谱和附加的高频频谱两部分，如图 3.24 所示。

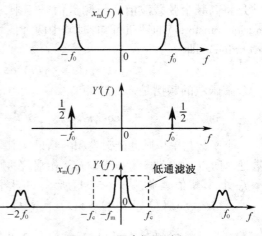

图 3.24 同步解调过程

从幅度调制和解调原理看,载波频率 f_0 必须高于原信号的最高频率 f_m 才能使已调波仍保持原信号的频谱。在工程应用中,载波频率至少应数倍甚至数十倍于被测信号的最高频率。但是载波频率的提高也受到放大电路截止频率的限制。

c. 幅度调制和解调电路装置分析

从上面分析可见,幅值调制装置是由一个乘法器和一个放大器构成;幅值解调装置实质上则由一个乘法器和一个滤波器构成。图 3.25 给出了幅度调制和解调装置与波形变化。

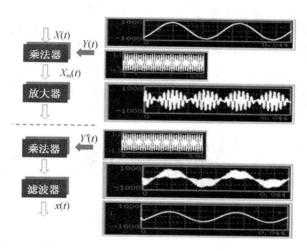

图 3.25　幅度调制与解调电路装置及波形

（3）基于交流电桥的调幅电路

幅值调制装置实质上由一个乘法器和一个放大器构成。现在已有性能良好的线性乘法器组件。但由电桥工作原理可以看出,电桥本质上也是一个乘法器,因此在实际应用中常以交流电桥作为调制装置。图 3.26 给出交流电桥在应变电阻传感器输出信号的测量中作为幅度调制装置的电路图。

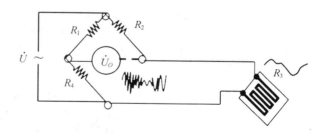

图 3.26　交流电桥作为应变电阻传感器测量电路

设交流电桥电源电压为高频余弦信号 $\dot{U} = U_{max}\cos2\pi f_0 t$,幅值为 U_{max},频率为 f_0;R_1,R_2,R_4 为交流电桥三个桥臂的固定电阻;R_3 为应变电阻,其初始值为 R,电阻变化量为 ΔR。若 $\varepsilon(t)$ 为应变电阻受到的应变,S_r 为应变片的灵敏度系数,则应变电阻 R_3 的电阻相对变化量为

$$\frac{\Delta R}{R} = S_r\varepsilon(t) \tag{3.37}$$

考虑到应变电阻的电桥测量电路为单臂电桥形式,所以电桥输出为

$$\dot{U}_o = \frac{1}{4}\frac{\Delta R}{R}U_{max}\cos2\pi f_0 t = \frac{1}{4}S_r U_{max}\varepsilon(t)\cos2\pi f_0 t \tag{3.38}$$

式(3.38)表明,等幅的余弦载波信号经电桥调幅后,输出幅值变为 $0.25 S_r U_{max}\varepsilon(t)$,即

载波信号的幅值被应变 $\varepsilon(t)$ 所调制。而且随着被调制信号 $\varepsilon(t)$ 正负半周的改变，调幅波的极性也随着改变：当被调制信号 $\varepsilon(t)$ 为正时，调幅波与载波同极性；当 $\varepsilon(t)$ 为负时，调幅波与载波信号极性相反。

（4）基于包络检波和相敏检波的解调电路

①包络检波

a. 包络检波原理

包络检波（envelope-demodulation）在时域内的流程和波形变化如图 3.27 所示。首先通过叠加一个直流分量 A，把被调制信号 $x(t)$ 进行偏置，使偏置后的信号 $x_A(t)$ 都具有正电压；然后再将偏置后的信号与高频载波 $y(t)$ 相乘得到调幅波 $x_m(t)$，其包络线具有调制波的形状。调幅波 $x_m(t)$ 再经过整流、滤波就可以恢复偏置后的信号 $x'_A(t)$，最后再叠加一个相反极性的直流分量将所加直流分量去掉，就可以恢复原调制信号 $x(t)$。

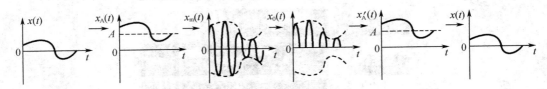

图 3.27　包络检波流程和波形变化图

图 3.28 为包络检波实际电路图。$u_m(t)$ 为调幅波，$u_s(t)$ 为调幅波变压后输出波形，$u_o(t)$ 为包络检波输出信号，其包络检波过程为：当 $u_s(t)$ 处于正半周时，二极管 VD 导通，对电容 C 充电，充电时间常数为：$\tau_充 = R_D C$（R_D 为二极管导通电阻），因为 R_D 很小，所以 $\tau_充$ 很小，$u_o \approx u_s$；当 $u_s(t)$ 处于负半周时，二极管截止，电容 C 经 R（R 为负载电阻）放电，$\tau_放 = RC$，因为 R 很大，所以 $\tau_放$ 很大，C 上电压下降不多，仍有 $u_o \approx u_s$。上述过程循环往复，C 上获得与包络（调制信号）相一致的电压波形，有很小的起伏。

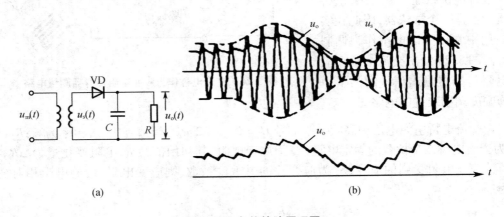

图 3.28　包络检波原理图

(a)电路图；(b)波形变化

b. 包络检波优缺点分析

包络检波电路简单，便于实现，但存在对原信号极性误判以及不能恢复原信号的缺点。

原因是在整个过程中要加减一个直流偏置电压,理想情况是使两个直流成分要很稳定且完全相等,但实际两个直流成分完全对称较难实现,致使原波形与恢复后的波形虽然幅值上可以成比例(中间有放大环节未标出),但在分界正负极性的零点上可能有漂移,而使分辨原波形正负极性上可能有误。此外,如果初始所加的直流偏置电压未能使调制信号电压都在零线一侧,则包络检波就不能恢复原信号。

②相敏检波

工程中待测量的信号往往是矢量,经调制后的电信号极性与原信号有所不同,为辨识原信号的极性变化,需要对调制信号进行相敏检波(phase sensitive detection)。

a. 相敏检波原理

相敏检波原理的波形分析如图3.29所示,图中,$x(t)$ 为被调制信号,$y(t)$ 为高频正弦载波信号,$x_m(t) = x(t) \cdot y(t)$ 为调幅波,$y'(t)$ 为高频正弦参考信号,$x'_m(t) = x_m(t) \cdot y'(t)$ 为被解调后信号。相敏检波没有采取包络检波方法对原信号施加偏置电压,而是利用与载波信号 $y(t)$ 相同的高频信号 $y'(t)$ 作为参考信号来鉴别调幅波的极性。当调幅波 $x_m(t)$ 与参考信号 $y'(t)$ 同相时,相敏检波器的输出信号 $x'_m(t)$ 为正;当 $x_m(t)$ 与 $y'(t)$ 反相时,输出信号 $x'_m(t)$ 为负。输出电压的大小只与被调制信号电压成比例。这种检波方法既可以反映被测信号幅值又可以辨别其极性。

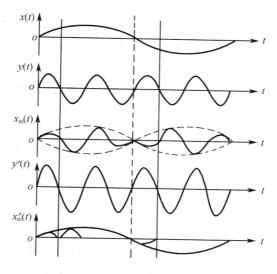

图 3.29　相敏检波原理的波形分析

同时,由图3.29可知,相敏检波器的输出波形 $x'_m(t)$ 是一个一个的峰波,由被调制信号 $x(t)$ 的频率分量和更高次的载波频率分量组成。欲取出所需要的已放大的调制信号,必须加一低通滤波器,滤去高频载波分量。

b. 相敏检波电路

相敏检波常用的有半波相敏检波(half wave phase sensitive detection)和全波相敏检波(full wave phase sensitive detection)。图3.30所示为一个开关式全波相敏检波实验电路。

图3.30中,(1)端为调幅波 $x_m(t)$ 输入端,实验中由音频信号源产生的正弦信号模拟;(2)端为交流参考电压的输入端,实验中也是由音频信号源产生的正弦信号模拟;(3)端为被解调信号的输出端;(4)端为直流参考电压输入端,实验中是由直流稳压电源产生的直流电压信号模拟。

图3.30中,参考信号 $y'(t)$ 经过由运放 A_2 构成的过零比较器(zero-crossing comparator)和型号为1N4148的开关二极管(switch diode)D组成的整形电路后,输出与调幅波 $x_m(t)$ 同频、同相,占空比为1:1的方波。此方波信号是控制电路电流流通的开关,为场效应管(mosfet)3DJ16提供栅源偏置电压,控制电子开关的动作,决定场效应管漏极信号 $x_D(t)$。由场效应管工作原理知

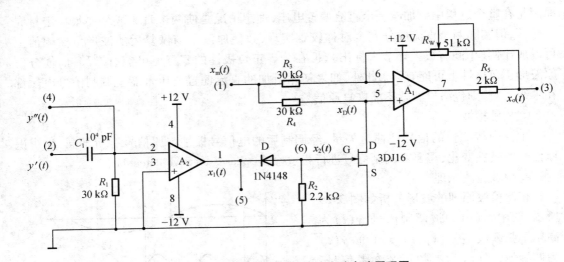

图 3.30　开关式全波相敏检波实验电路原理图

$$x_D(t) = \begin{cases} x_m(t) & (0, T/2) \\ 0 & (T/2, T) \end{cases} \tag{3.39}$$

放大器 A_1 对信号 $x_m(t)$ 和 $x_D(t)$ 进行合成,得到相敏检波电路的输出信号 $x_o(t)$,输出表达式为

$$x_o(t) = -\frac{R_W}{R_3}x_m(t) + \left(1 + \frac{R_W}{R_3}\right)x_D(t) \tag{3.40}$$

当场效应管截止时,运放 A_1 工作在跟随状态;反之,运放 A_1 工作在放大状态。式(3.40)中,取 $R_W = R_3$ 可以验证,调整 R_W 可以改变运放 A_1 对信号放大的幅值。图 3.30 中主要信号的波形变化如图 3.31 所示。

③相敏检波电路特点分析

相敏检波电路有良好的选频和鉴别相位能力。

a. 选频能力

相敏检波电路对不同频率的输入信号有不同的传递特性。如图 3.32(a)中第一幅图,当输入信号中混入的干扰信号 U_s 的频率是参考信号 $y'(t)$ 的偶数倍时,电路的平均输出 U_o 为零,即相敏检波电路有抑制偶次谐波的功能。如图 3.32(a)中第二和第三幅图,当输入信号中混入的干扰信号 U_s 的频率是参考信号 $y'(t)$ 的奇数倍时,电路的平均输出信号 U_o 会衰减到 $1/n$(n 为

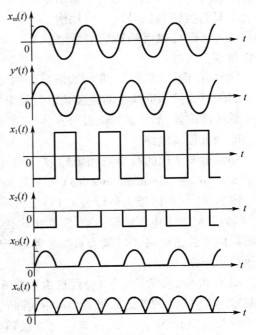

图 3.31　开关式全波相敏检波实验
电路信号波形变化图

奇次倍的倍数),说明相敏检波电路对奇次谐波有一定抑制作用。

b. 鉴别相位能力

若相敏检波电路输入信号为 $x_m(t) = \cos\omega_c t$,参考信号 $y'(t) = U_{max}\cos(\omega_c t + \varphi)$,显然二者频率相同,但有一定相位差,这时输出电压的平均值为

$$U_o = \frac{1}{2\pi}\int_0^{2\pi} U_{max}\cos(\omega_c t + \varphi)\cos\omega_c t \, d(\omega_c t) = \frac{U_{max} \cdot \cos\varphi}{2} \tag{3.41}$$

式(3.41)表明可以根据输出信号的大小确定相位差的值,所以说相敏检波电路具有鉴别相位能力。图3.32(b)给出输出信号随相位差变化的波形图。

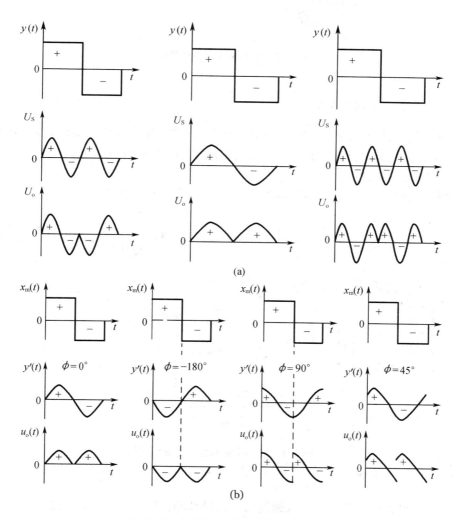

(a)

(b)

图3.32 相敏检波电路特性示意图

(a)相敏检波电路选频特性;(b)相敏检波电路鉴相特性

③电桥调幅与相敏检波电路应用

动态电阻应变仪(dynamic resistance strain gauge)(如图3.33所示)是电桥调幅与相敏检波的典型实例。电桥由振荡器提供等幅高频振荡电压(相当于载波)。被测量(力、应变等,相当于调制波)通过电阻应变片控制电桥输出。电桥输出为调幅波,经过交流放大,最

后经相敏检波与低通滤波取出所需的被测信号,并送给显示仪表显示。

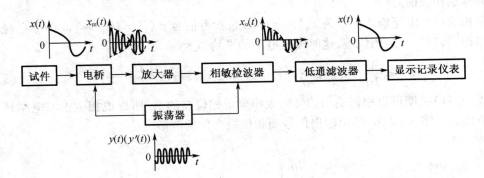

图 3.33　动态电阻应变仪方框图

3.1.4　电容传感器应用实例

随着材料、工艺、电子技术,特别是集成技术的发展,使电容传感器的优点得到发扬而缺点不断地得到克服,可以测力、压力、位移、加速度、物位等物理量。

1. 汽车油箱油量计

电容传感器在汽车油箱油量计量中的应用原理图如图 3.34 所示。

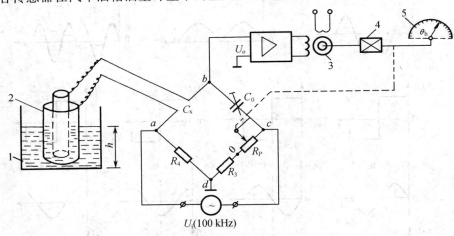

图 3.34　汽车油箱油量计原理示意图

1—汽油;2—变介质型电容式传感器;3—交流伺服电机;4—减速器;5—仪表盘

变介质型电容传感器垂直插入到油箱中,极板间有两种不同介质,上面为空气,下面为燃油。电容器的电容量两个圆柱形电容并联,电容值为

$$C_x = C_{气} + C_{油} = \frac{2\pi\varepsilon_1(h - h_x)}{\ln\dfrac{R_2}{R_1}} + \frac{2\pi\varepsilon_2 h_x}{\ln\dfrac{R_2}{R_1}} = \frac{2\pi\varepsilon_1 h}{\ln\dfrac{R_2}{R_1}} + \frac{2\pi h_x(\varepsilon_2 - \varepsilon_1)}{\ln\dfrac{R_2}{R_1}} \quad (3.42)$$

式中　h, h_x——分别为满油高度和当前油面高度;

　　　　R_1, R_2——内外圆柱半径;

　　　　$\varepsilon_1, \varepsilon_2$——分别为空气和燃油在标准条件下的绝对介电常数。

由式(3.42)可知,传感器的电容值 C_x 是油面高度 h_x 的线性函数。

当满油时(即油位为 h),指针停留在转角为 θ_h 处,交流电桥处于平衡状态;当油位降低为 h_x 时,电容传感器的电容量 C_x 减小,电桥失去平衡,输出为

$$\dot{U}_o = \frac{(R_3 + R_P)C_x - R_4 C_0}{(C_x + C_0)(R_3 + R_4 + R_P)} U_{max} \cos\omega t \tag{3.43}$$

输出电压经交流放大器放大后,使交流伺服电动机反转,指针逆时针偏转,同时带动 R_P 的滑动臂移动。当 R_P 阻值达到一定值时,电桥又达到新的平衡状态,伺服电动机停转,指针停留在新的位置 θ_x 处。此类油量表的主要误差来源是温度变化引起的极板间介质介电常数和燃油体积的改变,需要对此进行适当的修正。

2. 电容测厚仪

电容测厚仪电路框图如图3.35所示。电容测厚仪可以测量金属带材在轧制过程中的厚度。原理是在被测带材的上下两侧各设置一块面积相等且与带材距离相等的极板,这样极板与带材就构成了两个电容器 C_1、C_2,把两块极板用导线连接起来就成为电容一极,而带材就是电容的另一极,其总电容为 $C_1 + C_2$。如果带材的厚度发生变化,将引起电容量的变化,用交流电桥将电容的变化测出来,经过放大,后可由仪表显示。

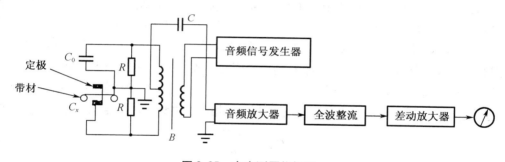

图3.35 电容测厚仪框图

将音频信号发生器产生的音频信号,接入变压器 B 的原边线圈,变压器副边的两个线圈作为测量电桥的两臂,电桥的另外两桥臂由标准电容 C_0 和带材与极板形成的被测电容 $C_x(C_x = C_1 + C_2)$ 组成。电桥的输出电压经音频放大器放大后整流为直流,再经差动放大后,由指示仪表指示出带材厚度的变化。

3.2 霍尔传感器

霍尔传感器(hall senson)是磁电传感器的一种,是利用霍尔效应(hall effect)将被测物理量转换成电压信号输出的。由于霍尔传感器在静止状态下具有感受磁场的独特能力,并且有结构简单、体积小、噪声小、频率范围宽(从直流到微波)、动态范围大(输出电势变化范围可达 1 000:1)、寿命长等优点,因此获得了广泛应用。在检测技术中用于将位移、力、加速度等量转换为电量;在计算技术中用于作加、减、乘、除、开方、乘方以及微积分等运算的运算器等。

3.2.1　霍尔传感器工作原理

将一块长为 l、宽为 b、厚为 d 的半导体薄片置于磁感应强度为 B 的磁场(磁场方向垂直于薄片)中,如图 3.36 所示。当有电流 I 流过时,在垂直于电流和磁场的方向上将产生电动势 U_H,这种现象称为霍尔效应,相应的电势被称为霍尔电势(hall voltage),半导体薄片称为霍尔元件(hall element)。

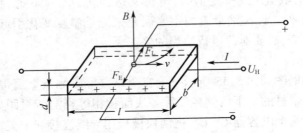

图 3.36　霍尔效应原理图

假设薄片为 N 型半导体,在其左右两端通以电流 I(称为控制电流),那么半导体中的载流子(电子)将沿着与电流 I 相反的方向运动。由于外磁场 B 的作用,电子将受到洛仑兹力(Lorentz force)F_L 作用而发生偏转,结果在半导体的后端面上电子有所积累,而前端面缺少电子,因此后端面带负电,前端面带正电,在前后端面间形成电场。该电场产生的电场力 F_E 阻止电子继续偏转,当 $F_L = F_E$ 时,电子积累达到动态平衡。这时,在半导体前后两端面之间(即垂直于电流和磁场方向)建立电场,称为霍尔电场 E_H,相应的电势就称为霍尔电势 U_H,其大小为

$$U_H = \frac{K_H I B}{d} \tag{3.44}$$

式中　K_H——霍尔常数;

　　　　I——控制电流,A;

　　　　B——磁感应强度,T(特斯拉);

　　　　d——霍尔元件的厚度,m。

令

$$S_H = K_H / d \tag{3.45}$$

则

$$U_H = S_H I B \tag{3.46}$$

若磁场强度 B 不垂直于材料表面,而是与其法线成某一角度 θ 时,则此时霍尔电势为

$$U_H = S_H I B \cos\theta \tag{3.47}$$

由式(3.47)可知,霍尔电势的大小正比于控制电流 I 和磁感应强度 B 的乘积。S_H 称为霍尔元件的灵敏度,它是表征在单位磁感应强度和单位控制电流时输出霍尔电压大小的一个重要参数,一般要求它越大越好。此外,霍尔元件的灵敏度与元件材料的性质和几何尺寸有关,元件的厚度 d 对灵敏度的影响很大,元件的厚度越薄,灵敏度就越高,所以霍尔元件的厚度一般都比较薄。式(3.47)还说明,当控制电流的方向或磁场的方向改变时,输出电动势的方向也将改变,但当磁场与电流同时改变方向时,霍尔电动势并不改变原来的方向。

3.2.2　霍尔元件

1. 霍尔元件材料

基于霍尔效应工作的半导体器件称为霍尔元件。材料的选择对霍尔元件的灵敏度十分重要,由式(3.45)可知,霍尔元件的灵敏度系数 S_H 和霍尔系数 K_H 都与材料的单位体积的载流子数 n 成反比。因为金属材料中的自由电子密度很高,即材料的单位体积内的载流子数很大,所以金属材料不能用来制作霍尔元件。

另外,还可证明材料中载流子(carrier)的迁移率(mobility ratio)μ 越大,元件的灵敏度越高(载流子的迁移率即为单位电场强度作用下的载流子的平均速度)。因为电子的迁移率大于空穴的迁移率,所以霍尔元件宜用 N 型半导体,不用 P 型半导体。一般采用 N 型锗(Ge)、锑化铟(InSb)和砷化铟(InAs)等半导体单晶材料制成。锑化铟元件的输出较大,但受温度的影响也较大。锗元件的输出虽小,但它的温度性能和线性度却比较好。砷化铟元件的输出信号没有锑化铟元件大,但是受温度的影响却比锑化铟的要小,而且线性度也较好。因此,采用砷化铟为霍尔元件的材料受到普遍重视。

2. 霍尔元件结构

霍尔元件的结构很简单,由霍尔片、引线和壳体组成。霍尔片是一个半导体四端薄片,几何形状为长方形,在薄片的相对两侧对称地焊上两对电极引线,如图 3.37(a),其中一对为控制电流端 a,b,另外一对为霍尔电势输出端 c,d。一般来讲,前者的焊接面占整个宽度和厚度;后者的焊点很小,只占长度的十分之一以下。两组引线的焊接均

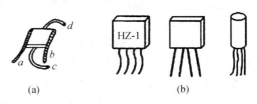

图 3.37　霍尔元件结构和外形图
(a)结构图;(b)外形图

是纯电阻性(欧姆接触),即无 PN 结特性,否则影响输出。霍尔片一般用非磁性金属、陶瓷或环氧树脂封装。图 3.37(b)给出了霍尔元件的基本外形。

在电路中,霍尔元件可用两种符号表示,如图 3.38 所示。用 H 代表霍尔元件,后面的字母代表元件的材料,数字代表产品序号。如 HZ - 1 元件,说明是用锗材料制成的霍尔元件;HT - 1 元件,说明是用锑化铟材料制成的霍尔元件。

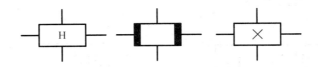

图 3.38　霍尔元件电路符号

3. 霍尔元件特性参数

在使用霍尔元件时,除了注意灵敏度外,还应了解霍尔元件的几个特性参数,主要包括五点。

(1)输入阻抗 R_i

指控制电流 I 进出端之间的阻抗,其数值从几欧到几百欧。一般来说,温度变化会导致输入阻抗发生变化,从而使输入电流改变,最终引起霍尔电势变化,故在选用激励源时多选

用恒流源。

（2）输出阻抗 R_o

指霍尔电势输出的正负端子间的内阻,其数值与输入阻抗为同一数量级,也随温度变化而变化。外接的负载阻抗最好和它相等,以达到最佳匹配。

（3）霍尔电势温度系数

在一定磁场强度和控制电流作用下,温度每变化 1 ℃时霍尔电势变化的百分数称为霍尔电势温度系数,它与霍尔元件的材料有关,一般约为 0.1%/℃。

（4）最大控制电流 I_M

由于霍尔元件的输出电势随控制电流的增大而增大,故在应用中希望选择的控制电流要大一些。但随着控制电流增大,元件功耗也增大,元件的温度也升高,从而电势的温漂增大,因此霍尔元件均规定了最大控制电流,数值从几毫安到几十毫安。

（5）最大磁感应强度 B_m

磁感应强度超过 B_m 时,输出的霍尔电势的非线性误差会明显增大,所以一般 B_m 的数值小于零点几特斯拉。

4. 霍尔元件驱动电路和放大电路

（1）驱动电路

霍尔元件的驱动电路有恒压（constant pressure）和恒流（constant current）电路两种。恒流驱动是使流过元件内的电流保持恒定的电路;恒压驱动加在元件输入端的电压保持恒定的电路。两种驱动电路各有优缺点,需要根据使用目的以及电路设计的要求而定。

图 3.39（a）给出采用运算放大器的恒压驱动电路。电路利用稳压二极管 VDZ 获得基准电压,该电压经放大器 A 放大后加到三极管 VT 的基极,使霍尔元件两端加上恒定 2 V 电压。

恒压驱动的特点是施加的电压恒定不变,因此不平衡电压的温度变化小,但霍尔电流发生变化,输出电压 U_H 的温度变化大。但对于 InSb 材料的霍尔元件,选用恒压驱动温度特性反而变好。

图 3.39（b）给出采用运算放大器的恒流驱动电路。同样利用稳压二极管 VDZ 获得基准电压,而通过霍尔元件的电流 I_H 由 VDZ 的电压和电阻 R_E 决定

$$I_H/mA = 5.1\ V/R_E \tag{3.48}$$

式中,5.1 V 为 VDZ 的稳定电压。

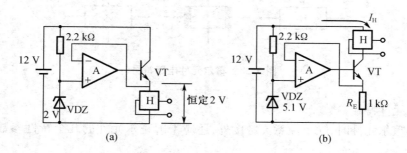

图 3.39　霍尔元件驱动电路

（a）基于运算放大器恒压驱动 ;（b）基于运算放大器恒流驱动

电路中,三极管 VT 接在运算放大器 A 反馈环内,可以吸收三极管 U_{BE} 的变化,抑制特性随温度变化。

恒流驱动的特点是:即使霍尔元件的内阻随外部各种条件变化,但霍尔电流保持恒定,因此输出电压的温度系数变小。然而,元件间电压降变化,不平衡电压的温度变化大,输出电压 U_H 的温度变化大,即温度特性变坏。但对于 GaAs 材料的霍尔元件,温度系数非常小,适合采用恒流驱动方式。

(2)放大电路

霍尔传感器为四端器件,为了去除共模干扰,一般使用差动放大器,也可以采用三运放的测量放大器作为其放大电路,如图 3.40 所示。

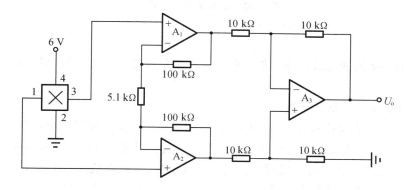

图3.40 霍尔传感器直流放大电路

5. 霍尔元件电磁特性

霍尔元件的电磁特性(electromaynetic characteristics)包括控制电流(直流或交流)与输出电势之间的关系 $U_H - I$;霍尔输出(恒定或交变)与磁场之间的关系 $U_H - B$ 等特性。

(1)$U_H - I$ 特性

在磁场和环境温度一定时,霍尔输出电动势 U_H 与控制电流 I 之间呈线性关系,如图 3.41(a)。控制电流灵敏度为 $S = (U_H/I)_{B = \text{const}} = S_H B$。可见,霍尔元件灵敏度 S_H 越大,控制电流灵敏度 S 也就越大。但灵敏度大的元件,其霍尔输出并不一定大,这是因为霍尔电动势还与控制电流有关。因此,即使灵敏度较低的元件,如果在较大的控制电流下工作,则同样可以得到较大的霍尔输出。

(2)$U_H - B$ 特性

当控制电流一定时,元件的开路霍尔输出电势随磁场的增加并不完全呈线性关系,只有当元件工作在一定磁场强度范围内,线性度才比较好,如图 3.41(b)所示。

6. 霍尔元件误差分析及补偿方法

霍尔传感器输入输出关系简单,且线性好,但是存在各种影响霍尔元件精度的因素导致在霍尔电动势中叠加各种误差电势。这些误差电势产生的主要因素有两类:一类是制造工艺的缺陷;另一类是由于半导体本身固有的特性。这里只从以下几方面加以考虑。

(1)元件的几何尺寸、电极接点的大小对性能的影响

在霍尔电动势 $U_H = S_H I B$ 中把霍尔片的长度 l 看作无限大来考虑的。实际上霍尔片总有一定的长宽比,而元件的长宽比是否合适对霍尔电动势的大小有着直接的关系。为此,

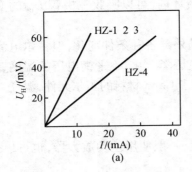

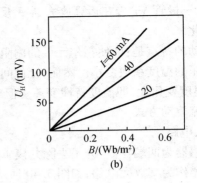

图 3.41　霍尔元件特性曲线

(a)$U_H - I$ 特性曲线；(b)$U_H - B$ 特性曲线

在霍尔输出电动势的表达式中应增加一项与元件几何尺寸有关的系数,可写成

$$U_H = S_H I B f_H(l/b) \tag{3.49}$$

式中,$f_H(l/b)$ 为元件的形状系数。

元件的形状系数与长宽比之间的关系,如图 3.42 所示。由图中可以看出,当 $l/b > 2$ 时,形状系数 $f_H(l/b)$ 接近于 1。从提高灵敏度出发,把 l/b 选得越大越好,但在实际设计时,取 $l/b = 2$ 已经足够了,l/b 过大反而会使输入功耗增加,以致降低元件的效率。

霍尔电极的大小对霍尔电动势的输出也有一定的影响,如图 3.43 所示。按理想元件的要求,控制电流端的电极应是良好的面接触,而霍尔电极为点接触。实际上,霍尔电极有一定的宽度,它对元件的灵敏度和线性度有较大的影响。研究表明,当 $S/L < 0.1$ 时(S 为霍尔电极点接触的面积),电极宽度的影响才能忽略不计。

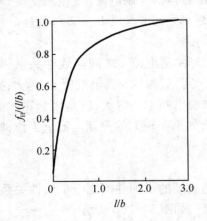

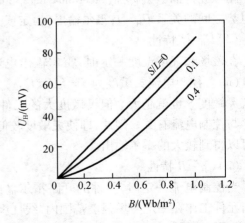

图 3.42　霍尔元件的形状系数曲线　　图 3.43　霍尔电极的大小对输出的影响

(2)不等位电势 U_0 及其补偿

不等位电势是一个主要的零位误差。由于在制作霍尔元件时,不可能保证将霍尔电极 2 和 2′ 正好在同一等位面上(如图 3.44 所示),因此,当控制电流 I 流过元件时,即使磁场强度等于零,在霍尔电极上仍有电势存在,该电动势就称为不等位电势(unequal potential)U_0,它是霍尔传感器零位误差的主要来源。在分析不等位电势时,可以把霍尔元件等效为一个

电桥。电桥臂的四个电阻分别为 r_1, r_2, r_3, r_4。当两个霍尔电极在同一等位面上时，$r_1 = r_2 = r_3 = r_4$，则电桥平衡，此时输出电压 U_0 等于零。当霍尔电极不在同一等位面上时，因 r_3 增大、r_4 减小，则电桥的平衡被破坏，因此，输出电压 U_0 就不等于零。恢复电桥平衡的办法是增大 r_1 或减小 r_2。如果确定了霍尔电极偏离等位面的方向，就可以用一些补偿方法来减小不等位电势。另外，还可以采用补偿线路进行补偿。常见的几种补偿线路如图 3.45 所示。

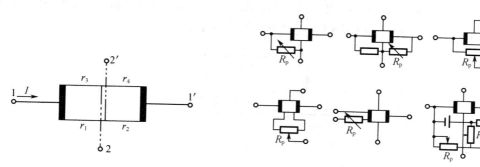

图 3.44　不等位电动势示意图　　　　图 3.45　不等位电动势的几种补偿线路

（3）寄生直流电动势

由于霍尔元件的电极不可能做到完全的欧姆接触，所以在控制电极和霍尔电极上都可能出现整流效应。因此，当元件通以交流控制电流（不加磁场）时，它的输出除了交流不等位电动势外，还有一个直流电势分量，这个电势就称为寄生直流电势。寄生直流电势与工作电流有关，随着工作电流的减小，一般来说它会迅速减小。此外，霍尔电极的焊点大小不一致，导致两焊点的热容量不一致产生温差也是造成直流附加电势的一个原因。

寄生直流电势是霍尔元件零位误差的一个组成部分，它的存在对于霍尔元件在交流情况下使用是有很大妨碍的，尤其是这个直流附加电势是随时间变化的，这将会导致输出漂移。为了减小寄生直流电势，在元件的制作和安装时，应尽量改善电极的欧姆接触性能和元件的散热条件。

（4）感应电势

霍尔元件在交变磁场中工作时，即使不加控制电流，由于电极的引线布置不合理，在输出回路中也会产生附加感应电势，被称为霍尔元件的感应电势。感应电势的大小正比于磁场的变化频率和磁感应强度的幅值，并且和霍尔电极引线构成的感应面积成正比。

感应电势也是造成零位误差的一个因素。为了减小感应电势，除了合理布线外还可以在磁路气隙中安置另一霍尔元件辅助，如果两个元件的特性相同，可以起到显著的补偿效果。

（5）温度误差及其补偿

霍尔元件与一般半导体器件一样，对温度的变化是很敏感的。这是因为半导体材料的电阻率、迁移率和载流子浓度等随温度变化的缘故。因此，霍尔元件的性能参数，如内阻、霍尔电动势等也将随温度变化。为了减小温度误差，除选用温度系数较小的材料砷化铟等做霍尔基片，还可以采用适当的补偿电路。

下面介绍几种温度补偿方法。

①恒流源供电和输入回路并联电阻

为了减小霍尔元件的温度误差，除选用温度系数小的元件（如砷化铟）或采用恒温措施外,用恒流源供电也可以得到明显的效果。恒流源供电的作用是减小元件内阻随温度变化而引起的控制电流的变化,但是采用恒流源供电还不能完全解决霍尔电动势的稳定问题,因此还必须结合其他补偿线路。图 3.46 是一种既简单、补偿效果又较好的补偿线路。在控制电流极并联一个合适的补偿电阻 r_0,这个电阻起分流作用。当温度升高时,霍尔元件的内阻迅速增加。所以通过元件的电流减小,而通过补偿电阻 r_0 的电流却增加。这样,利用元件内阻的温度特性和一个补偿电阻,就能够自动调节通过霍尔元件的电流大小,从而起到补偿的作用。补偿电阻 r_0 的大小可通过以下的推导求出。

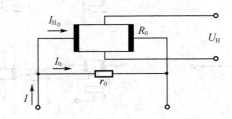

图 3.46　温度补偿线路

设在某一基准温度 T_0 时有以下关系,即

$$I = I_{H_0} + I_0$$

$$I_{H_0} R_0 = I_0 r_0 \tag{3.50}$$

式中　I——恒流源输出电流;

$\quad\quad I_{H_0}$——温度为 T_0 时,霍尔元件的控制电流;

$\quad\quad I_0$——温度为 T_0 时,通过补偿电阻的电流;

$\quad\quad R_0$——温度为 T_0 时,霍尔元件的内阻;

$\quad\quad r_0$——温度为 T_0 时的补偿电阻。

经整理后得

$$I_{H_0} = \frac{r_0}{R_0 + r_0} I \tag{3.51}$$

当温度升到 T 时,同理可得

$$I_H = \frac{r}{R + r} I \tag{3.52}$$

式中　R——温度 T 时霍尔元件的内阻 $R = R_0(1 + \beta t)$,β 是霍尔元件的内阻温度系数,

$\quad\quad t = T - T_0$ 相对于基准温度的温差;

$\quad\quad r$——温度 T 时补偿电阻的阻值 $r = r_0(1 + \delta t)$,δ 是补偿电阻的温度系数。

当温度为 T_0 时,霍尔电动势为

$$U_{H_0} = S_{H_0} I_{H_0} B \tag{3.53}$$

式中,S_{H_0} 为温度 T_0 时霍尔元件的灵敏度。

当温度为 T 时,霍尔电动势为

$$U_H = S_H I_H B = S_{H_0}(1 + \alpha t) I_H B \tag{3.54}$$

式中　S_H——温度 T 时霍尔元件的灵敏度;

$\quad\quad \alpha$——霍尔电势的温度系数。

如果在补偿以后,输出霍尔电动势不随温度变化,也就是满足以下条件,即

$$U_H = U_{H_0} \tag{3.55}$$

那么,说明霍尔电动势的温度误差得到了全补偿。在这种情况下,有

$$S_{H_0}(1 + \alpha t)I_H B = S_{H_0} I_{H_0} B \tag{3.56}$$

经整理后则得到

$$r_0 = \frac{\beta - \alpha - \delta}{\alpha} R_0 \tag{3.57}$$

由于霍尔电动势的温度系数 α 和补偿电阻的温度系数 δ 比霍尔元件的内阻温度系数 β 小得多,上式可进一步简化为

$$r_0 = \beta/\alpha R_0 \tag{3.58}$$

由上式可知, α 和 β 以及内阻 R_0 确定后,补偿电阻 r_0 的大小就可以确定了。当选用的霍尔元件给定后,内阻温度系数 β 和霍尔电动势的温度系数 α 是可以从元件的参数表中查到的,而元件的内阻 R_0 则可以测量出来。

试验表明,补偿后霍尔电动势受温度的影响极小,而且这种补偿方法对霍尔元件的其他性能并无影响,只是输出电压稍有降低。这是因为通过霍尔元件的控制电流被补偿电阻分流的缘故。只要适当增大恒流源输出电流,使通过霍尔元件的电流达到额定电流,输出电压就可以达到原来的数值。

②采用温度补偿元件

图 3.47 给出了几种采用不同热敏元件进行温度补偿连接方式的例子。热敏电阻 R_t 具有负温度系数,电阻丝具有正温度系数。图 3.47 中(a) ~ (c)是补偿霍尔输出具有负温度系数的温度误差,图 3.47(d)是补偿霍尔输出具有正温度系数的温度误差。使用热敏元件时要求尽量靠近霍尔元件,使它们具有相同的温度变化。

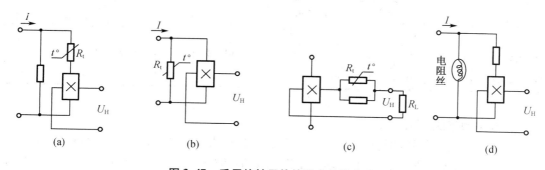

图 3.47　采用热敏元件的温度补偿电路
(a)补偿负温度 1;(b)补偿负温度 2;(c)补偿负温度 3;(d)补偿正温度

3.2.3　集成霍尔器件

随着微电子技术的发展,目前的霍尔器件多已集成化。霍尔集成电路有很多优点,如体积小、灵敏度高、温漂小、输出电势大、对电源稳定性要求低等。根据功能的不同,集成霍尔器件(integrated hall device)可分为线性型(linear type)和开关型(switch type)两大类。

1. 线性型集成霍尔器件

线性型集成霍尔器件是将霍尔元件与直接耦合多级放大电路集成在一起,构成对磁感应强度敏感的双端输出器件,其输出电压在一定范围内与磁感应强度成正比关系,且输出电压较高,使用非常方便,可广泛用于无触点电位器、无刷直流电机、位移传感器等场合。

霍尔线性电路的功能框图如图 3.48(a)所示,磁电转换特性曲线如图 3.48(b)所示。图 3.48(c)给出实物图。较典型的线性型霍尔器件如 UGN3501,DN835,CS825 等。表 3.2 给出了某些线性型霍尔器件的特性参数。

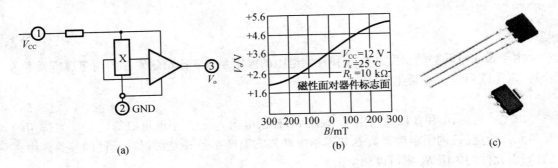

图 3.48　线性型集成霍尔器件

(a)功能框图;(b)特性曲线;(c)实物图

表 3.2　线性型霍尔器件的特性参数

型号	V_{CC}/V	线性范围/mT	工作温度/℃	灵敏度 S /(mV/mT)			静态输出电压 V_o /V			I_{OUT} /mA
				min	type	max	min	type	max	
UGN3501	8 ~ 12	± 100	−20 ~ 85	3.5	7.0	—	2.5	3.6	5.0	4.0
UGN3503	4.5 ~ 6	± 90	−20 ~ 85	7.5	13.5	30.0	2.25	2.5	2.75	—

型号	R_0/kΩ	I_{CC}/mA		乘积灵敏度 V /A · 0.1T	输出形式	引脚排列				外形
		type	max			1	2	3	4	
UGN3501	0.1	10	20	—	射极输出	V_{CC}	地	V_o	—	CIP
UGN3503	0.05	9.0	14	—	射极输出	V_{CC}	地	V_o	—	CIP

2. 开关型集成霍尔器件

开关型集成霍尔器件是将霍尔元件、稳压电路、放大器、施密特触发器(Schmitt trigger)和 OC 门等电路做在同一芯片上。功能框图如图 3.49(a)所示,其输出电压与磁场的关系曲线如图 3.49(b)所示。在外磁场的作用下,当磁感应强度超过导通阈值 B_{OP} 时,霍尔电路

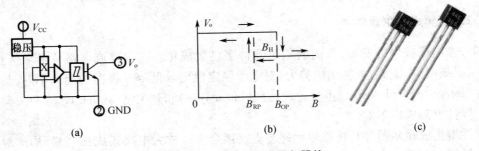

图 3.49　开关型集成霍尔器件

(a)功能框图;(b)特性曲线;(c)实物图

输出管导通,输出低电平,之后,B 再增加,仍保持导通态。若外加磁场的 B 值降低到 B_{RP} 时,输出管截止,输出高电平,称 B_{OP} 为工作点,B_{RP} 为释放点,$B_{OP} - B_{RP} = B_H$ 称为回差。回差的存在使开关电路的抗干扰能力增强。图 3.49(c)给出实物图。

较典型开关型霍尔器件如 UGN3020 等。表 3.3 给出了某些开关型霍尔器件的特性参数。

表 3.3 开关型霍尔器件的特性参数

型号	V_{CC}/V	B_{OP}/mT	B_{RP}/mT	B_H/mT	I_{CC}/mA	I_o/mA	V_o/sat	I_{OFF}/μA	备注
CS1018	4.8 ~ 18	− 14 ~ 20	− 20 ~ 14	≥ 6	≤ 12	5	≤ 0.4	≤ 10	
CS1028	4.5 ~ 24	− 28 ~ 30	− 30 ~ 28	≥ 2	≤ 9	25	≤ 0.4	≤ 10	
CS2018	4.0 ~ 20	10 ~ 20	− 20 ~ − 10	≥ 6	≤ 30	300	≤ 0.6	≤ 10	互补输出
CS302	3.5 ~ 24	0 ~ 6	− 6 ~ 0	≥ 6	≤ 9	5	≤ 0.4	≤ 10	
UGN3119	4.5 ~ 24	16.5 ~ 50	12.5 ~ 45	≥ 5	≤ 9	25	≤ 0.4	≤ 10	
A3144	4.5 ~ 24	7 ~ 35	5 ~ 33	≥ 2	≤ 9	25	≤ 0.4	≤ 10	
UGN3140	4.5 ~ 24	7 ~ 20	5 ~ 18	≥ 5	≤ 9	25	≤ 0.4	≤ 10	
A3121	4.5 ~ 24	13 ~ 35	8 ~ 30	≥ 5	≤ 9	20	≤ 0.4	≤ 10	
UGN3175	4.5 ~ 24	1 ~ 25	− 25 ~ − 10	≥ 2	≤ 8	50	≤ 0.4	≤ 10	锁定

3.2.4 霍尔传感器的应用

霍尔元件输出的霍尔电势为 $U_H = S_H I B \cos\theta$,利用这个关系将 I, B, θ 三个变量中任意两个量不变,将第三个量作为变量,或者固定其中一个量不变,改变其他两个量,可以形成多种霍尔传感器。归纳后有如下三个方面的用途:

(1)保持 I, θ 不变,则 $U_H = f(B)$,可应用于测量磁场强度的高斯计、磁性产品计数器、测量转速的霍尔转速表、无刷电机以及霍尔式加速度计、微压力计等;

(2)保持 I, B,不变,则 $U_H = f(\theta)$,可应用于角位移测量仪等;

(3)保持 θ 不变,则 $U_H = f(IB)$,可应用于模拟乘法器,霍尔式功率计等。

霍尔传感器已被广泛应用到工业、汽车业、电脑、手机以及新兴消费电子领域。与此同时,霍尔传感器的相关技术也在不断完善中,可编程霍尔传感器、智能化霍尔传感器以及微型霍尔传感器将有更好的市场前景。

1. 卫生间自动照明系统

图 3.50 给出了霍尔式传感器构成的卫生间自动照明电路原理图。图中系统为简化结构,采用电容限压。220 V 交流电经 C_1 降压为 18 V 左右的交流电(接好电路后才可测出),然后经二极管 VD1 ~ VD4 组成的桥式整流器整流,C_2 用做滤波,获得直流电源。其中 R_2、氖灯 ND 为火线指示电路,其作用是确保降压电容器 C_1 串接在火线上,以保安全。R_3、VDW、C_3 构成 5 V 稳压电路,为霍尔集成电路 CIC 和单 D 触发器 IC 供电。

当磁铁靠近霍尔集成电路时,CIC 的输出端 3 脚就会发出一个矩形波信号。这个信号输送到 D 触发器的 13 脚,作为时钟 CP 信号,IC 就被触发翻转。当卫生间的门在关闭时,IC 的输出端 6 脚为低电位。晶体管 VT 处于截止状态,继电器 KA 释放。当门推开再关上后,

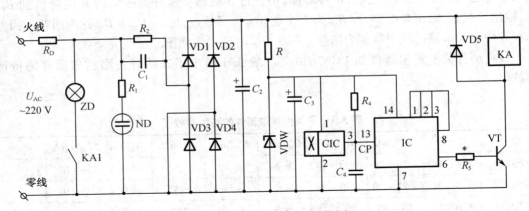

图 3.50　霍尔传感器构成的卫生间自动照明电路原理图

CIC 便产生一个触发信号送给 IC,IC 电路翻转,其 6 脚输出的高电平促使 VT 导通,继电器吸合,使电灯 ZD 亮。人要离开卫生间时,拉开门再关上,CIC 又会产生一个触发信号送至 IC 的 CP 端,电路再次翻转,其输出端电位由高变低,促使 VT 由饱和导通状态进入截止状态,KA 释放,照明灯 ZD 自行熄灭。

2.公共汽车门状态显示器

图 3.51 为公共汽车门状态显示电路原理图。三片开关型霍尔传感器分别装在汽车的三个门框上,在车门适当位置各固定一块磁钢,当车门开着时,磁钢远离霍尔开关,输出端为高电平。若三个门中有一个未关好,则或非门输出为低电平,红灯亮,表示还有门未关好,若三个门都关好,则或非门输出为高电平,绿灯亮,表示车门关好,司机可放心开车。

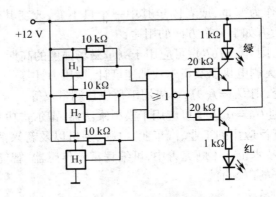

图 3.51　共汽车门状态显示电路原理图

3.3　本章小结

本章主要介绍电容式传感器以及霍尔传感器的工作原理和应用特点。通过本章的学习,应能分析电容式传感器和霍尔传感器工作电路,并能根据具体功能需求设计霍尔传感器测量电路。

3.4 思 考 题

1. 电容式传感器的类型有哪些,可以测量哪些物理量,有哪些优点和缺点?

2. 简述电容式传感器测量电路的一般构成。

3. 如何改善单个平板变极距电容传感器的非线性?

4. 影响极距变化型电容式传感器灵敏度的因素有哪些?提高其灵敏度可以采取哪些措施?

5. 变极距式电容传感器的测量电路为运算放大器电路,如题图 3.1 所示。$C_0 = 200$ pF,传感器的起始电容量 $C_{x0} = 20$ pF,定动极板距离 $d_0 = 1.5$ mm,运算放大器为理想放大器,R_f 极大,输入电压 $u_i = 5\sin\omega t$ V。求当电容传感动极板上输入一位移量 $\Delta x = 0.15$ mm 使 d_0 减小时,电路输出电压 u_o 为多少?

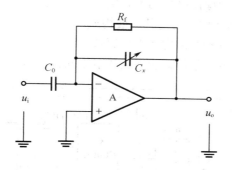

题图 3.1

6. 试述交流电桥和直流电桥的区别和特点。

7. 试计算题图 3.2 所示各电容传感元件的总电容表达式。（极板的有效面积为 A,真空介电常数为 ε_0）

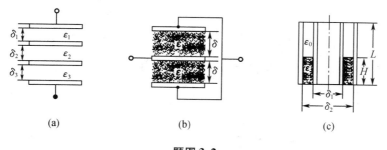

(a)   (b)   (c)

题图 3.2

8. 有一变极距式差动电容传感器,其结构如题图 3.3 所示。选用变压器交流电桥作测量电路。差动电容参数:$r = 12$ mm;$\delta_1 = \delta_2 = 0.6$ mm;$\varepsilon_0 = 8.85 \times 10^{-12}$ F/m,极板间介质为空气。测量电路参数:$\dot{U}_i = 3\sin\omega t$ V。试求当动极板向上位移 $\Delta\delta = 0.05$ mm 时,电桥输出端电压 $\dot{U}_o$。

9. 当差动式极距变化型的电容传感器动极板相对于定极板位移了 $\Delta\delta = 0.75$ mm 时,若

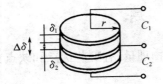 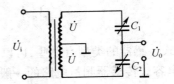

题图 3.3

初始电容量 $C_1 = C_2 = 80$ pF，初始距离 $\delta = 4$ mm，试计算其非线性误差。若将差动电容改为单只平板电容，初始值不变，其非线性误差有多大？

10. 霍尔传感器的物理基础是什么，由哪几部分组成，有哪些用途？

11. 什么是霍尔元件的温度特性，如何进行补偿？

12. 为什么导体材料和绝缘体材料均不宜做成霍尔元件？

13. 霍尔集成器件有哪几种？简述其一般构成。

14. 说明霍尔式位移传感器的结构及工作原理。

15. 试分析题图 3.4 中由霍尔传感器组成的卫生间自动照明电路。

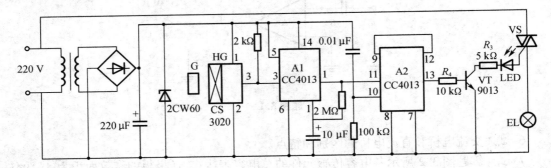

题图 3.4

第4章　有源传感器

【本章要点】

有源传感器（active transducer）指不依靠外加能源工作的传感器。它基于某种物理效应，将非电能量转化为电能量。在转化过程中，只转化能量本身，并不转化能量信号，也称为能量转换型传感器，主要包括光电式传感器、热电式传感器和压电式传感器。本章重点介绍常用的几种有源传感器的工作原理、测量及应用电路。

4.1　光电传感器

光电传感器（photoelectric sensor）是指在各种光电检测系统中把光信号（红外光、可见光及紫外光辐射等）转变成为电信号的关键部件。光电传感器具有非接触、响应快、性能可靠等特点，因此在工业自动化装置和机器人中获得广泛应用。

4.1.1　光电传感器的物理基础

光电传感器的物理基础是光电效应（photoelectric effect）。原理是光照射到某些物质上，引起物质的电性质发生变化，也就是光能量转换成电能。这类光致电变的现象称为光电效应。这一现象是1887年德国物理学家赫兹在实验研究时偶然发现的。但直到1905年，爱因斯坦在《关于光的产生和转化的一个启发性观点》一文中，用光量子理论对光电效应进行了全面的解释后，光电效应才得到人们更深刻的认识。

光电效应分为光电子发射效应（photoelectron emission）、光电导效应（photoconductive）和光生伏特效应（photovoltaic）。第一种现象发生在物体表面，又称外光电效应，后两种现象发生在物体内部，称为内光电效应。

1. 外光电效应

在光的照射下，使电子逸出物体表面而产生光电子发射的现象称为外光电效应。

根据光的量子说（light quantum theory），光是以光速运动着的粒子（光子）流，一种频率为 f 的光由能量相同的光子组成，每个光子的能量为

$$hf = E_{max} + W \tag{4.1}$$

式中　h——普朗克常数，$h = 6.63 \times 10^{-34}$，J·s；

　　　f——入射光的频率，1/s；

　　　W——电子的溢出功，J；

　　　E_{max}——电子最大初动能，单位：J。

式（4.1）称为爱因斯坦光电效应方程式。由式（4.1）可见，光的频率越高（即波长越短），光子的能量越大。

根据爱因斯坦假设可知，一个电子只能接受一个光子的能量，因此要使一个电子从物

体表面逸出,必须使光子能量 hf 大于该物体的表面逸出功 W。不同的材料具有不同的逸出功,因此对某种特定材料而言,将有一个频率限 f_0(或波长限 λ_0),称为"红限"。当入射光的频率低于 f_0 时,不论入射光有多强,也不能激发电子;当入射频率高于 f_0 时,不管它多么微弱也会使被照射的物体激发电子,光越强则激发出的电子数目越多。红限频率和红限波长可表示为

$$f_0 = W/h \tag{4.2}$$
$$\lambda_0 = hc/W \tag{4.3}$$

式中,c 为光在真空中的速度,$c = 3 \times 10^8$ m/s。

外光电效应从光开始照射至金属释放电子几乎在瞬间发生。基于外光电效应原理工作的光电元件有光电管(photoelectric tube)和光电倍增管(photomultiplier tube)。

2. 内光电效应

光照射在半导体材料上,材料中处于价带的电子吸收光子能量,通过禁带跃入导带,使导带内电子浓度和价带内空穴增多,即激发出光生电子 – 空穴对,从而使半导体材料产生电效应。内光电效应按其工作原理可分为两种:光电导效应和光生伏特效应。

(1)光电导效应

半导体材料受到光照时会产生光生电子 – 空穴对,使导电性能增强,光线愈强,阻值愈低。这种光照后电阻率发生变化的现象称为光电导效应。基于这种效应的光电器件有光敏电阻(photosensitive resistance)以及由光敏电阻制成的光导管(light pipe)等。

(2)光生伏特效应

光生伏特效应是光照引起半导体材料 PN 结两端产生电动势的效应。当 PN 结两端没有外加电场时,在 PN 结势垒区内存在着内建结电场,其方向是从 N 区指向 P 区。当光照射到结区时,光照产生的电子 – 空穴对在结电场作用下,电子被推向 N 区,空穴被推向 P 区。电子在 N 区积累和空穴在 P 区积累使 PN 结两边的电位发生变化,PN 结两端出现一个因光照而产生的电动势,如图 4.1 所示。基于光生伏特效应的光电元件主要有光电池(photocell)、光敏二极管(photosensitive diode)和光敏三极管(photosensitive triode)等。

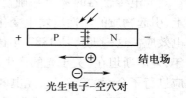

图 4.1　光生伏特效应
原理示意图

4.1.2　光电传感器基本组成

光电传感器通常由四部分组成:光源(light source)、光通路(light propagation path)、光电元件(photoelectric element)和测量电路(measuring circuit),如图 4.2 所示。图中 x_1 表示被测量能直接引起光量变化的检测方式;x_2 表示被测量在光传播过程中调制光量的检测方式。不同的检测方式构成了不同种类的光电传感器。

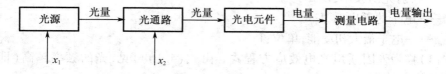

图 4.2　光电式传感器的组成

1. 光源

（1）光源定义

自身能够发光的物体叫作光源。光源可以分为自然（天然）光源和人造光源。作为电磁波谱中的一员，不同波长的光的分布如图4.3所示。这些光的频率（波长）各不相同，但都具有反射、折射、散射、衍射、干涉和吸收等性质。

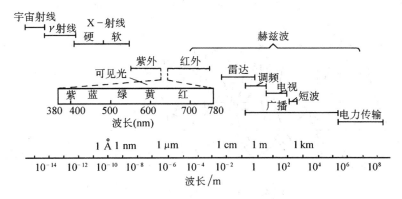

图4.3　电磁波谱图

（2）常用光源

①白炽（incandescent light）光源

电流流经导电物体，使其在高温下辐射光能。白炽光源中最常用的是钨丝灯，它产生的光，谱线较丰富，包含可见光与红外光。使用时，常加用滤色片来获得不同窄带频率的光。

②气体放电（gas discharge）光源

电流流经气体或金属蒸气，使其产生气体放电而发光。气体放电有弧光放电和辉光放电两种；放电电压有低气压、高气压和超高气压三种。弧光放电光源包括荧光灯、低压钠灯等。低气压气体放电灯有高压汞灯、高压钠灯、金属卤化物灯等。

③发光二极管（Light Emitting Diode，LED）

一种电致发光的半导体器件，电场作用下，使固体物质发光，电能直接转变为光能。其与钨丝白炽灯相比具有体积小、功耗低、寿命长、响应快、便于与集成电路相匹配等优点，因此得到广泛应用；缺是发光效率低，发出短波光（如蓝紫色）的材料极少。

目前常用的发光二极管有以下三种。磷化镓发光二极管：发光中心波长为 $0.69\ \mu m$，带宽为 $0.1\ \mu m$。砷化镓发光二极管：中心波长为 $0.94\ \mu m$，带宽为 $0.04\ \mu m$。磷砷化镓发光二极管：其发光光谱可出 $0.565\ \mu m$ 变化到 $0.91\ \mu m$。图4.4给出不同种类LED光源的光谱特性曲线。

④激光（laser）光源

激光光源是高亮度光源，由各类气体、固体或半导体激光器产生的频率单纯的光。激光是相干光源，它具有单色性、方向性及能量高度集中等特点。

（3）光源特性

光源的辐射特性（例如白炽灯为非相干光源，激光器是相干光源）、光谱特性（辐射的中心波长 λ_p 和谱宽 $\Delta\lambda$ 之间关系，纵坐标为相对灵敏度，用 $S_r/\%$ 表示，如图4.4所示）、光电转换特性（光源的电偏置与光源辐射的光学特性之间关系）以及光源环境特性（热系数、长时间漂移和老化等）是光源的重要参量。

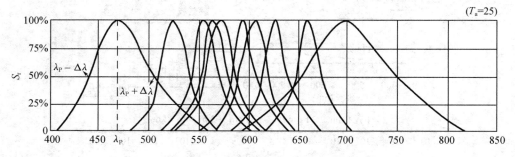

颜色	蓝	绿	纯绿	标准绿	黄绿	浅桔	大红	红	桔色	琥珀黄
颜色代号	BL	G	PG	SG	TG	SO	SR	RD	HO	HY
波长峰值/nm	470	525	527	565	570	610	660	695	632	586

图 4.4　LED 光源光谱特性曲线

①对光谱特性要求:光源发出的光应在光电元件接收灵敏度最高的频率范围内。

②对发光强度要求:强度太高会造成饱和与非线性;太弱则会处于死区。

③对稳定性要求:一般要求时,可采用稳压电源供电;当要求较高时,可采用稳流电源供电;当有更高要求时,可对发出光进行采样,然后反馈控制光源的输出。

④其他方面:任何发出光辐射(紫外光、可见光和红外光)的物体都可以叫作光辐射源。把发出可见光为主的物体叫作光源,而把发以非可见光为主的物体叫作辐射源。

2. 光电元件

(1)光电管

①种类

光电管是基于外光电效应制成的光电元件,主要包括真空光电管和充气光电管。

真空光电管(vacuum photoelectric tube)是装有光阴极和阳极的真空玻璃管,结构如图 4.5(a)所示。图 4.5(b)给出了光电管基本电路(注意光电管在电路中的图形符号)。阳极通过负载电阻 R_L 与电源连接在管内形成电场。光电管的阴极受到适当的照射后便发射光电子,这些光电子在电场作用下被具有一定电位的阳极吸引,在光电管内形成空间电子流。电阻 R_L 上产生的电压降正比于空间电流,其值与照射在光电管阴极上的光呈函数关系。

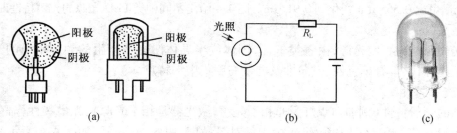

(a)　　　　　　　　　(b)　　　　　　　　　(c)

图 4.5　光电管结构、基本电路及实物图
(a)光电管结构;(b)光电管基本电路;(c)光电管实物

如果在玻璃管内充入惰性气体(如氩、氖等)即构成充气光电管(inflatable photoelectric tube)。光电子流对惰性气体进行轰击,使其电离,产生更多的自由电子,从而提高光电变换的灵敏度。图4.5(c)给出了紫外光电管实物。

②特性

a. 伏安特性

光电管极间电压和光电流之间关系称为光电管的伏安特性(voltage current charateristic)。真空光电管和充气光电管的伏安特性分别如图4.6所示。图中lm(流明)是光通量单位,描述单位时间内光源辐射产生视觉响应强弱的能力。伏安特性是选用光电传感器的主要依据。当极间电压高于50 V时,因为所有光电子都达到了阳极,光电流开始饱和。真空光电管一般工作在伏安特性的饱和区,内阻达几百兆欧。

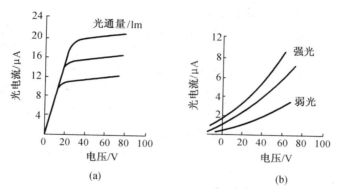

图4.6 真空光电管和充气光电管的伏安特性

(a)真空光电管;(b)充气光电管

b. 光照特性:光电管的光照特性(light charactemistic)是指当光电管的阳极和阴极之间所加电压一定时,光通量与光电流之间的关系。其特性曲线如图4.7所示:曲线1表示氧化铯阴极光电管的光照特性,光电流与光通量呈线性关系;曲线2为锑化铯阴极光电管的光照特性,呈非线性关系。光照特性曲线的斜率称为光电管的灵敏度。

c. 光谱特性:一般光电阴极材料不同的光电管,有不同的红限频率f_0,因此它们可用于不同的光谱范围。除此之外,即使照射在阴极上的入射光的频率高于红限频率,并且强度相同,随着入射光频率的不同,阴极发射的光电子的数量也会不同,即同一光电管对于不同频率的光的敏感度不同,这就是光电管的光谱特性(light spectrum characteristic),其特性曲线如图4.8所示。所以对各种不同波长区域的光,应选用不同材料的光电阴极。特性曲线的峰值对应的波长称为峰值波长,特性曲线占据的波长范围称为光谱响应范围。

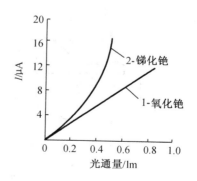

图4.7 光电管的光照特性

③应用

光电管在各种自动化装置中有很多应用,街道的路灯自动控制开关就是其应用之一。图4.9给出了光电管用于街道路灯自动控制的原理图。

图 4.9 中，A 为光电管，B 为电磁继电器，C 为照明电路，D 为路灯。白天，控制开关合上，光电管在可见光照射下有电子逸出，从光电管阴极逸出的电子被加速到达阳极，使电路接通，电磁铁中的强电流将衔铁吸下，照明电路断开，灯泡不亮；夜晚，光电管无电子逸出，电路断开，弹簧将衔铁拉上，照明电路接通。这样就达成了日出路灯熄，日落路灯亮的效果。

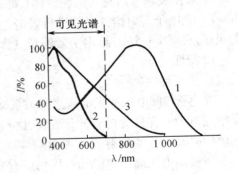

图 4.8　光电管的光谱特性

（2）光敏电阻

① 结构

光敏电阻是基于光电导效应制成的光电元件，是一种电阻器件。光敏电阻几乎都是用半导体材料制成的，其结构如图 4.10（a）所示。在玻璃底板上均匀地涂上薄薄的一层半导体物质，半导体的两端装上金属电极，使电极与半导体层可靠地接触，压入塑料封装体内。为防止周围介质的污染，可在半导体光敏层上覆盖一层漆膜，漆膜成分的选择应该使它在光敏层最敏感的波长范围内透射率最大。如果把光敏电阻连接到外电路中，在外加电压［可加直流偏压（无固定极性），或加交流电压］的作用下，用光照射就能改变电路中电流的大小。接线电路如图 4.10（b）所示（注意光敏电阻在电路中的图形符号）。图 4.10（c）给出了硫化镉（CdS）光敏电阻实物图。

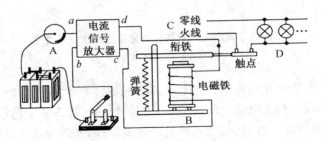

图 4.9　光电管用于街道路灯自动控制的原理图

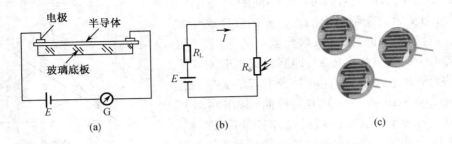

图 4.10　光敏电阻结构、基本电路及实物图

（a）光敏电阻结构；（b）光敏电阻基本电路；（c）硫化镉光敏电阻实物

②特性

a. 光电流

光敏电阻在不受光照射时的阻值称为"暗电阻"（dark resistance），对应的电流称为"暗电流"（dark current）；在受光照射时的阻值称为"亮电阻"（bright resistance），对应的电流称为"亮电流"（birght current）；亮电流与暗电流之差称为"光电流"（light current）。一般希望光敏电阻的暗阻愈大愈好，而亮阻越小越好，即光电流尽可能大，灵敏度尽可能高。通常光敏电阻暗阻值为兆欧级，亮阻值在几千欧姆以下。

b. 伏安特性

光敏电阻两端所加电压和电流关系称为光敏电阻的伏安特性，如图 4.11 所示。图中 lx（勒克斯）是光照度单位，表示距离光源 1 m 处，1 m^2 面积接受 1 lm 光通量时的照度。由曲线可知：加的电压 U 越高，光电流 I 也愈大，而且没有饱和现象，在给定的光照下，电阻值与外加电压无关；在给定的电压下，光电流的数值将随光照增强而增加。但不能无限制提高电压，任何光敏电阻都有最大额定功率、最大工作电压和最大额定电流的限制。

c. 光照特性

光敏电阻的光电流 I 和表示光照强度的参数光通量 Φ 的关系曲线，称为光敏电阻的光照特性。不同的光敏电阻的光照特性是不同的，但在大多数情况下，曲线如图 4.12 所示。由于光敏电阻的光照特性曲线是非线性的，因此不适宜做线性敏感元件，这是光敏电阻的缺点之一。所以在自动控制中它常用作开关量的光电传感器。

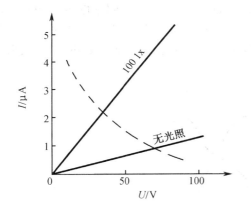

图 4.11　光敏电阻的伏安特性

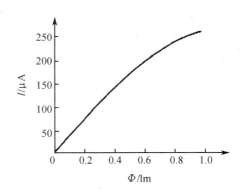

图 4.12　光敏电阻的光照特性

d. 光谱特性

光敏电阻对于不同波长的入射光，其相对灵敏度也是不同的。各种不同材料的光谱特性曲线如图 4.13 所示。从图中可以看出，硫化镉的峰值在可见光区域，而硫化铅的峰值在红外区域，因此，在选用光敏电阻时就应当把元件和光源结合起来考虑，才能获得满意的结果。

e. 频率特性

在使用光敏电阻时，应当注意光电流并不是随光强改变而立刻变化，而是具有一定的惰性，这也是光敏电阻的缺点之一。这种惰性常用时间常数来描述，不同材料的光敏电阻具有不同的时间常数，因而它们的频率特性（frequency characteristic）也就各不相同。图

4.14 为两种不同材料的光敏电阻的频率特性,即相对灵敏度 S_r 与光强度变化频率 f 间的关系曲线。

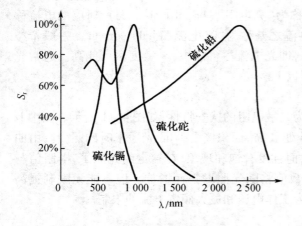

图 4.13　光敏电阻的光谱特性　　　　　图 4.14　光敏电阻的频率特性

f. 光谱温度特性

　　光敏电阻和其他半导体器件一样,其光学与电学性质受温度影响较大、随着温度的升高,它的暗阻和灵敏度都下降。同时,温度变化也影响它的光谱特性曲线。图 4.15 示出硫化铅的光谱温度特性(light spectrue tempercture characteristic),即在不同温度下的相对灵敏度 S_r 和入射光波长 λ 的关系曲线。从图可以看出,硫化铅的峰值随着温度上升向短波方向移动。因此,有时为了提高元件灵敏度,或为了能接受远红外光(far infrared light)而采取降温措施。

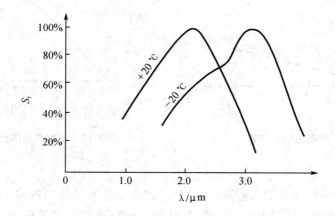

图 4.15　硫化铅光敏电阻的光谱温度特性

　　表 4.1 给出了常用硫化镉(CdS)型光敏电阻的技术参数。

表4.1 常用光敏电阻技术参数

型号	直径/mm	最大电压/V	最大功率/mW	环境温度/℃	光谱峰值/nm	亮电阻(10 LUX/kΩ)	暗电阻/MΩ	响应时间 上升/s	响应时间 下降/s
GM3506	3	150	90	−30~70	540	2~5	≥0.2	30	30
GM4528	4	150	100	−30~70	540	8~20	≥1.0	20	30
GM5537	5	150	100	−30~70	540	18~50	≥2.0	20	30
GM9539	9	150	150	−30~70	540	30~90	≥5.0	20	30

③应用

光敏电阻主要用于各种光电控制系统,如光电自动开关门户,航标灯、路灯和其他照明系统的自动亮灭,自动给水和自动停水装置,机械上的自动保护装置,照相机自动曝光装置,光电计数器,烟雾报警器,光电跟踪系统等方面。图4.16给出了光敏电阻作为光控调光电路的原理图。其中,LB 为灯,IN4007 为桥氏整流二极管,DB3 为双向触发二极管,SCR 为双向可控硅。当周围光线变弱时引起光敏电阻 R_G 的阻值增加,使加在电容 C 上的分压上升,进而使可控硅(silicon controlled rectifier)的导通角增大,达到增大照明灯两端电压的目的。反之,若周围的光线变亮,则 R_G 的阻值下降,导致可控硅的导通角变小,照明灯两端电压也同时下降,使灯光变暗,从而实现对灯光照度的控制。

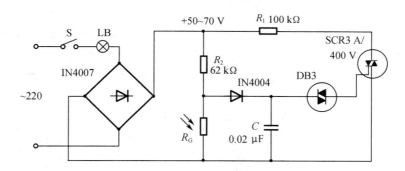

图4.16 光敏电阻用于光控调光电路的原理图

(3)光敏二极管和光敏三极管
①结构

光敏二极管是基于光生伏特效应制成的光电元件。内部组成如图4.17(a)所示,包括聚光镜、外壳、管芯和引脚这四部分。图4.17(b)给出管芯内部结构。常用光敏二极管外形见图4.17(c)。光敏二极管分有 PN 结型、PIN 结型、雪崩型和肖特基结型,其中用得最多的是 PN 结型,价格便宜。光敏二极管在电路中的文字符号与普通二极管相同,用"VD"表示。

光敏三极管可以看成是一个 bc 结为光敏二极管的三极管。其内部组成见图4.18,外形与光敏二极管类似。光敏三极管的光电流要比相应的光敏二极管大 β 倍。光敏晶体管在电路中的文字符号与普通三极管相同,用"VT"表示。

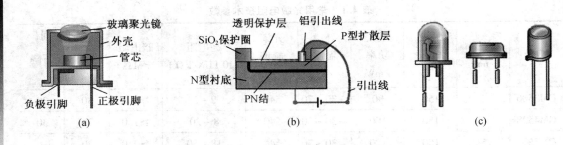

图 4.17　光敏二极管结构图
(a)内部组成图；(b)管芯结构图；(b)外形图

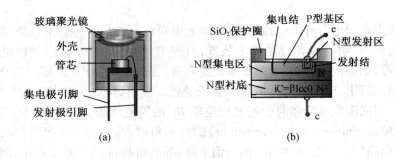

图 4.18　光敏三极管结构图
(a)内部组成图；(b)管芯结构图

　　光敏二极管和三极管均用硅(Si)或锗(Ge)制成。由于硅器件暗电流小、温度系数小，又便于用平面工艺大量生产，尺寸易于精确控制，因此硅光敏器件比锗光敏器件更为普通。

　　表 4.2 和表 4.3 分别给出了常用光敏二极管和光敏三极管的技术参数。

表 4.2　常用光敏二极管技术参数

型号	最大电压/V	暗电流/μA	光电流/μA	光灵敏度/(μA/μW)	结电容/pF	响应时间/s
2CU1A	10	≤0.2	≥80	≥0.4	≤5.0	≤10^{-7}
2CU2B	20	≤0.1	≥30	≥0.4	≤3.0	≤10^{-7}
2CU11A	30	≤10^{-1}	≥10	≥0.5	≤0.7	≤10^{-9}
2CU11B	50	≤10^{-2}	≥20	≥0.5	≤1.2	≤10^{-9}

表 4.3　常用光敏三极管技术参数

型号	反向击穿电压/V	最高工作电压/V	暗电流/μA	光电流/μA	峰值波长/nm	最大功耗/μW	环境温度/℃
3DU11	≥15	≥10	≤0.3	0.5~1.0	880	30	-40~125
3DU32	≥45	≥30	≤0.3	>2.0	880	50	-40~125
3DU51	≥15	≥10	≤0.2	0.5	880	30	-55~125
3DU022	≥45	≥30	≤0.3	0.1~0.2	880	50	-40~85

光敏二极管和光敏三极管使用时应注意保持光源与光敏管的合适位置。因为只有在光敏管管壳轴线与入射光方向接近的某一方位(取决于透镜的对称性和管芯偏离中心的程度),入射光恰好聚焦在管芯所在的区域时,光敏管的灵敏度才最大。为避免灵敏度变化,使用中必须保持光源与光敏管的相对位置不变。

② 应用

光敏二极管和光敏三极管与光敏电阻器相比具有灵敏度高、高频性能好,可靠性好、体积小、使用方便等优点。主要用于光电自动控制电路、光探测电路、激光接收电路、编码、译码电路等。图4.19(a)和图4.19(b)分别给出光敏二极管和光敏三极管用于光电开关电路和光控继电器电路的原理示意图(注意二者在电路中的图形符号)。

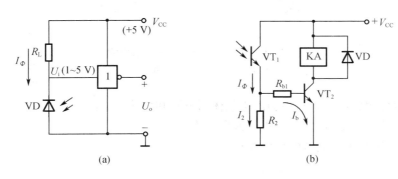

图4.19 光敏二极管和光敏三极管应用电路图

(a)光敏二极管用于光电开关;(b)光敏三极管用于光控继电器

(4)光电池

① 结构

光电池是基于光生伏特效应制成的光电元件,常用的是硅光电池,结构如图4.20(a)所示。基体材料为一薄片P型单晶硅,其厚度在0.44 mm以下,在其表面上利用热扩散法(thermal diffusion)生成一层N型受光层,基体和受光层的交接处形成PN结。在N型受光层上制作有栅状负电极,另外在受光面上还均匀覆盖有一层很薄的天蓝色一氧化硅抗反射膜,可以使对入射光的吸收率达到90%以上,并使光电池的短路电流增加25%~30%。实物如图4.20(b)如图所示。

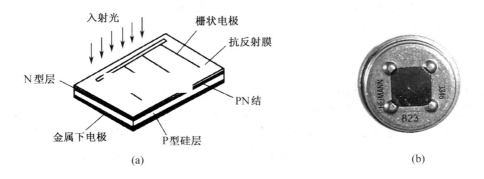

图4.20 硅光电池结构和实物图

(a)结构图;(b)实物图

②应用

光电池与外电路的连接方式有两种(图4.21):一种是把PN结的两端通过外导线短接,形成流过外电路的电流,这电流称为光电池的输出短路电流,其大小与光强成正比;另一种是开路电压输出,开路电压与光照度之间呈非线性关系,光照度大于1 000 lx时呈现饱和特性。因此使用时应根据需要选用工作状态。

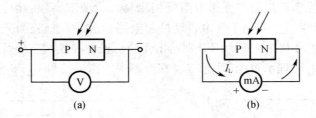

图4.21　光电池与外电路的连接方式

(a)开路电压输出;(b)短路电流输出

硅光电池使用轻便、简单,不会产生气体污染或热污染,特别适用于宇宙飞行器作仪表电源。但转换效率较低,适宜在可见光波段工作。

图4.22给出基于光电池的报警电路工作原理图。

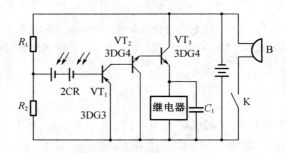

图4.22　基于光电池的报警电路

感光元件采用两个硅光电池,放大电路由三只半导体管组成R_1和R_2为分压偏置电路。当无光照时,硅光电池不产生电压,只相当于一个电阻串接在放大器的基极电路上。当有光照时,硅光电池产生电压,该电压与R_2上的电压一起加在VT_1的基极上,于是VT_1导通,VT_2和VT_3也随之导通,继电器工作,其触点被吸合,蜂鸣器发出报警声。

4.1.3　光电传感器类型

光电传感器按其输出量性质可分为模拟式光电传感器和开关式光电传感器两大类。模拟式光电传感器将被测量转换成连续变化的光电流,要求光电元件的光照特性为单值线性,而且光源的光照均匀恒定。开关式光电传感器利用光电元件受光照或无光照时"有""无"电信号输出的特性,将被测量转换成断续变化的开关信号,要求光电元件灵敏度高,而对光照特性的线性要求不高。

根据被测物、光源和光电元件三者之间的关系,又可以将光电传感器分为辐射式(radiation)、透射式(transmission)、反射式(reflection)和投射式(projection)。

①辐射式:被测物体本身是光辐射源,被测物体发出的光投射到光电元件上,光电元件的输出反映了光源的某些物理参数,见图4.23(a)。光电高温计、光电比色高温计、红外侦察、红外遥感和天文探测等均属于这一类。这种传感器还可用于防火报警,火种报警和构成光照度计等方面。

②透射式(吸收式):光源发射的光通量穿过被测物体,一部分由被测物体吸收,剩余部分将投射到光电元件上,根据被测物体对光的吸收程度或对其谱线的选择来测定被测参数,见图4.23(b)。这种光电传感器可以测量液体、气体的透明度、混浊度,对气体进行成分分析,测定液体中某种物质的含量等;也可用于防火报警,烟雾报警等。

③反射式:恒定光源发出的光投射到被测物体上,再从其表面反射到光电元件上,根据反射的光通量多少测定被测物体表面性质和状态,如图4.23(c)所示。这种光电传感器可以测量零件表面粗糙度、表面缺陷、表面位移以及表面白度、露点、湿度等。

④投射式(遮光式):恒光源发出的光通量在到达光电元件的途中遇到被测物体,照射到光电元件上的光通量被遮蔽掉一部分,光电元件的输出反映了被测物体的尺寸,如图4.23(d)所示。

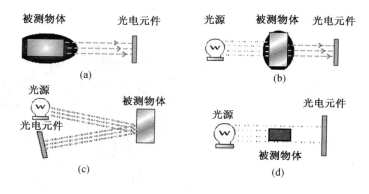

图4.23　光电传感器几种类型
(a)辐射式;(b)透射式;(c)反射式;(d)投射式

4.1.4　光电传感器应用实例

以光电器件作为转换元件,光电传感器可用于检测直接引起光量变化的非电量,如光强、光照度、辐射测温、气体成分分析等;也可用来检测能转换成光量变化的其他非电量,如零件直径、表面粗糙度、应变、位移、振动、速度、加速度,以及物体的形状、工作状态的识别等。下面以小车机器人循迹(car robot tracking)为例介绍光电传感器在实际中的应用。

1. 小车机器人循迹

这里的循迹是指小车在白色地板上循黑线行走,通常采取的方法是红外探测法。红外探测法,即利用红外发光二极管发出的红外线在不同颜色的物体表面具有不同的反射性质的特点进行测量,在小车行驶过程中不断地通过红外发光二极管向地面发射红外光,当红外光遇到白色纸质地板时发生漫反射,反射光被装在小车上的红外光敏接收管接收;如果遇到黑线则红外光被吸收,小车上的接收管接收不到红外光。单片机就是否收到反射回来的红外光为依据来确定黑线的位置和小车的行走路线。

（1）单管红外发送、接收基本电路

光电传感器的光源选择红外发光二极管，光电元件选择光敏二极管或光敏三极管。

①红外发光二极管

选择红外辐射效率高的材料 GaAs（砷化镓）半导体制成的红外发光二极管。发出的红外线波长为 940 nm 左右。外形与普通 ϕ5 mm 发光二极管相同，颜色不同，有透明、黑色和深蓝色三种。其最大辐射强度在光轴的正前方，随辐射方向与光轴夹角的增加而减小。实际使用时，外面套上聚光罩。

②光敏三极管

光敏三极管使用时需加反向偏压。没有接收到红外光时，三极管输出高电平；接收到红外光时，输出低电平。当光照强度发生变化时，输出电平的电压大小也会发生变化。

构成的基本电路和输入输出曲线见图 4.24（a）。图中 Input 发送管输入信号端，R_D 用来调整红外发光二极管的发光强度，Output 接收管信号输出端，R_L 为上拉电阻，V_{cc} 为工作电压，一般为 5 V。由于红外发光管的发射功率较小，红外接收管收到的信号较弱，所以接收端就要增加高增益放大电路。因此，可以采用成品的一体化接收头代替单管接收管。

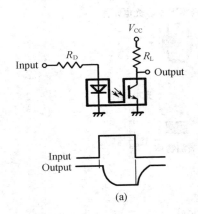

图 4.24 单管红外传感器

（a）单管红外发送、接收基本电路；（b）单管红外发送、接收器实物

（2）一体化红外接收基本电路

红外一体化接收头集接收、放大、滤波和解调、输出等功能为一体，性能稳定、可靠。

HS0038 型红外线一体化接收头为直立侧面收光型。器件基本结构包括三只引脚：电源正 V_S、电源负 GND 和数据输出 Out。其主要参数：工作电压:4.8 ~ 5.3 V；工作电流 1.7 ~ 2.7 mA；接收频率 38 kHz；峰值波长 980 nm；静态输出为高电平，输出低电平小于等于 0.4 V，输出高电平为接近工作电压，内部结构框图见图 4.25（a）。当接收到 38 kHz 红外光时输出低电平；当接收不到 38 kHz 红外光时输出高电平。

为什么红外光电传感器在使用时，要以特定的频率（38 kHz）发射红外线和接收红外线呢？这是因为所有物体只要温度高于零摄氏度，都会向外发送红外线，且太阳光和日光灯中最强，所以红外发光二极管发出的红外光很容易受到外界干扰。特定的频率发送和接收红外光能有效地减小外界干扰。

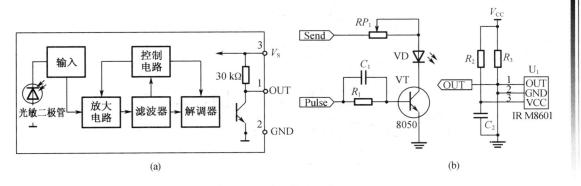

(a)　　　　　　　　　　　　　　　　　　　　(b)

图4.25　一体化红外发送接收传感器

（a）一体化红外接收头内部结构框图；（b）一体化红外接收头电路图

为实现特定频率（38 kHz）的红外线的发送，一般可以用单片机定时器产生频率为38 kHz的高频信号，加在红外发光二极管上，发送控制信号使红外发光二极管以38 kHz的发射频率发射红外信号，电路见图4.25（b）。

图4.25中，Pulse端为单片机定时器产生的38 kHz载波信号。Send端为控制端，高电平时，Pulse端发射38 kHz载波信号。RP_1用来调节发光管的发光强度。三极管VT起驱动作用。一体化接收头U_1当连续收到38 kHz的红外线信号时，将产生脉宽10 ms左右的低电平。如果没有收到信号，便立即输出高电平。

2. 注油液位控制装置

注油液位控制装置示意图如图4.26所示。

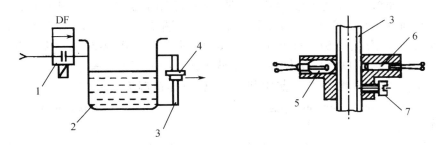

图4.26　注油液位控制装置示意图

（a）装置；（b）光电传感器

1—中磁阀；2—油箱；3—透明玻璃管；4—光电传感器；5—灯泡；6—光敏二极管；7—紧固螺钉

如图4.26中，DF是控制进油的电磁阀，油箱的一侧有一根可显示液位的透明玻璃管，在玻璃管上套有一个光电传感器（由指示灯泡和光敏二极管组成），它可以沿玻璃管上下移动，以设定所控注油的液位。对应的控制电路如图4.27所示。

如图4.27所示，当液位低于设定的位置时，灯泡发出的光经玻璃管壁的散射，到达光敏二极管的光很微弱，光敏二极管呈较大的阻值，此时VT_1和VT_2导通，继电器K工作，其常开触点K_1闭合，电磁阀DF得电工作，由关闭状态转为开启状态，油源开始向油箱注油；当液位上升超过设定的位置时，灯泡发出的光经透明玻璃管内油柱形成的透镜，使光敏二极管接收到强光，其内阻变小，电磁阀失电而关闭。

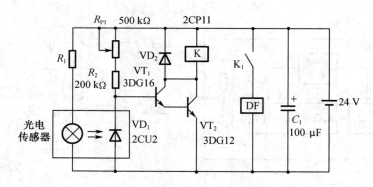

图 4.27 注油液位控制电路图

4.2 热电传感器

热电传感器(thermoelectric sensor)是将温度变化转换为电量变化的装置,是利用某些材料或元件的性能随温度变化的特性来进行测量的。把温度变化转换为电势的热电式传感器称为热电偶,热电偶属于自发电型测量温度的传感器,测温范围广(−270 ~ 1 800 ℃)。本节主要介绍热电偶的工作原理和测量电路。

4.2.1 热电偶的物理基础

两种不同的金属材料组成一个闭合回路,就形成了一支热电偶(thermocouple),如图4.28(a)所示。如果两个接点的温度不同,即 $T \neq T_0$,则在回路中就有电势存在,这种现象叫热电效应(thermoelectric effect)。通常 T_0 端称为参考端或冷端,T 端称为测量端或工作端或热端,两种材料称为热电极(thermal electrode),所产生的电势叫热电势(thermoelectric potential),用 $E_{AB}(T, T_0)$ 表示,其大小反映了两个接点的温度差。若保持 T_0 不变,则热电势就随温度 T 而变化。因此,测出了热电势的值,就可知道温度 T 的值。热电势由两部分组成,即接触电势(contact potential)和温差电势(temprature differecnce potential)。

1. 接触电势

根据帕尔贴效应(Peltier effect):两种不同的金属材料,当它们相互接触时,由于其内部电子密度不同,例如金属 A 的电子密度比 B 的电子密度大,则就会有一些电子从 A 跑到 B 中去,A 失去电子带正电,B 得到电子带负电,这样便形成了一个由 A 向 B 的静电场,它将阻止电子进一步由 A 向 B 扩散。当扩散力和电场力达到平衡时,A,B 间就建立了一个固定的接触电势,如图 4.28(c)所示。接触电势的大小主要取决于温度和 A,B 材料的性质。据物理学有关理论推导,接触电势可用下式表示,即

$$e_{AB}(T) = U_{AT} - U_{BT} = \frac{kT}{e}\ln\frac{N_{AT}}{N_{BT}}$$

$$e_{AB}(T_0) = U_{AT_0} - U_{BT_0} = \frac{kT_0}{e}\ln\frac{N_{AT_0}}{N_{BT_0}} \tag{4.4}$$

式中　e——单位电荷,$e = 1.602\ 189\ 2 \times 10^{-19}$ C;

　　　k——波耳兹曼常数,$k = 1.380\ 650\ 5 \times 10^{-23}$ J/K;

$e_{AB}(T)$，$e_{AB}(T_0)$——分别为导体 A 和 B 接触点在温度为 T 和 T_0 时形成的电位差；

N_{AT}，N_{AT_0}——分别为导体 A 在接点温度为 T 和 T_0 时的电子密度；

N_{BT}，N_{BT_0}——分别为导体 B 在接点温度为 T 和 T_0 时的电子密度。

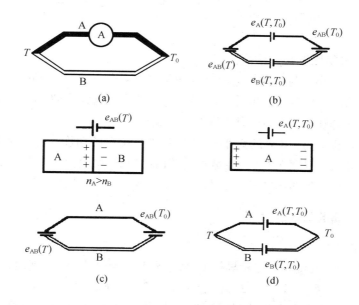

图 4.28　热电偶工作原理

（a）热电偶工作原理；（b）热电偶回路热电势产生原理；

（c）接触电势产生原理；（d）温差电势产生原理

2. 温差电势

根据塞贝克效应（Seebeck effect）：温差电势是由于金属导体两端温度不同而产生的一种电势。由物理学可知，温度越高，电子的能量就越大。当 $T > T_0$ 时（如图 4.28（d）所示），电子就会向能量较小的一端移动，这就形成了一个由高温端向低温端的静电场，该静电场又阻止电子继续向低温端迁移，最后达到动平衡状态。温差电势的大小可表示为

$$e_A(T, T_0) = U_{AT} - U_{AT_0} = \int_{T_0}^{T} \delta_A \mathrm{d}t$$

$$e_B(T, T_0) = U_{BT} - U_{BT_0} = \int_{T_0}^{T} \delta_B \mathrm{d}t \qquad (4.5)$$

式中，δ_A，δ_B 分别为 A，B 材料的汤姆逊系数，单位为 V/℃，表示导体 A，B 两端的温度差为 1 ℃时所产生的温差电动势。

3. 回路总电势

对于如图 4.28（b）所示的由两种材料 A，B 组成一个闭合回路，若 $T > T_0$，则存在两个接触电势 $e_{AB}(T)$ 和 $e_{AB}(T_0)$ 及两个温差电势 $e_A(T, T_0)$ 和 $e_B(T, T_0)$，回路总电势为

$$E_{AB}(T, T_0) = e_{AB}(T) - e_{AB}(T_0) + e_B(T, T_0) - e_A(T, T_0) \qquad (4.6)$$

由式（4.4）、式（4.5）和式（4.6）可得

$$E_{AB}(T, T_0) = \frac{kT}{e}\ln\frac{N_{AT}}{N_{BT}} - \frac{kT_0}{e}\ln\frac{N_{AT_0}}{N_{BT_0}} + \int_{T_0}^{T}(\delta_B - \delta_A)\,\mathrm{d}t$$

$$= \left[\frac{kT}{e}\ln\frac{N_{AT}}{N_{BT}} + \int_{0}^{T}(\delta_B - \delta_A)\,\mathrm{d}t\right] - \left[\frac{kT_0}{e}\ln\frac{N_{AT_0}}{N_{BT_0}} - \int_{0}^{T_0}(\delta_B - \delta_A)\,\mathrm{d}t\right] \tag{4.7}$$

$$= f(T) - f(T_0)$$

从上面分析可得以下几点结论：

（1）热电势的大小只与构成热电偶材料和两端温度有关，与热电偶几何尺寸无关；

（2）若两种热电极材料均匀相同，则回路中不会产生热电势，因为 $N_A/N_B = 1$，$\delta_A/\delta_B = 1$，所以 $E_{AB}(T, T_0) = 0$，即热电偶必由两种不同材料组成。

（3）材料确定以后，热电势的大小只与热电偶两端点的温度有关。如果使 $f(T_0) = $ 常数，则回路热电势只与温度 T 有关，且是 T 的单值函数，这就是热电偶测温的原理。

（4）注意热电偶产生的热电势 $E_{AB}(T, T_0) \neq E_{BA}(T, T_0)$，而是 $E_{AB}(T, T_0) = -E_{BA}(T, T_0)$。

4.2.2 热电偶的基本定律

1. 中间导体定律

设如图 4.29 所示，接入第三种导体 C，若三个节点温度均为 T_0，则回路的总热电势为

$$E_{ABC}(T_0) = E_{AB}(T_0) + E_{BC}(T_0) + E_{CA}(T_0) = 0 \tag{4.8}$$

若 A，B 节点温度均为 T，其余结点温度为 T_0，而且 $T > T_0$，则回路总热电势为

$$E_{ABC}(T, T_0) = E_{AB}(T) + E_{BC}(T_0) + E_{CA}(T_0) \tag{4.9}$$

由式（4.8）可得

$$E_{AB}(T_0) = -\left[E_{BC}(T_0) + E_{CA}(T_0)\right] \tag{4.10}$$

将式（4.10）代入式（4.9）可得

$$E_{ABC}(T, T_0) = E_{AB}(T) - E_{AB}(T_0) = E_{AB}(T, T_0) \tag{4.11}$$

由此得出结论：导体 A，B 组成的热电偶，当引入第三导体时，只要保持其两端温度相同，则对回路总热电势无影响，这就是中间导体定律（law of intermediate metal）。利用这个定律可以将第三导体换成毫伏表，只要保证两个接点温度一致，就可以完成热电势的测量而不影响热电偶的输出。

2. 连接导体定律和中间温度定律

在热电偶回路中，若导体 A，B 分别与连接导线 A′，B′ 相接，接点温度分别为 T，T_n，T_0，如图 4.30 所示，则回路的总热电势为

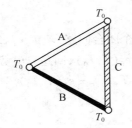

图 4.29　三导体热电回路

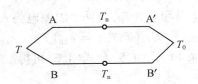

图 4.30　热电偶连接导线示意图

$$E_{ABB'A'}(T, T_n, T_0) = E_{AB}(T) + E_{BB'}(T_n) + E_{B'A'}(T_0) + E_{A'A}(T_n) +$$

$$\int_{T_n}^{T} \delta_A dT + \int_{T_0}^{T_n} \delta_{A'} dT - \int_{T_0}^{T_n} \delta_{B'} dT - \int_{T_n}^{T} \delta_B dT \qquad (4.12)$$

因为

$$E_{BB'}(T_n) + E_{A'A}(T_n) = \frac{kT_n}{e}\ln\left(\frac{N_B}{N_{B'}} \cdot \frac{N_{A'}}{N_A}\right) = \frac{kT_n}{e}\left(\ln\frac{N_{A'}}{N_{B'}} - \ln\frac{N_A}{N_B}\right)$$

$$= E_{A'B'}(T_n) - E_{AB}(T_n) \qquad (4.13)$$

又有
$$E_{B'A'}(T_0) = - E_{A'B'}(T_0) \qquad (4.14)$$

将式(4.13)和式(4.14)代入式(4.12)可得

$$E_{ABB'A'}(T, T_n, T_0) = E_{AB}(T, T_n) + E_{A'B'}(T_n, T_0) \qquad (4.15)$$

式(4.15)为连接导体定律(law of connection metal)的数学表达式,即回路总热电势等于热电偶电势 $E_{AB}(T, T_n)$ 与连接导线电势 $E_{A'B'}(T_n, T_0)$ 的代数和。连接导体定律是工业上热电偶运用补偿导线进行温度测量的理论基础。

当导体 A 与 A′、B 与 B′材料分别相同时,则式(4.15)可写为

$$E_{ABB'A'}(T, T_n, T_0) = E_{AB}(T, T_n) + E_{AB}(T_n, T_0) \qquad (4.16)$$

式(4.16)为中间温度定律(law of intermediate temperature)的数学表达式,即回路的总热电势等于 $E_{AB}(T, T_n)$ 与 $E_{AB}(T_n, T_0)$ 的代数和,T_n 称为中间温度。中间温度定律为制定热电偶分度表奠定了理论基础,只要求得参考端温度为 0 ℃时的"热电势 – 温度"关系,就可以根据式(4.16)求出参考温度不等于 0 ℃时的热电势。

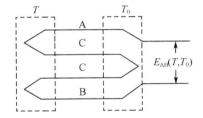

图 4.31　参考电极定律示意图

3. 参考电极定律

图 4.31 为参考电极定律示意图。图中 C 为参考电极,接在热电偶 A、B 之间,形成三个热电偶组成的回路。

因为

$$E_{AC}(T, T_0) = E_{AC}(T) - E_{AC}(T_0) + \int_{T_0}^{T}(\delta_A - \delta_C)dT \qquad (4.17)$$

$$E_{BC}(T, T_0) = E_{BC}(T) - E_{BC}(T_0) + \int_{T_0}^{T}(\delta_B - \delta_C)dT \qquad (4.18)$$

于是

$$E_{AC}(T, T_0) - E_{BC}(T, T_0) = E_{AC}(T) - E_{AC}(T_0) - E_{BC}(T) + E_{BC}(T_0) +$$

$$\int_{T_0}^{T}(\delta_A - \delta_C)dT - \int_{T_0}^{T}(\delta_B - \delta_C)dT \qquad (4.19)$$

式中

$$E_{AC}(T) - E_{BC}(T) = \frac{kT}{e}\ln\left(\frac{N_A}{N_C} \cdot \frac{N_C}{N_B}\right) = E_{AB}(T)$$

$$- E_{AC}(T_0) + E_{BC}(T_0) = -\frac{kT_0}{e}\ln\left(\frac{N_A}{N_C} \cdot \frac{N_C}{N_B}\right) = - E_{AB}(T_0)$$

$$\int_{T_0}^{T}(\delta_A - \delta_C)dT - \int_{T_0}^{T}(\delta_B - \delta_C)dT = \int_{T_0}^{T}(\delta_A - \delta_B)dT$$

因此

$$E_{AC}(T,T_0) - E_{BC}(T,T_0) = E_{AB}(T) - E_{AB}(T_0) + \int_{T_0}^{T}(\delta_A - \delta_B)\mathrm{d}T = E_{AB}(T,T_0)$$

$$(4.20)$$

式(4.20)为参考电极定律(law of reference electrode)的数学表达式。表明参考电极 C 与各种电极配对时的总热电势为两电极 A，B 配对后的电势之差。利用该定律可大大简化热电偶选配工作，只要已知有关电极与标准电极配对的热电势，即可求出任何两种热电极配对的热电势而不需要测定。

4. 均质导体定律

若组成热电偶回路的两种导体相同(即由一种均质材料的热电极组成闭合回路)，不论热电极长度、直径如何，不管接点温度如何，则回路中没有电流流过(即不产生电动势)；反之，若回路中有电流流过，则导体一定是非均质的，这就是均质导体定律(law of homogeneous conductor)。根据均质导体定律可知：

(1)热电偶必须由两种不同材质的导体构成，若热电极材料不均匀，由于温度梯度存在，将会产生附加热电势；

(2)如果热电偶是由两种均质导体组成，则热电偶的热电势仅与两接点间的温度差有关，而与热电极的粗细、长短和几何形状无关，也与沿热电极的温度分布无关；

(3)如果热电偶的热电极是非均质导体，则相当于不同性质，热电极构成不同的热电偶，在不均匀温场测温时将会造成测温差。

可见，热电极材料的均质性是保证热电偶测温精度的重要指标。

4.2.3 热电偶材料及类型

1. 热电偶材料

根据热电效应理论，任何两种不同的导体，只要组成闭合回路的两端点有温差，都能产生热电势。但作为热电传感器，必须要考虑灵敏度、准确度、稳定性等条件。因此，作为热电偶传感器的材料一般应满足以下要求：

(1)在同样温度下产生的热电势要大，且热电势与温度间应呈线性(或近似线性)关系；

(2)材料要均匀，耐高温和抗辐射性能好，在较宽的温度范围内，化学及物理性能稳定；

(3)电导率高，电阻温度系数小，比热容小；

(4)热工性能好，价格便宜。

常用做热电偶材料主要有铂、铑、镍、铬、硅、铁、铜等。

2. 热电偶分度表及分度号

热电偶应用广泛，各国都有标准热电偶供应，标准热电偶有对应的热电偶分度号和相应的分度表(reference tables)，见附录 B。如果知道热电偶分度号，还知道输出电势的大小，通过查找相应分度表就能得到被测温度。但需要注意的是，与热电阻类似，热电偶在分度时，一般选择冷端(参考端)温度 $T_0 = 0\ ℃$，如果冷端温度不为零摄氏度，则不能由分度表直接查得被测量温度。

常用热电偶分度号为：铂铑 10 – 铂(S 分度号)、铂铑 13 – 铂(R 分度号)、铂铑 30 – 铂铑 6(B 分度号)、镍铬硅 – 镍硅(N 分度号)、镍铬 – 镍硅(K 分度号)、镍铬 – 铜镍(E 分度号)、铁 – 铜镍合金(康铜)(J 分度号)等几种。其中 S，R，B 分度号属于贵金属热电偶。表

4.4 给出了常用几种热电偶的分度号、测温范围、输出热电势、特点及用途。

表 4.4 常用热电偶性能对比

分度号	名称	测量温度范围	1 000 ℃ 热电势/mV	特点及用途
B	铂铑 30 - 铂铑 6	50 ~ 1 820 ℃	4.834	在室温下热电动势极小,一般不用补偿导线。可在氧化性或中性环境中及真空条件下短期使用
S	铂铑 10 - 铂	-50 ~ 1 768 ℃	9.587	抗氧化性能强,宜在氧化性、惰性环境中连续使用。精确度等级最高,通常用作标准热电偶
R	铂铑 13 - 铂	-50 ~ 1 768 ℃	10.506	与 S 分度号相比除热电动势大 15% 左右,其他性能完全相同
K	镍铬 - 镍铬(铝)	-270 ~ 1 370 ℃	41.276	抗氧化性能强,宜在氧化性、惰性环境中连续使用,使用最广泛
E	镍铬 - 铜镍(康铜)	-270 ~ 800 ℃	76.350	在常用热电偶中,其热电动势最大,即灵敏度最高。宜在氧化性、惰性环境中连续使用

3. 热电偶结构

为了保证热电偶的正常工作,提高其使用寿命并能适应各种条件下的温度测量,对热电偶的结构提出了相应的要求。与热电阻传感器类似,热电偶结构可分为普通型热电偶、铠装热电偶、表面热电偶(surface thermocouple)和防爆热电偶等四类。

(1)普通型热电偶

普通型热电偶主要用于工业上测量气体、蒸汽、液体等介质温度,具有多种通用标准。其结构如图 4.32(a)所示,主体由热电偶本体、绝缘瓷管、保护管套、接线盒和安装法兰五部分构成。

①热电偶本体。贵金属电极一般选用 0.5 mm 直径,普通金属取 1.5 ~ 3 mm;用于快速测量的热电偶,为减少惯性,有时可选用 0.1 ~ 0.03 mm 偶丝,长度视需要由几毫米到几米。热电偶节点用对焊连接或绞绕后再焊接。

②绝缘瓷管。套于电极上,防止极间短路和电极与保护套管之间短路,包括陶瓷与非陶瓷两类,前者适应高温测量之用。

③保护管。用于防止热电偶机械损伤或化学腐蚀。保护管材料具有足够的机械强度,耐高温,有良好的热震性(温度剧变)、气密性、导热性等。工业用热电偶,长期使用在 1 000 ℃ 以下时,多用金属保护管,如铜合金、20#碳钢、不锈钢等;在 1 000 摄氏度以上使用陶瓷保护管。保护管直径有 20 mm,16 mm,12 mm,8 mm,6 mm 等几种;长度可选择,一般为 75 ~ 3 000 mm。

④接线盒。内有接线端板,方便导线与热电偶参考端的连接,接线盒兼有密封和保护接线端子的作用。

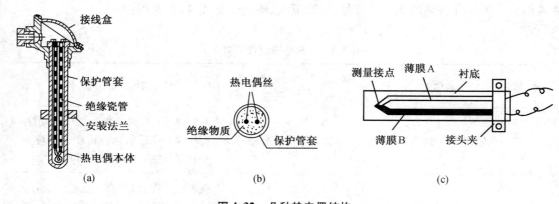

图 4.32　几种热电偶结构

（a）普通热电偶；（b）铠装热电偶剖面；（c）表面薄膜热电偶

⑤安装法兰。内有接线端板，方便导线与热电偶参考端的连接，接线盒兼有密封和保护接线端子的作用。

（2）铠装热电偶

铠装热电偶是一种小型化、结构牢固、使用方便的特殊热电偶，结构剖面如图 4.32（b）所示。由热电极、绝缘材料（氧化镁或氧化铍粉等）和金属套管三者组合后拉伸而成为坚实的一个整体。其套管直径一般从 2~8 mm，长度根据需要可从 0.05~15 m 以上。其优点是热惰性小，反应快，时间常数可达 0.01 s，可用于快速测温或热容量很小的物体温度测量；结构坚实，可耐强烈的振动和冲击等。

（3）表面热电偶

表面热电偶是专用于测量各种固体表面温度的热电偶，一般做成便携式。近年来，发展了一种薄膜热电偶，结构如图 4.32（c）所示，是用真空蒸镀的方法，将热电极材料（金属）蒸镀到绝缘基板上，形成薄膜电极。两种电极在一端牢固地结合在一起，形成薄膜状热节点（工作端），在薄膜表面再镀一层二氧化硅膜，既可防止电极氧化，又可使热电偶与被测物表面用黏结剂粘牢，因此测量时反应速度很快。薄膜热电偶主要用于要求测量准确、快速的地方，因其尺寸小，也可用来测量微小面积上的温度。

图 4.33 分别给出了三种常用热电偶的实物图。

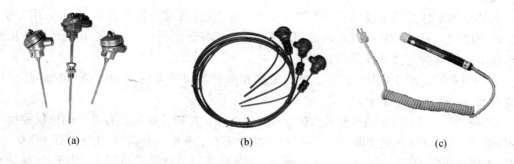

图 4.33　几种热电偶实物图

（a）普通热电偶；（b）铠装热电偶；（c）表面热电偶

（4）防爆热电偶

工业用隔爆热电偶为温度测量和控制的传感器与显示仪表配套，以直接测量和控制生产过程中的气体、液体和蒸汽的温度。

防爆热电偶是利用间隙隔爆原理，设计具有足够强度的接线盒等部件，将所有会产生火花、电弧和危险温度的零部件都密封在接线盒腔内，当腔内发生爆炸时，能通过接合面间隙熄火和冷却，使爆炸后的火焰和温度传不到腔外，从而进行隔爆。

4.2.4 热电偶测温线路

1. 基本测温线路

热电偶在电路中符号如图4.34（a）所示，基本测温线路如图4.34（b）所示，T 为被测量的温度；A，B 为热电偶的两个热电极；A′，B′ 为热电偶接线盒引出的连接导线，常称为补偿导线（compensation lead）或延长导线（estension lead）；T_n 为补偿导线与热电偶连接端温度，常称为中间温度；T_0 为补偿导线与测量仪表连接端温度，即冷端温度，一般为 0 ℃。

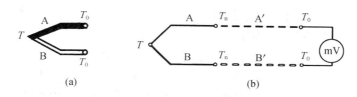

图4.34 热电偶基本测温线路

（a）热电偶在电路中符号；（b）热电偶基本测温线路

2. 热电偶延长导线

（1）接入延长导线原因

标准热电偶有对应的热电偶分度号和相应的分度表，热电偶在分度时，一般选择冷端温度 $T_0 = 0$ ℃。如果冷端温度不为零摄氏度，则不能由分度表直接查得被测量温度。因此，热电偶测温时，要求冷端温度保持不变，通常要求 $T_0 = 0$ ℃；但如果冷端距离被测温度很近，很难保证 T_0 恒定，且为零摄氏度。

测温时，接入延长导线可以使热电偶的冷端延伸，使之远离被测温度，不受被测量温度波动的影响，以便通过其他方式使 T_0 保持零摄氏度。这就是热电偶接入延长导线的原因。

（2）延长导线材料

热电偶延长导线可以是热电偶热电极材料的直接延伸，因为造价高很少用。一般用在一定温度范围内与热电偶热电极材料的热电特性一致（图4.34（b）中，满足 $E_{AB}(T, T_0) = E_{A'B'}(T, T_0)$）的普通导线代替，一般是铁、铜、镍等非贵重金属，通常由延长导线合金丝、绝缘层、护套、屏蔽层四部分组成，图4.35 给出延长导线实物图。这样可以节约大量贵金属，易弯曲，便于铺设。表4.5 给出几种常用热电偶和与之配对的延长导线。

图4.35 热电偶延长导线实物图

表 4.5　常用热电偶和与其配对的延长导线

型号	配用热电偶 正 - 负	型号	导线外皮颜色 正 - 负	100 ℃时的 热电势/mV
RC	R(铂铑 13 - 铂)	RC	红 - 绿	0.647
NC	N(镍铬硅 - 镍硅)	NC	红 - 黄	2.744
EX	E(镍铬 - 铜镍)	EX	红 - 棕	6.319
JX	J(铁 - 铜镍)	JX	红 - 紫	5.264
TX	T(铜 - 铜镍)	TX	红 - 白	4.279

（3）接入延长导线对热电偶输出热电势的影响

在热电偶测温线路中,除了要接入延长导线,还要接入测量仪表,根据中间导体定律可以证明它们的接入对热电偶测温不会带来影响。根据中间温度定律推广,在回路中接入多种导体后,只要每种导体的两端温度相同,那么对回路的总热电势无影响。因此,延长导线和测量显示仪表的接入就可看作是中间导体接入的情况,对回路总热电势没有影响。

（4）接入延长导线后热电偶输出总热电势的计算

热电偶测温线路中,当接入延长导线和测量仪表后,产生了两个接点温度 T_n 和 T_0,回路总的输出热电势等于热电偶输出热电势与延长导线输出热电势的代数和,如式(4.15)所示。因为热电偶的热电极 A 和 B 与延长导线 A′和 B′热电特性相同,所以有式(4.16),简记为

$$E_{AB}(T, T_0) = E_{AB}(T, T_n) + E_{AB}(T_n, T_0) \tag{4.21}$$

这是热电偶进行分度和能够进行冷端温度补偿(cold junction compensation) 的理论基础。

3. 热电偶冷端温度补偿

通过前面讨论,可见热电偶在使用过程中,保持冷端温度恒定且为零摄氏度非常重要。这也就是热电偶冷端温度补偿问题。

（1）0 ℃恒温法

在实验室条件下,通常是把冷端放在盛有绝缘油的试管中,然后再将其放入装满冰水混合物的保温容器中,使冷端保持 0 ℃。此法也称冰浴法(ice bath method)。由于冰融化较快,所以一般只适用于实验室中。

（2）计算修正法

计算修正法的依据是热电偶中间温度定律。例如,用镍铬 - 镍硅(K 分度号)热电偶测温度,已知冷端温度为 40 ℃,用高精度毫伏表测得此时热电势为 29.186 mV,求被测点温度。

显然,热电偶冷端温度 $T_0 = 40$ ℃ $\neq 0$ ℃,所以不能根据输出的热电势的值直接查分度表得到被测量温度。但可以认为此时的冷端温度为一个中间温度,即 $T_n = 40$ ℃。则根据中间温度定律,可以得到

$$
\begin{aligned}
E_{AB}(T, T_0) &= E_{AB}(T, T_n) + E_{AB}(T_n, T_0) \\
&= E_{AB}(T, 40 \text{ ℃}) + E_{AB}(40 \text{ ℃}, 0 \text{ ℃})
\end{aligned} \tag{4.22}
$$

显然,式(4.22)中,$E_{AB}(T, 40 \text{ ℃}) = 29.186$ mV,而 $E_{AB}(40 \text{ ℃}, 0 \text{ ℃})$ 可以通过查表得到

为 1.612 mV，所以 $E_{AB}(T,T_0)=30.798$ mV，反查分度表，得到被测量温度为 740 ℃。

（3）补偿电桥法

补偿电桥法（bridge compensation）是利用不平衡电桥产生的电动势来补偿热电偶因冷端温度变化而引起的热电势变化值，如图 4.36 所示。不平衡电桥（即补偿电桥）由电阻 r_1，r_2，r_3（锰铜丝绕制），r_{Cu}（铜丝绕制）四个桥臂和桥路稳压电源所组成，串联在热电偶测量回路中。热电偶冷端与电阻 r_{Cu} 感受相同的温度。通常，取 20 ℃ 时电桥平衡（$r_1 = r_2 = r_3 = r_{Cu}^{20°}$），此时对角线 a，b 两点电位相等（即 $U_{ab}=0$），电桥对仪表的读数无影响。当环境温度高于 20 ℃ 时，r_{Cu} 增加，平衡被破坏，a 点电位高于 b 点，产生不平衡电压 U_{ab} 与热端电势相叠加，一起送入测量仪表。适当选择桥臂电阻和电流的数值，可使电桥产生的不平衡电压 U_{ab} 正好补偿由于冷端温度变化而引起的热电动势变化值，仪表即可指示出正确的温度。由于电桥是在 20 ℃ 时平衡，所以采用这种补偿电桥需把仪表的机械零位调整到 20 ℃。

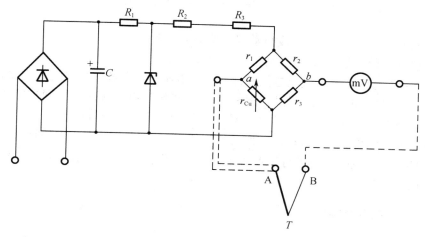

图 4.36　具有补偿电桥的热电偶测量线路

4. 热电偶典型测温线路

热电偶除了可以组成如图 4.34（b）中所示的测量单点的基本测温线路外，还可以进行两点温度差、多点平均温度、多点温度以及多点温度的巡回检测。

图 4.37（a）是几个同类型的热电偶串联线路图，图中，C 和 D 为延长导线，回路中总热电势为

$$
\begin{aligned}
E_t &= e_{AB}(T_1) + e_{DC}(T_0) + e_{AB}(T_2) + e_{DC}(T_0) + e_{AB}(T_3) + e_{DC}(T_0) \\
&= e_{AB}(T_1) - e_{AB}(T_0) + e_{AB}(T_2) - e_{AB}(T_0) + e_{AB}(T_3) - e_{AB}(T_0) \\
&= E_{AB}(T_1, T_0) + E_{AB}(T_2, T_0) + E_{AB}(T_3, T_0)
\end{aligned}
\tag{4.23}
$$

即回路总热电势为各热电偶的热电势之和，据此可以测得多点温度和。在辐射高温计中的热电堆（thermopile），就是根据这个原理制成的。这种线路由于热电势为各热电偶的热电势之和，故可以测量微小的温度变化。

在多点温度测量时，可将若干只热电偶通过模拟切换开关共用一台测量仪表来节省显示仪表，测量线路如图 4.37（b）所示。使用时，各只热电偶的型号应相同，测量范围均应在显示仪表的量程内。在工作现场，若有些测量点不需要连续测量而只需要定时检测时，就可以把若干只热电偶通过手动或自动切换开关接到一台测量仪表上，以轮流或按要求显示

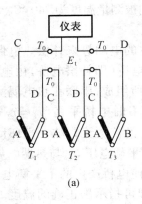

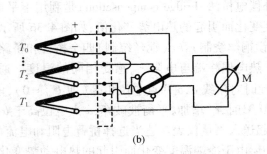

(a)　　　　　　　　　　　　(b)

图 4.37　热电偶几种典型测温线路

(a)几点温度和测温线路;(b)多点温度循环测温线路

各测量点的被测数值,达到多点温度自动巡回检测的目的。

与热电偶配用的测量仪表包括动圈式仪表(即测温毫伏计)、晶体管式自动平衡显示仪表(也叫自动电子电位差计)、直流电位差计和数字电压表。若要组成计算机自动测温或控制系统,可直接将数字电压表的测温数据利用接口电路和测控软件连接到计算机中,对检测温度进行计算和控制。这种系统在工业检测和控制中应用十分普遍。

为了保证测温精度,热电偶必须定期校验。校验时通常采用比较法,即用标准热电偶与被校热电偶在同一校验炉中进行选点对比,若误差超过允许值则为不合格。热电偶的允许偏差可查阅有关标准。

4.2.5　热电偶应用实例

1. 焊锡槽温度控制电路

在工业上,热电偶主要用来进行温度测量。热电偶传感器在焊锡槽(solder bath)温度控制电路中应用电路原理图如图 4.38 所示,焊锡槽温度控制电路由控制电源电路、比较控制电路、电子式温度调节器以及零电压开关电路(固态开关或固态继电器)构成。

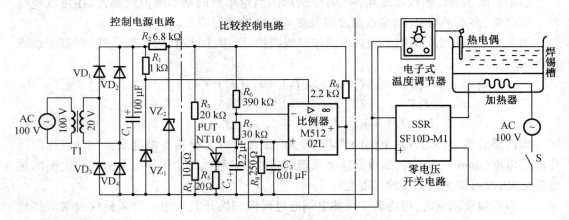

图 4.38　焊锡槽温度控制电路

（1）控制电源电路：加热器使用交流电 100 V 电源。控制电源由变压器降压、二极管整流、电容滤波、稳压二极管稳压电路组成。

（2）比较控制电路：采用程控单结晶体管 PUT（Programmable uniguction transistor）的锯齿波发生电路和比较器电路构成。

（3）电子式温度调节器：电流输出型比例位置式调节器，在被测量温度达到设定值的 4% 之前，输出为 20 mA 的满度值。从被测量温度进入设定值的 4% 起，调节器输出的电流与被测温度变化成比例。

（4）零电压开关电路：采用 SF10D－M1 固态继电器（SSR），它是一种用塑料封装厚膜集成电路。SSR 内部由光电耦合器件、零电压开关电路、双向晶闸管以及过电压保护电路构成。SSR 的特点有三个：输入和输出之间通过光耦合隔离，是完全绝缘的；输入小信号控制，可用 IC 直接驱动；采用零电压开关电路，产生的无线电干扰很小。SF10D－M1 是平底形封装，底座与内部的双向晶闸管以及其他电子电路完全绝缘，可以直接装到金属机架上。当输入高电平时，固态继电器输出端的双向晶闸管导通，输入低电平时关断。

焊锡槽温度控制电路的工作过程如下所示。

（1）将电子式温度调节器调节到设定值刻度，合上电源开关 S。起初，热电偶检出的焊锡温度与设定的温度差别很大，电子式温度调节器的输出为 20 mA 满度值，加在比较器同相端的电压为 5 V，高于比较器反相端的锯齿波电压（1～5 V），比较器输出常为高电平，SSR 输出端的双向晶闸管导通，加热器一直通电，焊锡温度急剧上升。

（2）当焊锡温度升高到设定温度的 4% 以内时，电子式温度调节器的输出电流与焊锡温度和设定温度之差成正比变化。随着焊锡温度不断接近设定温度，调节器的输出电流逐渐减小，加在比较电路同相端的输入电压也不断降低。当比较器同相端电压低于锯齿波电压时，比较器输出低电平，SSR 输出端的双向晶闸管在交流电源过零时关断，加热器断电。焊锡温度越接近设定温度，比较器输出高电平的时间越短，SSR 导通时间越短，即加热时间越短。当焊锡温度与设定温度一致，调节器的输出电流在 R_8 上的压降低于 1 V 时，SSR 导通时间为零，焊锡槽处于完全不加热状态。

（3）当焊锡温度低于设定温度，且调节器的输出电流在 R_8 上的压降高于 1 V 时，SSR 又导通，再次对焊锡槽加热。SSR 的 ON/OFF 周期（即焊锡槽的加热周期），取决于 PUT 的振荡周期。SSR 的导通时间（即焊锡槽的加热时间），取决于比较器两输入端的电压差，即取决于焊锡温度与设定温度的差值。显然，这是一个 PWM 式调功电路，焊锡槽不断从加热器获得热量以补偿损失的热量，从而保持焊锡温度稳定在设定值附近。

2. 热电偶光隔离温度监视电路

热电偶光电隔离温度监视器电路如图 4.39 所示，可用于温度数据采集、控制和计量、遥测和监视等场合。

电路中的 J 型热电偶工作温度范围为 0～500 ℃，灵敏度为 52 μA/℃；LT1025A 为小功率热电偶冷端补偿器，对热电偶进行冷端补偿；LTC1050 为具有内电容的斩波稳零运算放大器，产生误差小于 0.1 ℃；光电隔离电路用于温度控制仪表，在光隔离接口中产生两个信号，用两线接至 LTC1292 的 1 脚（$\overline{CS}$）和 7 脚（CLK）。高电平模拟信号在 CLKIN 端，用 0.1 μF 电容去耦，使 $\overline{CS}$ 为高电平，复位 A/D 用于下一个变换。当 CLKIN 开始触发时，$\overline{CS}$ 变为低电平，并持续到下一个 CLKIN 为高电平时。

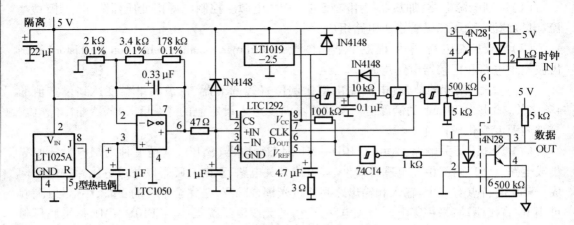

图4.39　热电偶光电隔离温度监视器电路

LTC1292是单12位数据采集系统。内置采样和保持电路,单电源5 V工作,直接3线接口适用于大部分MPU串行口和全部MPU并行口,通过信息最大速率为60 kHz,分辨率为12位,转换时间在工作温度范围内最大为12 μs,低电源电流仅为6.0 mA。LT1019 – 2.5为2.5 V精密基准电压源,为LTC1292提供2.5 V的U_{REF}。

LTC1292管脚说明:1脚$\overline{CS}$为片选,2脚 + IN为正输入,3脚 – IN为负数入,4脚GND为接地,5脚V_{REF}为基准源,6脚D_{OUT}为输出端,7脚CLK为时钟端,8脚V_{CC}为电源端。

LTC1292的最大绝对额顶值:电源电压为12 V;模拟和基准输入电压 – 0.3 ~ V_{CC} + 0.3 V;数字输入电压为 – 0.3 ~ 12 V;数字输出电压为 – 0.3 V ~ V_{CC} + 0.3 V;功耗为500 W。

4.3　压电传感器

压电传感器(piezoelectric sensor)是以某些电介质的压电效应为基础,在外力作用下,在电介质的表面上产生电荷,从而实现非电量测量。作为力敏感元件,压电传感元件能测量最终能变换为力的物理量,例如力、压力、加速度等。

压电传感器具有响应频带宽、灵敏度高、信噪比大、结构简单、工作可靠、质量轻等优点。近年来,由于电子技术的飞速发展,随着与之配套的二次仪表以及低噪声、小电容、高绝缘电阻电缆的出现,使压电传感器的使用更为方便。因此,在工程力学、生物医学、石油勘探、声波测井、电声学等许多技术领域中获得了广泛的应用。

4.3.1　压电效应及压电材料

1.压电效应

由物理学可知,一些离子型晶体的电介质(如石英、酒石酸钾钠、钛酸钡等)不仅在电场力作用下,而且在机械力作用下,都会产生极化现象。

(1)正压电效应

在某些电介质的一定方向上施加机械力而产生变形时,会引起它内部正负电荷中心相对转移而产生电的极化,从而导致其两个相对表面(极化面)上出现符号相反的束缚电荷,当外力消失,又恢复不带电的原状;当外力变向,电荷极性随之而变。这种现象称为正压电效应,或简称压电效应(piezoelectric effect),如图 4.40(b)所示。

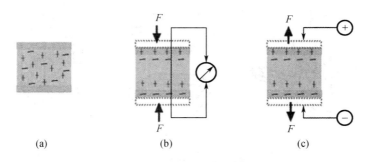

图 4.40　电解质的压电效应

(a)未受电场和压力影响;(b)正压电效应;(c)逆压电效应

(2)逆压电效应

若对上述电介质施加电场,则会引起电介质内部正负电荷中心发生相对位移而导致电介质产生变形,这种现象称为逆压电效应(converse piezoelectric effect),或称电致伸缩效应(electrostrictive effect),如图 4.40(c)所示。

可见,具有压电性的电介质(称压电材料)能实现机 – 电能量的相互转换。

2. 压电材料

压电材料的主要特性参数有压电常数、弹性常数、介电常数、机电耦合系数、电阻和居里点等。目前压电材料可分为三大类:压电晶体(piezoelectric crystal)(单晶),包括压电石英晶体和其他压电单晶;压电陶瓷(piezoelectric ceramics)(多晶半导瓷);新型压电材料,包括压电半导体(piezoelectric semiconductor)和有机高分子(organic polymer)压电材料。

(1)压电晶体

石英晶体(SiO_2)俗称水晶,有天然和人工之分。目前传感器中使用的均是以居里点为 573 ℃、晶体的结构为六角晶系的 α – 石英,其外形如图 4.41 所示,呈六角棱柱体;由 m,R,r,s,x 共 5 组 30 个晶面组成。

在讨论晶体结构时,常采用对称晶轴坐标 $abcd$。其中 c 轴与晶体上、下晶锥顶点连线重合,如图 4.42 所示(此图为左旋石英晶体,与右旋石英晶体的结构成镜像对称,压电效应极性相反)。在讨论晶体机电特性时,采用 xyz 右手直角坐标较方便,并统一规定:x 轴与 a(或 b,d)轴重合,称为电轴,它穿过六棱柱的棱线,在垂直于此轴的面上压电效应最强;y 轴垂直 m 面,称为机轴,在电场的作用下,沿该轴方向的机械变形最明显;z 轴与 c 轴重合,称为光轴,也叫中性轴,光线沿该轴通过石英晶体时,无折射,沿 z 轴方向上没有压电效应。

压电石英晶体的主要性能特点是压电常数小,时间和温度稳定性极好;机械强度和品质因数高,且刚度大,固有频率高,动态特性好;居里点 573 ℃,无热释电性,且绝缘性、重复性均好。

在压电单晶中除天然和人工石英晶体外,锂盐类压电和铁电单晶如铌酸锂($LiNbO_3$)、钽酸锂($LiTaO_3$)、锗酸锂($LiGeO_3$)等材料,也已在传感器技术中得到广泛应用,其中以铌酸锂为典型代表。铌酸锂是一种无色或浅黄色透明铁电晶体,结构是一种多畴单晶,必须通过极化处理后才能成为单畴单晶,从而呈现出类似单晶体的特点,即机械性能各向异性。它的时间稳定性好,居里点高达 1 200 ℃,在高温、强辐射条件下,仍具有良好的压电性,且

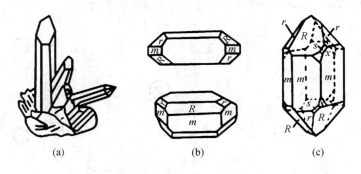

图 4.41 石英晶体的外形

（a）天然石英晶体；（b）人工石英晶体；（c）右旋石英晶体理想外形

机械性能,如机电耦合系数、介电常数、频率常数等均保持不变。此外,还具有良好的光电、声光效应,因此在光电、微声和激光等器件方面都有重要应用。其不足之处是质地脆、抗机械和热冲击性差。

（2）压电陶瓷

压电陶瓷是一种经极化处理后的人工多晶铁电体（ferroelectric）。所谓"多晶",它是由无数细微的单晶组成;所谓"铁电体",它具有类似铁磁材料磁畴的"电畴"结构。每个单晶形成一个单电畴,无数单晶电畴的无规则排列,使原始的压电陶瓷呈现各向同性而不具有压电性（如图 4.43（a）图所示）。要使其具有压电性,必须对

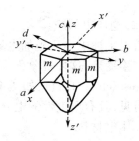

图 4.42 理想石英晶体坐标系

m—柱面;R—大棱面;r—小棱面;
s—棱界面;x—棱角面

其做极化处理,即在一定温度下对其施加强直流电场,迫使"电畴"趋向外电场方向作规则排列,如图 4.43（b）所示;极化电场去除后,趋向电畴基本保持不变,形成很强的剩余极化,从而呈现出压电性如图 4.43（c）右图所示。

压电陶瓷的特点是压电常数大,灵敏度高;制造工艺成熟,可通过合理配方和掺杂等人工控制来达到所要求的性能;成形工艺性好,成本低廉,利于广泛应用。压电陶瓷除有压电性外,还具有热释电性,因此它可制作热电传感器件而用于红外探测器中。但作压电器件应用时,会给压电传感器造成热干扰,降低稳定性。所以,对高稳定性的传感器,压电陶瓷的应用受到限制。

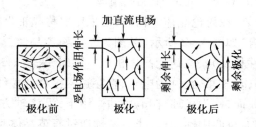

图 4.43 压电陶瓷的极化

常用的压电陶瓷按其组成基本元素多少可分为二元系压电陶瓷和三元系压电陶瓷;前者主要包括钛酸钡 $BaTiO_3$,钛酸铅 $PbTiO_3$ 等,其中尤以锆钛酸铅系列压电陶瓷应用最广;后者有专门制造耐高温、高压和电击穿性能的铌锰酸铅系、镁碲酸铅等。而综合性能更为优越的四元系压电陶瓷也已经研制成功并使用。图 4.44 给出了常用的压电陶瓷实物图。

图 4.44 压电陶瓷实物图

4.3.2 等效电路

从功能上讲,压电器件实际上是一个电荷发生器(charge generator)。设压电材料的相对介电常数为 ε_r,极化面积为 A,两极面间距离(压电片厚度)为 d,可将压电元件视为一个电容器,压电元件内部电容量为

$$C_a = \varepsilon_0 \varepsilon_r A/d \tag{4.24}$$

因此,从性质上讲,压电器件实质上又是一个有源电容器,通常其绝缘电阻 $R_a \geqslant 10^{10}\ \Omega$。

当需要压电元件输出电压时,可把它等效成一个压电元件的理想等效电路与电容串联的电压源,如图 4.45(a)所示。在开路状态,其输出端电压和电压灵敏度分别为

$$U_a = Q/C_a \tag{4.25}$$

$$S_u = U_a/F = Q/(C_a F) \tag{4.26}$$

式中,F 为作用在压电元件上的外力。

当需要压电元件输出电荷时,则可把它等效成一个与电容相并联的电荷源,如图 4.45(b)所示。同样,在开路状态,输出端电荷和电荷灵敏度分别为

$$Q = C_a U_a \tag{4.27}$$

式中,U_a 为极板电荷形成的电压。

$$S_q = Q/F = C_a U_a/F \tag{4.28}$$

显然,电压灵敏度和电荷灵敏度之间可以通过压电元件的电容 C_a 联系起来,即 $S_u = S_q/C_a$。

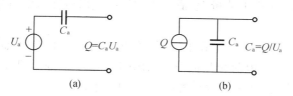

图 4.45 压电元件的理想等效电路

(a)电压源;(b)电荷源

必须指出,上述等效电路及输出,只有在压电元件本身理想绝缘、无泄漏、输出端开路条件下才成立。在构成压电传感器时,总要利用电缆将压电元件接入测量线路或仪器。这样,就引入了电缆的分布电容 C_c,测量放大器的输入电阻 R_i 和电容 C_i 等形成的负载阻抗

影响;加之考虑压电元件并非理想元件,它内部存在泄漏电阻(即:绝缘电阻 R_a),则由压电元件构成传感器的电压源实际等效电路如图4.46(a)中 mm' 左部所示。图4.46(b)给出了电荷源实际等效电路,图中电阻 R_f 和电容 C_f 为反馈电阻和反馈电容。

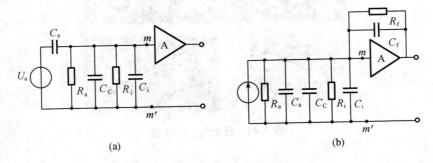

图 4.46　压电传感器实际等效电路

(a)电压源;(b)电荷源

4.3.3　压电元件结构形式

在实际使用中,如果仅用单片压电元件工作的话,要产生足够的表面电荷需要很大的作用力,因此一般采用两片或两片以上压电元件组合在一起使用。由于压电元件是有极性的,因此连接方法有两种,即并联连接和串联连接,如图4.47所示。

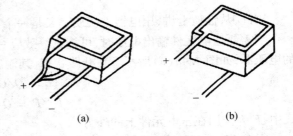

图 4.47　压电元件的并联和串联

(a)并联;(b)串联

1. 并联连接

如图4.47(a)所示,两片压电片的负极都集中在中间电极上,正电极在两边的电极上。其输出电容 C' 为单片电容 C 的两倍,但输出电压 U' 等于单片电压 U,极板上电荷量 Q' 为单片电荷量 Q 的两倍,即

$$C' = 2C \qquad U' = U \qquad Q' = U'C' = 2Q \qquad (4.29)$$

并联连接电容量大,输出电荷量大,适用于测量缓变信号和以电荷为输出的场合。

2. 串联连接

如图4.47(b)所示,正电荷集中在上极板,负电荷集中在下极板,而中间的极板上片产生的负电荷与下片产生的正电荷相互抵消。输出的总电荷 Q' 等于单片电荷 Q,而输出电压 U' 为单片电压 U 的两倍,总电容 C' 为单片电容 C 的一半,即

$$Q = Q' \qquad U' = 2U \qquad C' = Q'/U' = C/2 \qquad (4.30)$$

串联连接,输出电压大,本身电容小,适用于以电压作为输出信号,并且测量电路输入阻抗很高的场合。

4.3.4　压电传感器应用实例

凡是能转换成力的机械量如位移、压力、冲击、振动加速度等,都可用相应的压电传感

器测量。迄今在众多形式的测振传感器中,压电加速度传感器占80%以上。此外,逆压电效应还可作为力和运动(位移、速度、加速度)发生器 – 压电驱动器。

1. 压电式微型料位传感器

图4.48(a)给出压电式微型料位传感器电路原理图,图4.48(b)为传感器外形。

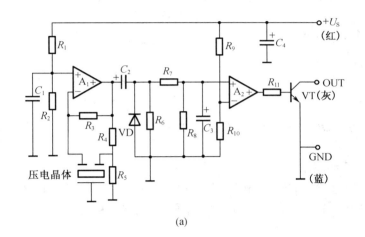

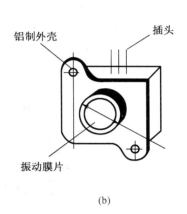

(a)　　　　　　　　　　　　　　　　　　(b)

图4.48　压电式微型料位传感器

(a)电路原理图;(b)传感器外形

其电路由振荡器、整流器、电压比较器及驱动器组成。振荡器是由运算放大器 A_1 组成的一种自激振荡器,压电片接在运算放大器的反馈回路。振荡器的振荡频率是压电片的自振频率,振荡信号由 C_2 耦合输出。振荡信号经整流器整流,再经 R_7,R_8 分压滤波后,获得一个固定的直流电压加在电压比较器的同相端。加在电压比较器的反相端的参考电压由 R_9,R_{10} 分压器分压获得。由于压电片作为物料的敏感元件,被粘贴在外壳上。当没有物料接触到压电片时,振荡器正常振荡,电压比较器同相输入端的电压大于参考电压,使电压比较器 A_2 输出高电平,从而使 VT 导通,若在输出端与电源间接入负载,负载中将有电流流过。当物料升高接触到压电片时,则振荡器停振,电压比较器同相输入端为低电平,电压比较器输出低电平,VT 截止,负载中无电流流过。因此,可从传感器输出端输出的电压或负载的动作上辨别料位的情况。从传感器的工作状态看,它是一种开关型传感器,又称为物料开关。

图4.49是压电式微型物料传感器测量高料位时的应用电路,在料位未达到设定高度时,继电器 KA 处于吸合状态,其动合触点 KA_1 闭合,从而使接触器 KM 得电,其三相触头 $KM_1 \sim KM_3$ 闭合,三相电动机运行向储料罐内送料。与此同时,绿色发光二极管 VD_2 点亮,指示料位未超过设定的高度。这时由于继电器 KA 的动断触点 KA_2 处于断开状态,红色发光二极管 VD_3 不发光,蜂鸣器也不发声。当输送的物料达到设定的位置时,料位传感器中的振荡器停振,传感器中的驱动器处于截止状态,继电器 KA 失电,绿色发光二极管灭,由于 KA_1 释放,接触器 KM 断电,电动机停止运行,送料停止。由于 KA_2 闭合使红色发光二极管 VD_3 点亮,同时蜂鸣器开始进行报警。

由于传感器的振动膜片是铜质的,所以它只适用于固体小颗粒物料或粉状物料,且要求物料无黏滞性,以免影响传感器的正常工作。

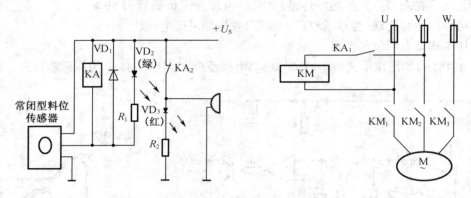

图 4.49　压电式料位传感器高料位控制电路图

2. 全自动洗衣机中 PS 压力传感器应用

全自动洗衣机中采用 PS 压力传感器。PS 压力传感器是一种利用半导体膜片结构制成的电子式压力传感器,它可将空气压力这一物理量变换成电信号,并能够高精度、线性地检测出压力的变化。

图 4.50 为 PS 压力传感器的截面结构图。PS 压力传感器工作原理是:在压力传感器半导体硅片上有一层扩散电阻体,如果对这一电阻体施加压力,由于压电电阻效应,其电阻值将发生变化。受到应变的部分,即膜片由于容易感压而变薄,为了减缓来自传感器底座应力的影响,将压力传感器片安装在玻璃基座上。

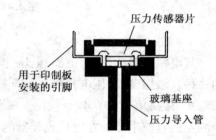

图 4.50　PS 压力传感器的
截面结构图

压力传感器外围电路的设计如图 4.51 所示,图中用恒流源来驱动压力传感器。由于桥路失衡时的输出电压比较小,所以必须用运放 A_2 和 A_3 来进行放大。

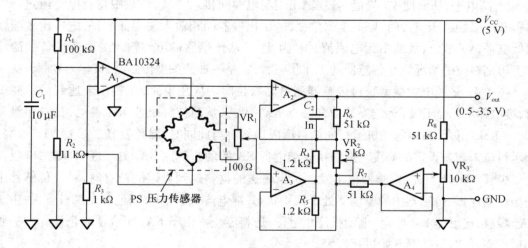

图 4.51　PS 压力传感器的外围电路

图中 VR_1 为偏置调整，VR_2 为压力灵敏度调整，VR_3 为没有加压时输出电压调整，C_1，C_2 用于去除噪声。另外，如果电源电压波动的话，将引起输出电压的变化，所以必须给电路提供一个稳定的电源。

PS 压力传感器在全自动洗衣机中的应用如图 4.52 所示，利用气室，将在不同水位情况下水压的变化，作为空气压力的变化检测出来，从而可以在设定的水位上自动停止向洗衣机注水。

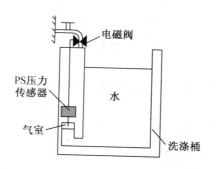

图 4.52　PS 压力传感器在全自动洗衣机中的应用

4.4　本章小结

本章主要介绍光电传感器、热电偶温度传感器和压电传感器的基本原理。重点介绍了典型光电元件的特点和光电传感器的类型及应用，热电偶的材料、类型、几个基本定律和冷端温度补偿问题，压电传感器的原理、结构及应用。通过本章的学习，应具有分析典型有源传感器工作电路基本过程，并能根据具体功能需求设计传感器测量电路的能力。

4.5　思考题

1. 什么是光电效应，种类有哪些？
2. 常用的光电元件种类有哪些？给出它们的电路符号和典型应用电路。
3. 光敏电阻有哪些重要特性，在工业应用中是如何发挥这些特性的？
4. 利用光敏器件制成的产品计数器，具有非接触、安全可靠的特点，可广泛应用于自动化生产线的产品计数，如机械零件加工、输送线产品等。试利用光电传感器设计一产品自动计数系统，简述系统工作原理。
5. 光电传感器控制电路如题图 4.1 所示，试分析电路工作原理：
（1）GP－IS01 是什么器件，内部由哪两种器件组成？
（2）当用物体遮挡光路时，发光二极管 LED 有什么变化？
（3）R_1 是什么电阻，起什么作用？如果 VD 最大额定电流为 60 mA，R_1 应该如何选择？
（4）如果 GP－IS01 中的 VD 反向连接，电路状态如何？晶体管 VT，LED 如何变化？

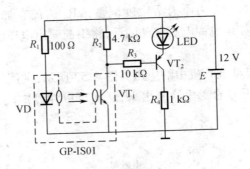

题图 4.1

6. 亮、暗道对应的光控电路如题图 4.2 所示,试对电路的工作工程作概要的分析说明。

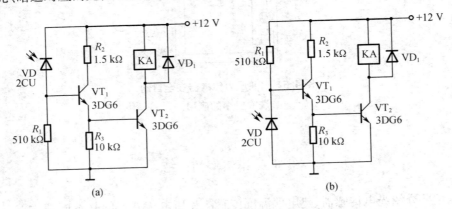

题图 4.2　亮、暗道对应的光控电路
(a)亮道的光控电路;(b)暗道的光控电路

7. 什么是热电效应? 热电偶测温回路的热电动势由哪两部分组成? 由同一种导体组成的闭合回路能产生热电势吗?

8. 热电偶为什么要进行冷端温度补偿? 常用的补偿方法有哪些?

9. 某热电偶灵敏度为 0.04 mV/℃,把它放在温度为 1 200 ℃ 处的温度场,若指示表(冷端)处温度为 50 ℃,试求热电势的大小?

10. 将一灵敏度为 0.08 mV/℃ 的热电偶与电位计相连接测量其热电势,电位计接线端是 30 ℃,若电位计上读数是 60 mV,热电偶的热端温度是多少?

11. 用镍铬 - 镍硅(K)热电偶测量温度,已知冷端温度为 40 ℃,用高精度毫伏表测得这时的热电动势为 29.188 mV,求被测点的温度。

12. 已知铂铑 10 - 铂(S)热电偶的冷端温度 $T_0 = 25$ ℃,现测得热电动势 $E(T, T_0) = 11.712$ mV,求热电偶的热端温度是多少?

13. 用一个 K 型热电偶测钢水温度,形式如题图 4.3 所示。

已知 A,B 分别为镍铬、镍硅材料制成,A′,B′为延长导线。问:

(1)满足哪些条件时,此热电偶才能正常工作?

(2)A,B 开路是否影响装置正常工作,原因有哪些?

(3)采用 A′,B′的好处有哪些?

（4）若已知 $T_{01} = T_{02} = 40$ ℃，电压表示数为 37.702 mV，则钢水温度是多少？

（5）此种测温方法的理论依据是什么？

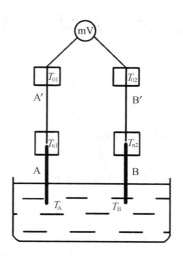

题图4.3　热电偶测量钢水温度

14. 什么是压电效应？试比较石英晶体和压电陶瓷的压电效应。

15. 为什么压电式传感器不能用于静态测量，只能用于动态测量中，而且是频率越高越好？

16. 压电元件在使用时常采用多片串联或并联的结构形式。试述在不同接法下输出电压、电荷、电容的关系，它们分别适用于何种应用场合？

17. 有一压电晶体，其面积为 20 mm²，厚度为 10 mm，当受到压强 $P = 10$ MPa 作用时，求产生的电荷量及输出电压。

18. 石英晶体压电式传感器，面积为 100 mm²，厚度为 1 mm，固定在两金属板之间，用来测量通过晶体两面力的变化。材料的弹性模量为 9×10^{10} Pa，电荷灵敏度为 2 pC/N，相对介电常数是 5.1，材料相对两面间电阻是 10^{14} Ω。一个 20 pF 的电容和一个 100 MΩ 的电阻与极板并联。若所加力 $F = 0.01\sin(1\,000t)$ N，求：

（1）两极板间电压峰 – 峰值；

（2）晶体厚度的最大变化。

第 5 章　其他传感器

【本章要点】

随着计算机技术、微细加工技术、传感器技术的不断发展,越来越多的传感器得到了人们广泛的应用,如超声波传感器、光纤传感器以及 CCD 图像传感器等。本章主要对上述应用广泛的传感器的工作原理、特点及应用电路进行介绍。

5.1　超声波传感器

超声波传感器(ultrasonic sensor)是利用超声波的特性研制而成的传感器。超声波具有频率高、波长短、绕射现象小、方向性好,能够成为射线而定向传播,对液体、固体的穿透能力强,碰到杂质或分界面会产生显著反射形成反射回波,碰到活动物体能产生多普勒效应等特点。超声波传感器检测广泛应用在工业、国防、生物医学等方面。

5.1.1　超声波基本概念

1.声波的概念

机械振动在弹性介质中的传播称为波动,简称为波。人耳能够听到的声波的频率范围在 20 Hz ~ 20 kHz,即为声波;超出此频率范围的声音,即 20 Hz 以下的声音称为次声波(infrasonic wave);20 Hz 以上的声音称为超声波(ultrasonic wave)。

一般说话的频率范围为 100 Hz ~ 8kHz。次声波人耳听不见,但可与人体器官发生共振,7 Hz ~ 8 Hz 的次声波会引起人的恐怖感,令人动作不协调,甚至导致心脏停止跳动。超声波为直线传播方式,频率越高,绕射能力越弱,但反射能力越强,具有能量集中的特点。

2.声波的波形

根据质点与波的传播方向的关系,声波主要分为纵波(longitudinal wave)、横波(shear wave)、表面波(surface wave)等。纵波为质点振动方向与波的传播方向一致的波;横波为质点振动方向垂直于波的传播方向;表面波为质点的振动介于横波与纵波之间,沿着表面传播的波。一般说来,横波只能在固体中传播,纵波能在固体、液体和气体中传播,表面波随深度增加衰减很快。为了测量各种状态下的物理量,超声波传感器多采用纵波。

3.声波特性参数

描述声波在媒质中各点的强弱有两个物理量:声压和声强。声压(sound pressure)指介质中有声波传播时的压强与无声波传播时的压强(即静压强)之差。声压的瞬时值可正可负,其最大值为声压振幅,声压的单位是 Pa,即 N/m^2。声强(sound intensity)指单位时间内通过垂直于声波传播方向的单位面积上的声波能量,又称为声波的能流密度,是一个矢量,单位为 W/m^2。声振动的频率愈高,愈容易获得较大的声压和声强。

声波在介质中传播的速度取决于介质的密度和弹性性质。流体中的声速随压力的增加而增加。大部分液体中声速随温度升高而减小,而水中的声速则随温度升高而增加。

超声波在均匀介质中传播时服从与几何光学类似的反射定律和折射定律。利用超声波在超声场中的物理特性和各种效应而研制的装置可称为超声波传感器,习惯上称为超声换能器(ultrasonic transducer),或者超声波探头(ultrasonic probe)。随着声成像和声全息技术的发展,超声波又有了新的应用。

5.1.2 超声波传感器基本结构和类型

1.超声波传感器基本结构

超声波探头按其工作原理可分为压电式、磁致伸缩式、电磁式等,以压电式最为常用。压电式超声波探头常用的材料是压电晶体和压电陶瓷,它是利用压电材料的压电效应来工作的:逆压电效应将高频电振动转换成高频机械振动,从而产生超声波,可作为发射探头;正压电效应将超声振动波转换成电信号,可作为接收探头。由于压电效应的可逆性,在实际应用中有的超声波仪表就用一个探头来兼作超声波发射与接收之用。

超声波探头的基本结构如图5.1所示,主要由压电晶片、吸收块(阻尼块)、保护膜、引线等片组成。压电晶片多为圆板形,超声波频率与其厚度成反比。压电晶片的两面镀有银层,作为导电的极板。吸收块用于降低晶片的机械品质,吸收声能量。如果没有吸收块,当激励的电脉冲信号停止时,晶片将会继续振荡,加长超声波的脉冲宽度,使分辨率变差。

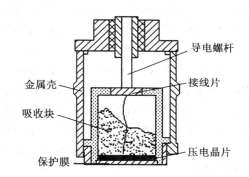

图5.1 超声波探头不同结构

导电螺杆
接线片
金属壳
吸收块
压电晶片
保护膜

2.超声波传感器类型

超声波探头有许多不同的结构,可分直探头(纵波)、斜探头(横波)、表面波探头(表面波)、兰姆波探头(兰姆波)、双探头(一个探头反射、一个探头接收)等。几种超声波探头的结构如图5.2所示。图5.3所示为几种不同结构超声波探头的实物图。

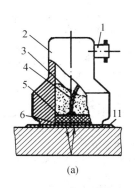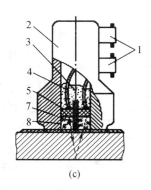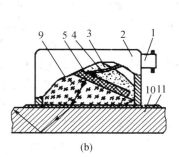

(a)   (c)   (b)

图5.2 超声波探头不同结构

(a)单晶直探头;(b)双晶直探头;(c)斜探头

1—接插件;2—外壳;3—吸收块;4—引线;5—压电晶体;6—保护膜;
7—隔离层;8—延迟块;9—有机玻璃斜楔块;10—试件;11—耦合剂

图 5.3 不同结构超声波探头实物图
(a)单晶直探头；(b)双晶直探头；(c)斜探头

（1）单晶直探头

单晶直探头（single crystal straight probe）俗称直探头，压电晶片采用压电陶瓷材料制成，外壳用金属制作，保护膜用于防止压电晶片磨损。保护膜可以用三氧化二铝、碳化硼等硬度很高的耐磨材料制作。吸收块用于吸收压电晶片背面的超声脉冲能量，防止杂乱反射波的产生，提高分辨率。单晶直探头的超声波的发射和接收利用同一块晶片，但时间上有先后之分，所以其处于分时工作状态，必须用电子开关切换这两种不同的状态。

（2）双晶直探头

双晶直探头（dual crystal contact probe）由两个单晶探头组合而成，装配在同一壳体内。其中一片晶片发射超声波，另一片晶片接收超声波。两晶片之间用一片吸声性强、绝缘性能好的薄片隔离，使两种工作状态互不干扰。两晶片下方设置了一块有机玻璃制成的延迟薄片，它能使入射波和反射波均能延迟一段时间到达被测物和晶体表面，防止接近工作盲区，提高测量分辨率。一般来说，双晶直探头比单晶直探头检测准确度要高，后续处理电路也比单晶直探头简单。

（3）斜探头

在斜探头（angle probe）中，压电晶片被粘贴在与底面成一定角度的有机玻璃斜楔块上，压电晶片的上方用吸声性强的吸收块覆盖。当斜楔块与不同材料的被测介质（试件）接触时，超声波产生一定角度的折射，倾斜入射到试件中去，折射角可通过计算求得。

（4）空气传导型探头

空气传导型探头（air conduction type probe）的超声波探头的发射换能器和接收换能器一般分开设置，两者结构略有不同。发射器的压电片上粘贴了一只锥形共振盘，以提高发射效率和方向性；接收器的共振盘上还增加了一只阻抗匹配器，以滤除噪声，提高接收效率。空气传导的超声发生器和接收器的有效工作范围可达几米至几十米。空气传导型探头结构如图 5.4 所示。

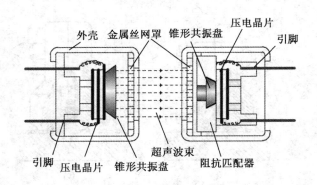

图 5.4 空气传导型探头结构图

5.1.3　超声波传感器应用

超声波传感器技术应用在生产实践的不同方面。它在医学上用做超声诊断;在工业方面用于金属的无损探伤、超声波测厚、超声波测量液位等。未来,超声波将与信息技术、新材料技术结合,出现更多的智能化、高灵敏度的超声波传感器。

1. 超声波传感器用于物位测量

根据超声波探头安装方式的不同,超声波测量物位的形式主要有两种:声波阻断型(acoustic block type)和声波反射型(acoustic reflection type)。声波反射型是指利用超声波回波测距原理,对液位进行连续测量,如图 5.5(a)所示;声波阻断型是指利用超声波在气体、液体和固体介质中被吸收而衰减的情况不同,探测在超声波探头前方是否有液体或固体物料存在,如图 5.5(b)所示。

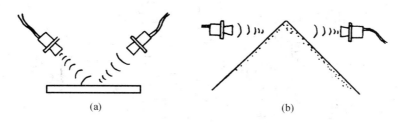

图 5.5　超声波测量物位的形式
(a)声波反射型;(b)声波阻断型

几种超声物位传感器的结构示意图如图 5.6 所示。超声波发射和接收换能器可设置在液体介质中,让超声波在液体介质中传播,如图 5.6(a)所示。由于超声波在液体中衰减比较小,所以即使发射的超声脉冲幅度较小也可以传播。超声波发射和接收换能器也可以安装在液面的上方,让超声波在空气中传播,如图 5.6(b)所示。这种方式便于安装和维修,但超声波在空气中的衰减比较厉害。

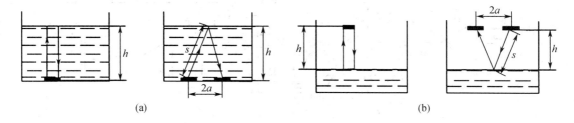

图 5.6　几种超声物位传感器的结构原理示意图
(a)超声波在液体中传播;(b)超声波在空气中传播

对于单换能器来说,超声波从发射器到液面,又从液面反射到换能器的时间为

$$t = 2h/c \tag{5.1}$$

有

$$h = ct/2 \tag{5.2}$$

式中　h——换能器距液面的距离,m;
　　　c——超声波在介质中传播的速度,m/s。

---

2. 超声波传感器用于移动物体探测

超声波传感器用于移动物体探测的发射电路如图 5.7 所示。系统采用振荡器 NE555 产生 40 kHz 的振荡信号，由 4069 反相器构成驱动电路，发送超声波传感器选用 T40 – 16，接收电路如图 5.8 所示。反射回来的信号经 R40 – 16 超声波接收传感器变为电信号，经运放 A_1 和 A_2 放大，放大后的信号经 VD_1 和 VD_2 进行幅度检波后，在所探测区域没有移动物体时输出为零，有移动物体时就有电信号，该信号再经 A_3、A_4 放大、VD_3 和 VD_4 整流后对 C_{13} 充电，当充电电压达到一定幅度，比较器 A_6 翻转，驱动有关电路进行动作（声光报警等）。C_{13} 越大，检测到移动物体时保持该状态的时间越长。电路中，电位器 R_{P1} 用于调节发送电路的振荡频率。在接收器前面无移动物体时调节 R_{P4} 使 LED 熄灭，然后，人在前面活动，调 R_{P2} 使 LED 亮，最后再调 R_{P2} 和 R_{P3} 即可。

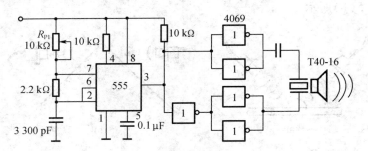

图 5.7　超声波用于移动物体探测的发射电路

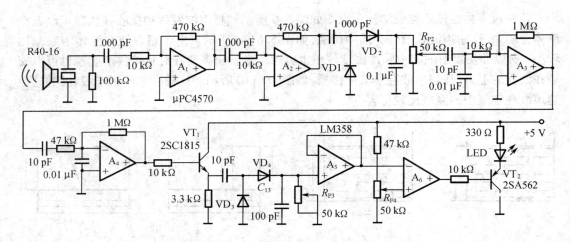

图 5.8　超声波用于移动物体探测的接收电路

5.2　光纤传感器

光纤传感器（fiber optic sensor）是 20 世纪 70 年代中期发展起来的一门技术。光纤传感器与常规传感器相比，最大优点是对电磁干扰的高度防卫，而且可以制成小型紧凑的器件，具有多路复用的能力等，在灵敏度、动态范围、可靠性等方面也具有明显的优势。

5.2.1 光纤基础知识

1. 光纤结构

光纤的典型结构是一种细长多层同轴圆柱形实体复合纤维。自内向外为纤芯(core)、包层(cladding)、涂覆层(coating),见图 5.9(a)。核心部分为纤芯和包层。芯径一般为 50 μm 或 62.5 μm,材质石英玻璃。包层直径一般为 100 ~ 200 μm,折射率略低于纤芯,材质为 SiO_2。纤芯和包层共同构成介质光波导(optical waveguide)(所谓"光波导"是指能够约束并导引光波在其内部或表面附近沿其轴线方向传播的传输介质),常将二者构成的光纤称为裸光纤。裸光纤是一种脆性易碎材料,抗弯曲性能差,韧性差。如果将若干根裸光纤集束成一捆,相互间极易产生磨损,导致光纤表面损伤而影响光纤的传输性能。为防止这种损伤,常在裸光纤表面涂一层高分子,提高光纤的微弯性能,这就是涂覆层,材质为硅酮或丙烯酸盐。

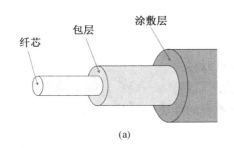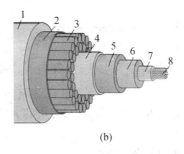

图 5.9 光纤及光缆结构图

(a)光纤结构图;(b)光缆结构图

1—聚乙烯层;2—聚酯树脂或沥青层;3—钢绞线层;4—铝制防水层;
5—聚碳酸酯层;6—铜管或铝管;7—石蜡烷烃层;8—光纤束

一定数量的光纤按照一定方式组成缆心,外面包有护套,有的还包覆外护层,就形成了实现光信号传输的一种通信线路——光缆(optical fiber cable)。光缆主要结构为光纤、塑料保护套管及塑料外皮。光缆按敷设方式分类有自承重架空光缆,管道光缆和海底光缆等;按结构分类有束管式光缆、层绞式光缆、紧抱式光缆和可分支光缆等;按用途分类有长途通讯用光缆、短途室外光缆和建筑物内用光缆等。海底光缆结构如图 5.9(b)所示。

2. 光纤传输原理

光纤中应用的光的波长有 850 nm,1 310 nm 和 1 550 nm 三种。由物理学可知,光从一种物质射向另一种物质时,在两种物质交界面处会产生折射和反射,而且,折射光的角度会随入射光的角度变化而变化。当入射光的角度达到或超过某一角度时,折射光会消失,入射光全部被反射回来,这就是光的全反射(total reflection)。

当光线以不同角度入射到光纤端面时,光在端面发生折射后进入光纤,进入光纤后入射到纤芯(光密介质)与包层(光疏介质)交界面,一部分透射到包层,一部分反射回纤芯。但是当光线在光纤端面中心的入射角 θ 减小到某一角度 θ_c 时,光线全部反射。光被全反射时的入射角 θ_c 称临界角,只要 $\theta < \theta_c$,光在纤芯和包层界面上,经若干次全反射向前传播,最后从另一端面射出,如图 5.10 所示。

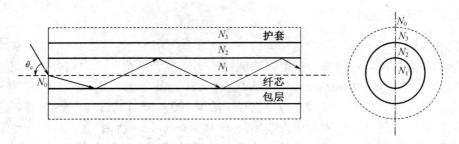

图 5.10   光纤传光示意图

为保证全反射,必须满足全反射条件(即 $\theta < \theta_c$)。由斯乃尔(Snell)折射定律可导出光线由折射率为 N_0 处介质射入纤芯时,实现全反射的临界入射角为

$$\theta_c = \arcsin\left(\frac{1}{N_0}\sqrt{N_1^2 - N_2^2}\right) \tag{5.3}$$

式中　　N_1——纤芯的折射率;

　　　　N_2——包层折射率。

外介质一般为空气,空气中 $N_0 = 1$,式(5.3)可以写为

$$\theta_c = \arcsin(\sqrt{N_1^2 - N_2^2}) \tag{5.4}$$

由此可见,光纤临界入射角的大小是由光纤本身的性质(N_1,N_2)决定的,与光纤的几何尺寸无关。

3. 光纤特性参数

光纤的特性参数可以分为三大类即几何特性参数、光学特性参数与传输特性参数,这里仅介绍数值孔径、光纤模式、衰耗系数和带宽与色散。

(1)数值孔径

临界入射角 θ_c 的正弦函数定义为光纤的数值孔径(numerical aperture,NA),则

$$\sin\theta_c = \frac{\sqrt{N_1^2 - N_2^2}}{N_0} = \mathrm{NA} \tag{5.5}$$

数值孔径表征光纤的集光能力,无论光源的发射功率有多大,只有在 $2\theta_c$ 张角之内的入射光才能被光纤接收、传播。一般,NA 越大集光能力越强,光纤与光源间耦合会更容易。但 NA 越大,光信号畸变也越大,所以要选择适当的 NA。通常,产品光纤不给出折射率,只给出数值孔径。

(2)光纤模式

电磁波的传播遵从麦克斯维尔方程,而在光纤中传播的电磁场,还满足光纤这一传输介质的边界条件。因此,根据由光纤结构决定的光纤的边界条件,可求出光纤中可能传播的模式有横电波、横磁波和混合波。

①横电波 TE_{mn}:纵轴方向只有磁场分量,没有电场分量;横截面上有电场分量的电磁波。TE_{mn} 中,下标 m 表示电场沿圆周方向的变化周数,n 表示电场沿径向方向的变化周数。

②横磁波 TM_{mn}:纵轴方向只有电分量,没有磁场分量;横截面上有磁场分量的电磁波。TM_{mn} 中,下标 m 表示磁场沿圆周方向的变化周数,n 表示磁场沿径向方向的变化周数。

③混合波混合波 HE_{mn} 或 EH_{mn}:纵轴方向既有电分量又有磁场分量,是横电波和横磁波

的混合。

无论哪种模式,当 m 和 n 的组合不同,表示的模式也不同。为表征光纤中所能传播的模式数目多少而引入一个特征参数——光纤模式(fiber mode),模式值 V 定义为

$$V = \frac{2\pi a}{\lambda} \times \sqrt{N_1^2 - N_2^2} \qquad (5.6)$$

式中　a——纤芯半径,m;

　　　λ——入射光波长,m。

（3）衰耗系数

光纤在传播时,由于材料的吸收、散射和弯曲处的辐射损耗影响,不可避免地要有损耗,用衰耗系数 α(attenuation coefficient)表示,其定义为每千米光纤对光功率信号的衰减值,可表示为

$$\alpha = 10\lg \frac{P_i}{P_o} \quad (\text{dB/km}) \qquad (5.7)$$

式中　P_i——输入光功率值,W;

　　　P_o——输出光功率值,W。

如果某光纤的衰耗系数 $\alpha = 3$ dB/km,则 $P_i/P_o = 10^{0.3} = 2$,意味着,经过一千米的光纤传输后,其光功率信号减少了一半。如果长度为 L 千米,则光纤衰耗值为 $A = \alpha L$。

（4）带宽与色散

①带宽

实验发现,如果保证光纤的输入光功率信号大小不变,随着入射光信号频率的增加,光纤的输出光功率信号会逐渐下降,即光纤对输入信号的频率有一定的响应特性,称为带宽(band width),用带宽系数表示,定义为:一千米长的光纤,其输出光功率信号下降到其最大值的一半时,所用的入射光信号的频率。需要注意的是,由于光信号是以光功率来度量的,所以其带宽又称为 3 dB 光带宽。即光功率信号衰减 3 dB 时意味着输出光功率信号减少一半。而一般的电缆之带宽称为 6 dB 电带宽,因为输出电信号是以电压或电流来度量的。

②色散

当一个光脉冲从光纤输入,经过一段长度的光纤传输之后,其输出端的光脉冲会变宽,甚至有了明显的失真,这说明光纤对光脉冲有展宽作用,即光纤存在着色散(dispersion)。光纤的色散可以分为三部分:模式色散、材料色散与波导色散。多模光纤中模式色散占统治地位,所以其带宽又称模式色散带宽。单模光纤则由于其模式色散为零,所以材料色散与波导色散占主要地位。色散是引起光纤带宽变窄的主要原因,它最终会限制光纤的传输容量。

4. 光纤分类

按光纤中传输模式的多少,光纤分为多模光纤和单模光纤两类;按折射率变化的特点,光纤分为阶跃型光纤、渐变型光纤和 W 型光纤三类。

（1）按传输模式分类

①单模光纤

单模光纤(single mode fiber)是指在给定的工作波长上(一般工作在 1 310 nm 和 1 550 nm)只能传输一种模态,即主模态的光纤。其内芯很小(一般约 8 ~ 10 μm),常采用激光二极管(LD)或光谱线较窄的发光二极管(LED)作为光源,耦合部件尺寸与单模光纤配合好。由于

只能传输一种模态,可以完全避免模态色散,使得传输频带很宽(一般带宽为 2 000 MHz/km),传输容量很大。

这种光纤适用于大容量、长距离的光纤通信,多用于功能性光纤传感器,是未来光纤通信和光波技术发展的必然趋势。单模光纤结构示意图如图 5.11(a)所示。

②多模光纤

多模光纤(multi-mode fiber)是指在给定的工作波长上(一般工作在 850 nm 或 1 310 nm),能以多个模态同时传输的光纤。多模光纤能承载成百上千种的模态。其芯径大(62.5 mm 或 50 mm),带宽为 50 ~500 MHz/km。通常采用价格较低的 LED 作为光源,耦合部件尺寸与多模光纤配合好。由于不同的传输模式具有不同传输速度和相位,因此在长距离的传输之后会产生延时,导致光脉冲变宽,即发生模态色散。

由于多模光纤具有模间色散的特性,使得多模光纤的带宽变窄,降低其传输的容量,多用于非功能性光纤传感器,仅适用于较小容量的光纤通信。其结构示意图如图 5.11(b)所示。

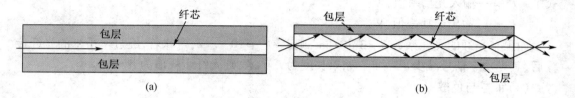

图 5.11　单模和多模光纤示意图

(a)单模光纤;(b)多模光纤

按折射率变化分类有三种,结构如图 5.12 所示。

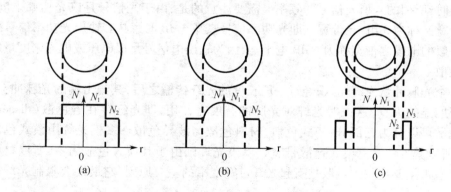

图 5.12　按折射率变化光纤分类

(a)阶跃型光纤;(b)渐变型光纤;(c)W 型光纤

①阶跃型光纤

阶跃型光纤(step index fiber)的单包层光纤,纤芯和包层折射率都是均匀分布,折射率在纤芯和包层的界面上发生突变,如图 5.12(a)所示。

这种光纤的传输模式很多,各种模式的传输路径不一样,经传输后到达终点的时间也不相同,因而产生时延差,使光脉冲受到展宽。所以这种光纤的模间色散高,传输频带不宽,传输速率不能太高,用于通信不够理想,只适用于短途低速通信。

②渐变型光纤

为了解决阶跃光纤的一些不足,人们又研制、开发了渐变折射率多模光纤,简称渐变光纤。渐变型光纤(graded index fiber)的单包层光纤,包层折射率均匀分布,纤芯折射率随着纤芯半径增加而减少,是非均匀连续变化的,如图5.12(b)所示。这能减少模间色散,提高光纤带宽,增加传输距离,但成本较高。现在的多模光纤多为渐变型光纤。

③W 型光纤

W 型光纤一种新型单模光纤,其双包层光纤,纤芯和包层 1、包层 2 的折射率都是均匀分布的,折射率在纤芯与包层 1、包层 1 与包层 2 的界面上发生突变,如图5.12(c)所示。W 光纤在芯径尺寸、散射与弯曲损失以及色散等方面性能都比较优越,尤其在长波长、长距离、高容量的光纤通信中是一种有前途的光纤。

5.2.2 光纤传感器结构及类型

1. 光纤传感器结构

光是一种电磁波,它的物理作用主要由其中的电场而引起。因此,讨论光的敏感测量必须考虑光的电场强度矢量 E 的振动,设光的电场强度的瞬时表达为

$$E = A\sin(\omega t + \varphi) \tag{5.8}$$

式中　A——电场的矢量振幅;

　　　ω——光波振动频率;

　　　φ——光相位;

　　　t——光传播时间。

由此可见,只要使光的强度(矢量振幅 A 的大小)、偏振态(振幅的方向)、频率和相位等参量之一随被测量状态的变化而变化,或受被测量调制,那么通过对光的强度调制、偏振调制、频率调制或相位调制等进行解调,就能获得所需要的被测量的信息。

光纤传感器就是一种把被测量的状态转变为可测的光信号的装置。由光发送器、敏感元件(光纤或非光纤的)、光接收器、信号处理系统以及光纤构成,基本结构见图5.13。由光发送器发出的光经源光纤引导至敏感元件。这时,光的某一性质受到被测量的调制,已调光经接收光纤耦合到光接收器,使光信号变为电信号,最后经信号处理得到所期待的被测量。

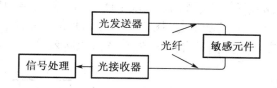

图5.13　光纤传感器基本结构

(1)光发送器

光发送器(transmitter)的核心是一个光源,在光纤传感器中一般采用 LD 或 LED 作为光源。将光源、调制电路等部件组装在一个集成包内构成光发送器。新开发的面射型镭射光源(Vertical Cavity Surface Emitting Laser,VCSEL)也在逐渐得到使用。

（2）光接收器

光发送器发射的光信号经传输后，不仅幅度衰减了，而且脉冲波形也展宽了。光接收器（receiver）的作用是检测经过传输的微弱光信号，并放大、整形、再生成原传输信号，其主要组成部分有三个。

①光电探测器

其主要作用是利用光电效应把光信号转变为电信号。目前，在光通信系统中常用的光电检测器是 PIN 光电二极管和雪崩二极管。

②光学接收系统

其作用是将空间传播的光场收集并汇聚到探测器表面。

③信号处理

空间光通信系统中，光接收机接收到的信号是十分微弱的，接收端信噪比很小，需要对信号进行处理。通常方法有两种：一是在光学信道上，采用光窄带滤波器对所接收光信号进行处理，以抑制背景杂散光的干扰；二是在电信道上，采用前置放大器将光电探测器产生的微弱的光生电流信号转化为电压信号，再通过主放大器对信号进行进一步放大，然后采用均衡和滤波等方法对信号进行整形和处理，最后通过时钟提取、判决电路及解码电路，恢复出发送端的信息。

2. 光纤传感器类型

光纤传感器类型较多，根据光纤在传感器中的作用，可分为功能型、非功能型和拾光型三类。根据光受被测对象的调制形式，可分为强度调制型、偏振调制型、频率调制型、相位调制型。

（1）根据光纤在传感器中的作用分类

①非功能型光纤传感器（Non-Function Fiber，NFF）：其又称传光型，光纤仅起导光作用，只"传"不"感"，对外界信息的"感觉"功能依靠其他物理性质的功能元件完成。光纤不连续。此类光纤传感器无须特殊光纤及其他特殊技术，比较容易实现，成本低。但灵敏度也较低，用于对灵敏度要求不太高的场合，实用化的大都是非功能型的光纤传感器，见图 5.13 所示。

②功能型光纤传感器（Function Fiber，FF）：其又称全光纤型，是利用对外界信息具有敏感能力和检测能力的光纤作传感元件，将"传"和"感"合为一体的传感器。光纤不仅起传光作用，而且还利用光纤在外界因素（弯曲、相变）的作用下，其光学特性（光强、相位、偏振态等）的变化来实现"传"和"感"的功能，见图 5.14（a）。其优点是结构紧凑、灵敏度高，缺点是须用特殊光纤，成本高。典型例子有光纤陀螺、光纤水听器等。

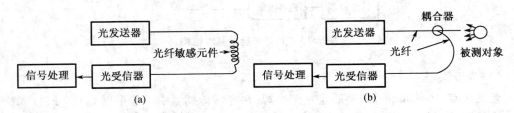

图 5.14　功能型和拾光型光纤传感器示意图

（a）功能型光纤传感器；（b）拾光型光纤传感器

③拾光型光纤传感器(Pickup Optical Fiber,POF):用光纤作为探头,接收由被测对象辐射的光或被其反射、散射的光,见图5.14(b)。其典型例子如光纤激光多普勒速度计、辐射式光纤温度传感器等。

(2)根据光受被测对象的调制形式分类

①强度调制型(intensity modulated):这是一种利用被测对象的变化引起敏感元件的折射率、吸收或反射等参数的变化,而导致光强度变化来实现敏感测量的传感器。有的利用光纤的微弯损耗,有的利用物质的吸收特性,有的利用振动膜或液晶的反射光强度变化的特性等来构成压力、振动、温度、位移、气体等各种强度调制型光纤传感器。其缺点是受光源强度波动和连接器损耗变化等影响较大。

②偏振调制型(polarization modulated):这是一种利用光偏振态变化来传递被测对象信息的传感器。有的利用光在磁场中媒质内传播的法拉第效应做成的电流、磁场传感器;有的利用光在电场中的压电晶体内传播的泡尔效应做成的电场、电压传感器等。这类传感器不受光源强度变化的影响,灵敏度高。

③频率调制型(frequency modulated):这是一种利用单色光射到被测物体上反射回来的光的频率发生变化来进行监测的传感器。有的利用运动物体反射光和散射光的多普勒效应而形成光纤速度、流速、振动、压力、加速度传感器;有的利用物质受强光照射时的喇曼散射构成的测量气体浓度或监测大气污染的气体传感器;有的利用光致发光形成温度传感器等。

④相位调制型(phase modulated):它利用被测对象对敏感元件的作用,使敏感元件的折射率或传播常数发生变化,而导致光的相位变化,使两束单色光所产生的干涉条纹的变化量来确定光的相位变化量,从而得到被测对象的信息。有的利用光弹效应形成声、压力或振动传感器;有的利用磁致伸缩效应形成电流、磁场传感器;有的利用光纤赛格纳克效应形成旋转角速度传感器等。这一类传感器灵敏度很高,但由于须用特殊光纤及高精度监测系统,因此成本高。

5.2.3　光纤感器应用

光纤传感器可以用于磁、声、压力、温度、加速度、陀螺、位移、液面、转矩、光声、电流和应变等物理量的测量,广泛用于军事、智能系统、医学等方面:军事方面,如光纤制导武器、光纤陀螺、光纤水听器、光纤加速度计、光纤压力传感器等;智能系统方面,如光纤机器人、智能制造与柔性加工、电力继电保护与火灾报警、发动机内部故障诊断等;医学方面,如胃镜、神经修复等。下面以光纤陀螺为例介绍光纤传感器的实际应用。

陀螺仪(gyroscope)即"旋转指示器",是测量角速率和角偏差的一种传感器。其测量原理就是,一个旋转物体的旋转轴所指的方向在不受外力影响时,是不会改变的,即定轴性。目前,常见的陀螺仪包括机械式和光纤式两大类。机械式陀螺仪结构见图5.15。机械式的陀螺仪对工艺结构的要求很高,结构复杂,它的精度受到了很多方面的制约。

1913年,法国物理学家Sagnac在物理实验中发现了旋转角速率对光的干涉现象的影响。这启发了人们,利用光的干涉现象来测量旋转角速率。1960年,美国科学家梅曼发明了激光器,产生了单色相干光,解决了光源的问题。1966年,英籍华人科学家高锟提出了只要解决玻璃纯度和成分,就能获得光传输损耗极低的玻璃光纤的假设。1976年,美国犹他大学两位教授利用萨格纳克(Sagnac)效应研制出世界上第一个光纤陀螺(fiber gyroscope)

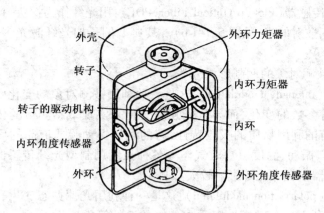

外壳
外环力矩器
转子
内环力矩器
转子的驱动机构
内环
内环角度传感器
外环
外环角度传感器

图 5.15　机械式陀螺仪

原理样机。

与传统机械陀螺仪相比,光纤陀螺仪全固态,没有旋转部件和摩擦部件,寿命长,动态范围大,瞬时启动,结构简单,尺寸小,质量轻。与激光陀螺仪相比,光纤陀螺仪没有闭锁问题,也不用在石英块上精密加工出光路,成本低。我国已经将光纤陀螺列为惯性技术领域重点发展的关键技术之一。

1. Sagnac 效应

现代光纤陀螺仪(fiber gyroscope)包括干涉式陀螺仪和谐振式陀螺仪两种,都是根据萨格纳克(Sagnac)的理论发展起来的。

萨纳克效应是相对惯性空间转动的闭环光路中所传播光的一种普遍的相关效应,即在同一闭合光路中从同一光源发出的两束特征相等的光,以相反的方向进行传播,最后汇合到同一探测点。理想条件下,环形光路系统中的 Sagnac 效应如图 5.16 所示。

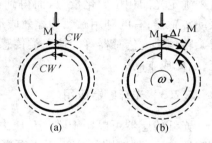

(a)　　　　(b)

图 5.16　环形光路系统中的 Sagnac 效应
(a)系统静止;(b)系统旋转

一束光经分束器 M 进入同一光学回路中,分成完全相同的两束光 CW 和 CW',分别沿顺时针方向和逆时针方向相向传播。系统静止时,即无旋转条件下,如图 5.16(a)所示,两束光传输时间相等,假设光在光纤中的传播速度等于光在真空中传播速度,则两束光传输时间为

$$t_{CW} = t_{CW'} = \frac{l}{c} = \frac{2\pi R}{c} \tag{5.9}$$

式中　l——环路周长;

　　　　R——环路半径;

　　　　c——光在真空中传播速度。

系统旋转条件下,如图 5.16(b)所示,两束光传输时间不再相等,分别为

$$t_{CW} = \frac{2\pi R}{c - \omega R} \qquad t_{CW'} = \frac{2\pi R}{c + \omega R} \tag{5.10}$$

式中,ω 为系统旋转角速度。

则两束光传输时间差为

$$\Delta t = t_{CW} - t_{CW'} = \frac{4\pi\omega R^2}{c^2} \tag{5.11}$$

两束光传输光程差为

$$\Delta l = \Delta t \cdot c = \frac{4\pi R^2 \omega}{c} \tag{5.12}$$

两束光传输相位差为

$$\Delta\varphi_s = \frac{4\pi Rl}{\lambda c}\omega \tag{5.13}$$

式中　$\Delta\varphi_s$——两束光传输相位差,也称为相移;

　　　λ——入射光的波长。

由式(5.12)和式(5.13)可知,当光学环路转动时,在不同的前进方向上,光学环路的光程相对于环路在静止时的光程都会产生变化。利用这种光程的变化,如果使不同方向上前进的光之间产生干涉来测量环路的转动速度,就可以制造出干涉式光纤陀螺仪,如果利用这种环路光程的变化来实现在环路中不断循环的光之间的干涉,也就是通过调整光纤环路的光的谐振频率进而测量环路的转动速度,就可以制造出谐振式的光纤陀螺仪。但这样做面临的问题是旋转角速率产生的光程差太小,很难被检测。

2. 光纤陀螺实现原理

光纤陀螺本质上是一个环形干涉仪(ring interferometer),通过采用多匝光纤线圈来增强相对惯性空间的旋转引起的Sagnac效应。其实现原理如图5.17所示。

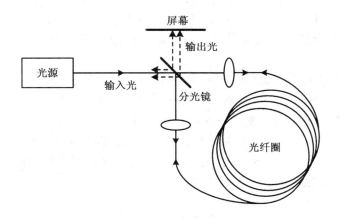

图5.17　光纤陀螺实现原理图

假设一个光纤陀螺具有 N 匝光纤线圈,光学路径长度为 lN。与穿越时间差对应的两光束相移 $\Delta\varphi_s$ 为

$$\Delta\varphi_s = \frac{4\pi RlN}{\lambda c}\omega = K_s\omega \tag{5.14}$$

式中,K_s 为光纤陀螺的 Sagnac 刻度系数。

可以看出,提高光纤陀螺仪输出灵敏度的途径在于加大 R 和增加光纤线圈的匝数 N。

3. 光纤陀螺结构

数字闭环光纤陀螺结构如图5.18所示。系统采用偏置调制提高信号检测灵敏度;采用闭环控制降低光电检测器工作范围,提高检测精度。

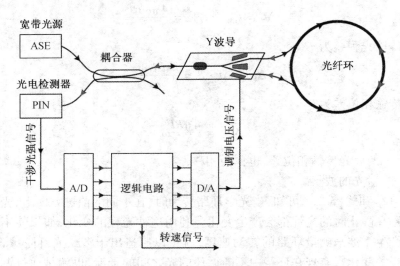

图 5.18　数字闭环光纤陀螺结构图

4. 光纤陀螺应用

光纤陀螺分为速率级、战术级、惯性级和战略级,几个级别主要在零偏稳定性和标度因数稳定性有所不同。速率级光纤陀螺已经产业化,主要应用于机器人、地下建造隧道、管道路径勘测装置和汽车导航等对精度要求不高的场合。战术级光纤陀螺具有寿命长、可靠性高和成本低等优点,主要用于战术导弹、近程/中程导弹和商用飞机的姿态对准参考系统中。惯性级、战略级光纤陀螺主要是用于空间定位和潜艇导航,其开发和研制正逐步走向成熟。

国外中低精度的光纤陀螺已经产品化,被广泛用于航空、航天、航海、武器系统和其他工业领域中。世界上研制光纤陀螺的单位已有 40 多家,包括美国霍尼韦尔(Honeywell)、利顿(Litton)、史密斯(Smith)、诺思若普(Northrops)、联信(AliedSignal)等,日本航空电子工业有限公司(JAE)、日本三菱(Mitsubishi)公司、日立公司,德国利铁夫(LITEF)公司,法国光子(IXSEA)公司等世界著名的惯导公司,精度范围覆盖了从战术级到惯性级、战略(精密)级的各种应用。光纤陀螺实物如图 5.19 所示。

图 5.19　光纤陀螺实物图

5.3　CCD 图像传感器

CCD 图像传感器是 1969 年由美国贝尔实验室首先研制成功的,作为 MOS(金属－氧化物－半导体)技术的延伸而产生的一种半导体固体摄像器件。CCD 与真空摄像器件相比,具有无灼伤、无滞后、体积小、低功耗、低价格、寿命长等优点。

5.3.1　CCD 图像传感器工作原理

1. 光电成像系统

光电成像系统是利用光电变换和信号处理技术获取目标图像的系统。成像转换过程有四个方面的问题需要研究:能量方面,物体、光学系统和接收器的光度学、辐射度学性质,解决能否探测到目标的问题;成像特性,能分辨的光信号在空间和时间方面的细致程度,对多光谱成像还包括它的光谱分辨率;噪声方面,决定接收到的信号不稳定的程度或可靠性;信息传递速率方面,成像特性、噪声信息传递问题,决定能被传递的信息量大小。典型光电成像系统的组成框图见图 5.20。

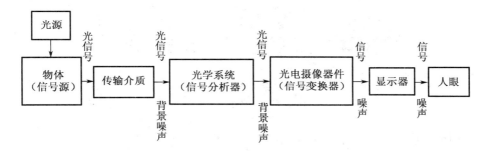

图 5.20　光电成像系统的组成框图

光电成(摄)像器件是光电成像系统的核心。光电摄像器件的功能是把入射到传感器光敏面上按空间分布的光强信息(可见光、红外辐射等),转换为按时序串行输出的电信号－视频信号,而视频信号能再现入射的光辐射图像。

目前,固体摄像器件主要有三大类:电荷耦合器件(Charge Coupled Device,CCD)、互补金属氧化物半导体图像传感器(Complementary Metal Oxide Semiconductor,CMOS)和电荷注入器件(Charge Injection Device,CID)。本书主要介绍 CCD 图像传感器。

2. CCD 结构及工作原理

CCD 的工作方式和人眼很相似。人眼的视网膜是由负责光强度感应的杆细胞和色彩感应的锥细胞分工合作来组成视觉感应。而 CCD 使用一种高感光度的半导体材料制成,能把光线转变成电荷,通过模数转换器芯片转换成数字信号。一个 CCD 传感器由许多感光单位(光敏元,photosensitive unit)组成,通常以像素(pixel)为单位。当 CCD 表面受到光线照射时,每个感光单位会将电荷反映在组件上,所有的感光单位所产生的信号加在一起,就构成了一幅完整的画面。

(1)CCD 结构

如图 5.21 所示,CCD 的结构分为三层:微型镜头层、彩色分色片和感光层。

①感光层

CCD 感光层的任务就是将光信号转化为电信号，一般由数百万个光敏元（一般为感光二极管）组成。光敏元相当于人眼视网膜上负责感应的神经细胞，当有光线照入时，光敏元两极的电势发生改变，再通过 A/D 转换最终变成数字信号。

②彩色分色片

由于每个光敏元只能记录光线的强弱，要想得到彩色的图像，还需要加上一个有色眼镜：彩色分色片。利用彩色分色片让每个像素感应不同颜色的光，然后

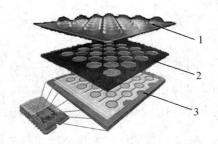

图 5.21　CCD 传感器结构图
1—微型镜头层；2—彩色分色片；3—感光层

通过计算将这些颜色组合成一个有效的像素。图 5.22 为典型的 RGB 分色片（又称 Bayer filter，拜尔滤镜），单位面积对绿色、红色和蓝色光摄取比例为 2∶1∶1，这是因为人眼对绿色更为敏感。另一种典型的方法是 CMYK 补色分色法，由四个通道的颜色配合而成，它们分别是青（C）、洋红（M）、黄（Y）、黑（K）。

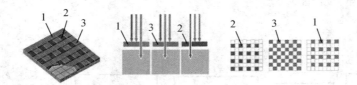

图 5.22　典型的 RGB 分色片
1—红色；2—蓝色；3—绿色

③微型镜头层

由于每个光敏元为了扩展 CCD 的采光率，必须扩展单一像素的受光面积，但是这种办法也容易使画质下降。因此，如图 5.23 所示，CCD 又戴上一副眼镜，即微型镜头层。因此，感光面积不再因为传感器的开口面积而决定，而改由微型镜片的表面积来决定。

（2）CCD 工作原理

①电荷存储原理

CCD 的感光层由数百万个感光单元组成，每个光敏元是一个 MOS 电容器，如图 5.24 所示。MOS 电容器是在 P 型 Si 衬底表面上用氧化的办法生成一层薄薄的 SiO_2，再在 SiO_2 表面蒸镀一层金属电极，在衬底和金属电极间加上一个偏置电压 U_g。

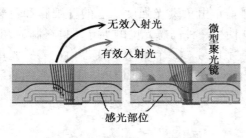

图 5.23　微型镜头层示意图

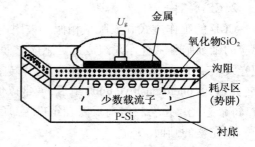

图 5.24　MOS 电容器结构图

当金属电极上加正电压时,由于电场作用,电极下 P 型硅区里空穴被排斥入地,成为耗尽区。对电子而言,是一势能很低的区域,称"势阱"。有光线入射到硅片上时,光子作用下产生电子 – 空穴对,空穴被电场作用排斥出耗尽区,而电子被附近势阱吸引(俘获),此时势阱内吸收的光子数与光强度成正比。

人们称一个 MOS 电容器为一个光敏元或一个像素,把一个势阱所收集的光生电子称为一个电荷包,CCD 器件内有成百上千相互独立的 MOS 元,每个金属电极加电压,就形成成百上千个势阱。如果照射在这些光敏元上是一幅明暗起伏的图像,那么这些光敏元就感生出一幅与光照度响应的光生电荷图像。这就是 CCD 的电荷存储原理。

②电荷转移原理

CCD 以电荷为信号,光敏元上的电荷需要经过电路进行输出。读出移位积存器也是 MOS 结构,由金属电极、氧化物、半导体三部分组成,与 MOS 光敏元的区别在于:半导体底部覆盖了一层遮光层,防止外来光线干扰,如图 5.25(a)所示。由三个十分邻近的电极组成一个耦合单元(传输单元),在三个电极上分别施加脉冲波 Φ_1,Φ_2,Φ_3(三相时钟脉冲),如图 5.25(b)所示。电荷转移过程如图 5.25(c)所示。

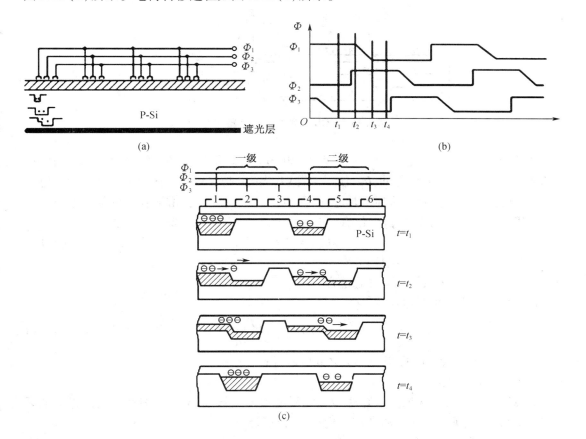

图 5.25　读出移位寄存器电荷转移原理

(a)外部结构;(b)脉冲波 Φ_1,Φ_2,Φ_3;(c)电荷转移过程

在 $t = t_1$ 时刻,Φ_1 高电平,Φ_2,Φ_3 低电平,Φ_1 电极下出现势阱,存入光电荷。

在 $t = t_2$ 时刻,Φ_1,Φ_2 高电平,Φ_3 低电平,Φ_1,Φ_2 电极下势阱连通,由于电极之间靠得

很近,两个连通势阱形成大的势阱存入光电荷。

在 $t = t_3$ 时刻,Φ_1 电位下降,Φ_2 保持高电平,Φ_1 因电位下降而势阱变浅,电荷逐渐向 Φ_2 势阱转移,随 Φ_1 电位下降至零 Φ_1 中电荷全部转移至 Φ_2。

在 $t = t_4$ 时刻,Φ_1 低电平,Φ_2 地电位下降,Φ_3 高电平保持,Φ_2 中的电荷向 Φ_3 势阱中转移。

在 $t = t_5$ 时刻,Φ_1 再次高电平,Φ_2 低电平,Φ_3 高电平逐渐下降,使 Φ_3 中电荷向下一个传输单元的 Φ_1 势阱转移。

这一传输过程依次下去,信号电荷按设计好的方向,在时钟脉冲控制下从寄存器的一端转移到另一端。这样一个传输过程,实际上是一个电荷耦合过程,所以称电荷耦合器件,担任电荷传输的单元称移位寄存器。

③CCD 信号输出方式

CCD 信号电荷的输出的方式主要有电流输出、电压输出两种。以电压输出型为例:电压输出有浮置扩散放大器(Floating Diffusion Amplifier,FDA)和浮置栅放大器(Floating Gate amplifier,FGA)等方式,FDA 结构如图 5.26 所示。

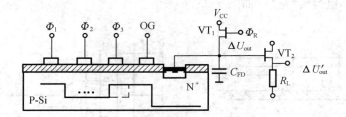

图 5.26 CCD 浮置扩散放大器结构

图 5.26 与 CCD 同一芯片上集成了两个 MOSFET,既复位管 VT_1 和放大管 VT_2。在 Φ_3 下的势阱未形成前,加复位脉冲 Φ_R,使复位管 VT_1 导通,把浮置扩散区上一周期剩余的电荷 VT_2 的沟道抽走。当信号电荷到来时,复位管 VT_1 截止,由浮置扩散区收集的信号电荷来控制放大管 VT_2 的栅极电位,栅极电位有

$$\Delta U_{out} = Q/C_{FD} \tag{5.15}$$

式中 ΔU_{out}——VT_2 的栅极电位;

C_{FD}——浮置扩散节点上的总电容。

在输出端获得的信号电压为

$$\Delta U'_{out} = \Delta U_{out} \frac{g_m R_L}{1 + g_m R_L} \tag{5.16}$$

式中 g_m——MOS 管 VT_1 栅极与源极之间的跨导;

R_L——负载电阻。

对 ΔU_{out} 读出后,再次加复位脉冲 Φ_R,使复位管 VT_1 导通,VT_2 的沟道抽走浮置扩散区的剩余电荷,直到下一个时钟周期信号到来,如此循环下去。

3. CCD 类型

CCD 器件分为面阵 CCD 和线阵 CCD。简单地说,面阵 CCD 就是把 CCD 像素排成一个平面的器件;而线阵 CCD 是把 CCD 像素排成一条直线的器件。同时,实际的 CCD 器件光敏区和转移区是分开的,结构上有多种不同形式,如单沟道 CCD、双沟道 CCD、帧转移结构 CCD、行间转移结构 CCD 等。

（1）线阵 CCD

线阵（line array）CCD 传感器是由一列 MOS 光敏元和一列移位寄存器（shift register）并行构成。光敏元和移位寄存器之间有一个转移控制栅（transfer control gate）。单沟道线阵 CCD 如图 5.27（a）所式。当光敏元曝光（光积分）时，金属电极加正脉冲电压 Φ_P，光敏元吸收光生电荷，积累过程很快结束。转移栅加转移脉冲 Φ_T，转移栅被打开，光敏元俘获的光生电荷经转移栅耦合到移位寄存器，转移时间结束后转移栅关闭。这是一个并行转移过程。接着，三相时钟脉冲（$\Phi_1\Phi_2\Phi_3$）开始工作，读出移位寄存器的输出端 G_a 一位位输出各位信息，这一过程是一个串行输出过程。输出信号送前置电路处理。CCD 输出信号是一串行脉冲，脉冲幅度取决于光敏元上的光强。输出波形见图 5.27（b）。

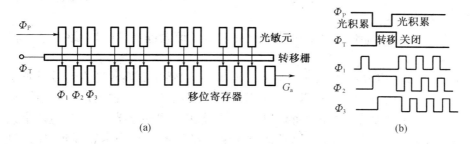

图 5.27　单沟道线阵 CCD 结构及电荷输出波形

（a）单沟道线阵 CCD 结构；（b）电荷输出波形

线阵 CCD 的优点是一维像元数可以做得很多，而总像元数较面阵 CCD 少，而且像元尺寸比较灵活，帧幅数高，特别适用于一维动态目标的测量。

（2）面阵 CCD

面阵（area array）CCD 按一定的方式将一维线型光敏元及移位寄存器排列成二维阵列。基本构成有帧转送方式（frame transfer）和行间转送方式（inter line transfer）两种，如图 5.28 所示。

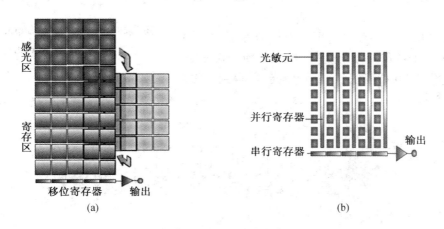

图 5.28　面型 CCD 结构形式

（a）帧转送方式；（b）行间转送方式

①帧转送方式:感光区和存储区分开,感光区在积分时间内,产生与光相对应的电荷包,在积分周期结束后,利用时钟脉冲将整帧信号转移到读出寄存器。然后,整帧信号再向下移,进入水平读出移位寄存器,串行输出。这种方式优点是动态范围宽、信噪比高、分辨率高;缺点是成像速度慢、必须借助机械快门控制曝光量。

②行间转送方式:感光元件产生电信号,电荷转移到并行寄存器。然后电荷从并行寄存器转移到串行寄存器,串行寄存器将电信号转到模拟寄存器,经放大、数模转换,变成数字信息。这种方式优点是快速(暴光和数据读出可同时进行),可采用软件控制的电子快门工作;缺点是动态范围小。

面阵 CCD 的优点是可以获取二维图像信息,测量图像直观。缺点是像元总数虽多,但每行的像元数较少,帧幅率受到限制。主要用于面积、形状、尺寸、位置及温度等的测量。

(3)CCD 新技术

近几十年来,CCD 器件及其应用技术研究取得了惊人进展,这里介绍三个比较成功的技术。

①Supper CCD:CCD 感光元件正常工作范围内,能感知的最弱光线到最强光线的范围还远远不及人眼。传统的胶片技术提供非常广的动态范围,是通过胶片的多层结构对不同标准感光来实现的。富士公司的 Supper CCD 技术模仿胶片的感光方式,通过两个光敏二极管提供不同的感光标准(分别是高感光度的 S 像素和 R 像素),用来感应光线的明暗变化,取得比一般感光元件更广的动态范围。并且将光电二极管的形状制成 8 角形,倾斜 45° 排列像素的 CCD 传感器,这样就改变了彩色滤光片的排列,使同色像素沿倾斜方向邻接。在进行提高感光度的像素混合处理时,使倾斜邻接的同色像素组合,减少了伪色的发生。图5.29 给出普通 CCD(左图)和 Supper CCD(右图)感光元件的分布对比。

②蜂窝技术(cellular technology):为了使得影像的颜色变得鲜艳和锐利,美国 Foveon 公司发布了 X3技术,又称蜂窝技术或马赛克技术。该技术放弃了不规则分布的彩色滤光片,而采用三个感光层,分别对RGB 颜色感光,从而确保光线被 100 % 摄取。蜂窝技术见图 5.30。

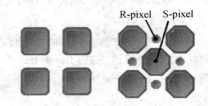

图 5.29 普通 CCD 和 Supper CCD 感光元件分布对比

③三 CCD 技术:就是采用三个 CCD 来成像,首先光线通过一个特殊的分光棱镜,得到红、绿、蓝三束光线,然后用三个 CCD 感光器分别感光,以得到非常高的图像质量。

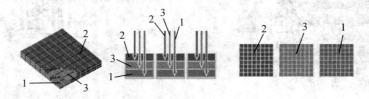

图 5.30 CCD 蜂窝技术

1—红色;2—蓝色;3—绿色

4. CCD 特性参数

CCD 器件的特性参数可分为内部参数和外部参数两类:内部参数描述的是 CCD 存储和转移信号电荷有关的特性(或能力),是器件理论设计的重要依据;外部参数描述的是与 CCD 应用有关的性能指标,是应用 CCD 器件时必不可少的内容。下面分别进行介绍。

(1)CCD 内部特性参数

①转移效率:电荷转移效率是表征 CCD 性能好坏的重要参数。一次转移后到达下一个势阱中的电荷与原来势阱中的电荷之比称为转移效率。

②输出饱和特性:当饱和曝光量以上的强光像照射到图像传感器上时,传感器的输出电压将出现饱和,这种现象称为输出饱和特性。产生输出饱和现象的根本原因是光敏二极管或 MOS 电容器仅能产生与积蓄一定极限的光生信号电荷所致。

③暗输出特性:暗输出又称无照输出,系指无光像信号照射时,传感器仍有微小输出的特性,输出来源于暗(无照)电流。

④灵敏度:单位辐射照度产生的输出光电流表示固态图像传感器的灵敏度,它主要与固态图像传感器的像元大小有关。

⑤弥散:饱和曝光量以上的过亮光像会在像素内产生与积蓄起过饱和信号电荷,这时,过饱和电荷便会从一个像素的势阱经过衬底扩散到相邻像素的势阱。这样,再生图像上不应该呈现某种亮度的地方反而会呈现出亮度,这种情况称为弥散现象。

⑥残像:对某像素扫描并读出其信号电荷之后,下一次扫描后读出信号仍受上次遗留信号电荷影响的现象叫残像。

(2)CCD 外部特性参数

①CCD 尺寸:即摄像机靶面。原来多为 1/2 英寸,现在 1/3 英寸、1/4 英寸、1/5 英寸也已开始使用。

②CCD 像素:决定显示图像的清晰程度,像素越多,分辨率越高,图像越清晰。现在市场上大多以 25 万和 38 万像素为划界,38 万像素以上者为高清晰度摄像机。

③水平分辨率:分辨率是用电视线(简称线,TV LINES)来表示的,彩色摄像头的分辨率在 330 ~ 500 线之间。分辨率与 CCD 和镜头有关,还与摄像头电路通道的频带宽度直接相关,通常规律是 1MHz 的频带宽度相当于清晰度为 80 线。频带越宽,图像越清晰,线数值相对越大。

④最小照度:指 CCD 对环境光线的敏感程度。照度数值越小,表示需要的光线越少,摄像头也越灵敏。月光级和星光级等高增感度摄像机可工作在很暗条件。

⑤扫描制式:PAL(Phase Alternating Line)制,是联邦德国在 1962 年制定的彩色电视广播标准,采用逐行倒相正交平衡调幅的技术;NTSC(National Television Standards Co mmittee)制,是美国国家电视标准委员会标准,主要应用于日本、美国、加拿大、墨西哥等。

⑥信噪比:典型值为 46 dB,若为 50 dB,则图像有少量噪声,但图像质量良好;若为 60 dB,则图像质量优良,不出现噪声。

⑦视频输出:多为 $1V_{P-P}$、75 Ω,均采用 BNC 接头。

⑧镜头安装方式:有 C 和 CS 方式,二者间不同之处在于感光距离不同。

5.3.2　视频图像采集和处理概述

1. 图像采集方法

CCD 图像传感器输出的模拟视频信号包括图像信号、行与场消隐信号、行与场同步信号等七种信号。图像采集(image acquisition)方法很多,主要有两类,即自动图像采集和基于处理器的图像采集。

(1)自动图像采集

一般采用专用图像采集卡或图像采集芯片,自动完成图像的采集、帧存储器地址生成以及图像数据的刷新等,系统框图见图 5.31。除了要对采集模式进行设定外,主处理器不参与采集过程。这种方法的特点是采集不占用控制器的时间,实时性好,适用于活动图像的采集,但电路较复杂、成本较高。

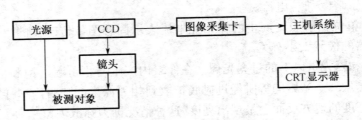

图 5.31　自动图像采集系统框图

(2)基于处理器的图像采集

一般采用视频 A/D 转换器实现图像的采集。整个过程在控制器的控制下完成,由控制器启动 A/D 转换,读取转换数据,将数据存入帧存储器。特点是数据采集占用控制器的时间,对处理器的速度要求高,但电路简单、成本低、易于实现。

2. 图像处理算法

对图像传感器的输出图像处理(image processing)以视觉效果最佳为其主要目的。图像处理主要包括图像采集前处理和图像采集后处理。

首先,在图像重建的过程中必须充分考虑到人眼视觉特性和图像传感器拍照对外界响应的差异,通过一些特定的算法进行调整,使得到的图像能够真实重现客观世界的每一个细节。这些调整包括伽玛校正(gamma correction)、色彩校正(color correction)以及白平衡调整(white balance adjustment)等。

其次,由于目前集成电路的限制,传感器在每一个像素上都只有一个单色感光元件,所以在图像重建的过程中都必须用到插值算法来得到彩色图像,即色彩插值(color interpolation)。

最后,为了获得较好的视觉效果,根据不同需要还要对图像进行各种增强处理,其目的主要有两个:第一,更适合人眼的感觉效果;第二,有利于后续的分析处理。这些处理包括平滑滤波、锐化(边缘提取)和直方图均衡等。

这主要介绍图像采集后处理中的图像增强技术。

(1)平滑滤波(smoothing filter)

图像在采集过程中,处在复杂的环境中,如光照、电磁多变等,造成图像不同程度地被噪声干扰。噪声源包括电子噪声、光子噪声、斑点噪声等,导致图像质量的下降的同时,可能掩盖重要的图像细节,为此要进行必要的滤波降噪处理。

①图像噪声分类

根据噪声与信号的关系,图像噪声可分为加性噪声和乘性噪声两类。

a. 加性噪声(additive noise)

噪声与图像信号 $g(x,y)$ 存在与否无关,是独立于信号之外的,而且以叠加的形式对信号形成干扰。含噪图像可以表示为

$$f(x,y) = g(x,y) + n(x,y) \tag{5.17}$$

式中 $f(x,y)$——含噪声的图像;

$n(x,y)$——图像中的噪声。

b. 乘性噪声(multiplicative noise)

噪声与图像信号 $g(x,y)$ 有关。分两种情况:一种是某像素处的噪声只与该像素的图像信号有关;另一种是某像素处的噪声只与该像素点及其相邻的图像信号有关。如果噪声与信号成正比,则含噪图像可以表示为

$$f(x,y) = g(x,y) + n(x,y)g(x,y) \tag{5.18}$$

此外,根据噪声服从的分布还可分为高斯噪声、泊松噪声、颗粒噪声等。如果一个噪声的幅度服从高斯分布,功率谱密度又是均匀分布的,则称其为高斯白噪声,而且一般为加性噪声。

②图像噪声的平滑方法

一般来说,图像的能量主要集中在其低频部分,噪声所在的频段主要在高频段。同时,图像中的细节信息也主要集中在其高频部分。因此,如何去掉高频干扰又同时保持细节信息是关键。图像平滑主要用来平滑图像中的噪声,包括空域法和频域法两大类。

a. 空域法

在空域中对图像进行平滑处理的主要方法是邻域平均法(均值滤波)和中值滤波。

(a)均值滤波(mean filter):指用几个像素灰度的平均值代替每个像素的灰度。假定有一副 $N \times N$ 个像素的图像 $f(x,y)$,平滑处理后的图像为 $g(x,y)$,则 $g(x,y)$ 由下式决定,即

$$g(x,y) = \frac{\sum_{(m,n) \in S} f(m,n)}{M}; \quad x,y = 0,1,2,\cdots,N-1 \tag{5.19}$$

式中 S——(x,y) 点邻域中点的坐标的集合,其中不包含 (x,y) 点;

M——集合内坐标点总数。

(b)中值滤波(median filter):这是基于排序统计理论的一种非线性信号处理技术,基本原理是把图像中一个像素点的值,用该像素点的一个邻域中各像素点的值的中值代替,让周围的像素值接近的真实值,从而消除孤立的噪声点。实现方法是取某种结构的二维滑动模板,将板内像素按照像素值的大小进行排序,生成单调上升(或下降)的二维数据序列,输出为

$$g(x,y) = \mathrm{median}\{f(x-k,y-l),(k,l \in W)\} \tag{5.20}$$

式中,median{ } 为中值滤波函数,W 为二维模板,通常为 $2 \times 2,3 \times 3$ 区域,也可以是不同的形状,如线状、圆形、十字形、圆环形等。

中值滤波的特点是能在保护图像边缘的同时去除噪声。

b. 频域法

其是指将图像从空间或时间域转换到频率域,再利用变换系数反映某些图像特征的性质进行图像滤波的方法。在分析图像信号的频率特性时,图像的边缘、跳跃部分以及颗粒噪声都代表图像信号的高频分量,而大面积的背景区则代表图像信号的低频分量。利用这些内在特性可以构造低通滤波器,使低频分量顺利通过而有效地阻止高频分量,即可滤除图像的噪声,再经过反变换来取得平滑的图像。

傅里叶变换是一种常用的变换。在傅里叶变换域,频谱的直流分量正比于图像的平均亮度,噪声对应于频率较高的区域,图像实体位于频率较低的区域。由卷积定理可知

$$G(u,v) = H(u,v) \cdot F(u,v) \tag{5.21}$$

式中 $F(u,v)$——含有噪声的图像的傅里叶变换;

$G(u,v)$——平滑处理后的图像的傅里叶变换;

$H(u,v)$——传递函数,也称转移函数(即低通滤波器)。

利用 $H(u,v)$ 滤去 $F(u,v)$ 的高频成分,而低频信息基本无损失地通过,此得到的 $G(u,v)$ 再经傅里叶反变换可得平滑图像。显然选择适当的传递函数 $H(u,v)$,对频率域低通滤波关系重大。常用的几种低通滤波器有理想低通滤波器(ideal circular low-pass filter)、巴特沃思(Butterworth)低通滤波器和指数低通滤波器等。这些低通滤波器都能在图像内有噪声干扰成分时起到改善的作用。

(2)图像锐化(sharpening)

物体的边缘是以图像局部特性不连续的形式出现的。图像滤波对于消除噪声是有益的,但往往会使图像中的边界、轮廓变得模糊。为了使图像的边缘、轮廓线以及图像的细节变得清晰,需要利用图像锐化技术,即边缘检测(edge detection)。

①常见图像边缘形状

图像边缘主要存在于目标与目标、目标与背景、区域与区域(不包括色彩)之间。灰度值不连续是边缘的显著特点,这种不连续可以利用求导数的方法检测到,一般常用一阶和二阶导数来检测边缘。图像中常见的边缘剖面有三种:阶梯型、脉冲型和屋顶型,如图 5.32 所示。

图 5.32(a)中,阶梯型对应灰度值的剖面的一阶导数在图像由暗变明的位置处有一个向上的阶跃,其他位置为零,可用一阶导数的幅度值来检测边缘;阶梯型对应灰度值剖面的二阶导数在一阶导数的阶跃上升区有一个向上的脉冲,而在一阶导数阶跃有一个向下的脉冲,两个阶跃之间有一个过零点,它的位置正对应原始图像中边缘的位置,所以可用二阶导数过零点检测边缘位置,而二阶导数在过零点附近的符号确定边缘像素在图像边缘的暗区或明

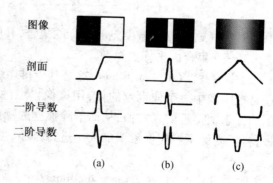

图像

剖面

一阶导数

二阶导数

(a)　　　(b)　　　(c)

图 5.32　图像的边缘及其导数

(a)阶梯型;(b)脉冲型;(c)屋顶型

区。图 5.32(b)中,脉冲型的剖面边缘与图 5.32(a)的一阶导数形状相同,而它的两个二阶导数过零点正好分别对应脉冲的上升沿和下降沿。通过检测剖面的两个二阶导数过零点

可以确定脉冲区域。在图5.32(c)中,屋顶型边缘的剖面可看作是将脉冲边缘底部展开得到的,而它的二阶导数是将脉冲剖面二阶导数的上升沿和下降沿拉开得到的,通过检测屋顶型边缘剖面的一阶导数过零点可以确定屋顶位置。

②边缘检测一般方法

经典边缘检测方法是考察图像每个像素点的某个邻域内灰度的变化,利用边缘临近的一阶或二阶导数变化规律,对原始图像中像素的某个邻域构造边缘检测算子。

设有一个图像函数$f(x,y)$,显然,其在点(x,y)的梯度(即一阶微分)是一矢量,设G_x,G_y分别表示沿x方向和y方向的梯度,则$f(x,y)$在点(x,y)的梯度可以表示为

$$\nabla f(x,y) = \left[G_x, G_y \right]^T = \left[\frac{\partial f}{\partial x}, \frac{\partial f}{\partial y} \right]^T \tag{5.22}$$

这个梯度矢量的幅度为

$$\mathrm{mag}(\nabla f) = g(x,y) = \sqrt{\frac{\partial^2 f}{\partial x^2} + \frac{\partial^2 f}{\partial y^2}} \tag{5.23}$$

方向角为

$$\phi(x,y) = \arctan \left| \frac{\partial f}{\partial x} \middle/ \frac{\partial f}{\partial y} \right| \tag{5.24}$$

考虑到采集的图像最后为数字图像,导数可以用差分方程来近似,最简单的梯度近似表达式可以写为

$$G_x = f(x,y) - f(x-1,y) \tag{5.25}$$

$$G_y = f(x,y) - f(x,y-1) \tag{5.26}$$

为提升速度、降低复杂度,梯度矢量的幅度可变为

$$\mathrm{mag}(\nabla f) = |G_x| + |G_y| \tag{5.27}$$

梯度的方向是图像函数$f(x,y)$变化最快的地方,当图像中存在边缘时,一定有较大的梯度值;而图像中较平滑的部分灰度值变化较小,一般梯度值较小。所以,一般在图像处理中常把梯度的模简称为梯度,由图像梯度构成的图像称为梯度图像。

实际运算中,为降低复杂度,常用小区域模板进行卷积来近似运算。根据模板的大小及权值不同,人们提出很多边缘检测梯度算子,如 Roberts 算子、Sobel 算子、Prewitt 算子、Candy 算子和 Laplace 算子等。具体方法可参阅相关参考书籍。

5.3.3 CCD 图像传感器应用

CCD 有三大应用领域:摄像、信号处理和存储。在工业、军事和科学研究等领域中,CCD 广泛用于方位测量、遥感遥测、图像识别等,呈现出其高分辨力、高准确度、高可靠性等突出优点。这里以基于图像传感器的智能车循迹系统为例,介绍 CCD 图像传感器的应用。

1. 系统组成及功能

本系统以 Freescale16 位单片机 MC9S12XS128MAA 作为系统控制处理器,采用基于 CCD 摄像头的图像采样模块获取地形图像信息,通过软件算法提取黑色轨迹,识别当前所处位置,算出车体与黑色轨迹间的位置偏差,采用 PID 方式对舵机转向进行控制。通过光电编码器实时获取小车速度,形成速度闭环控制。

系统硬件结构主要由 HCS12 控制核心、电源管理单元、CCD 摄像头、模拟图像信号采集电路、车速检测模块、转向伺服电机控制电路和直流驱动电机控制电路组成,其系统硬件结

构如图 5.33 所示。

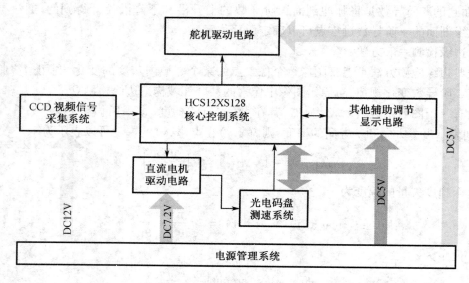

图 5.33　基于 CCD 图像传感器的智能车循迹系统硬件结构图

2. CCD 相关硬件电路设计

（1）CCD 的选择

由于 S12 芯片的处理能力不足以达到 PC 的运算能力,因此本案采用黑白显示模式、分辨率为 320×240、420 线、PAL 制式的 CCD 单板摄像头(每秒 50 帧)。由于受 S12 片内 A/D 的转换能力限制,采用增加片外 A/D 采集芯片。

（2）CCD 电源系统

系统中,电源直接影响到控制器的稳定性,例如电源电压波动很容易会引起单片机复位等。因此,需要一个十分稳定的电源。CCD 电源选择凌特公司的 LT1070 作为升压芯片,LT1070 具有较大的电压输入,较大的功率输出,较低的静态电流,过载保护等优点。稳压部分采用 LM2940,两级稳压减少摄像头电源的波纹。

（3）CCD 视频信号采集系统

CCD 摄像头采集电路的核心芯片为 LM1881 和 TLC5510。LM1881 是 PAL 制式的视频解码芯片,TLC5510 是高速 ATD 并行采集芯片,其采集频率最高可达到 20 MHz,其高速采集特性满足了对视频信息处理时横向分辨率的要求。

（4）图像数据存储 SD 卡

图像数据存储 SD 卡主要用来存储系统的运行数据,用计算机辅助软件进行数据分析。SD 卡写数据的关键是能否存储更多图像信息。实际系统中,SD 卡数据写入波特率为 2 500 000 bps,每一场的数据量为 5 kB 字节左右,采用隔场采集,隔场存储的方式,将车体运行状态下的图像数据以及处理后的数据保存在 SD 卡的固定扇区中,然后将其导入计算机,利用上位机软件进行信息读取。

3. CCD 图像处理算法设计

系统软件部分主要包括:路径识别、方向控制、速度控制、速度测量和速度控制四个模块。这里主要介绍 CCD 摄像头图像信息处理算法的设计。

（1）图像的灰度变换

由于 CCD 摄像头采集的为灰度图像,而需要的图像信息主要为黑、白两色,因此需要采用图像的灰度变换技术。

图像的灰度变换（gray-scale transformation ,GST）是图像增强处理技术中一种非常基础、直接的空间域图像处理方法。灰度变换是根据某种目标按一定变换关系逐点改变原图像中每一个像素灰度值的方法。一般采用二值化方法,即通过非零取一、固定阈值、双固定阈值等不同的阈值变换方法,使一幅灰度图像变成黑白二值图像。这种方法的缺点是对杂点的取舍不便判断,容易造成较多的噪声,影响小车对赛道的判断。在设计中采用 0～255 间的线性灰度变化,将白色设为 255,黑色设为 0。

（2）图像的平滑处理

由于 CCD 摄像头采集到的干扰噪声主要是白色赛道上的黑色杂点,因此选用中值滤波法去除干扰噪声。考虑到 CCD 摄像头拍摄到的赛道像素点阵不高,所以中值滤波采用 3 个点的方形窗口。

（3）图像边缘检测

在这里,图像边缘检测就是检测黑色赛道的边缘,这样有利于小车更加准确地判断赛道中心线,增强寻轨精确性,提高小车稳定性。选用 Roberts 边缘检测算子进行边缘检测。Roberts 边缘检测算子主要有检测两个对角线方向和水平与垂直方向两种方式,从图像处理的角度上看,边缘定位准确,对噪声敏感。

Roberts 算子检测两个对角线方向,公式为

$$g(x,y) = |f(x,y) - f(x+1,y+1)| + |f(x,y+1) - f(x+1,y)| \qquad (5.28)$$

式中　$g(x,y)$——图像处理后点 (x,y) 的灰度值;

$f(x,y)$——图像处理前该点的灰度值。

Roberts 算子检测水平与垂直方向,公式为

$$g(x,y) = |f(x+1,y) - f(x,y)| + |f(x,y+1) - f(x,y)| \qquad (5.29)$$

Roberts 算子检测水平与垂直方向的卷积模板为

$$\begin{bmatrix} 0 & 1 \\ -1 & 0 \end{bmatrix} \begin{bmatrix} 1 & 0 \\ 0 & -1 \end{bmatrix} \qquad (5.30)$$

5.4　本章小结

本章主要介绍了超声波传感器、光纤传感器以及 CCD 图像传感器等的工作原理、特点及基本应用电路。重点介绍了光纤传感器的典型应用 - 光纤陀螺的工作原理和应用领域,CCD 图像传感器的图像处理方法。通过本章的学习,应具有根据具体功能需求设计超声波传感器测量电路以及图像处理算法的能力。

5.5　思　考　题

1. 什么是超声波,其频率范围是多少,有哪些特性? 超声波传感器可以测量哪些物理量?

2. 题图 5.1 所示为汽车倒车防碰装置的示意图。请根据学过的知识分析该装置的工作

原理。说明该装置还可以有其他哪些用途?

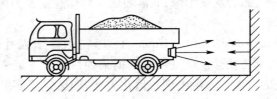

题图 5.1

3. 简述超声波传感器的发射和接收原理。

4. 利用超声波测厚的基本方法是什么?已知超声波在工件中的声速为 5 640 m/s,测得的时间间隔 t 为 22 μs,试求工件厚度。

5. 光纤传感器的性能有何特殊之处,主要有哪些应用?

6. 光纤传感器有哪两种类型?光纤传感器调制方法有哪些?

7. 在光纤中,要使光纤的入射光在光纤纤芯内全反射,需满足什么条件?写出推导过程。

8. 光纤损耗是如何产生的,它对光纤传感器有哪些影响?

9. 求光纤 $N_1 = 1.46, N_2 = 1.45$ 时的 NA 值;如果外部的 $N_0 = 1$,求光纤的临界入射角。

10. 简述 CCD 传感器的工作原理。

11. CCD 电荷耦合器主要由哪两个部分组成?试描述 CCD 输出信号的特点。

12. 图像处理的目的是什么?一般图像处理包括哪些内容?

13. 试用 Matlab 编写一段调用图像,并对图像进行二值化处理、加噪除噪、边缘提取的程序。

第6章 信号抗干扰技术与电路

【本章要点】

在检测系统中,有用信号以外的一切无用信号被统称为干扰。这些干扰会影响检测系统测量精度,甚至使系统不能正常工作。清楚了解干扰来源,采取有效措施抑制干扰是信号检测技术研究的重要内容。本章主要介绍信号的干扰与噪声的基本知识,如信噪比、共模干扰抑制比、干扰的路和场的耦合等,以及干扰抑制技术,如屏蔽、接地、隔离以及滤波等。

6.1 信号的干扰与噪声

6.1.1 干扰与噪声的基本概念

1. 噪声与干扰

噪声(noise)分为内部和外部两种:内部噪声主要是由于电路设计、制造工艺等因素,由设备自身产生的;而外部噪声是由设备所在的电子环境和物理化学环境(自然环境)所造成的。外部噪声通常被称为"干扰"(interference),这种干扰可能是电磁干扰,也可能是机械振动干扰,也可能来自温度变化的干扰等,总之,都不是器件自身产生的。外部噪声,即干扰,在满足一定条件时可以消除;内部噪声在一般情况下,难以消除,只能减弱。

噪声对检测装置的影响必须与有用信号共同分析才有意义,有用信号强,则允许有较大噪声;有用信号弱,则允许的噪声必须很小。衡量噪声对有用信号的影响的大小常用信噪比(signal to noise ratio,S/N)来表示,S/N是指在信号通道中,有用信号功率 P_s 与噪声功率 P_n 之比,或有用信号电压 U_s 与噪声电压 U_n 之比。有用信号指的是来自检测装置外部需要通过这台检测装置进行处理的信号,噪声是指经过该装置后产生的原信号中并不存在的无规则的额外信号,并且并不随原信号的变化而变化。信噪比常用对数形式来表示,单位为 dB,即

$$S/N = 10\lg\left(\frac{P_s}{P_n}\right) = 20\lg\left(\frac{U_s}{U_n}\right) \tag{6.1}$$

在测量过程中应尽量提高信噪比,以减少噪声对测量结果的影响。

2. 噪声源及干扰源

噪声的来源很复杂,大致归结为三种:

第一种来源于电子元器件产生的固有噪声(background noise)。在电路中,电子元件本身产生的具有连续性、随机性、宽频带的噪声称为固有噪声。最重要的固有噪声源是电阻热噪声(resistance thermal noise,电阻导体的热骚动产生无规则运动引起的起伏噪声电流的现象)、半导体散粒噪声(semiconductor shot noise,由形成电流的半导体载流子的分散性造成的噪声,在低频和中频下,散粒噪声与频率无关;高频时,散粒噪声与频率有关)和接触噪

声(contact noise)等。固有噪声除了改进元器件的材料和生产工艺外,几乎没有任何办法消除。在设计电路时,选择优质元器件可以把这种噪声抑制到非常低的水平。

第二种噪声来源于电路本身的设计失误或者安装工艺上的缺陷产生的热干扰(thermal interference)、机械干扰(mechanical interference)以及湿度和化学干扰(humidity and chemical interference)等。例如,元器件排布上的不合格,将高热的元器件排布在对温度敏感的元器件旁边形成的热干扰;将一些有轻微振动的元器件放在对振动敏感的元器件旁边,且没有足够的避振措施形成的机械干扰;将元器件存放于潮湿的环境中,且没有足够的防潮措施形成的湿度干扰等,这些干扰都是人为造成的。

对于经验丰富的电子设计师来说,上述干扰都是可以避免或者大大减轻的。如克服热干扰可以选用低温漂元件,采取软、硬件温度补偿措施等;对机械干扰,可选用专用减振弹簧、橡胶垫脚或吸振橡胶海绵垫来降低系统的谐振频率,吸收振动的能量,从而减小系统的振幅等。图 6.1 给出了常用的减振装置,图 6.2 给出橡胶垫脚在测量仪器减振中的使用;对于湿度和化学干扰可以采取浸漆、密封、定期通电加热驱潮等措施来加以保护,图 6.3 给出控制变压器采取浸漆的方式增强其绝缘性。

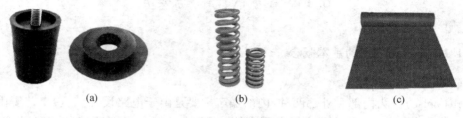

(a)　　　　　　　　　(b)　　　　　　　　　(c)

图 6.1　常用的减振装置
(a)橡胶垫脚;(b)减振弹簧;(c)吸振橡胶海绵垫

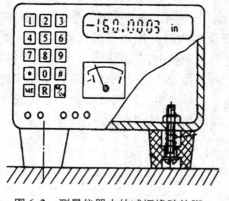

图 6.2　测量仪器中的减振橡胶垫脚

图 6.3　控制变压器的浸漆

第三种噪声来源非常广泛,也是经常被提起的干扰噪声,即为电、磁噪声干扰(electrical and magnetic noise)。电磁波可以通过电网以及直接辐射的形式传播到检测装置中。电磁干扰源包括两大类:自然界干扰源和人为干扰源,后者是检测系统的主要干扰源。自然界干扰源包括地球外层空间的宇宙射电噪声、太阳耀斑辐射噪声以及大气层的天电噪声,天电噪声的能量频谱主要集中在 30 MHz 以下,对检测系统的影响较大。人为干扰源又可分为有意发射干扰源和无意发射干扰源,如雷达产生的大功率高频干扰和 X 光机产生的大功率高频干扰等。

 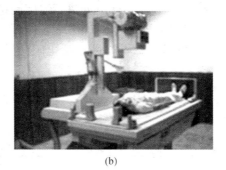

| (a) | (b) |

图 6.4 人为电磁干扰源

(a)雷达产生的大功率高频干扰;(b)X 光机产生大功率高频干扰

6.1.2 干扰传导和耦合方式

1. 干扰的传导方式

根据干扰进入测量电路的方式及与有用信号的关系,可分为差模干扰(differential mode interference)和共模干扰(common mode interference)两种。

检测设备的电源线以及信号传输线,与其他设备或电路相互交换的通信线路至少有两根导线,这两根导线作为往返线路输送电力或信号。但在这两根导线之外通常还有第三导体,这就是"地线"。干扰电压和电流的传输分为两种形式:一种是两根导线分别作为往返线路传输,称为"差模";另一种是两根导线做去路,地线做返回路传输,称为"共模"。

(1)差模干扰

差模干扰又称串模干扰、常态干扰等,是在两根信号线之间传输,属于对称性干扰(symmetric interference)。差模干扰信号一般与有用信号(有用信号一般以差模形式出现)按电压源的形式串联(或按电流源的形式并联)作用在输入端,如图 6.5 所示。

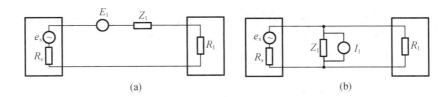

| (a) | (b) |

图 6.5 差模干扰的等效电路

(a)串联电压源形式;(b)并联电流源形式

图中,E_1 表示等效干扰电压,I_1 表示等效干扰电流,Z_1 表示等效干扰阻抗。当干扰源的等效内阻抗较小时,宜使用串联电压源形式;当干扰源等效内阻抗较大时,宜使用并联电流源形式。

当差模干扰信号与有用信号相加作为输入信号,就会干扰系统真正属于监测的输入信号,如图 6.6 所示。

一般情况下，差模干扰幅度小、频率低、所造成的干扰较小，其作用在电路两个输入端的信号的特点是大小相等、极性相反。典型例子如图 6.7 所示。

图 6.7(a)表示用热电偶进行温度测量时，由于有交变磁通穿过信号传输回路产生干扰电势，造成差模干扰；图 6.7(b)表示高压直流电场通过漏电流对动圈式检流计造成差模干扰的示意图；图 6.7(c)表示应变电阻测量信号输入回路中因接触不良引入的差模干扰。

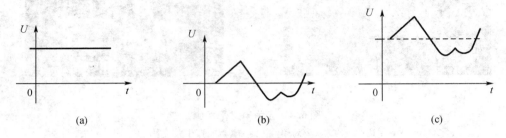

图 6.6　差模干扰示意图

(a)被测电压；(b)噪声电压；(c)实际测得电压

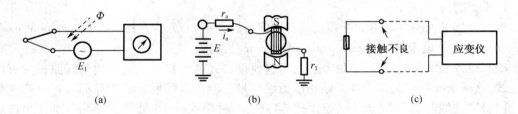

图 6.7　差模干扰典型例子

(a)干扰电势造成差模干扰；(b)漏电流造成差模干扰；(c)接触不良造成差模干扰

(2)共模干扰

共模干扰又称对地干扰、共态干扰等，在信号线与地之间传输，属于非对称性干扰（asymmetric interference），是相对于公共的电位基准点（通常为接地点），在检测仪表的两个输入端子上同时出现的干扰，其信号的特点是大小相等、极性相同。不直接影响测量结果，但是当信号输入电路参数不对称时，会转化为差模干扰，对测量产生影响。其等效电路如图 6.8 所示，典型例子见图 6.9。

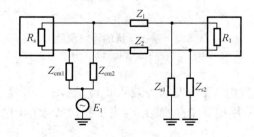

图 6.8　共模干扰的等效电路

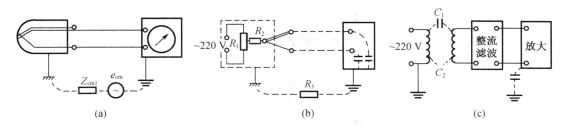

图6.9　共模干扰典型例子

(a)地电势造成共模干扰;(b)漏电阻造成共模干扰;(c)分布电容造成共模干扰

图6.9(a)所示热电偶测温系统中,热电偶的金属保护套管通过炉体外壳与生产管路接地,而热电偶的两条温度补偿导线与显示仪表外壳没有短接,但仪表外壳接大地,地电位差造成共模干扰;图6.9(b)表示动力电源通过漏电阻对热电偶测温系统形成共模干扰;图6.9(c)表示通过电源变压器的初次级间的分布电容耦合形成共模干扰。

(3)共模干扰抑制比

共模干扰只有转化为差模干扰后才会对检测装置产生影响。为了衡量系统共模干扰转换成差模干扰的大小以及抑制共模干扰的能力,引入共模干扰抑制比 CMRR (common mode rejection ratio)的概念。共模干扰抑制比定义为作用于检测系统的共模干扰信号与将此共模干扰信号转换成对系统有影响的差模信号的绝对值之比 CMRR, $CMRR = |U_{cm}/U_{dm}|$,用对数形式表示为

$$CMRR = 20\lg\left|\frac{U_{cm}}{U_{dm}}\right| \quad (dB) \tag{6.2}$$

式中　U_{cm}——作用于检测系统的实际共模干扰信号;

　　　U_{dm}——将此共模干扰信号转换成对系统有影响的差模信号。

CMRR 值越大,说明检测装置的抑制共模干扰的能力越强。

对于放大器装置,共模干扰抑制比可以定义为放大器差模信号放大倍数与共模信号放大倍数之比 CMMR,$CMRR = |A_{ud}/A_{uc}|$,一般用对数形式表示为

$$CMRR = 20\lg\left|\frac{A_{ud}}{A_{uc}}\right| \quad (dB) \tag{6.3}$$

式中　A_{ud}——放大器对差模信号放大倍数;

　　　A_{uc}——放大器对共模信号放大倍数。

CMRR 值越大,说明放大器对差模信号的放大能力越强。

[**例6.1**]　有一个长电缆传输差动测量电路,如图6.10所示。图中,U_s 为有用信号源,U_{cm} 为传感器和仪表地电位差形成的共模干扰源,R_1,R_2 为长电缆等效电阻,Z_1,Z_2 为长电缆对地分布电容和漏电阻合成阻抗,U_{cd} 为运放 A 的差模输入信号。试分析传输导线的 CMRR。

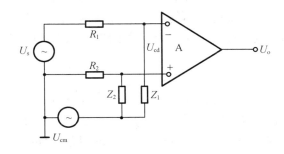

图6.10　长电缆传输差动测量电路

[解]

利用叠加定理,令 $U_s = 0$,分析 U_{cm} 经过长传输导线后产生的差模输出信号。由电路可知,R_1,R_2,Z_1,Z_2 组成四臂电桥,U_{cm} 是电桥供电电源。U_{cm} 作用下,放大器 A 输入端出现不平衡电压 U_{cd},则

$$U_{cd} = U_{cm}\left(\frac{R_1}{R_1 + Z_1} - \frac{R_2}{R_2 + Z_2}\right) \tag{6.4}$$

$$CMRR = 20\lg\left|\frac{U_{cm}}{U_{cd}}\right| = 20\lg\frac{(R_1 + Z_1)(R_2 + Z_2)}{R_1 Z_2 - R_2 Z_1} \quad (dB) \tag{6.5}$$

当 $R_1 Z_2 = R_2 Z_1$ 时,CMRR→∞,但是实际传输电路很难达到参数对称。

一般 $Z_1 Z_2 \gg R_1 R_2$,当 $Z_1 = Z_2 = Z$ 时,则

$$CMRR = 20\lg\frac{Z}{R_1 - R_2} \quad (dB) \tag{6.6}$$

可见对于长电缆传输,阻抗对称可以提高电路抗共模干扰能力。

2. 干扰的耦合方式

干扰必须通过一定的耦合通道才能对检测装置造成不良影响。耦合(coupling)是指信号由第一级向第二级传递的过程,一般不加注明时往往是指交流耦合。

根据耦合传输途径的不同,干扰的耦合一般分为路的耦合(road coupling)和场的耦合(field coupling)。路的耦合必须在干扰源和被干扰对象之间有完整的电路连接,干扰沿着这个通路到达被干扰对象,例如通过电源线、变压器引入的干扰等。通常,场的耦合不需要沿着电路传输,而是以电磁场辐射的方式进行。例如,电源线对传感器的信号线的电场耦合干扰,又如电焊机电缆上的强电流对信号线的磁场耦合干扰等。

(1)通过路的干扰的耦合

①由泄漏电阻引起的干扰

泄漏电阻(leakage resistance)耦合干扰是由于绝缘不良,流经电路间的漏电阻的漏电流引起的干扰。图 6.11(a)为漏电阻引起的干扰的等效电路。图中,E_n 是噪声电动势,R_n 为漏电阻,Z_i 是漏电流流入电路的输入阻抗,U_n 为干扰电压,其表达式为

$$U_n = \frac{Z_i}{R_n + Z_i}E_n \tag{6.7}$$

可见,干扰电压 U_n 随 E_n 和 Z_i 的增加而增大,随 R_n 的增大而减小。如果增大干扰电路和受扰电路之间的漏电阻,减小受扰电路的等效输入阻抗,都可以降低漏电阻耦合的干扰。

图 6.11(b)所示为漏电阻引起的干扰。当仪器的信号输入端子与 220 V 电源进线端子之间产生漏电,或者印制电路板前置级输入端与整流电路存在漏电等情况下,噪声源可以通过这些漏电阻作用于有关电路而造成干扰。被干扰点的等效阻抗越高,因泄漏电阻而产生的干扰影响越大。

②由公共阻抗耦合引起的干扰

公共阻抗耦合(common impedance coupling)发生在两个电路的电流流经一个公共阻抗时,一个电路在该阻抗上的电压降会影响到另一个电路,从而产生干扰噪声。图 6.12(a)所示,电路 1 和电路 2 是两个独立的回路,但接入一个公共地,所以拥有公共地电阻。当地电流 1 变化时,在 R 上产生的电压降变化就会影响到地电流 2。反之亦如此,形成公共阻抗耦合。图 6.12(b)中,负载(喇叭)的电流过大,它又与放大器的负电源线共用了一段地线,所

以在地线的微小电阻上产生压降,造成了共阻抗耦合干扰。

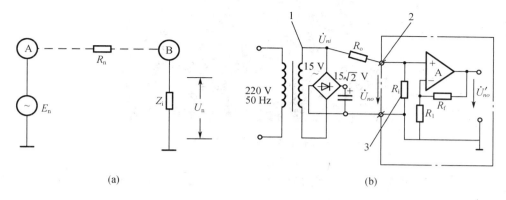

(a) (b)

图 6.11 由泄漏电阻引起的干扰

(a)漏电阻耦合示意图;(b)漏电阻耦合干扰实例

1—干扰源;2—仪器输入端子;3—仪器的输入电阻;R_o—漏电阻

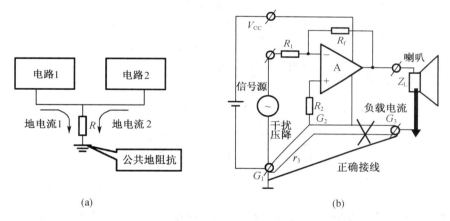

(a) (b)

图 6.12 公共阻抗耦合干扰

(a)公共阻抗耦合示意图;(b)公共阻抗耦合干扰实例

③由电源配电回路引入的干扰

交流供配电网如图 6.13 所示,在工业现场的分布相当于一个吸收各种干扰的网络,而且十分方便地以电路传导的形式传遍各处,经检测装置的电源线进入仪器内部造成干扰。最明显的是电压突变和交流电源波形畸变,它们使工频的高次谐波(从低频一直延伸至高频)经电源线进入仪器的前级电路。例如,由调压或逆变电路中的晶闸管引起的大功率高次谐波干扰;又如开关电源经电源线往外泄漏出的几百千赫兹尖脉冲干扰。

(2)通过场的干扰的耦合

①电场耦合

电场耦合(electric field coupling)实质上是电容性耦合(capacitive coupling),即两个电路之间存在分布电容(distributed capacitance),使一个电路的电荷影响到另一个电路,如图 6.14 所示。图中,A,B 是两个电路,C_m 是两个电路之间的分布电容,Z_i 是被干扰电路 B 的

图 6.13　交流供配电网

输入阻抗。如果电路 A 有干扰源 E_n 存在,那么它就会成为电路 B 的干扰源,在 B 上产生干扰电压 U_n,其表达式为

$$U_n = \frac{j\omega C_m Z_i}{1 + j\omega C_m Z_i} E_n \tag{6.8}$$

式中,ω 为干扰源的角频率。一般情况下,由于 $|j\omega C_m Z| \ll 1$,故上式可化简为

$$U_n = j\omega C_m Z_i E_n \tag{6.9}$$

显然,干扰源的频率越高,电场耦合引起的干扰电压 U_n 越大;干扰电压 U_n 与被干扰电路的输入阻抗 Z_i 成正比,即减小输入阻抗能有效减小电场耦合干扰;合理的布线和适当的防护措施,能减小分布电容 C_m,即能减小电场耦合引起的干扰。

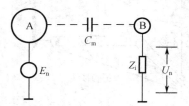

图 6.14　两个电路之间电容耦合示意图

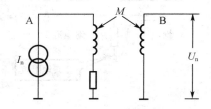

图 6.15　两根导线之间的磁场耦合示意图

②磁场耦合

磁场耦合(magnetic field coupling)干扰的实质是互感耦合(mutual inductance coupling),是由电路间的寄生互感的存在造成的。当两个电路之间有互感存在时,一个电路的电流变化,会通过磁交链影响到另一个电路,形成干扰电压。图 6.15 所示为两根导线平行架设时,产生的互感耦合干扰。图中,I_n 是导线 A 中的干扰电流源,M 是两根导线之间的等效互感,U_n 是导线 B 受干扰后产生的干扰电压。根据交流电路原理,U_n 表达式为

$$U_n = j\omega M I_n \tag{6.10}$$

显然,干扰电压 U_n 正比于干扰源的频率 ω、干扰电流源的电流 I_n 和互感 M。

如果导线 A 是承载着 10 kW、220 V 的交流输电线,导线 B 是与之相距 1 m 并平行走线的信号线,两者之间的互感 M 会使 B 信号线感应到高达几十毫安的干扰电压 U_n。如果导线 B 是连接热电偶的信号线,那么几十毫安的干扰噪声足以淹没热电偶传感器的有用信号。

防止磁场耦合干扰途径的办法有:使信号线远离强电流干扰源,从而减小互感量;采用

低频磁屏蔽,从而减小信号线感受到的磁场;采用绞扭导线使引入到信号处理电路两端的干扰电压大小相等、相位相同,使差模干扰转变成共模干扰等。

6.1.3　信号抗干扰技术

干扰传播的要素包括干扰源,对于干扰敏感的接收电路和干扰传输通道,抑制干扰要从这三方面入手。

①消除或抑制干扰源:使产生干扰的电气设备远离检测装置;对继电器、接触器等采取触点灭弧措施或改用无触点开关。

②削弱接收电路对干扰的敏感性:电路中的选频措施可以削弱对全频带噪声的敏感性;负反馈可以有效地削弱内部噪声源;采用绞线传输或差动输入电路等。

③切断干扰传递途径:提高绝缘性能,采用变压器、光电耦合器等隔离以切断路径;利用退耦、滤波、选频等电路手段,将干扰信号转换;改变接地形式、消除共阻抗耦合干扰途径;对数字信号可采用限幅、整流等信号处理方法或采取控制方法切断干扰途径。

检测装置的干扰抑制技术也主要针对这三个要素进行,经常采用的方法包括屏蔽技术(shielding technology)、接地技术(grounding technology)、隔离技术(isolation technology)、滤波技术(filtering technology)和浮空技术(floating technology)等。

6.2　屏　蔽　技　术

在电子仪表或电子装置中,有时需要将电力线或磁力线的影响限定在某个范围,如限定在线圈的周围;有时需要阻止电力线或磁力线进入某个范围,例如阻止其进入仪表外壳内。这时,可以用低电阻材料铜或铝制成的容器将需要防护的部分包起来,或者用导磁性良好的铁磁材料制成的容器将需要防护的部分包起来。人们将防止静电或电磁的相互感应所采用的上述技术措施称之为屏蔽。屏蔽的目的就是隔断场的耦合,也就是说,屏蔽主要是抑制各种场的干扰。

屏蔽一般可以分为四类:静电屏蔽(electrostatic shield)、电磁屏蔽(electromagnetism shield)、磁屏蔽(magnetic shield)和驱动屏蔽(driven shield)。静电屏蔽是利用导电性良好的金属为材料制作成封闭的金属容器,防止电场耦合干扰;电磁屏蔽是利用高导电性能金属材料在磁场中产生涡电流效应,防止高频磁场干扰;磁屏蔽是利用高导磁材料,防止低频磁场干扰;驱动屏蔽是将被屏蔽导体的电位,严格地用1∶1电压跟随器去驱动屏蔽层导体的电位,有效抑制分布电容引起的静电耦合干扰。

6.2.1　静电屏蔽技术

1. 静电屏蔽原理

由静电学可知,处于静电平衡状态下的导体内部各点为等电位,即导体内部无电力线。利用金属导体的这一性质,并加上接地措施,则静电场的电力线在接地金属导体处中断,从而起到隔离电场的作用。

图6.16(a)表示空间孤立存在的导体 A 上带有电荷 $+Q$ 时的电力线分布,这时电荷 $-Q$ 可以认为在无穷远处。图6.16(b)表示用导体 B 将 A 包围起来后的电力线分布。这时在导体 B 的内侧有感应电荷 $-Q$,在外侧有感应电荷 $+Q$。在导体 B 的内部无电力线,即电

力线在导体 B 处中断,这时从外部看 B 和 A 所组成的整体,对外仍呈现由 A 导体所带电荷 +Q 和 B 导体几何形状所决定的电场作用。因此,单用导体 B 将导体 A 包围起来还是没有静电屏蔽作用。

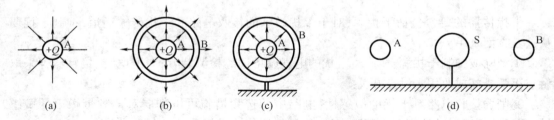

图 6.16　静电屏蔽原理

(a)A 带 +Q;(b)B 包围 A;(c)B 接大地;(d)接地导线的屏蔽作用

图 6.16(c)是导体 B 接大地时的情况。这时导体 B 外侧的电荷 +Q 被引到大地,因此导体 B 与大地等电位,导体 B 外部的电力线消失。也就是说,由导体 A 产生的电力线被封闭在导体 B 的内侧空间,导体 B 起到了静电屏蔽作用。如果导体 A 上的电荷是随时间变化的,那么在接地线上就必定有对应于电荷变化的电流流过。由于导体 B 外侧还有剩余电荷,于是在导体 B 的外部空间将出现静电场和感应电磁场。因此,所谓完全屏蔽是不可能的。

在实际布线时,如果在两导线之间敷设一条接地导线,如图 6.16(d)所示,则导线 A 与 B 之间的静电耦合将明显减弱。若将具有静电耦合的两个导体在间隔保持不变的条件下靠近大地,其耦合也将减弱。

2. 静电屏蔽的工业实现

在工业上,静电屏蔽一般有两种实现方法。

(1)用铜或铝等导电性良好的金属为材料制作成封闭的金属容器,并与地线连接,把需要屏蔽的电路置于其中。

(2)工业现场,特别是自动化程度高的工业现场,采用满足静电屏蔽要求的屏蔽电缆(shield cable)如图 6.17 所示。

静电屏蔽不但能够防止静电干扰,也一样能防止交变电场的干扰,所以许多仪器的外壳用导电材料制作并且接地。现在虽然有越来越多的仪器用工程塑料(ABS)制作外壳,但当打开外壳,仍然会看到在机壳的内壁粘贴有一层接地的金属薄膜,它起到与金属外壳一样的静电屏蔽作用。

6.2.2　电磁屏蔽

1. 电磁屏蔽原理

电磁屏蔽是采用导电良好的金属材料做成屏蔽层,利用高频电磁场在屏蔽金属内部产生电涡流(eddy current)的原理实现的。如图 6.18(a)所示,有一通以交变电流 $\dot{I}_1$ 的干扰线圈。由于电流 $\dot{I}_1$ 的存在,线圈周围就产生一个交变磁场 H_1。若有一个屏蔽容器壳体置于磁场 H_1 范围内,壳体内便产生电涡流 $\dot{I}_2$,$\dot{I}_2$ 也将产生一个新磁场 H_2,H_2 与 H_1 方向相反,这个磁场会抵消或减弱干扰磁场的影响,从而达到屏蔽的效果。

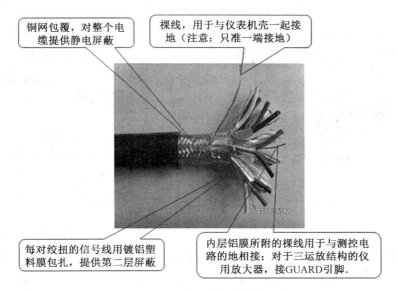

图 6.17　测控系统用信号电缆

图中标注：
- 铜网包覆,对整个电缆提供静电屏蔽
- 裸线,用于与仪表机壳一起接地(注意:只准一端接地)
- 每对绞扭的信号线用镀铝塑料膜包扎,提供第二层屏蔽
- 内层铝膜所附的裸线用于与测控电路的地相接;对于三运放结构的仪用放大器,接GUARD引脚.

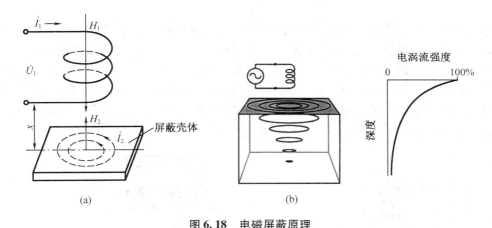

(a)　　　　　　　　　　(b)

图 6.18　电磁屏蔽原理

(a)电涡流产生原理;(b)电涡流的集肤效应

　　屏蔽容器壳体中产生的电涡流在金属导体的纵深方向并不是均匀分布的,而是与干扰电流源的频率 f、壳体材料的电导率 σ、磁导率 μ 等有关。当其他参数不变时,干扰电流源的频率 f 越高,电涡流的渗透的深度就越浅,最后只集中在金属导体的表面,这种现象称为集肤效应(也称趋肤效应,skin effect),如图 6.18(b)所示。利用高频集肤效应(即高频电涡流仅流过屏蔽层的表面一层),电磁屏蔽一般适合屏蔽频率在 1 kHz ~ 40 GHz 的高频电磁波的干扰,而对于低频磁场干扰的屏蔽效果是非常小的。

　　2. 电磁屏蔽的材料与结构形式

　　电磁屏蔽依靠电涡流产生作用,因此必须用良导体如铜、铝等做屏蔽层,可以做成屏蔽膜、屏蔽罩、屏蔽栅网、屏蔽箔、隔离仓和导电涂料等。图 6.19 为常见电磁屏蔽膜。同时,由于高频集肤效应,电磁屏蔽层的厚度只需考虑机械强度就可以。当必须在屏蔽层上开孔或开槽时,应注意孔和槽的位置与方向以不影响或尽量少影响电涡流的形式和电涡流的途径,以免影响屏蔽效果。

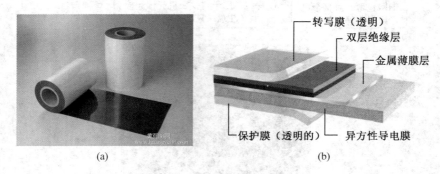

图 6.19　电磁屏蔽材料膜

(a)实物图;(b)结构图

　　基于电涡流效应的电磁屏蔽在原理上与屏蔽体是否接地无关。但一般应用时,屏蔽体都接地,这样又可同时起到静电屏蔽作用。

6.2.3　磁屏蔽技术

1. 磁屏蔽原理

电磁屏蔽对低频磁通干扰的屏蔽效果很差,因此在低频磁通干扰时(如马达、发电机、变压器等设备产生的低频磁场)不能采用电磁屏蔽技术。考虑到磁场传播过程中,总是选择导磁性能好的材料(如坡莫合金),来作为磁场的传播路径。不同形状磁性物质中磁场的传播路径如图 6.20 所示。显然,由于磁力线总是被束缚在磁性能好的材料内部,从而使磁性材料范围内的空间内磁场被大大削弱。可以据此对某些设备进行磁屏蔽,因此,磁屏蔽实际是利用导磁性物质将磁场"锁"在一定范围。

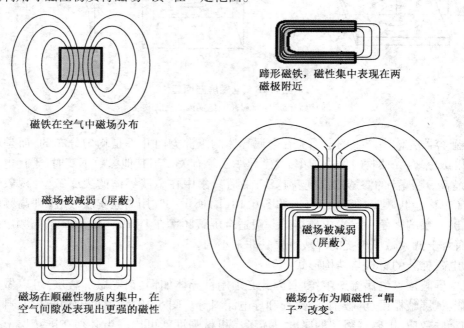

图 6.20　不同形状磁性物质中磁场的传播路径

2. 磁屏蔽的材料与结构形式

为了有效地进行低频磁屏蔽,磁屏蔽的屏蔽层材料要选用诸如坡莫合金之类对低磁通密度有高导磁率的铁磁材料,同时要有一定的厚度以减小磁阻。由铁氧体压制成的罐形磁心可作为磁屏蔽使用,并可以把它和电磁屏蔽导体一同使用。

为提高屏蔽效果可采用多层屏蔽。第一层用低导磁率的铁磁材料,作用是使场强降低;第二层用高导磁率铁磁材料,以充分发挥其屏蔽作用。某些高导磁材料,如坡莫合金经机械加工后,其导磁性能会降低,因此用这类材料制成的屏蔽体在加工后应进行热处理。

图6.21给出了铁壳磁屏蔽时磁通分布图。如图6.21(a)所示,将铁磁材料制作成厚的空壳状,当壳外有磁场时,铁磁质就将绝大部分磁感线(即磁场)导入体内,将进入壳内空腔的磁场降到最低值。此时,磁通分布如图6.21(b)所示。

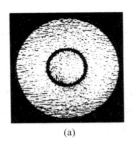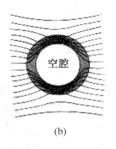

(a)   (b)

图6.21　铁壳磁屏蔽时的磁通分布图

3. 磁屏蔽的工业实现

(1)仪器的铁皮外壳就起到了低频磁屏蔽的作用。若进一步将其接地,又同时起静电磁屏蔽作用。

(2)在干扰严重的地方常使用复合屏蔽电缆,其最外层是低磁导率、低饱和的铁磁材料,内层是高磁导率、高饱和铁磁材料,最里层是铜质电磁屏蔽层,以便一步步地消耗干扰磁场的能量。

(3)在工业中常用的办法是将屏蔽线穿在铁质蛇皮管或普通铁管内,达到双重屏蔽目的。

6.2.4　驱动屏蔽技术

1. 驱动屏蔽原理

驱动屏蔽就是用被屏蔽导体的电位通过1:1电压跟随器来驱动屏蔽导体的电位,如图6.22所示。图中,E_n为导体A产生的干扰源电场;C_1为导体A和导体B之间的寄生电容;D为导体B外面的绝缘屏蔽层;C_2为导体B和绝缘屏蔽层D之间的寄生电容;Z_i是导体B和绝缘屏蔽层D之间对地的等效阻抗。

工作时,导体B与屏蔽层D之间的绝缘

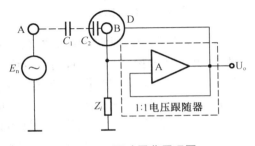

图6.22　驱动屏蔽原理图

电阻无穷大,并且由于电压跟随的作用,B和D的电位始终相等,那么二者之间无电力线,各点等电位。这说明导体 A 干扰源产生的电场 E_n 不会通过寄生电容 C_1 影响导体 B。尽管导体 B 与屏蔽层 D 之间也有寄生电容 C_2，但由于二者等电位，所以这个寄生电容不起作用。因此，驱动屏蔽能有效抑制通过寄生电容产生的耦合干扰。

驱动屏蔽中的 1:1 电压跟随器要求其输出电压与输入电压的幅值相同，相移为零。由于电压跟随器的输入阻抗与 Z_i 并联，为减小其并联作用，要求电压跟随器的输入阻抗足够高。

2. 驱动屏蔽应用

驱动屏蔽属于有源屏蔽，线性集成电路使驱动屏蔽的应用具有实用性和广泛性。屏蔽驱动电路实际应用如图 6.23 所示。提高共模抑制比是三运放仪表放大器的重要技术指标，为获得最佳的 CMRR，美国 AD 公司生产的集成测量放大器 AD620 在实际使用

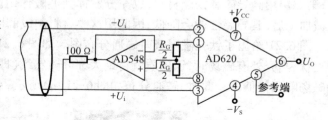

图 6.23 屏蔽驱动在抑制共模干扰中的应用

中，可以采用不同的驱动屏蔽方式使寄生电容带来的干扰降到最小。图 6.23 中，差分输入信号分别从 AD620 的②,③输入端进入，采用运放 AD548 构成屏蔽层驱动器。屏蔽层驱动器输入信号来自于 AD620 的①,⑧引脚之间的输入外接电阻的中间电位点，由 AD548 电压跟随器输出后加到信号线的绝缘屏蔽层，使两根信号线和屏蔽层之间的电位始终相等，从而使电缆线上的由于信号线和屏蔽层之间的等效阻抗不相等，引起的共模干扰的影响大大减小。

6.3 接 地 技 术

"地"是指在一个电路或系统中用作电压参考的点或等位面。接地源于强电技术，本意是接大地，主要着眼于安全，是指电力系统和电气装置的中性点、电气设备的外露导电部分和装置外导电部分经由导体与大地相连。在检测系统中，接地的目的有两个：一是为保证系统稳定可靠地运行，防止地环路引起干扰，称为工作接地（working grounding）；二是为保证操作人员和设备的安全，避免操作人员因设备绝缘损坏或下降遭受触电危险，称为保护地（protective grounding）。正确接地是抑制干扰很重要的技术环节，设计中，将接地和屏蔽正确地结合，会起到很好的抗干扰作用。

6.3.1 "接地"基本概念

电气设备中的"地"通常有两种含义：一种是"大地"，另一种是"工作基准点"。广义接地有两方面含义，即接"实地"（real ground）和接"虚地"（virtual ground）。接"实地"指的是将电气设备的金属底板或金属外壳通过低电阻与大地相连；接"虚地"是将各个电路部分通过低阻抗导体与电气设备的金属底板或金属外壳连接，建立系统的基准电位，而金属底板或金属外壳并不连接到大地。接地技术的目的是消除各电路电流流经公共地线时产生的干扰电压，以及免受电磁场和地电位差的影响，即不使其形成对地环路。

电气系统的"地"一般可分为以下几种。

（1）"大地"（earth），指地球，也是绝对零位电位点。

（2）"系统基准地"（system ground），指电路系统中零信号电压公共点，一般是电气设备

的金属底板或金属外壳。

（3）"机壳地"（chassis ground），指机壳的电位值。

（4）"信号地"（signal ground），指电子设备的输入、输出信号的大小及极性的零信号电位公共线（基准电位线）。信号地分为模拟信号地和数字信号地。模拟信号一般较弱且易受干扰，对地要求较高；数字信号一般较强，对地要求可以降低些。为避免二者相互干扰，两种地线应分别设置。

（5）"功率地"（power ground），指大电流网络部件（如中间继电器的驱动电路等）的零电平。这种大电流网络部件的电流在地线中产生的干扰大，所以对功率地有一定要求。此外，在某些电路中，功率地与信号地是相互绝缘的。

（6）"交流电源地"（AC power ground）是交流 50 Hz 电源的零信号公共线。对其他电路，公共线相当于干扰源，因此需要与直流地线相互绝缘。

"接地"是指用导线将电路与"地"相连。一般，"信号地""功率地"和"电源地"要分开，"信号地"与"系统地"应该连在一起，所有地都可以与"大地"相连。某些特殊情况中，如为了保证用电安全等，必须将带电的"机壳地"与"大地"连在一起。

6.3.2　"接地"方式

检测系统中的基准电位是各回路工作的参考电位，一般该参考电位选为电路中直流电源的零电压端。根据该参考电压与大地连接方式的不同，接地可以分为直接接地（direct ground）、悬浮接地（suspended grounding）、单点及多点接地（single-point and multi-point grounding）和混合接地（hybrid grounding）；根据接地的功能不同可以分为抑制干扰接地和安全保护接地等。

1. 直接接地

直接接地是指电路系统的零信号电位公共线直接与大地相连，对于对地分布电容较大的大规模的或高速高频的电路系统，采用这种接地方式可以消除分布电容构成的公共阻抗耦合干扰。

2. 悬浮接地

悬浮接地就是将各个电路、设备的信号地通过低阻抗导体与电气设备的金属底板或金属外壳连接，但不连接到大地，也就是信号接地系统与安全接地系统及其他导电物体隔离。图6.24 中的三部分电路均通过低阻抗接地导线连接到信号地，而信号地与建筑物结构地及其他导电物体隔离。悬浮接地使电路的某一部分与大地线完全隔离，由此抑制来自接地线的干扰。由于没有电气上的联系，也就不可能形成地环路电流而产生地阻抗的耦合干扰。

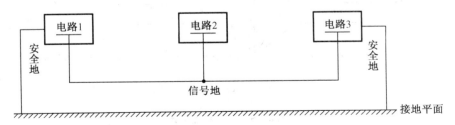

图 6.24　悬浮接地系统

3. 单点和多点接地

（1）单点接地

单点接地是指各个电路或一个电路内部各部件的零电压点通过一个（节）点与地相连。通常分为单点串联接地和单点并联接地两种方式。

① 单点串联接地

如图 6.25（a）所示，多级电路的零电位点通过一段公共地线后再在一点接地，电路结构简单。但由于各部分电路的接地阻抗不能互相独立，使每个电路的供电电流对每个电路产生不同的电压压降。设每个回路的等效阻抗分别为 Z_1,Z_2,Z_3，每个电路的电流分别为 I_1,I_2 和 I_3，则各电路对地的电位为

$$U_A = (I_1 + I_2 + I_3)Z_1 \tag{6.11}$$

$$U_B = (I_1 + I_2 + I_3)Z_1 + (I_2 + I_3)Z_2 \tag{6.12}$$

$$U_C = (I_1 + I_2 + I_3)Z_1 + (I_2 + I_3)Z_2 + I_3Z_3 \tag{6.13}$$

显然，单点串联接地电路会产生明显的公共阻抗干扰，尤其是强信号电路将严重干扰弱信号电路。

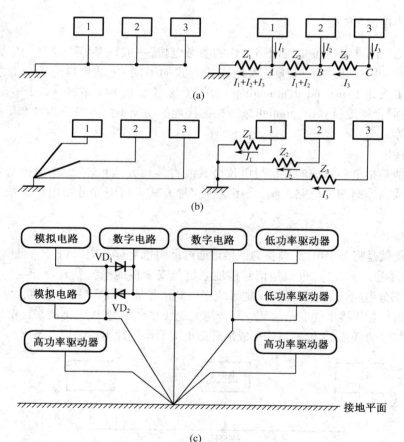

(a)

(b)

(c)

图 6.25　信号单点接地

（a）单点串联接地；（b）单点并联接地；（c）改进的单点接地系统

②单点并联接地

如图6.25(b)所示,将每个电路单元单独用地线连接到了同一个接地点。优点是各电路的地电位只与本电路的地电流及地线阻抗有关,不受其他电路的影响。在低频时,可以有效避免各电路单元之间的地阻抗干扰。但是并联单点接地方式存在以下缺点。

a.各个电路分别采用独立地线接地,需要多根地线,会增加地线长度,从而增加地线阻抗。这种方式使用比较麻烦,结构复杂。

b.这种接地方式会造成各地线相互间的耦合,并且随着频率增加,地线阻抗、地线间的电感及电容耦合都会增大。

c.这种接地方式不适用于高频。如果系统的工作频率很高,使工作波长 λ 缩小到可与系统的接地平面的尺寸或接地引线的长度比拟时,就不能再用这种接地方式了。因为当地线的长度接近于 $\lambda/4$ 时,它就像一根终端短路的传输线。由分布参数理论可知,终端短路传输线的输入阻抗为无穷大,即相当于开路,此时地线不仅起不到接地作用,而且将有很强的天线效应向外辐射干扰信号。所以一般要求地线长度不应超过信号波长 λ 的1/20。显然,这种接地方式只适用于工作频率在1 MHz以下的低频电路。

③改进的单点接地系统

单点串联接地容易产生公共阻抗耦合的问题,且单点并联接地由于地线过多,所以实现起来较困难。因此,在设计实际电路时,通常同时采用这两种单点接地方式。一种改进的单点接地系统如图6.25(c)所示。设计时将电路按照信号特性分组,将相互不会产生干扰的电路放在一组,且同一组内的电路可采用串联单点接地,不同组的电路采用并联单点接地。这样既解决了公共阻抗耦合的问题,又避免了地线过多的问题。当电路板上有分开的模拟地和数字地时,应将二极管(VD_1 和 VD_2)背靠背互连,以防止电路板上的静电积累。

(2)多点接地

为减小地线电感,在高频电路和数字电路中经常使用多点接地。多点接地是指某一个系统中各个需要接地的电路、设备都直接接到距它最近的接地平面上,以使接地线的长度最短,接地线的阻抗减到最小。接地平面可以是设备的底板,也可以是贯通整个系统的地导线,在比较大的系统中,还可以是设备的结构框架等。

多点接地如图6.26所示。各电路的地线分别连接至距它最近的接地平面上(低阻抗公共地)。设每个电路的地线电阻及电感分别为 R_1,R_2,R_3 和 L_1,L_2,L_3,每个电路的地线电流分别为 I_1,I_2 和 I_3,则各电路对地的电位分别为

$$U_1 = I_1(R_1 + j\omega L_1) \tag{6.14}$$

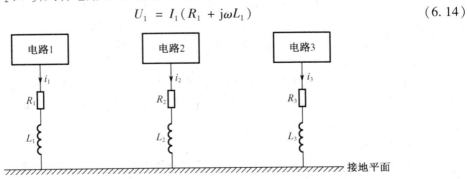

图6.26　信号多点接地

$$U_2 = I_2(R_2 + j\omega L_2) \tag{6.15}$$
$$U_3 = I_3(R_3 + j\omega L_3) \tag{6.16}$$

显然接地引线的感抗与信号频率和引线长度成正比、与引线厚度成反比。为降低电路的地电位,需要减小接地引线的感抗,即需要每个电路的地线引线应尽可能缩短。但在高频时,由于趋肤效应,电流仅在导体表面流动,因此增加导体的厚度也不能减小导体的电阻。故在导体截面积相同的情况下,一般采用导体表面镀银的方法降低导体的电阻。

多点接地方式的地线较短,所以适用于高频情况。但存在地环路,容易对设备内的敏感电路产生地环路干扰(ground loopinter ference)这一问题。后面将介绍抑制地环路干扰的接地技术。

一般来说,频率在 1 MHz 以下时可采用单点接地方式,频率高于 10 MHz 时应采用多点接地方式,频率在 1 ~ 10 MHz 之间时可以采用混合接地方式。

4. 混合接地

混合接地也称为分别回流法单点接地,既包含单点接地的特性,又包含多点接地的特性。例如,系统内的低频部分需要单点接地,高频部分需要多点接地,但最后所有地线都汇总到公共的参考地,如图 6.27 所示。

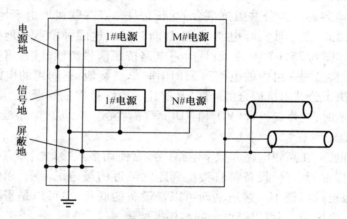

图 6.27　混合接地方式

图 6.27 中地线分成三大类,即电源地、信号地和屏蔽地。所有的电源地线都接到电源地汇流条,所有的信号地线都接到信号地汇流条,所有的屏蔽地线都接到屏蔽地汇流条。在空间上,将电源地、信号地和屏蔽地汇流条间隔开,以避免通过汇流条间电容产生耦合。三根总地线最后汇聚一点,通常通过铜接地板交汇,用直径不小于 30 mm 的多股软铜线焊接在接地板上深埋地下。

汇流条分为横向汇流条和纵向汇流条,由多层铜导体构成,截面呈矩形,各层之间有绝缘层。采用多层汇流条可以减少自感,防止干扰。横向汇流条及纵向汇流条的合理安排,能最大限度减小公共阻抗的影响。

5. 抑制干扰接地

电气设备中某些部分与大地相连,可以起到抑制干扰的作用,如屏蔽壳体、屏蔽网罩或屏蔽隔板的接地可以避免电荷集聚引起的静电效应,起到抗静电干扰的作用。下面以机房地线引起的干扰为例介绍抑制干扰接地技术。

（1）机房中信号传输中的干扰

机房通常由微波机房和发射机房组成。发射机所用音视频信号均由微波机房经电缆传输过来,电缆长度约40多米。在信号传输过程中,出现了干扰。具体现象是视频信号同步头受到干扰,造成画面跳动,特别是场同步干扰严重;音频信号存在交流声干扰。这些干扰现象主要由地线干扰引起的。

（2）机房地线干扰来源

通常讲的导线电阻或接地电阻都指直流电阻,其值都很小。在实际电路工作时,地线中通过的电流中包含有交流电成分,特别是当频率较高时,地线的阻抗会远远大于其直流电阻。此时,地线对电流的阻碍作用应当用阻抗来衡量。该阻抗主要是由导线的电感引起的,所以当信号电流通过地线时,就在地线上各点产生不同的电压,从而引发干扰。其原因有两种:

①地环路干扰

图6.28（a）中,由于地线阻抗的存在,当电流 I_g 流过地线时,就会在地线上产生电压降 U_g。当电流较大时,U_g 可以很大。这个电压会在两个设备的连接电缆上产生电流 I_1 和 I_2。由于电路的不平衡性,两根导线上的电流不同会产生差模电压,对电路造成影响,由于这种干扰是由电缆地线构成的环路电流产生的,因此称为地环路干扰。

地环路中的电流还可以由外界电磁场感应而来。这种情况下地线环相当于一个天线,它会接收到附近各种电磁波脉冲,从而在地环路中产生循环电流。

②公共地线阻抗干扰

当多个机房或多个设备共用段地线时,一个电路的地电位可受另一个电路工作电流的调制,这样一个电路的信号会耦合进另一个电路,出现干扰现象。这属于公共阻抗耦合干扰,如图6.28（b）所示。

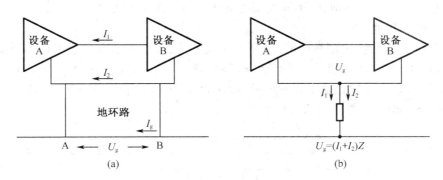

图6.28 机房地线干扰

（a）地环路干扰;（b）公共阻抗耦合干扰

（3）机房地线抑制干扰接地技术

抑制地线引起干扰的常用方法就是设法减小地线的阻抗。其具体措施有增大导线的直径,使用扁平导体做地线,采用相距较远的并联接地的方式等。另外,根据地线引起干扰的机理不同,采用接地技术也可以有效减小干扰。

①抑制地环路干扰的接地

从地环路干扰的原理可知,只要减小地环路中的电流就能减小地环路干扰。如果能彻底消除地环路中的电流,则可以彻底解决地环路干扰问题。将电路中一端的设备浮地就切断了地环路,从而消除地环路电流。但有两个问题需要注意,一是出于安全考虑,往往不允许电路浮地,这时可以考虑将设备通过一个电感接地,这样对于 50 Hz 的交流设备接地阻抗很小,而对于频率较高的干扰信号,接地阻抗较大,减小了地环路电流,这种方法只能减小高频干扰的地环路干扰。因为尽管设备浮地,但设备与地之间还存在寄生电容,这个电容在频率较高时会提供较低的阻抗,因此不能完全消除高频地环路干扰。

此外,可以使用变压器或者光隔离器等实现设备之间的连接也可以有效减小地环路干扰。

②减小公共地线阻抗耦合干扰的接地

减小公共地线阻抗耦合干扰的关键是采用适当的接地方式,避免容易相互干扰的电路共用地线,一般都采用相距较远的并联单点接地方式,如图 6.29 所示。

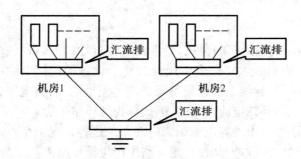

图 6.29　机房公共阻抗耦合干扰接地

并联接地的缺点是接地用的导线多,成本高。为了节约成本,对于相互干扰少的电路,采用串联单点,也可以将电路按照强信号、弱信号、模拟信号、数字信号等分类,然后在同类设备电路中用串联单点接地,在不同类型的电路采用并联单点接地。

6. 安全保护接地

当电气设备的绝缘出现故障时,设备的金属外壳、操作手柄部分会出现相当高的对地电压,危及操作者的安全。为降低因绝缘破坏而遭到电击的危险,对于不同的低压配电系统,电气设备常采用保护接地(protective ground)、保护接零(protective neutralization)、重复接地(iterative earthing)等不同的安全措施,如图 6.30 所示。

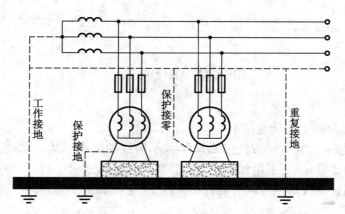

图 6.30　保护接地、工作接地、重复接地及保护接零示意图

（1）接地保护

工作接地是指电气设备（如变压器中性点）为保证其正常工作而进行的接地。而保护接地则是指为保证人身安全，防止人体接触设备外露部分而触电的一种接地形式。在中性点不接地系统中，设备外露部分（金属外壳或金属构架），必须与大地进行可靠电气连接，即保护接地。

保护接地的基本原理是增大接地电阻值，从而限制漏电设备对地的泄露电流，使其不超过某一安全范围。一旦超过某一定值，保护器就能自动切断电源。

接地装置由接地体和接地线组成，埋入地下直接与大地接触的金属导体，称为接地体，连接接地体和电气设备接地螺栓的金属导体称为接地线。接地体的对地电阻和接地线电阻的总和，称为接地装置的接地电阻（ground resistance）。

图 6.31 给出保护接地原理，图中 R_b 为接地体电阻，R_r 为人体电阻，I_d 为接地电流，I_r 为流过人体电流。图 6.31（a）中，金属外壳没有接地，则当绝缘破坏、外壳带电时，接地电流将直接人体流过，人即刻触电；图 6.31（b）中，金属外壳接地，则当绝缘破坏、外壳带电时，接地电流将同时沿接地极和人体两条通道流过，电流之比为 $I_r/I_d = R_b/R_r$。为限制流过人体的电流在安全电流以下（一般交流为 33 mA，直流为 50 mA），必须使 $R_b \ll R_r$。

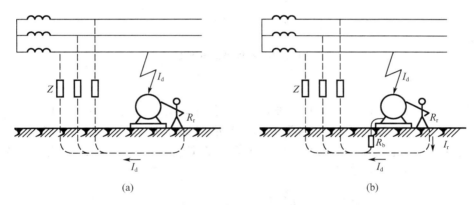

(a)   (b)

图 6.31　保护接地原理图

（a）无保护；（b）有保护

（2）保护接零

保护接零是指在电源中性点接地的系统中，将设备需要接地的外露部分与电源中性线直接连接，相当于设备外露部分与大地进行了电气连接。使保护设备能迅速动作断开故障设备，减少了人体触电危险。保护接零的工作原理如图 6.32 所示。

采用保护接零时应注意：同一台变压器供电系统的电气设备不宜将保护接地和保护接零混用，而且中性点工作接地必须可靠；保护零线上不准装设熔断器。

接地保护和接零保护的区别：将金属外壳用保护接地线（PE）与接地极直接连接的叫接地保护；当

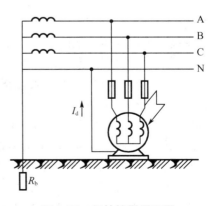

图 6.32　保护接零原理图

将金属外壳用保护接地线(PE)与保护中性线(PEN)相连接的则称之为接零保护。

(3)重复接地

在电源中性线做了工作接地的系统中,为确保保护接零的可靠,还需相隔一定距离将中性线或接地线重新接地,称为重复接地,如图6.33所示。图中,U_φ为相电压,I_E为流过中性线的电流,U_E为中性线对地电压。

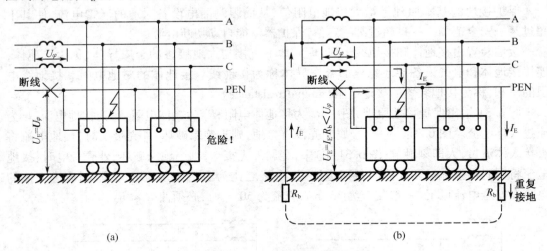

图6.33 重复接地原理图

(a)无保护;(b)有保护

从图6.33(a)可以看出,一旦中性线断线,设备外露部分带电,人体触及同样会有触电的可能。而在重复接地的系统中,如图6.33(b)所示,即使出现中性线断线,但外露部分因重复接地而使其对地电压U_E大大下降,对人体的危害也大大下降。不过应尽量避免中性线或接地线出现断线的现象。

6.3.3 电路中的"地线"设置

1. 信号输入通道接地

检测系统中的传感器、变送器和放大器通常采用屏蔽罩,信号的传送使用屏蔽线。这些屏蔽层的接地需要非常谨慎,应遵守单点接地原则(为避免屏蔽层与地之间产生的回路电流通过屏蔽层与信号线间的分布电容产生干扰信号,影响传输的模拟信号质量)。接地电路有两种:一是信号源端接地,接收端放大器浮地,则放大器屏蔽层与信号线屏蔽层连接后,同在信号源端接地;二是接收端接地,信号源端浮地,则信号源屏蔽层与信号线屏蔽层一起连接至接收端接地处。

2. 模拟信号地与数字信号地的设置

模拟信号一般比较弱,数字信号通常比较强,且呈尖峰脉冲形式。如果两种信号共用一条地线,数字信号就会通过地线电阻对模拟信号构成干扰,因此两种地线应分开设置。

3. 强电地线与信号地线的设置

强电地线指电源地线、大功率负载地线等,其上流过的电流非常大,在地线电阻上产生毫伏或伏特级压降。如果这种地线与信号线共用,会对信号地线产生很强干扰,需要分别设置。

4. 印制电路板的地线分布

电路板地线宽度由通过它的电流大小决定,一般不小于 3 mm。在可能的条件下,地线越宽越好。旁路电容的地线不能长,应尽量缩短;大电流的零电位地线应尽量宽,而且必须与小信号的地线分开,如图 6.34 所示。

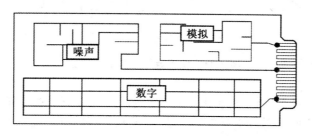

图 6.34　电路板上地线分布

6.4　隔　离　电　路

当检测装置的信号测量电路与被测信号源在两点接地时,很容易形成环路干扰电流,这时需要采取隔离措施。此外,如果测量系统中含有模拟与数字、低压与高压混合电路时,也必须对电路各环节进行隔离。电路隔离(circuit isolation)的主要目的是通过隔离元器件把噪声干扰的路径切断,从而达到抑制噪声干扰的效果。电路隔离主要包括模拟电路的隔离和数字电路的隔离、数字电路与模拟电路之间的隔离。

常用的隔离方法有变压器隔离法(transformer isolation)、光电耦合器隔离法(photoelectric coupler isolation)、脉冲变压器隔离法(pulse transformer isolation)、继电器隔离法(relay isolation)、直流电压隔离法(DC voltage isolation)、线性隔离放大器隔离法(linear isolation amplifier isolation)、光纤隔离法(optical fiber isolation)和 A/D 转换器隔离法(A/D converter isolation)等。

隔离电路在便携式测量仪器和某些测控系统(如生物医学人体测量、自动化试验设备、工业过程控制系统等)中得到广泛应用。

6.4.1　变压器隔离电路

1. 变压器隔离电路基本构成

变压器隔离也称为载波调制隔离(carrier modulation isolation),其电路基本构成原理如图 6.35 所示。

图 6.35 中,放大器 A_1 输出的信号通过调制器调制,并通过隔离变压器耦合传递给解调器,解调器再将信号解调出来传递给放大器 A_2。

2. 变压器隔离电路基本原理

变压器隔离电路的关键部件就是隔离变压器(俗称安全变压器),它指输入绕组与输出绕组带电气隔离的变压器,是用于对两个或多个有耦合关系的电路进行电隔离的变压器。变压器隔离的是原/副边线圈各自的电流。

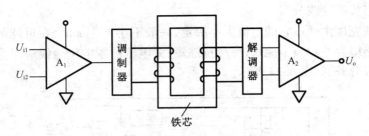

图 6.35　变压器隔离电路原理图

隔离变压器具有两个特性:(1)电压变换功能;(2)滤波抗干扰功能——采用原、副绕组同心放置但在绕组之间加置静电屏蔽的方法,以此获得高的抗干扰特性。

隔离变压器的原理与普通干式变压器相同,也是利用电磁感应原理,主要隔离一次侧电源回路,二次侧回路对地浮空,以保证用电安全。现以如图 6.36 所示的单相双绕组变压器为例阐明其原理。

如图 6.36 所示,当一次侧绕组上加上电压 $\dot{U}_1$ 时,流过电流 $\dot{I}_1$,在铁芯中就产生交变

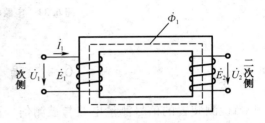

图 6.36　隔离变压器工作原理图

磁通 $\dot{\Phi}_1$。这些磁通称为主磁通,在它作用下,两侧绕组的感应电势分别为 $\dot{E}_1, \dot{E}_2$,其公式为

$$E = 4.44fN\Phi_m \qquad (6.17)$$

式中　E——感应电势有效值,V;

　　　f——频率,Hz;

　　　N——匝数;

　　　Φ_m——主磁通最大值,Wb。

二次绕组与一次绕组匝数有差异,感应电势 $\dot{E}_1$ 和 $\dot{E}_2$ 大小也有差异,当略去内阻抗压降后,电压 $\dot{U}_1$ 和 $\dot{U}_2$ 大小也就有差异。

隔离变压器原理的主要作用是使一次侧与二次侧的电气完全绝缘,即使该回路隔离。另外,利用其铁芯的高频损耗大的特点,从而抑制高频杂波传入控制回路。还有一个很重要的作用就是保护人身安全——隔离危险电压。

3. 变压器隔离芯片

采用变压器耦合的隔离放大器有 BURR – BROWN 公司(简称 BB 公司)的 ISO212,3656 等和 Analog Devices 公司(简称 AD 公司)的 AD202,AD204,AD210,AD227 等。图 6.37 为 AD277 的内部结构图,电路由信号传输通道和电源能量传输通道两部分构成。

(1)信号传输通道

信号传输通道由左向右,包括输入模块、变压器、输出模块三部分。

输入模块由精密运算放大器 A_1 和调制器构成:放大器 A_1 的 3 和 4 引脚为输入,2 引脚为输出,6,7,8 三个引脚用于放大器调零,供外接元件组成反馈放大器;A_1 的输出由调制器调制,通过变压器耦合到输出模块。

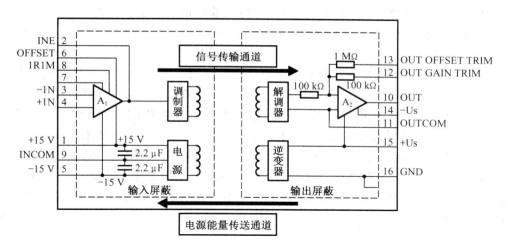

图 6.37 AD277 隔离放大器结构框图

输出模块由解调器和精密运算放大器 A_2 构成:解调器先把由变压器得到的信号解调,然后经运算放大器 A_2 放大输出。A_2 的反相端接有 100 kΩ 的电阻,在增益调整引脚 12 与输出引脚 10 之间外接不同阻值的电阻,可得到不同的闭环增益。13 端的 1 MΩ 电阻用于调整零点误差,如不调零,应将 13 引脚接地以减小干扰的影响。

(2)电源能量传输通道

电源能量传输通道由右向左,也包括输入模块、变压器、输出模块三部分。

输入模块由外接电源和逆变器构成。其中 14,15 和 16 引脚为外加正负直流稳压电源端,其中 16 引脚是公共端,且与 A_2 的同向端 11 引脚相连接,构成输出级的地。外加的正负直流稳压电源一方面作为 A_2 供电电源,另一方面通过逆变器将这一直流电源逆变为交流电源。此交流电源一方面作为解调器的交流参考信号,另一方面通过变压器耦合到输出模块。

输出模块由整流滤波电路和输出电源构成,经变压器耦合到输出模块的交流电源一方面作为调制器的载波信号,另一方面通过整流滤波电路输出直流电压。这个直流电压源可以供电给 A_1,同时也可以通过引脚 1,5 输出变为浮置电源供外部电路使用。

6.4.2 光电隔离电路

1. 光电隔离电路原理

光电隔离的主要部件是光电耦合器(photoelectric coupler),光电耦合器是由发光器件与光敏器件组成,以电 – 光 – 电方式进行耦合的器件,其电路组成如图 6.38 所示。

由于光电耦合器的电信号传递是通过光束进行的,所以输出端对输入端无反馈作用,处于隔离状态,因此起到光电隔离作用。

光电隔离器广泛用作数字电路中的隔离,若用于模拟电路,则有明显的缺点:一是

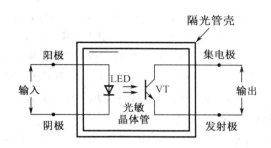

图 6.38 光电耦合器件电路符号

发光器件和光敏元件都是非线性器件,容易导致传输模拟信号发生失真;二是稳定性受到环境温度和时间的影响,需要采取特殊措施加以解决。

2. 光电隔离电路

在线性电路中应用的光电耦合器件关键之处在于要保证发光二极管和受光三极管都工作在线性区,以确保信号不失真。因此,光电耦合器的静态工作点选择就显得尤为重要。

在图 6.39 所示的电路中,通过调节 W_1 使 A_1 的输出能够处在发光二极管的线性工作区,同时发光二极管的阴极电位由 A_2 的反相输入端到负电源的下拉电阻 R_4 确定,A_2 的静态工作点也由 R_4 所确定。光敏三极管的工作点是由 R_5 和 R_6 两个电阻及 ±9 V 电源所决定。

发光二极管串在放大器 A_2 的反馈回路,A_2 的输出电压使发光二极管发光,而受光三极管收到光的作用产生电信号并传递给 A_3,实现了电 – 光 – 电的信号传输,在 A_2 和 A_3 电信号传输中起隔离作用。

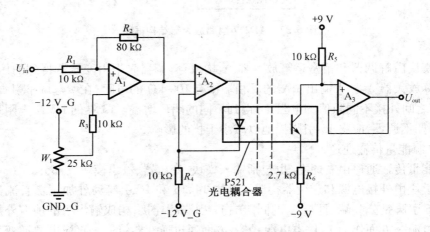

图 6.39 光电耦合器构成的隔离放大电路

3. 光电隔离芯片

在光电耦合器件中,发光器件和光敏器件组合一般有四类。

(1)发光二极管与光电晶体管组合,结构为双列直插,4 引脚封装,主要用于开关电源电路中。如 PC817,TLP521 – 1,TLP621 – 1,ON3111,OC617,PS2401 – 1 等。

(2)发光二极管与光电晶体管组合,结构为双列直插,6 引脚塑封,也用于开关电源电路中。如 TLP632,TLP532,PC504,PC614 等。

(3)发光二极管与光电晶体管组合(附基极端子),结构为双列直插,6 引脚塑封,主要用于 AV 转换音频电路中。如 TLP503,PC613,4N25,TIL111,TLP631 等。

(4)发光二极管与光电二极管加晶体管(附基极端子),结构为双列直插,6 引脚塑封,主要用于 AV 转换视频电路中。如 TLP551,TLP651,TLP751,PC618,PS2006B 等。

以 BB 公司的 3650 线性光耦隔离放大器为例,其工作原理如图 6.40(a)所示,图 6.40(b)是3650 的简化电路系统模型。

图 6.40(a)中,由放大器 A_1,发光管 CR_1 和光电管 CR_3 构成负反馈回路,则

$$I_1 = I_{in} = U_{in}/R_{in} \tag{6.18}$$

光电管 CR_2 和 CR_3 是完全一致的,从 CR_1 接收到的光量相同,$\lambda_1 = \lambda_2$,则 $I_1 = I_2 = I_{in}$。放大器 A_2 与 R_{out}(1 MΩ)构成 I/V 转换器,$U_{out} = I_2 R_{out}$,所以有

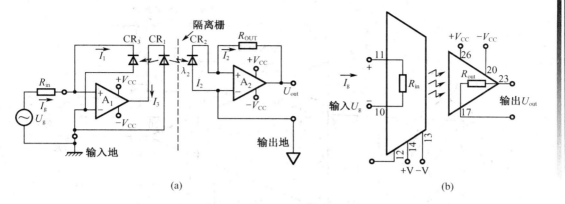

图6.40 3650 线性光耦隔离放大器

(a)等效电路；(b)3650 简化模型

$$U_{out} = U_{in}R_{out}/R_{in} \qquad (6.19)$$

式(6.18)和式(6.19)中，U_{in} 为输入电压，R_{in} 为差动输入阻抗，R_{out} 为内置电阻，U_{out} 为输出电压。

由于负反馈回路的存在，解决了光电耦合器件非线性和不稳定的问题。只要 CR_2，CR_3 的一致性能够得到保证，信号的耦合就不会受到光电器件性能的影响。

3650 是一个跨导放大器(transconductor amplifier，OTA)，其增益为 $V/\mu A$。为充分发挥 3650 放大器优异的隔离特性，设计时建议采取下面几点措施：

(1)输入应采用带屏蔽的双绞线电缆；

(2)尽量减小外部电容，对称的排列外部元件可以使从输入端到输出公共端的电容匹配，从而获得高的峰值隔离电压；

(3)电路的外部元件及其引线均应与输出端有足够的距离，以防止高压击穿；

(4)如有必要，可采用有保护层的印刷电路板。

4. 光电隔离电路应用

图6.41 是用线性光电隔离器件 3652 构成的患者监视应用电路。电路实质是测量放大器输入模式。电路具有很高的差动和共模输入阻抗，可以大大降低共模噪音。电路的输入端可以承受 10 ms 的 3 kV 和 6 kV 共模输入电压和差动输入电压，这些电压都相对于输入的公共端。该隔离屏障的额定隔离耐压为 $2\,000V_{p-p}$（持续），脉冲额定隔离耐压为 $5\,000V_{p-p}$。

6.5 滤波电路

在检测系统中，从传感器拾取的信号往往包含噪声和无用信号，并且信号在接下来的传输、放大、变换及其他信号调理过程中也会混入各种噪声和干扰，影响测量结果。通常这些噪声和干扰的随机性较强，用时域法很难分离，但这些噪声一般会按一定规律分布于频率域中某一特定的频带内。滤波电路(也称滤波器)能够通过一定的技术手段滤除信号中噪声或干扰频率分量，提取所需的测量信号。滤波技术是检测系统中重要的技术环节，被广泛应用于传感器信号抗干扰技术中。

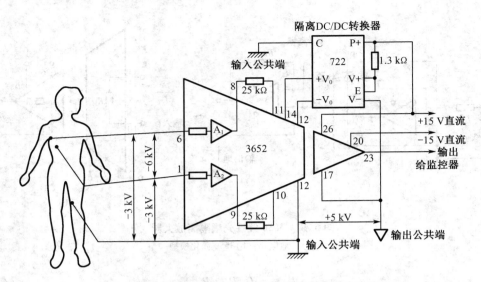

图 6.41   线性光电隔离芯片 3652 在患者监护中应用

6.5.1   滤波器基础知识

1. 滤波器类型

（1）按所处理的信号分类

滤波器按所处理的信号滤波器分为模拟滤波器（analog filter）和数字滤波器（digital filter）两种。模拟滤波器用模拟电路实现。数字滤波器用计算机、数字信号处理芯片等完成有关数字处理,通过一定运算关系改变输入信号的频谱分布。数字滤波器和模拟滤波器都起改变频谱分布的作用,只是信号的形式和实现滤波的方法不同。一般来说,模拟滤波器成本低、功耗小,目前频率可达几十兆赫兹。数字滤波器则精度高,稳定、灵活,改变系统函数容易,不存在阻抗匹配问题,便于大规模集成,可以实现多维滤波。

（2）按所通过信号的频段分类

滤波器按所通过信号的频段可以分为低通（low-pass）、高通（high-pass）、带通（band-pass）和带阻（band-stop）滤波器四种。图 6.42 为四种滤波器的幅频特性。

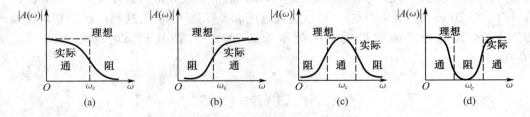

图 6.42   四类滤波器的幅频特性

（a）低通滤波器；（b）高通滤波器；（c）带通滤波器；（d）带阻滤波器

①低通滤波器可以使信号中低于 ω_c（截止频率）的频率成分几乎不受衰减地通过,而高于 ω_c 的频率成分受到极大的衰减。

②高通滤波器与低通滤波器相反,它可以使信号中高于 ω_c 的频率成分几乎不受衰减地通过,而低于 ω_c 的频率成分受到极大的衰减。

③带通滤波器的通频带在 $\omega_{c1} \sim \omega_{c2}$ 之间。它可以使信号中高于 ω_{c1} 而低于 ω_{c2} 的频率成分几乎不受衰减地通过,而其他成分受到极大的衰减。

④带阻滤波器:与带通滤波器相反,阻带在频率 $\omega_{c1} \sim \omega_{c2}$ 之间。它使信号中高于 ω_{c1} 而低于 ω_{c2} 的频率成分受到极大的衰减,其余频率成分几乎不受衰减地通过。

（3）按所采用的元器件分类

滤波器按所采用的元器件可以分为无源滤波器（passive filter）和有源滤波器（active filter）两种。

①无源滤波器

仅由无源元件（R,C 和 L）组成的滤波器,称之为无源滤波器,如图 6.43（a）所示。它是利用电容和电感元件的电抗随频率的变化而变化的原理构成的。其优点是电路比较简单,不需要直流电源供电,可靠性高;缺点是通带内的信号有能量损耗,负载效应比较明显,使用电感元件时容易引起电磁感应,在低频域使用时电感的体积和质量较大。

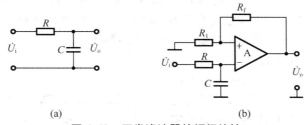

图 6.43　四类滤波器的幅频特性

（a）RC 网络构成的无源低通滤波器;（b）有源器件构成的有源低通滤波器

②有源滤波器

由无源元件（一般用 R 和 C）和有源器件组成的滤波器,称之为有源滤波器,如图 6.43（b）所示。优点是通带内的信号不仅没有能量损耗,而且还可以放大,负载效应不明显,多级相连时相互影响很小,利用简单的级联方法很容易构成高阶滤波器,并且滤波器的体积质量小、不需要磁屏蔽（由于不使用电感元件）;缺点是通带范围受有源器件（如集成运算放大器）的带宽限制,而且需要直流电源供电,可靠性不如无源滤波器高,在高压、高频、大功率的场合不适用。

（4）按传递函数的阶数分类

模拟滤波器的电路基本形式为四端线性网络,其特性可以用一个线性微分方程描述,将线性微分方程作拉氏变换得到

$$H(s) = \frac{U_i(s)}{U_o(s)} = \frac{a_m s^m + a_{m-1} s^{m-1} + \cdots + a_1 s + a_0}{b_n s^n + b_{n-1} s^{n-1} + \cdots + b_1 s + b_0} = \frac{\sum_{k=0}^{m} a_k s^k}{\sum_{l=0}^{n} b_l s^l} \tag{6.20}$$

式中　$H(s)$——滤波器传递函数;

$\quad\quad U_i(s)$——输入电压（或电流）信号的拉普拉斯变换;

$\quad\quad U_o(s)$——输出电压（或电流）信号的拉普拉斯变化;

$\quad\quad s$——拉普拉斯变量,$s = \sigma + j\omega$ 为拉氏变量;

$\quad\quad b_l$——由网络结构参数确定的实常数;

$\quad\quad n$——网路阶数,即滤波器阶数。

线性网络稳定条件,$b_l > 0$,且 $n \geqslant m$。

按传递函数的阶数 n 的不同,滤波器分为一阶滤波器(one order filter)、二阶滤波器(two order filter)或高阶滤波器(high order filter)等。如图 6.43 所示的两个低通滤波器均为一阶滤波器。

2. 模拟滤波器特性

令拉普拉斯变量 $s = j\omega$,则由式(6.20)所示的滤波器传递函数 $H(s)$ 可以求得滤波器频率响应特性函数,即

$$H(j\omega) = \frac{U_i(j\omega)}{U_o(j\omega)} = \frac{\sum_{k=0}^{m} a_k(j\omega)^k}{\sum_{l=0}^{n} b_l(j\omega)^l} \tag{6.21}$$

$H(j\omega)$ 是一个复函数,它的幅值 $A(\omega) = |H(j\omega)|$ 随 ω 变化的关系称为幅频特性,滤波器的频率选择特性主要由其幅频特性决定。如图 6.42 所示的四种类型滤波器中,理想的滤波器(见虚线)通带内信号完全通过,即 $A(\omega)$ 在通带内为常数,阻带内为零,没有过渡带。但实际上,理想滤波器是一个理想化的模型,在物理上是不能实现的,只能通过选择适当的滤波器阶数、零极点分布向理想滤波器逼近(见图中粗实线)。

3. 滤波器主要性能参数

图 6.44 表示理想带通与实际带通滤波器的幅频特性。对于理想滤波器,只需规定截止频率就可以说明它的性能。而对于实际滤波器,由于其特性曲线没有明显的转折点,通带中幅频特性也并非常数,因此需要用更多的参数来描述实际滤波器的性能。

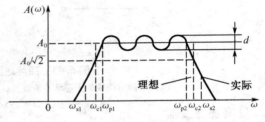

图 6.44　理想带通与实际带通
滤波器的幅频特性

(1)波纹幅度

实际滤波器在通带内的幅频特性不像理想滤波器那样平直,可能呈波纹变化,其波动的幅度称为波纹幅度(ripple amplitude)。波纹幅度与通带内幅频特性稳态输出的平均值 A_0 相比越小越好,一般应远小于 -3 dB,波纹幅度一般用字母 d 表示。

(2)特征频率

工程上常把信号功率衰减到 $1/2$(幅值下降到约 3 dB),即幅频特性值等于 $A_0/\sqrt{2}$ 时的频率 ω_c 称为截止频率(cut-off frequency),是滤波器的特征频率(characteristic frequency)之一。显然带通滤波器有两个截止频率 ω_{c2},ω_{c1},分别称为滤波器的上、下截止频率。

图 6.44 中,ω_{p2},ω_{p1} 分别为带通滤波器通带与过渡带边界点的频率,称为通带截止频率;ω_{s2},ω_{s1} 分别为带通滤波器阻带与过渡带边界点的频率,称为阻带截止频率。两种截止频率的频率点的位置与规定的增益有关,且均是人为规定的,当选取 3 dB 为增益下限时,$\omega_p = \omega_c$。这几个特征频率在模拟滤波器设计中有重要意义。

滤波器还有一个重要的特征频率就是滤波器的固有频率(natural frequency),也称为特征频率,即 $\omega_0 = 2\pi f_0$,也就是其谐振频率(resoname frequcncy),复杂电路往往有多个固有频率,但当电路没有损耗时,固有频率只有一个。

(3)带宽

图 6.44 中,带通滤波器的上、下截止频率 ω_{c1},ω_{c2} 之间的频率范围称为滤波器带宽

（bandwidth），也称为 -3 dB 带宽，单位为 Hz，一般用字母 B 表示。

（4）品质因数

滤波器的品质因数（quality factor）定义为中心频率 ω_0 和带宽 B 的比值。中心频率的定义是上下截止频率的几何平均值，即

$$\omega_0 = \sqrt{\omega_{c1} \cdot \omega_{c2}} \tag{6.22}$$

则品质因数为

$$Q = \frac{\omega_0}{B} = \frac{\sqrt{\omega_{c1}\omega_{c2}}}{\omega_{c2} - \omega_{c1}} \tag{6.23}$$

品质因数一般用字母 Q 表示，可以用来衡量滤波器分离相邻频率成分的能力。Q 值越大，滤波器的分辨力越高。

图 6.45 是一个带阻滤波电路（陷波器）的幅频特性响应曲线，显然滤波器品质因数 Q 越大，被滤除信号的频率带宽越窄，越趋向于中心频率 ω_0。

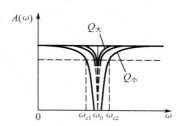

图 6.45　陷波器电路中
品质因数的影响

（5）倍频程选择性

倍频程选择性（octave selectivity）是指截止频率附近幅频特性的衰减值，即频率变化一个倍频程时的衰减量，一般用字母 W 表示。图 6.44 带通滤波器中，在上限通带与阻带截止频率 ω_{p2} 和下限通带与阻带截止频率 ω_{p1} 附近，倍频程选择分别为

$$W_2 = -20\lg\frac{A(2\omega_{p2})}{A(\omega_{p2})} \qquad W_1 = -20\lg\frac{A(\omega_{p1}/2)}{A(\omega_{p1})} \tag{6.24}$$

倍频程衰减量以 dB/oct（分贝/倍频程）表示，衰减越快（即 W 值越大），滤波器的选择性越好。

4. 滤波器连接

（1）滤波器串并联

低通滤波器和高通滤波器是滤波器的两种最基本的形式，其他的滤波器都可以分解为这两种类型的滤波器。带通滤波器是低通滤波器和高通滤波器串联而成的，带阻滤波器是低通滤波器和高通滤波器并联而成的，如图 6.46 所示。

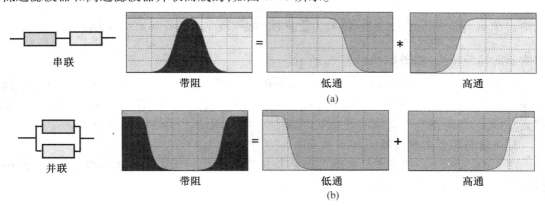

图 6.46　滤波器串并联

（a）低通滤波器和高通滤波器串联成带通滤波器；（b）低通滤波器和高通滤波器并联成带阻滤波器

（2）滤波器级联

将式（6.20）所示的滤波器传递函数 $H(s)$ 的分子、分母因式分解，得到

$$H(s) = K\frac{(s-z_1)(s-z_2)\cdots(s-z_m)}{(s-p_1)(s-p_2)\cdots(s-p_n)} = K\frac{\sum\limits_{k=1}^{m}(s-z_k)}{\sum\limits_{l=1}^{n}(s-p_l)} \tag{6.25}$$

式中　K——实常数；

　　　z_k——零点，分子多项式复根；

　　　p_l——极点，分母多项式复根，系统稳定要求 p_l 全部位于 s 平面的左半平面。

对于实系数分式，任何复数的零点或极点必须共轭出现，因此上式可改写为

$$H(s) = \frac{\prod\limits_{i=1}^{M}(a_{i2}s^2 + a_{i1}s + a_{i0})}{\prod\limits_{j=1}^{N}(b_{j2}s^2 + b_{j1}s + b_{j0})} \tag{6.26}$$

当 M 或 N 为偶数时，$M=m/2$，$N=n/2$；当 M 或 N 为奇数时，$M=(m+1)/2$，$N=(n+1)/2$，但其中必有一个二次分式退化为一次分式，即 a_{i2} 或 b_{i2} 为零。分母各系数不能为负值。

式（6.26）说明，任何复杂的滤波网络，都可以等效成若干简单的一阶和二阶滤波电路的级联。

6.5.2　常用滤波器

1. 一阶无源低通滤波器

低通滤波器就是抑制高频信号而通过低频信号的滤波电路。常用的一阶无源滤波器由一个电阻和一个电容组成，如图 6.47（a）所示。其输出电压和输入电压的关系为

$$\dot{U}_o = \frac{\dot{U}_i}{1 + j\omega RC} \tag{6.27}$$

其频率特性函数为

$$H(j\omega) = \frac{\dot{U}_o}{\dot{U}_i} = \frac{1}{1 + j\omega RC} = \frac{1}{\sqrt{1 + (\omega RC)^2}}\angle\arctan(\omega RC) \tag{6.28}$$

式中，$|H(j\omega)| = \dfrac{1}{\sqrt{1+(\omega RC)^2}} = A(\omega)$ 为滤波器的幅频特性，$H(j\omega) = \angle\arctan(\omega RC) = \varphi(\omega)$ 为滤波器的相频特性，如图 6.47（b）（c）所示。

当 $\omega = 1/RC$ 时，$A(\omega) = 1/\sqrt{2} = 0.707$，幅值用分贝数表示为 -3 dB，此频率为电路的截止频率 ω_c。当信号频率 $0\leftarrow\omega\ll\omega_c$ 时，$A(\omega)\approx1$，信号几乎不衰减，而当 $\omega\gg\omega_c\rightarrow\infty$ 时，信号将衰减很大，即电路允许低频信号通过、高频信号则衰减，所以称为低通滤波器。

2. 一阶有源低通滤波器

图 6.48 所示为一阶有源低通滤波电路及其幅频特性。电路由最基本的无源 RC 网络接到集成运放同相端组合而成。

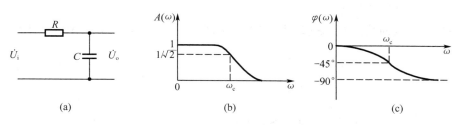

图6.47 一阶 RC 无源低通滤波器

（a）滤波器网络；（b）幅频特性；（c）相频特性

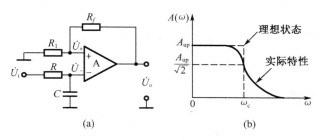

图6.48 一阶有源低通滤波器

（a）滤波器网络；（b）幅频特性

由同相放大器的特性知

$$\dot{U}_o = \left(1 + \frac{R_f}{R_1}\right)\dot{U}_+ = \left(1 + \frac{R_f}{R_1}\right)\frac{\dfrac{1}{j\omega C}}{R + \dfrac{1}{j\omega C}}\dot{U}_i \tag{6.29}$$

则滤波器频率响应特性为

$$H(j\omega) = \frac{\dot{U}_o}{\dot{U}_i} = \left(1 + \frac{R_f}{R_1}\right)\frac{1}{1 + j\omega RC} \tag{6.30}$$

因此，其幅频特性为

$$A(\omega) = \left(1 + \frac{R_f}{R_1}\right)\frac{1}{\sqrt{1 + (\omega RC)^2}} \tag{6.31}$$

由式(6.31)可知，当 $\omega = 0$ 时，有

$$A(\omega) = 1 + \frac{R_f}{R_1} = A_{up} \tag{6.32}$$

式中，A_{up} 称为通带电压放大倍数，也称为通带增益(passband gain)。

由式(6.31)还可知，当 $\omega = 1/RC$ 时，$A(\omega) = \dfrac{1}{\sqrt{2}}A_{up} = 0.707A_{up}$，此频率即为滤波器的截止频率 ω_c。当信号频率 $0 \leftarrow \omega \ll \omega_c$ 时，$A(\omega) \approx 1$，信号几乎不衰减，而当 $\omega \gg \omega_c \to \infty$ 时，信号将衰减很大，即电路允许低频信号通过、高频信号则衰减，所以此滤波器为低通滤波器。

此外，当 $\omega = 1/RC$ 时，滤波器达到谐振状态，此频率也为滤波器的特征频率 ω_0。

一阶低通滤波器的缺点是从通带到阻带衰减太慢，与理想特性差距较大，改进的方案是采用二阶低通滤波电路。

3. 二阶有源低通滤波器

在一阶有源低通滤波器的基础上,在同相端再串接一级 R,C 即可构成二阶有源滤波器,如图 6.49 所示。

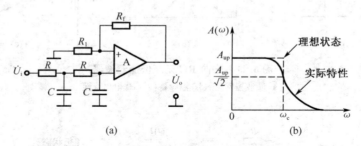

(a)   (b)

图 6.49　二阶有源低通滤波器

(a)滤波器网络;(b)幅频特性

图 6.49 所示滤波器的频率响应特性为

$$H(j\omega) = \frac{\dot{U}_o}{\dot{U}_i} = \frac{\left(1 + \dfrac{R_f}{R_1}\right)}{1 + 3j\omega CR + (j\omega CR)^2} \tag{6.33}$$

其幅频特性为

$$A(\omega) = \frac{A_{up}}{\sqrt{\left[1 - \left(\dfrac{\omega}{\omega_0}\right)^2\right]^2 + \left(3\dfrac{\omega}{\omega_0}\right)^2}} \tag{6.34}$$

式中,$A_{up} = 1 + \dfrac{R_f}{R_1}$ 为通带电压放大倍数,$\omega_0 = 1/RC$ 为特征频率。

式(6.34)中,令 $A(\omega_c) = \dfrac{1}{\sqrt{2}}A_{up} = 0.707A_{up}$,则得到截止频率 $\omega_c = 0.37\omega_0$。显然此滤波器为低通滤波器。但与一阶低通滤波器相比,二阶低通滤波器从通带到阻带衰减更快。

4. 一阶有源高通滤波器

高通滤波器就是抑制低频信号而通过高频信号的滤波电路。一阶有源高通滤波器同相输入的电路及幅频特性如图 6.50 所示。

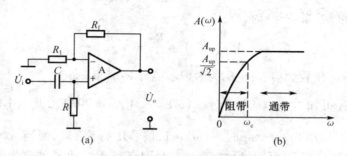

(a)   (b)

图 6.50　一阶有源高通滤波器

(a)滤波器网络;(b)幅频特性

图 6.50 所示滤波器的频率响应特性为

$$H(\mathrm{j}\omega) = \frac{\dot{U}_\mathrm{o}}{\dot{U}_\mathrm{i}} = \left(1 + \frac{R_\mathrm{f}}{R_1}\right) \frac{R}{R + \dfrac{1}{\mathrm{j}\omega C}} \qquad (6.35)$$

因此其幅频特性为

$$A(\omega) = \frac{A_\mathrm{up}}{\sqrt{1 + \left(\dfrac{\omega_0}{\omega}\right)^2}} \qquad (6.36)$$

式中，$A_\mathrm{up} = 1 + \dfrac{R_\mathrm{f}}{R_1}$ 为通带电压放大倍数，$\omega_0 = 1/RC$ 为特征频率。

式(6.36)中，令 $A(\omega_\mathrm{c}) = \dfrac{1}{\sqrt{2}} A_\mathrm{up} = 0.707 A_\mathrm{up}$，则得到截止频率 $\omega_\mathrm{c} = \omega_0$。显然此滤波器为高通滤波器。同一阶有源低通滤波器相似，一阶高通滤波器的幅频特性和理想情况相差很大，改进的方法可用二阶有源高通滤波器，此处不再赘述。

5. 有源带通滤波器

带通滤波器就是使某频带范围内的信号通过、频带之外的信号衰减的滤波电路。简单的二阶有源带通滤波器可选参数合适的一阶低通滤波器和一阶高通有源滤波器串联得到，如图 6.51(a)所示。

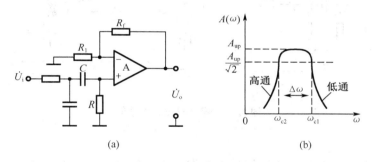

图 6.51　二阶有源带通滤波器

(a)滤波器网络；(b)幅频特性

图 6.51 所示的带通滤波器的上、下截止频率分别为

$$\omega_\mathrm{c1} = \frac{1}{R_1 C_1}, \quad \omega_\mathrm{c2} = \frac{1}{R_2 C_2} \qquad (6.37)$$

只要 $R_1 C_1 < R_2 C_2$，$\omega_\mathrm{c1} > \omega_\mathrm{c2}$ 即构成带通滤波器，带通滤波器的通频带 $\Delta\omega = \omega_\mathrm{c1} - \omega_\mathrm{c2}$，输入信号频率低于 ω_c2 和高于 ω_c1 的均被抑制，只有 $\omega_\mathrm{c1} > \omega > \omega_\mathrm{c2}$ 的频率信号才能通过滤波器。幅频特性如图 6.51(b)所示。

6. 有源带阻滤波器

带阻滤波器的幅频特性与带通滤波器的幅频特性相反，专门用来抑制或衰减某一频段的信号，而让该频段以外的所有信号通过，所以带阻滤波器又称陷波器(notch filter)。带阻滤波器有两种构成方案(如图 6.52 所示)，一种是用输入信号 U_i 和带通滤波器组成减法器构成，如图 6.52(a)所示；另一种是由低通和高通有源滤波器并联组成，只要高通滤波器的截止频率大于低通滤波器的截止频率时,两者之间必然形成一个阻带特性,如图 6.52(b)所示。

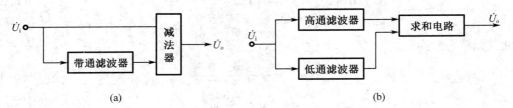

图 6.52　带阻滤波器的构成
(a)构成一;(b)构成二

图 6.53(a)所示的陷波器是一个经济的窄带带阻滤波器,电路采用有源反馈桥式微分RC 网络。此滤波器的陷波频率为

$$\omega_0 = \frac{1}{C\sqrt{3R_1R_2}} \tag{6.38}$$

式中,R_1 和 R_2 为图 6.53(a)中所示的等效电阻。

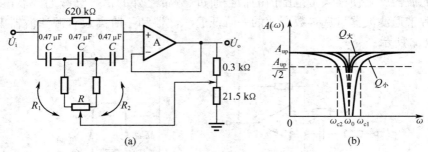

图 6.53　窄带陷波式滤波器
(a)滤波器网络;(b)频率特性

滑动电阻 R 的改变可以使滤波频率得陷波频率从 50 Hz 调节到 60 Hz,其频率特性如图 6.53(b)所示。陷波带宽是由反馈量决定的,反馈量越大,陷波带宽越窄。

6.5.3　模拟滤波器一般设计方法

1. 模拟滤波器设计要点

如前所述,滤波器从功能上可以分为低通、高通、带通和带阻滤波器。在实际电路中,设计出的滤波器都是在某些准则下对理想滤波器的近似,这保证了滤波器是物理可实现的、稳定的。

(1)模拟滤波器工程设计中的指标要求

工程设计中,滤波器的指标主要包括:通带上限截止频率 ω_p、阻带下限截止频率 ω_s、通带允许最大衰减 α_p、阻带允许最小衰减 α_s,各指标如图 6.54 所示。

图 6.54 中,ε,λ 是与通带衰减 α_p 和阻带衰减 α_s 有关的系数;α_p 和 α_s 一般用 dB 表示,对于单调下降的幅频特性,可表示成

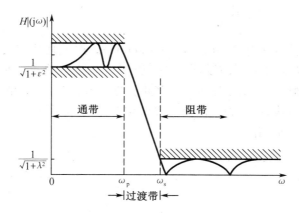

图 6.54 滤波器工程设计的指标

$$\alpha_p = 10\lg\frac{|H(j0)|^2}{|H(j\omega_p)|^2} = 20\lg\left|\frac{H(j0)}{H(j\omega_p)}\right|$$

$$\alpha_s = 10\lg\frac{|H(j0)|^2}{|H(j\omega_s)|^2} = 20\lg\left|\frac{H(j0)}{H(j\omega_s)}\right| \qquad (6.39)$$

式中,$H(*)$为滤波器频率响应函数。

(2)模拟滤波器工程设计中归一化和频率变换

频率归一化(normalization)是指将所有频率都除以基准频率,即滤波器的截止频率。如把式(6.39)在 $\omega = 0$ 处幅度归一化到 1,即 $|H(j0)| = 1$,则 α_p 和 α_s 表示为

$$\alpha_p = -10\lg|H_a(j\omega_p)|^2 = -20\lg|H_a(j\omega_p)|$$

$$\alpha_s = -10\lg|H_a(j\omega_s)|^2 = -20\lg|H_a(j\omega_p)| \qquad (6.40)$$

式中,$H_a(*)$为归一化后的滤波器频率响应函数。

采用归一化参数可以使设计结果具有普遍性,且简化计算。但注意,计算实际电路参数时应将归一化频率乘以截止频率,进行反归一化。

频率变换能够实现将归一化的低通原型滤波器变换到高通、带通、带阻等其他类型的滤波器。

(3)模拟滤波器设计中的逼近

滤波器设计中的逼近方法一般用频率响应的幅度平方函数逼近。滤波器的技术指标给定后,需要构造一个传输函数 $H(s)$,希望其幅度平方函数 $|H(j\omega)|^2$ 满足给定的指标 α_p 和 α_s。一般滤波器的单位冲激响应为实数,因此

$$|H(j\omega)|^2 = H(j\omega)H^*(j\omega) = H(j\omega)H(-j\omega) = H(s)H(-s)_{s=j\omega} \qquad (6.41)$$

将上式 $H(s)H(-s)$ 因式分解,得到各零极点。将左半平面的极点归 $H(s)$,以虚轴为对称轴的对称零点的任一半作为 $H(s)$ 的零点,虚轴上的零点一半归 $H(s)$,得到滤波器传递函数;最后对比 $H(j\omega)$ 和 $H(s)$ 确定 $H(s)$ 的增益常数。

幅度平方函数在模拟滤波器的设计中起很重要的作用。典型滤波器设计方法中其幅度平方函数都有自己的表达式,可以直接引用。

2. 经典模拟滤波器设计方法

（1）四种原型滤波器

模拟滤波器的设计方法有巴特沃斯（Butterworth）滤波器、切比雪夫（Chebyshev）Ⅰ型和Ⅱ型滤波器、椭圆滤波器等不同的设计方法。巴特沃斯滤波器特点是通带处幅值特性平坦；切比雪夫滤波器则比巴特沃斯滤波器的截止特性要好，但通带处的幅值有振荡；椭圆滤波器通带到阻带响应最快，通带和阻带处的幅值均有振荡，如图 6.55 所示。四种经典滤波器的幅度平方函数也各不相同。

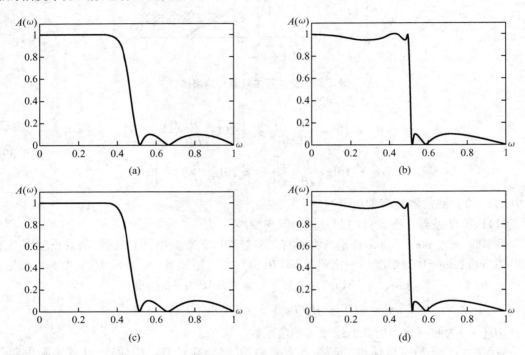

图 6.55 四种经典模拟滤波器设计方法特点

（a）巴特沃斯滤波器；（b）切比雪夫Ⅰ型滤波器；（c）切比雪夫Ⅱ型滤波器；（d）椭圆滤波器

Butterworth 滤波器幅度平方函数为

$$|H(j\omega)|^2 = \frac{1}{1 + \left(\dfrac{\omega}{\omega_c}\right)^{2n}} \tag{6.42}$$

式中，n 是滤波器的阶数。

Chebyshev Ⅰ型滤波器幅度平方函数为

$$|H(j\omega)|^2 = \frac{1}{1 + d^2 C_n^2\left(\dfrac{\omega}{\omega_c}\right)} \tag{6.43}$$

式中　d——通带波纹大小，d 越大，波纹越大；

C_n——n 阶 Chebyshev 多项式。

（2）Butterworth 模拟低通滤波器设计

由于对低通滤波器传递函数进行频率变换可以得到高通、带通、带阻滤波器的传递函数，所以掌握低通滤波器的设计方法是滤波器设计基础。

巴斯沃斯滤波器作为滤波器常用的一种设计方法,属于最平坦响应逼近设计,设计简单,但有较长的过渡带,在过渡带上很容易造成失真。下面以巴斯沃斯模拟低通滤波器设计为例,给出工程上模拟滤波器的设计步骤。

①第一步

给出巴斯沃斯低通滤波器的幅度平方函数,即

$$|H(j\omega)|^2 = \frac{1}{1 + (\omega/\omega_c)^{2n}} \tag{6.44}$$

当 $|H(j\omega_c)|^2 = 1/2$ 时,$\alpha_p = 20\lg\left|\frac{H(j0)}{H(j\omega_c)}\right| = 3$ dB。巴斯沃斯低通滤波器的幅度函数只由阶数 n 控制。

如果技术指标中没有给出 ω_c,但反归一化需要用到,则可以通过下式求得

$$\omega_c = \omega_p(10^{0.1\alpha_p} - 1)^{-\frac{1}{2n}} \quad 或 \quad \omega_c = \omega_s(10^{0.1\alpha_s} - 1)^{-\frac{1}{2n}} \tag{6.45}$$

②第二步

根据技术指标 ω_p,α_p,ω_s,α_s,求滤波器阶数 n。

首先,将指标 ω_p,α_p 给定后,代入到式(6.44),再结合式(6.40)得

$$|H(j\omega_p)|^2 = \frac{1}{1 + (\omega_p/\omega_c)^{2n}} = 10^{-0.1\alpha_p} = \frac{1}{1 + \varepsilon^2} \tag{6.46}$$

即 $\varepsilon = \sqrt{10^{0.1\alpha_p} - 1}$。当 $\alpha_p = 3$ dB 时,$\varepsilon = 1$。

然后,将指标 ω_s,α_s 给定后,代入到式(6.44),再结合式(6.40)得

$$|H(j\omega_s)|^2 = \frac{1}{1 + (\omega_s/\omega_c)^{2n}} = 10^{-0.1\alpha_s} = \frac{1}{1 + \lambda^2} \tag{6.47}$$

即 $\lambda = \sqrt{10^{0.1\alpha_s} - 1}$。

接着,根据式(6.46)和式(6.47)求得的 ε,λ 确定滤波器的阶数,即

$$\varepsilon^2\left(\frac{\omega_s}{\omega_p}\right)^{2n} = \lambda^2 \Rightarrow n \geqslant \frac{\lg\sqrt{(10^{0.1\alpha_s} - 1)/(10^{0.1\alpha_p} - 1)}}{\lg(\omega_s/\omega_p)} \tag{6.48}$$

若 $\alpha_p = 3$ dB,即 $\varepsilon = 1$。则

$$n \geqslant \frac{\lg\sqrt{(10^{0.1\alpha_s} - 1)}}{\lg(\omega_s/\omega_p)} \tag{6.49}$$

实际计算时,上式求得的数值取整加1。

③第三步

求出归一化极点 s_k,由 s_k 构造归一化传递函数 $H_a(s)$。

首先,将 $s = j\omega$ 代入式(6.44),求取极点

$$1 + \left(\frac{s}{j\omega_c}\right)^{2n} = 0 \tag{6.50}$$

由于 $-1 = e^{j(2k-1)\pi}$,则 $s_k = \omega_c e^{j(2k+n-1)\pi/(2n)}$,$k = 1,2,\cdots,2n$。物理可实现的系统,所有极点均在 s 的左半平面上。取左半平面上所有的极点构成系统归一化传递函数

$$H_a(s) = \frac{1}{\prod\limits_{k=0}^{n}(s - s_k)} \tag{6.51}$$

上述求系统归一化传递函数 $H_a(s)$ 也可以采用查表法,即已经求得滤波器的阶数,查找

巴特沃斯归一化低通滤波器的极点表(表6.1),或巴特沃斯归一化低通滤波器分母多项式系数表(表6.2),或巴特沃斯归一化低通滤波器分母多项式的因式分解表(表6.3)。

④第四步

归一化传递函数 $H_a(s)$ 去归一化。

$$H_a(s) = H\left(\frac{s}{\omega_c}\right) \tag{6.52}$$

式中,ω_c 可以通过式(6.45)求得。

[例6.2] 设计一个巴特沃斯低通滤波器,使其满足通带截止频率 $\omega_p = 5$ kHz、阻带截止频率 $\omega_s = 12$ kHz、通带允许的最大衰减 $\alpha_p = 2$ dB、阻带允许的最小衰减 $\alpha_s = 30$ dB。

[解]

第一步 由给定性能指标求取滤波器的阶数 n

$$\varepsilon = \sqrt{10^{0.1\alpha_p} - 1} = \sqrt{10^{0.1 \times 2} - 1} = 0.764$$

$$\lambda = \sqrt{10^{0.1\alpha_s} - 1} = \sqrt{10^{0.1 \times 30} - 1} = 31.607$$

$$\varepsilon^2 \left(\frac{\omega_s}{\omega_p}\right)^{2n} = \lambda^2 \Rightarrow n \geq \frac{\lg \sqrt{\varepsilon/\lambda}}{\lg(\omega_s/\omega_p)} = \frac{\lg \sqrt{0.7648/31.6070}}{\lg(12/5)} = 4.25$$

求得,滤波器阶数 $n = 5$。

第二步 求取归一化滤波器传递函数 $H_a(s)$

由 $n = 5$,直接查表得到:极点为 $-0.309 \pm j0.951$, $-8090 \pm j0.587$, -1.000;多项式系数为 $b_0 = 1.000$, $b_1 = 3.236$, $b_2 = 5.236$, $b_3 = 5.236$, $b_4 = 3.236$。

归一化滤波器传递函数为

$$H_a(s) = \frac{1}{s^5 + b_4 s^4 + b_3 s^3 + b_2 s^2 + b_1 s + b_0} \tag{6.53}$$

第三步 $H_a(s)$ 去归一化

先利用式(6.45)前半部分求 3 dB 截止频率 ω_c,得到

$$\omega_c = \omega_p (10^{0.1a_p} - 1)^{-\frac{1}{2n}} = 5(10^{0.1 \times 2} - 1)^{-\frac{1}{2 \times 5}} = 5.276 \text{ kHz}$$

将 ω_c 代入式(6.45)后半部分,得到

$$\omega_s = \omega_c (10^{0.1a_s} - 1)^{\frac{1}{2n}} = 5.2755(10^{0.1 \times 30} - 1)^{-\frac{1}{2 \times 5}} = 10.525 \text{ kHz}$$

此时算出的阻带截止频率 ω_s 比题目中给出的小,或者说在截止频率处的衰减大于 30 dB,所以说阻带指标有富余量。

将 s 用 s/ω_c 代替代入式(6.53)中,得到去归一化后的滤波器传递函数为

$$H(s) = \frac{\omega_c^5}{s^5 + b_4 \omega_c s^4 + b_3 \omega_c^2 s^3 + b_2 \omega_c^3 s^2 + b_1 \omega_c^4 s + b_0 \omega_c^5} \tag{6.54}$$

第四步 滤波器分解

由于得到的滤波器阶数为 $n = 5$,所以可以分解为一个一阶滤波器和两个二阶滤波器

$$\dot{H}(s) = \frac{K}{(b_{11}s + b_{10})(b_{22}s^2 + b_{21}s + b_{20})(b_{32}s^2 + b_{31}s + b_{30})} \tag{6.55}$$

然后分别选择和计算三个低阶滤波器网络中电容、电阻参数即可。

表 6.1　巴特沃斯归一化低通滤波器的极点表

阶数 N	$P_{0,N-1}$	$P_{1,N-2}$	$P_{2,N-3}$	$P_{3,N-4}$	P_4
1	-1.000				
2	$-0.7071 \pm j0.7071$				
3	$-0.5000 \pm j0.8660$	-1.0000			
4	$-0.3827 \pm j0.9239$	$-0.9239 \pm j0.3827$			
5	$-0.3090 \pm j0.9511$	$-0.8090 \pm j0.5878$	-1.0000		
6	$-0.2588 \pm j0.9659$	$-0.7071 \pm j0.7071$	$-0.9659 \pm j0.2588$		
7	$-0.2225 \pm j0.9749$	$-0.6235 \pm j0.7818$	$-0.9010 \pm j0.4339$	-1.0000	
8	$0.1951 \pm j0.9803$	$0.5556 \pm j0.8315$	$-0.8315 \pm j0.5556$	$-0.9808 \pm j0.1951$	
9	$-0.1736 \pm j0.9848$	$-0.5000 \pm j0.8600$	$-0.7660 \pm j0.6428$	$-0.9397 \pm j0.3420$	-1.0000

表 6.2　巴特沃斯归一化低通滤波器分母多项式系数表

系数阶数 N	$B(p) = p^N + b_{N-1}p^{N-1} + b_{N-2}p^{N-2} + \cdots + b_1 p + b_0$								
	b_0	b_1	b_2	b_3	b_4	b_5	b_6	b_7	b_8
1	1.0000								
2	1.0000	1.4142							
3	1.0000	2.0000	2.0000						
4	1.0000	2.6131	3.4142	2.613					
5	1.0000	3.2361	5.2361	5.2361	3.2361				
6	1.0000	3.8637	7.4641	9.1416	7.4641	3.8637			
7	1.0000	4.4940	10.0978	14.5918	14.5918	10.0978	4.4940		
8	1.0000	5.1258	13.1371	21.8462	25.6884	21.8642	13.1371	5.1258	
9	1.0000	5.7588	16.5817	31.1634	41.9864	41.9854	31.1634	16.5817	5.7588

表 6.3　巴特沃斯归一化低通滤波器分母多项式的因式分解表

阶数 N	$B(p) = B_1(p)B_2(p)B_3(p)B_4(p)B_5(p)$
1	$(p+1)$
2	$(p^2 + 1.4142p + 1)$
3	$(p^2 + p + 1)(p+1)$
4	$(p^2 + 0.7654p + 1)(p^2 + 1.8478p + 1)$
5	$(p^2 + 0.6180p + 1)(p^2 + 1.6180p + 1)(p+1)$
6	$(p^2 + 0.5176p + 1)(p^2 + 1.4142p + 1)(p^2 + 1.9319p + 1)$
7	$(p^2 + 0.4450p + 1)(p^2 + 1.2470p + 1)(p^2 + 1.8019p + 1)(p+1)$
8	$(p^2 + 0.3902p + 1)(p^2 + 1.1111p + 1)(p^2 + 1.6629p + 1)(p^2 + 1.9616p + 1)$
9	$(p^2 + 0.3473p + 1)(p^2 + p + 1)(p^2 + 1.5321p + 1)(p^2 + 1.8794p + 1)(p+1)$

6.5.4　信号检测中的滤波电路设计

如前所述,高阶滤波器网络都可以化简成低阶滤波器网络进行设计。下面讨论几种在信号检测中常用的低阶滤波器网络的元器件参数设计和计算方法。

1. 二阶有源低通滤波器设计

巴特沃斯二阶低通滤波器如图 6.56 所示。该类型滤波器可得到 -12 dB/十倍频程的衰减特性,该滤波器使用的元件数值可用下列公式求得

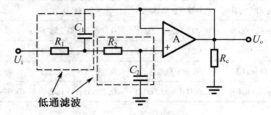

图 6.56　二阶低通滤波器

$$C_1 = \frac{R_1 + R_2}{\sqrt{2}\,\omega_c R_1 R_2} \left.\vphantom{\frac{\sqrt{2}}{\omega_c(R_1+R_2)}}\right\}$$
$$C_2 = \frac{\sqrt{2}}{\omega_c(R_1 + R_2)} \tag{6.56}$$

如果令 $R_1 = R_2 = R$,则有

$$C_1 = \frac{\sqrt{2}}{\omega_c R}$$
$$C_2 = \frac{1}{\sqrt{2}\,\omega_c R} = \frac{C_1}{2} \tag{6.57}$$

式中,ω_c 为截止频率,在 ω_c 的 2 倍处约下降 12 dB。

[**例 6.3**]　试设计一个网络结构如图 6.56 所示,$f_c = 100$ Hz 的二阶低通滤波器。

[**解**]

先选取电容器 $C_1 = 0.1$ μF,$C_2 = 0.05$ μF,R 值可由式(6.57)求出,即

$$R = \frac{\sqrt{2}}{\omega_c C_1} = \frac{\sqrt{2}}{2\pi f_c C_1} \approx \frac{\sqrt{2}}{2 \times 3.14 \times 100 \times 0.1 \times 10^{-6}} \approx 22.5 \text{ k}\Omega$$

截止频率为 100 Hz 的二阶低通滤波器的实际电路如图 6.57 所示。

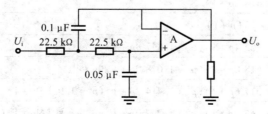

图 6.57　$f_c = 100$ Hz 的二阶低滤波器

滤波器的级数主要根据对带外衰减特性的要求来确定,每一级低通或高通电路可获得 $-6\ \mathrm{dB}/$ 十倍频程(ω_c)的衰减,每级二阶低通或高通电路可获得 $-12\ \mathrm{dB}/$ 十倍频程(ω_c)的衰减。多级滤波器串联时,传输函数总特性的阶数等于各阶数之和。当要求的带外衰减特性为 $-m\ \mathrm{dB}/$ 十倍频程(ω_c)时,则所取级数 n 应满足 $n\geqslant m/6$。四阶低通滤波器电路的带外衰减特性为 $-24\ \mathrm{dB}/$ 十倍频程(ω_c)。

三阶和四阶低通滤波器的电路结构分别如图 6.58 和图 6.59 所示。

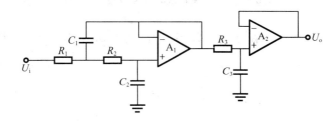

图 6.58 三阶低通滤波器电路结构

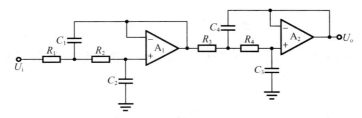

图 6.59 四阶低通滤波器电路结构

在使用低通滤波器时,应注意以下两点:

(1)在二阶低通滤波器电路中,即使电阻的误差为 $\pm 5\%$,电容的误差为 $\pm 10\%$,其截止频率特性也能得到近似的理论值。但是,如果截止频率高于运放的单位增益频率,则滤波特性不好,故对运放频率特性的要求,由工作频率的上限确定。

(2)电容器的种类很多,而滤波器电路需要系数小,长期稳定性好的电容器,所以除电解电容和旁路用的瓷介电容外,还可采用塑料电容(聚酯树脂电容、苯乙烯电容、聚酯电容等)、云母电容、纸介电容等,使用电容器时,还应注意电容器的耐压值。

2. 二阶有源高通滤波器

图 6.60 所示为二阶巴特沃斯高通滤波器的结构形式,其各元件参数可从下式求出,即

$$\left.\begin{array}{l} R_1 = \dfrac{\sqrt{2}}{\omega_\mathrm{c}(C_1 + C_2)} \\[3mm] R_2 = \dfrac{C_1 + C_2}{\sqrt{2}\,\omega_\mathrm{c}C_1C_2} \end{array}\right\} \tag{6.58}$$

如果令 $C_1 = C_2 = C$,那么 R_1,R_2 可由下式求得,即

$$\left.\begin{array}{l} R_2 = \dfrac{\sqrt{2}}{\omega_\mathrm{c}C} \\[3mm] R_1 = \dfrac{R_2}{2} \end{array}\right\} \tag{6.59}$$

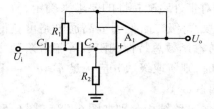

图6.60　二阶波特沃斯高通滤波器结构

[**例6.4**]　设计一个网络结构如图6.60所示,截止频率为 $f_c = 100\ \text{Hz}$ 的二阶高通滤波器。

[**解**]

取电容 $C = 0.1\ \mu\text{F}$,根据式(6.59)得

$$R_2 = \frac{\sqrt{2}}{\omega_c C} = \frac{1}{\sqrt{2}\,\pi f_c C} \approx \frac{1}{\sqrt{2}\times3.14\times100\times0.1\times10^{-6}} \approx 22.5\ \text{k}\Omega$$

$$R_1 = \frac{R_2}{2} = 11.25\ \text{k}\Omega$$

同低通滤波器的设计一样,三阶高通滤波器和四阶高通滤波器如图6.61、图6.62所示。

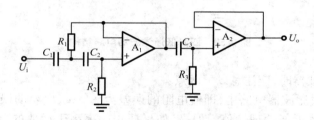

图6.61　三阶高通滤波器结构

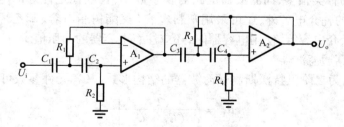

图6.62　四阶高通滤波器结构

设计高通滤波器时应注意以下两点。

(1)二阶以下高通滤波器所用的电阻和电容的误差分别允许在 ±10% 左右,也能获得近似的频率特性,但高于二阶至四阶的高通滤波器电路,如果使用元器件误差太大,就不可能得到近似的理论频率特性,因而随着阶数的增加,所用元件的误差要尽可能小。

(2)截止频率增高时,滤波器将受到运放的频率特性的影响,因而设计时应参阅运放的最大输出电压及频率特性。

3. 带通滤波器设计

带通滤波器是由低通滤波器和高通滤波器组合而成,这里介绍一个以 1 kHz 为中心频率的音频(20 Hz ~ 20 kHz)巴特沃斯带通滤波器。可以分别设计低通和高通滤波器,然后再将两部分组合起来。考虑到转换速度这一参数,应将低通滤波器放在前级,高通滤波器放在后面。

(1)确定截止频率为 20 kHz 的低通滤波器的各元件值

先设定电阻值为 10 kΩ,由式(6.57)可知

$$C_1 = \frac{\sqrt{2}}{\omega_c R} = \frac{1}{\sqrt{2}\pi f_c R} \approx \frac{1}{\sqrt{2} \times 3.14 \times 20 \times 10^3 \times 10^4} \approx 1.13 \times 10^{-9} \approx 1\,130 \text{ pF}$$

选取 $C_1 = 1\,000$ pF,再求电阻 R,得

$$R = \frac{1}{\sqrt{2}\pi f_c C_1} \approx \frac{1}{\sqrt{2} \times 3.14 \times 20 \times 10^3 \times 10^{-9}} \approx 11.25 \text{ kΩ}$$

而由式(6.57)可得

$$C_2 = C_1/2 = 500 \text{ pF}$$

按以上计算结果设计的截止频率为 20 kHz 的低通滤波器电路如图 6.63 所示。

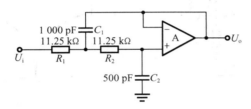

图 6.63　截止频率为 20 kHz 的二阶低通滤波器

(2)确定截止频率为 20 Hz 的高通滤波器的各元件值

选定电容 C 的容量为 0.47 μF,然后按式(6.59)计算电阻 R_2。

$$R_2 = \frac{\sqrt{2}}{\omega_c C} = \frac{1}{\sqrt{2}\pi f_c C} \approx \frac{1}{\sqrt{2} \times 3.14 \times 20 \times 0.47 \times 10^{-6}} \approx 23.95 \text{ kΩ}$$

$$R_1 = \frac{R_2}{2} = 11.97 \text{ kΩ}$$

按以上计算结果设计的截止频率为 20 Hz 的高通滤波器电路如图 6.64 所示。

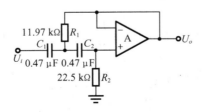

图 6.64　截止频率为 20Hz 的二阶高通滤波器

组合而成的带通滤波器如图 6.65 所示。

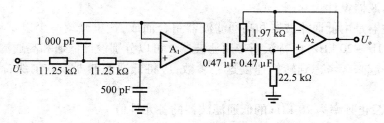

图 6.65　组合带通滤波器

4. 带阻滤波器设计

带阻滤波器可对某一频率范围内的无用信号进行处理,使其减弱。下面以心电信号检测中 50 Hz 工频干扰信号的陷波器为例,介绍带阻滤波器的设计。

（1）简单双 T 型带阻滤波电路

图 6.65 所示为最基本双 T 型带阻滤波电路和其频率响应特性曲线。

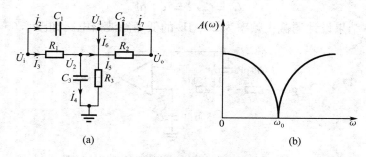

图 6.66　基本双 T 型带阻滤波电路图和频率响应图
（a）电路结构；（b）幅频特性

图 6.66(a)中,C_1,C_2,R_3 构成二阶高通滤波电路;R_1,R_2,C_3 构成二阶低通滤波电路,根据基尔霍夫电流定律,电路满足如下电流关系,即

$$\left.\begin{aligned}
\dot{I}_2 &= \dot{I}_6 + \dot{I}_7 \\
\dot{I}_3 &= \dot{I}_4 + \dot{I}_5 \\
\dot{I}_5 + \dot{I}_7 &= 0
\end{aligned}\right\} \tag{6.60}$$

根据上述电流关系,列写电路电压方程为

$$\begin{cases}
(\dot{U}_i - \dot{U}_1)sC_1 = \dfrac{\dot{U}_1}{R_3} + (\dot{U}_2 - \dot{U}_o)sC_2 \\[2mm]
\dfrac{\dot{U}_i - \dot{U}_3}{R_1} = \dfrac{\dot{U}_2 - \dot{U}_o}{R_2} + \dot{U}_2 sC_3 \\[2mm]
\dfrac{\dot{U}_2 - \dot{U}_o}{R_2} + (\dot{U}_2 - \dot{U}_o)sC_2 = 0
\end{cases} \tag{6.61}$$

电路传递函数为

$$H(s) = \frac{\dot{U}_o}{\dot{U}_i} = \frac{a_3 s^3 + a_2 s^2 + a_1 s + 1}{b_3 s^3 + b_2 s^2 + b_1 s + 1} \tag{6.62}$$

则式(6.62)中系数与式(6.61)中电路参数关系为

$$\begin{cases} a_3 = R_1 R_2 R_3 C_1 C_2 C_3 \\ a_2 = (R_1 + R_2) R_3 C_1 C_2 \\ a_1 = R_3 (C_1 + C_2) \\ b_3 = R_1 R_2 R_3 C_1 C_2 C_3 \\ b_2 = R_3 [R_1 C_3 (C_1 + C_2) + (R_1 + R_2) C_1 C_2] + R_1 R_2 C_2 C_3 \\ b_1 = R_3 (C_1 + C_2) + R_2 C_2 + R_1 (C_1 + C_3) \end{cases} \tag{6.63}$$

上述参数需要根据需要和经验确定,汪克仁主编的《双 T 网络有源滤波器性能分析》一文中给出一种参数选择规律:

$$\begin{cases} R_2 = \alpha^2 R_1, \quad R_3 = \dfrac{\alpha}{1 + \alpha} R_1 \\ C_2 = \dfrac{1}{\alpha} C_1, \quad C_3 = \dfrac{\alpha^2}{1 + \alpha^2} C_1 \end{cases} \tag{6.64}$$

把式(6.64)带入式(6.63)得

$$\begin{cases} a_1 = R_1 C_1 \\ a_2 = \dfrac{1 + \alpha^2}{1 + \alpha} R_1^2 C_1^2 \\ a_3 = \dfrac{1 + \alpha^2}{1 + \alpha} R_1^3 C_1^3 \\ b_1 = \dfrac{1 + \alpha + 2\alpha^2 + \alpha^3}{\alpha^2} R_1 C_1 \\ b_2 = \dfrac{1 + 2\alpha + 3\alpha^2 + 2\alpha^3 + 2\alpha^4}{\alpha^2 (1 + \alpha)} R_1^2 C_1^2 \\ b_3 = a_3 = \dfrac{1 + \alpha^2}{1 + \alpha} R_1^3 C_1^3 \end{cases} \tag{6.65}$$

写出式(6.62)所描述的电路传递函数的幅频特性为

$$\left. \begin{array}{l} H(s) = \dfrac{\dot{U}_o(s)}{\dot{U}_i(s)} = \dfrac{s^2 + \omega_0^2}{s^2 + \dfrac{\omega_0}{Q} s + \omega_0^2} \overset{s = j\omega}{\Longrightarrow} \\[4mm] A(\omega) = \dfrac{\dfrac{\omega}{\omega_0} - \dfrac{\omega_0}{\omega}}{\left[\left(\dfrac{\omega}{\omega_0} - \dfrac{\omega_0}{\omega} \right)^2 + \dfrac{1}{Q^2} \right]^{\frac{1}{2}}} \end{array} \right\} \tag{6.66}$$

由式(6.66)可知,当 $\omega = \omega_0$ 时,$A(\omega) \to 0$;当 $\omega \to 0$ 或 $\omega \to \infty$ 时,$A(\omega) \to 1$,所以上述传递函数表述的是一个二阶带阻滤波器。其幅频特性响应曲线如图 6.66(b)所示。

式(6.66)中

$$\begin{cases} \omega_0 = \sqrt{\dfrac{1+\alpha}{1+\alpha^2}} \cdot \dfrac{1}{R_1 C_1} \\[3mm] f_0 = \dfrac{\omega_0}{2\pi} = \sqrt{\dfrac{1+\alpha}{1+\alpha^2}} \cdot \dfrac{1}{2\pi R_1 C_1} \\[3mm] Q = \dfrac{\alpha^2}{\sqrt{(1+\alpha^2)(1+\alpha)^3}} \end{cases} \quad (6.67)$$

式中 ω_0——滤波器中心角频率;

$\quad\quad f_0$——中心频率;

$\quad\quad Q$——品质因数;

$\quad\quad \alpha$——不对称系数。

显然 ω_0 取决于 α 和 $R_1 C_1$ 的值,而 Q 由 α 决定,α 与 Q 的取值关系如表6.4所示。

表 6.4 陷波器参数取值关系表

α	1	2	3	4	5	6
Q	0.250	0.344	0.356	0.347	0.334	0.320
电路特性	对称	不对称	不对称	不对称	不对称	不对称

当 $\alpha = 1$ 时,有 $C_1 = C_2 = C, C_3 = 2C, R_1 = R_2 = R, R_3 = R/2$,此时为对称 RC 双 T 带阻滤波,$Q = 0.250$ 最小。

当 $\alpha = 3$ 时,有 $C_1 = C, C_2 = (1/3)C, C_3 = 1.11C, R_1 = R, R_2 = 9R, R_3 = 0.75R$,此时为不对称 RC 双 T 带阻滤波,$Q = 0.356$ 最大,适合特定频率的滤波。

[**例 6.5**] 设计一个如图 6.65 所示的陷波器,满足陷波中心频率 $f_0 = 50$ Hz,品质因数 $Q = 0.356$。

[**解**]

因为 $Q = 0.356$,即 $\alpha = 3$,所以滤波器 R,C 参数可以取 $C_1 = C, C_2 = (1/3)C, C_3 = 1.11C, R_1 = R, R_2 = 9R, R_3 = 0.75R$。

因为 $f_0 = 50$ Hz,有

$$f_0 = \sqrt{\frac{1+\alpha}{1+\alpha^2}} \cdot \frac{1}{2\pi R_1 C_1} \Rightarrow R_1 C_1 = 0.002$$

选取 $R_1 = R = 5$ kΩ,则

$$\begin{cases} C_1 = C = 0.002/5 \text{ kΩ} = 0.4 \text{ μF} & (取\ 0.47 \text{ μF}) \\[2mm] C_2 = \dfrac{1}{3}C = \dfrac{1}{3} \times 0.47 = 0.157 \text{ μF} & (取\ 0.1 \text{ μF}) \\[2mm] C_3 = 1.11C = 1.11 \times 0.47 = 0.522 \text{ μF} & (取\ 0.47 \text{ μF}) \end{cases}$$

$$\begin{cases} R_1 = R = 5 \text{ kΩ} & (取\ 5.1 \text{ kΩ}) \\[2mm] R_2 = 9R = 9 \times 5 = 45 \text{ kΩ} & (取\ 51 \text{ kΩ}) \\[2mm] R_3 = 0.75R = 0.75 \times 5 = 3.75 \text{ kΩ} & (取\ 4.7 \text{ kΩ}) \end{cases}$$

(2)Q 值可调的双 T 型带阻滤波电路

图 6.66 所示的简单的双 T 型带阻滤波电路,当电路参数选定后,其品质因数 Q 值是固

定的,即响应带宽有限。通过引入正反馈可以调整 Q 值。图 6.67(a)给出 Q 值可调型双 T 陷波滤波电路。

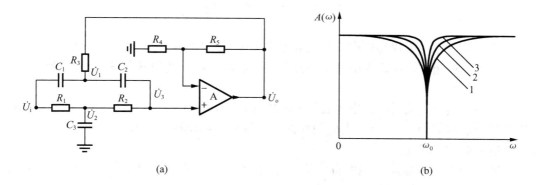

图6.67　Q 值可调型双 T 陷波滤波电路
(a)电路结构;(b)幅频特性

为方便讨论,图 6.67(a)中的 RC 双 T 网络参数选择为:$C_1 = C_2 = C$,$C_3 = 2C$,$R_1 = R_2 = R$,$R_3 = R/2$,列写图 6.67(a)电路的电路方程为

$$
\begin{cases}
A_{uf} = 1 + \dfrac{R_5}{R_4} \\[2mm]
(\dot{U}_i - \dot{U}_1)sC = \dfrac{2(\dot{U}_1 - A_{uf}\dot{U}_3)}{R} + (\dot{U}_1 - \dot{U}_3)sC \\[2mm]
\dfrac{\dot{U}_i - \dot{U}_2}{R} = \dfrac{\dot{U}_2 - \dot{U}_3}{R} + 2\dot{U}_2 sC \\[2mm]
\dfrac{\dot{U}_2 - \dot{U}_3}{R} + (\dot{U}_1 - \dot{U}_3)sC = 0
\end{cases}
\tag{6.68}
$$

可以得到滤波器传递函数为

$$
H(s) = \frac{\dot{U}_3}{\dot{U}_i} = \frac{C^2 R^2 s^2 + 1}{C^2 R^2 s^2 + (4 - 2A_{uf})CRs + 1}
\tag{6.69}
$$

Q 值可以表示为

$$
Q = 1/(4 - 2A_{uf})
\tag{6.70}
$$

式中,A_{uf} 越接近 2,Q 值越大。如果 $A_{uf} > 2$,系统就变得不稳定了。

图 6.67(b)给出 A_{uf} 取不同值,即 R_4 和 R_5 不同取值时,滤波器的频响特性。其中线 1 对应的是 $A_{uf} = 1$,线 2 对应的是 $A_{uf} = 1.5$,线 3 对应的是 $A_{uf} = 1.8$。

6.6　本　章　小　结

本章介绍信号的干扰与噪声的基本知识以及干扰抑制技术。给出了四种屏蔽技术的原理和应用,"接地"技术基本概念和方式,两种隔离电路原理和应用以及滤波电路的基本知识和设计。重点在于掌握信号抗干扰技术和电路的原理和应用特点。通过本章的学习,学生应具有根据信号噪声的特点合理选择、设计抗干扰电路的能力。

6.7 思 考 题

1. 什么是信号的干扰与噪声？常见的噪声干扰来源有哪些？

2. 测得某检测仪表的输入信号中，有用信号为 30 mV，干扰电压亦为 30 mV，则此时的信噪比是多少？

3. 在一个热电偶输出的热电势放大器的输入端，测得热电势为 5 mV，差模交流(50 Hz)干扰信号电压有效值为 1 mV。求施加在该输入端信号的信噪比。采取什么措施才能提高放大器输入端的信噪比？

4. 某实验室附近建筑工地的打桩机打桩时，实验室内仪表的显示值就乱跳，这种干扰属于什么干扰？应采取何种措施？

5. 学生机械加工制作房间里的电焊机工作时，旁边的其他设备配置的在运行的计算机就可能死机，这属于什么干扰？在不影响电焊机工作的条件下，应采取什么措施避免。

6. 干扰作用于电路的耦合方式有几种？举例说明。

7. 什么是差模干扰和共模干扰？二者区别是什么？

8. 某电路的共模抑制比 CMRR 为 80 dB，该电路对差模信号和共模信号的放大关系如何？

9. 检测仪表附近存在一个漏感很大的工频工作的电焊机变压器时，该仪表的机箱和信号线必须采用何种屏蔽措施？为什么？

10. 什么是"接地"？常用的"接地"方式有哪些？

11. 经常看到数字集成电路的 V_{DD} 端(或 V_{CC} 端)与地线之间并联一个 0.01 mF 的独石电容器，这是为什么？

12. 题图 6.1 所示的某热电偶输出信号检测系统，由热电偶、放大器、A/D 转换器、数显表等组成，指出与接地有关的错误之处并改正。

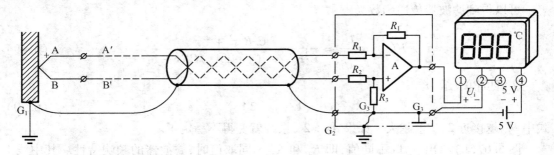

题图 6.1 热电偶测温电路接线图改错

13. 什么是隔离电路？采用隔离电路的作用是什么？

14. 什么是变压器隔离？它的优缺点是什么？给出一种变压器隔离方式的典型应用。

15. 光耦合器是光电隔离电路中主要器件，它的作用是什么？

16. 题图 6.2 为心电信号检测系统中采取的光电隔离电路，试分析该电路采取哪些措施提高线性测量程度。

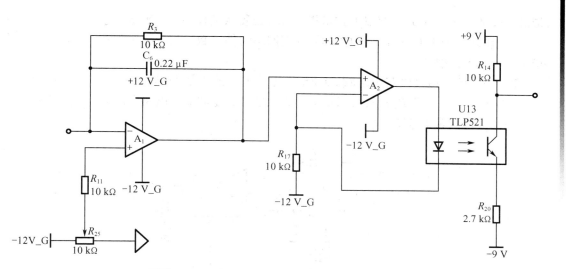

题图 6.2 心电信号检测系统中的光电隔离电路

17. 画出理想的低通、高通、带通和带阻滤波器的幅频特性。

18. 为什么理想滤波器不能实现？实际滤波器的主要技术参数有哪些？

19. 要对信号作以下处理,使之分别满足下列要求,试选择合适频率选通类型的滤波电路:

　①信号频率为 1 kHz 至 2 kHz 为所需信号;

　②抑制 50 Hz 电源干扰;

　③低于 5 kHz 为所需信号;

　④高于 200 kHz 信号为所需信号。

20. 滤波器设计中,原型滤波器有哪些？各有什么特点？

21. 试求出题图 6.3(a)和图 6.3(b)所示电路的传递函数,指出它们为何种类型的滤波电路。

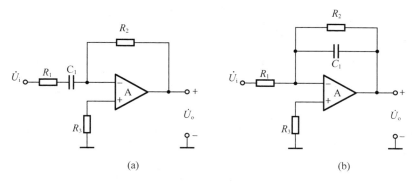

(a)　　　　　　　　　　　　　　(b)

题图 6.3

22. 已知通带截止频率 $f_p = 3$ kHz,通带最大衰减 $\alpha_p = 0.2$ dB,阻带截止频率 $f_s = 12$ kHz,阻带最小衰减 $\alpha_s = 50$ dB,求滤波器归一化系统传递函数和实际传递函数。

23. 已知通带截止频率 $f_p = 6$ kHz,通带最大衰减 $\alpha_p = 3$ dB,阻带截止频率 $f_s = 12$ kHz,阻

带最小衰减 $\alpha_s = 25$ dB,按照以上技术指标设计巴特沃斯模拟低通滤波器。

24. 设计一个带通巴特沃斯滤波器,确定网络元件参数,满足中心频率在 2 kHz,带宽在 40 Hz ~ 10 kHz 之间。

25. 心电信号检测电路中工频 50 Hz 干扰是主要的干扰源,题图 6.4 是一个带阻滤波器,令 $C_1 = C_2 = C_3 = C$,$R_1 = R_2 = R$,$R_3 = R/2$ 试推导此滤波器的电路电压方程,给出输入、输出关系和品质因数 Q 值表达式。

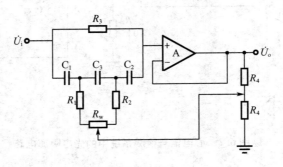

题图 6.4

第7章 信号调理电路

【本章要点】

在自动检测系统中,对传感器输出的信号进行适当的变换,使之达到某种水准的电路,称为信号调理电路。如完成信号放大功能的放大电路,实现模拟－脉冲信号转换的电压比较器,实现信号电压/电流、电压/频率转换的电路等。本章将对多种信号放大电路、电压比较器、电压/频率转换电路及其他常用的信号调理电路进行介绍。

7.1 信号放大电路

由传感器输出的信号通常需要进行电压放大或功率放大,以便对信号进行检测,因此必须采用放大电路。了解放大电路的工作原理、结构形式,学会根据对被测信号的不同要求选择和设计放大电路是信号检测技术研究的重要内容。

信号放大电路种类很多,使用时应根据信号性质合理选择,如对抗干扰性要求较高,且信号微弱的心电信号可选用仪用放大器;对应变电阻测得的变化缓慢、非周期性的微弱信号可选用直流电桥放大电路或交流电桥调制放大电路;对光电传感器一般可以选用光电转换放大电路等。

7.1.1 集成运算放大电路

在放大电路中,运算放大器(operational amplifier)是应用最广泛的一种模拟电子器件。其特点是输入阻抗高、增益大、可靠性高、价格低廉、使用方便。

1. 理想运算放大器特性及设计定则

(1)理想运算放大器的基本特性

①输入偏置电流(bias current)为零;

②开环差动电压增益(voltage gain)为无穷大;

③差动输入阻抗(input impedance)为无穷大。

(2)理想运算放大器的两条设计定则

①理想运算放大器两个输入端之间的电压为零("虚短");

②理想运算放大器两个输入端都没有电流流入或流出("虚断")。

2. 三种典型集成运算放大电路

(1)反相放大电路

反相放大电路(inverting amplifier circuit)如图 7.1 所示。

理想情况下,电路的闭环电压增益 A_f 为

$$A_f = \frac{U_o}{U_i} = -\frac{R_f}{R_1} \tag{7.1}$$

反相放大器特点为:输出与输入信号极性反相;电压放大倍数即 R_f/R_1 可大于 1,亦可小于 1;放大器的输入阻抗较小,$R_i = R_1$;只能放大对地的单端信号。

(2)同相放大电路

同相放大电路(in-phase amplifier circuit)如图 7.2 所示。

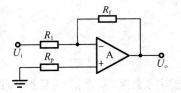

图 7.1　反相放大电路

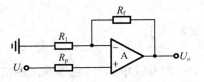

图 7.2　同相放大电路

理想情况下,同相放大电路的闭环电压增益 A_f 为

$$A_f = \frac{U_o}{U_i} = 1 + \frac{R_f}{R_1} \tag{7.2}$$

同相放大器特点为:输出信号与输入信号极性同相;电压放大倍数 ≥ 1;放大器的输入阻抗很大;只能放大单端信号。由于同相放大器的输入电阻很高,所以它与反相放大器的最大区别是在分析电路时不用考虑它的输入电阻对电桥输出的影响。

(3)差动放大电路

一般运算放大电路使用中常见的问题是由于温漂而导致电路的工作点发生漂移,严重时将使电路无法工作,差动放大电路(differential amplifier circuit)的采用能有效避免上述问题。典型差动放大电路结构如图 7.3 所示。

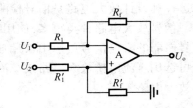

图 7.3　差动放大电路

①差动放大电路输入、输出方式

差动放大电路的输入、输出一般常用两种方式。

a. 双端输入、双端输出（双入双出）:"浮地"式输入输出方式,适用于输入与输出信号无需接地的输入极或中间极。

b. 双端输入、单端输出（双入单出）:适用于将差分信号转换为单端输出信号的电路,满足电路输出端接地负载的需求。

②差动放大电路输出

图 7.3 中,输入信号 U_1,U_2 加在 R_1 和 R_1' 的输入端,则有

$$\begin{cases} U_- = U_o - \dfrac{(U_o - U_1)}{R_1 + R_f}R_f \\ U_+ = U_2 - \dfrac{U_2 \cdot R_1'}{R_1' + R_f'} \\ U_- = U_+ \end{cases} \tag{7.3}$$

所以有

$$U_o = \left(1 + \frac{R_f}{R_1}\right)\frac{R_f'}{R_1' + R_f'}U_2 - \frac{R_f}{R_1}U_1 \tag{7.4}$$

设差动放大电路的差模输入信号为 U_{id},共模输入信号为 U_{ic},一般有

$$U_{id} = U_2 - U_1, \quad U_{ic} = \frac{U_1 + U_2}{2} \tag{7.5}$$

将式(7.5)代入式(7.4)可得

$$U_o = \left[\left(1 + \frac{R_f}{R_1}\right)\frac{R_f'}{R_1' + R_f'} - \frac{R_f}{R_1}\right]U_{ic} + \left[\left(1 + \frac{R_f}{R_1}\right)\frac{R_f'}{R_1' + R_f'} + \frac{R_f}{R_1}\right]\frac{U_{id}}{2} \tag{7.6}$$

③差动放大电路共模抑制比

差动放大电路的优点是具有抗共模干扰的能力,即电路的输出 U_o 中不含有共模干扰 U_{ic},但要满足外接电阻对称条件,即在式(7.6)中有

$$\left(1 + \frac{R_f}{R_1}\right)\frac{R_f'}{R_1' + R_f'} - \frac{R_f}{R_1} = 0 \Rightarrow \begin{cases} R_1 = R_1' \\ R_f = R_f' \end{cases} \tag{7.7}$$

当外接电阻对称时,根据式(7.6)可知电路的差动电压增益 A_{ud} 为

$$A_{ud} = \frac{U_o}{U_{id}} = \frac{R_f}{R_1} = \frac{R_f'}{R_1'} \tag{7.8}$$

当外接电阻不对称时,假设 $R_1 \to R_1(1 + \delta_1)$,$R_1' \to R_1'(1 + \delta_2)$,$R_f \to R_f(1 + \delta_3)$,$R_f' \to R_f'(1 + \delta_4)$,根据式(7.6)可知电路的共模干扰电压的增益 $A_{uc} \neq 0$,而为

$$A_{uc} = \frac{U_o}{U_{ic}} = \left(1 + \frac{R_f}{R_1}\right)\frac{R_f'}{R_1' + R_f'} - \frac{R_f}{R_1} \tag{7.9}$$

则不考虑运算放大器本身的共模抑制比,由式(7.8)和式(7.9)得到差动放大电路的共模抑制比为

$$CMRR_R = \frac{A_{ud}}{A_{uc}} = \frac{1 + A_{ud}}{\delta_1 + \delta_2 + \delta_3 + \delta_4} \tag{7.10}$$

式中,δ_1,δ_2,δ_3,δ_4 为图7.3所示的差动放大电路中各部分电阻的误差。

令 $\delta_1 = \delta_2 = \delta_3 = \delta_4 = \delta$,则

$$CMRR_R = \frac{A_{ud}}{A_{uc}} = \frac{1 + A_{ud}}{4\delta} \tag{7.11}$$

考虑运算放大器本身的共模抑制比 $CMRR_{op}$

$$CMRR_{op} = \frac{A_{ud}}{A_{uc}'} \tag{7.12}$$

式中,A_{uc}' 是运算放大器对共模干扰电压的增益。

则差动放大电路对共模干扰电压的总增益 A_{fc} 是

$$A_{fc} = A_{uc} + A_{uc}' = A_{uc} + \frac{A_{ud}}{CMRR_{op}} = \frac{A_{ud}}{CMRR_R} + \frac{A_{ud}}{GMRR_{op}} \tag{7.13}$$

则电路总的共模抑制比 $CMRR$ 为

$$CMRR = \frac{A_{ud}}{A_{fc}} = \frac{CMRR_{op} \times CMRR_R}{CMRR_{op} + CMRR_R} \tag{7.14}$$

[例7.1]　若一个差动放大电路的外接电阻误差为 $\delta = \pm 0.1\%$,运放本身的 $CMRR_{op} = 80$ dB,分别求 $A_{ud} = 100$,$A_{ud} = 1$ 时差动放大电路的 $CMRR$ 是多少分贝(dB)。

[解]

当 $A_{ud} = 100$ 时,有

$$CMRR_R = 20\lg\left|\frac{1 + A_{ud}}{4\delta}\right| = 20\lg\left|\frac{1 + 100}{4 \times 0.1\%}\right| = 20\lg25\ 250 \approx 88\ dB$$

当 $A_{ud} = 1$ 时,有

$$\text{CMRR}_R = 20\lg\left|\frac{1 + A_{ud}}{4\delta}\right| = 20\lg\left|\frac{1 + 1}{4 \times 0.1\%}\right| = 20\lg500 \approx 54 \text{ dB}$$

则当 $A_{ud} = 100$ 时,有

$$\text{CMRR} = 20\lg\left|\frac{\text{CMRR}_{op} \times \text{CMRR}_R}{\text{CMRR}_{op} + \text{CMRR}_R}\right| = 20\lg\left|\frac{80 \times 88}{80 + 88}\right| \approx 77.1 \text{ dB}$$

当 $A_{ud} = 1$ 时,有

$$\text{CMRR} \approx 53.6 \text{ dB}$$

上面例子说明设计高 CMRR 的差动放大电路,必须选择高共模干扰抑制比的线性运算放大器,且外接电阻保证对称,即 $R_1 = R_1'$,$R_f = R_f'$。

7.1.2 电桥放大电路

在非电量测量仪器中经常采用电阻传感器,通过对电阻传感器中电阻的相对变化的测量来检测一些非电量。电阻传感器都是通过电桥的连接方式将被测非电量转换成电压或电流信号,并用放大器做进一步放大。这种由电阻传感器电桥和运算放大器组成的运放电路被称为电桥放大电路(bridge amplifier circuit)。电桥放大电路是非电量测试系统中常见的一种放大电路。

1. 单端反相输入电桥放大电路

图 7.4 所示为单端反相输入电桥放大电路。

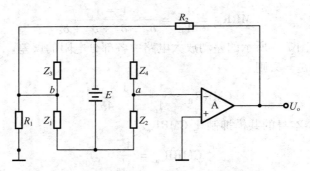

图 7.4 单端反相输入电桥放大电路

图 7.4 中,电桥对角线 a,b 两端的开路输出电压 U_{ab} 为

$$U_{ab} = \left(\frac{Z_4}{Z_2 + Z_4} - \frac{Z_3}{Z_1 + Z_3}\right)E \tag{7.15}$$

U_{ab} 通过运算放大器进行放大。由于电桥电源 E 是浮置的,所以 E 在 R_1 和 R_2 中无电流流过。因为 a 点为虚地,因此输出端 U_o 反馈到 R_1 两端的电压是 $-U_{ab}$,即

$$\frac{U_o R_1}{R_1 + R_2} = \left(\frac{Z_4}{Z_2 + Z_4} - \frac{Z_3}{Z_1 + Z_3}\right)E \tag{7.16}$$

于是可得

$$U_o = \left(1 + \frac{R_2}{R_1}\right)\left(\frac{Z_4}{Z_2 + Z_4} - \frac{Z_3}{Z_1 + Z_3}\right)E \tag{7.17}$$

如果令 $Z_1 = Z_2 = Z_4 = R$,$Z_3 = R + \Delta R$,ΔR 为传感器电阻的变化量,则有

$$U_o \approx \frac{E}{4}\left(1 + \frac{R_2}{R_1}\right)\left[\frac{\Delta R}{R}\Big/\left(1 + \frac{\Delta R}{2R}\right)\right] \tag{7.18}$$

如果令 $\delta = \Delta R/R$ 为传感器电阻的相对变化率,则有

$$U_o = \frac{E}{4}\left(1 + \frac{R_2}{R_1}\right)\left(\frac{\delta}{1 + \delta/2}\right) \tag{7.19}$$

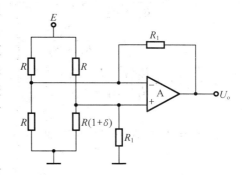

由此可知,单臂反相输入电桥放大器的增益与桥臂电阻无关,增益比较稳定,只需要调节 R_1 或 R_2,就可以方便地实现电路增益的调节。但该电路的电桥电源一定要浮置,这给电路设计带来麻烦,而且电路输出电压 U_o 与桥臂电阻的相对变化率 δ 是非线性关系,只有当 $\delta \ll 1$ 时,U_o 与 δ 才近似按线性变化。

图 7.5 差动输入电桥放大电路

2. 差动输入电桥放大电路

在图 7.5 中,把电阻传感器测量电桥两个输出端分别与差动运算放大器的两个输入端相连,就构成差动输入电桥放大电路。

当 $R_1 \gg R$ 时,有

$$\begin{cases} U_- = U_o\left(\dfrac{R}{R + 2R_1}\right) + \dfrac{E}{2} \\ U_+ = \dfrac{E(1 + \delta)}{2 + \delta} \end{cases} \tag{7.20}$$

若运算放大器为理想工作状态,即 $U_- = U_+$,可得

$$U_o = \frac{E}{4}\left(1 + \frac{2R_1}{R}\right)\frac{\delta}{1 + \delta/2} \tag{7.21}$$

设电阻传感器的电阻相对变化率 $\delta \ll 1$,且 $R_1 \gg R$,则上式可以简化为

$$U_o = \frac{\delta E}{2R}R_1 \tag{7.22}$$

由上式可知:

(1)当 δ 很小时,电桥放大器的输出电压与变量呈现线性关系,即此时非线性误差才可以忽略。

(2)在 U_o 的简化过程中,基于假设条件,即 $R_1 \gg R$,获得了输出电压的简化式;由于输出电压的表达式中含有电桥电阻 R,因此温度的变化将影响 R 的大小,从而影响运放增益的温度特性,因而在设计时要求 R 和 R_1 的温度稳定性要好;如果 $R_1 \gg R$,则电桥负载的影响将不明显。

(3)该电路的主要优点是电路组成简单,只需要一个具有高共模抑制比的仪用运放,而且灵敏度较高。

3. 宽偏移电桥放大电路

上面两种电桥放大电路,只有当电阻相对变化率 δ 很小时,输出电压 U_o 和 δ 之间才具有较好的线性关系,当 δ 较大时(约大于 $0.1 \sim 0.2$ 时),非线性就变得逐渐显著起来。为了使输出电压 U_o 与传感器电阻相对变化率 δ 呈线性关系,可把传感器电阻构成的可变桥臂 $R + \Delta R = R(1 + \delta)$ 接在运算放大器的反馈回路中,构成宽偏移电桥放大电路(wide offset bridge amplifier circuit），如图 7.6 所示。

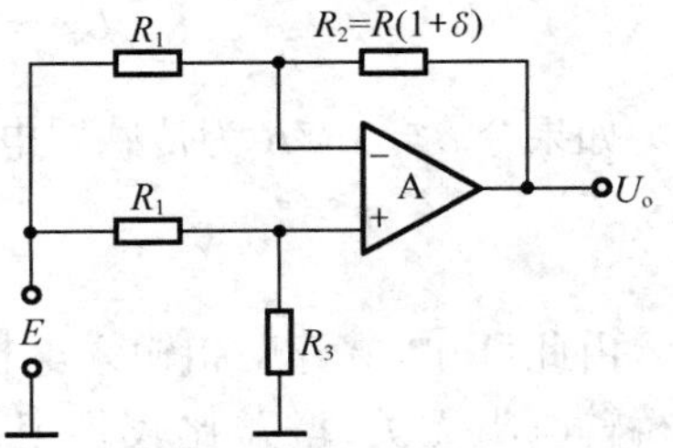

若运算放大器为理想工作状态，此时 $U_- = U_+$，则放大器 A 两输入端输入电压 U_-，U_+ 和输出电压 U_o 分别为

$$U_- = \frac{(U_o - E)R_1}{R_1 + R_2} + E = \frac{U_o R_1 - ER_2}{R_1 + R_2} \quad (7.26)$$

$$U_+ = \frac{ER_3}{R_1 + R_3} \quad (7.27)$$

图 7.6　宽偏移电桥放大电路

$$U_o = \left[\left(1 + \frac{R_2}{R_1}\right)\left(\frac{R_3}{R_1 + R_3}\right) - \frac{R_2}{R_1} \right]E = \frac{R_3 - R_2}{R_1 + R_3}E$$

$$(7.28)$$

当 $R_3 = R$ 时，式(7.28)可写成

$$U_o = -\frac{RE}{R_1 + R}\delta \quad (7.29)$$

分析式(7.29)表明，输出信号电压与传感器电阻相对变化率 δ 成正比。一般具有高测量系数的半导体应变计、热敏电阻等均可采用这种电路。需要注意的问题有两个。

（1）为增强桥路抗共模干扰能力，元件应当匹配。两个输入电阻 R_1 的电阻值必须相等。

（2）电路的量程较大，但灵敏度较低，而且还要注意，当 δ 过大时，由于运算放大器输入失调电流的影响将会在输出端产生误差。

7.1.3　仪用放大电路

传感器输出信号一般比较微弱，在信号传输过程中不可避免地存在工频、静电、电磁耦合等共模干扰，这些干扰可能达到几伏。一般的放大电路难以对这种被严重干扰的信号进行高精度放大。仪用放大电路，即仪用放大器（instrument amplifier），又称数据放大器（data amplifier）、测量放大器（measurement amplifier），是一种三运放结构的组合放大电路，能够对被严重干扰的信号进行高被放大的同时强有力地抑制共模干扰，在心电信号等弱信号检测中得到广泛应用。

1. 仪用放大器结构与特性

仪用放大器电路结构如图 7.7 所示。放大器由三个运算放大器构成二级串联形式。输入级由两个性能一致（主要指输入阻抗、共模抑制比和增益一致）的同向放大器 A_1，A_2 构成对称结构，输入信号加在此处，具有高抑制共模干扰的能力和高输入阻抗；输出级由运算放大器 A_3 构成双入－单出差动放大结构，切断共模干扰的传输，适应对地负载的需求。

①电路的闭环放大倍数

若 A_1，A_2 为性能一致的理想的运算放大器，如图 7.7，U_3 和 U_5 是二者的输出，则有

$$\frac{U_3 - U_5}{R_1 + R_G + R_2} = \frac{U_1 - U_2}{R_G} \quad (7.30)$$

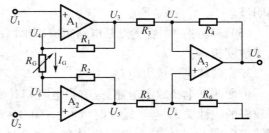

图 7.7　三运放测仪用放大器结构图

令 $U_i = U_2 - U_1$，则有

$$U_3 - U_5 = -\left(1 + \frac{R_1 + R_2}{R_G}\right)U_i \tag{7.31}$$

式中，为消除 A_1，A_2 偏置电流等影响，通常取 $R_1 = R_2$；R_G 是用于调节放大倍数的外接电阻，通常采用多圈电位计。

由式(7.31)可知，在满足上述条件下的仪用放大器的输入级输出只与差模输入电压有关，其失调及漂移均相互抵消，电路具有良好的共模抑制能力。

若 A_3 为理想的运算放大器，基于叠加定理，则由 A_3 构成的双入－单出的差动放大结构的输出为

$$U_o = -\frac{R_4}{R_3}U_3 + \left(1 + \frac{R_4}{R_3}\right)\frac{R_6}{R_5 + R_6}U_5 \tag{7.32}$$

为提高电路的抗共模干扰能力和抑制漂移，根据上下对称的原则选择电阻，通常取 $R_3 = R_5$，$R_4 = R_6$，则式(7.32)变为

$$U_o = -\frac{R_4}{R_3}(U_3 - U_5) \tag{7.33}$$

取 $R_1 = R_2$，将式(7.31)带入式(7.33)，得

$$U_o = \left(1 + \frac{2R_1}{R_G}\right)\frac{R_4}{R_3}U_i \tag{7.34}$$

仪用放大电路的闭环放大倍数 A_{uf} 为

$$A_{uf} = \frac{U_o}{U_i} = \left(1 + \frac{2R_1}{R_G}\right)\frac{R_4}{R_3} \tag{7.35}$$

②电路的共模抑制比

仪用放大器输入级电路的共模抑制比主要由运放 A_1，A_2 本身的共模抑制比决定，而输出级的共模抑制比则主要由 A_3 外部电阻的不匹配引起的。

不考虑输入级外部电阻不匹配引起的共模误差，设 A_1，A_2 的共模抑制比分别为 $CMRR_1$ 和 $CMRR_2$，则根据共模抑制比定义，可知输入级的共模抑制比为

$$CMRR_入 = \frac{CMRR_1 \times CMRR_2}{|CMRR_1 - CMRR_2|} \tag{7.36}$$

显然，当 $CMRR_1 = CMRR_2$ 时，输入级的共模抑制比趋于无穷大。实际使用中，尽量保证 A_1，A_2 性能一致，可以提高输入级共模抑制比。

输出级为双端输入、单端输出的差动放大结构，不考虑运放 A_3 本身的共模抑制比，则由式(7.11)可知，外部电阻不匹配时，输出级差动放大电路的共模抑制比

$$CMRR_R \approx \frac{1 + A_{ud}}{4\delta} \tag{7.37}$$

式中 $A_{ud} = R_4/R_3$——输出级的差模增益；

δ——输出级电路中所有电阻的偏差，取值为 $\pm$。

考虑运放 A_3 本身的共模抑制比 $CMRR_3$，则由式(7.14)可知，外部电阻的不匹配时，输出级电路的共模抑制比

$$CMRR_出 = \frac{CMRR_3 \times CMRR_R}{CMRR_3 + CMRR_R} \tag{7.38}$$

为使仪用放大器获得高的共模抑制比,一方面需要选择高共模抑制比的运放 A_3 ,另一方面需要选择精度高的外接电阻,尽量保证 $R_3 = R_5$, $R_4 = R_6$,精度控制在 0.1% 以内。

2. 集成仪用放大器

由单个运放和外接电阻搭成的仪用放大器很难保证结构、参数的对称性,集成仪用放大器(integrated measurement amplifier)则能很好避免上述问题,得到广泛应用。

美国 Analog Devices 公司生产的 AD612,AD614,AD620,AD627 型等仪用放大器,是根据仪用放大器原理设计的典型的三运放结构单片集成电路。不同型号的集成仪用放大器,虽然电路有所区别,但基本性能是一致的。

(1)集成仪用放大芯片

①AD620

AD620 是一款低成本、高精度、低噪声、低输入偏置电流和低功耗的仪用放大器。芯片采用 8 引脚 SOIC 和 DIP 封装,尺寸小于分立式设计,非常适合电池供电的便携式(或远程)应用,如心电信号检测仪 ECG、无创血压监测仪等医疗应用。AD620 集成仪用放大器的内部结构、实物和引脚排列如图 7.8 所示。

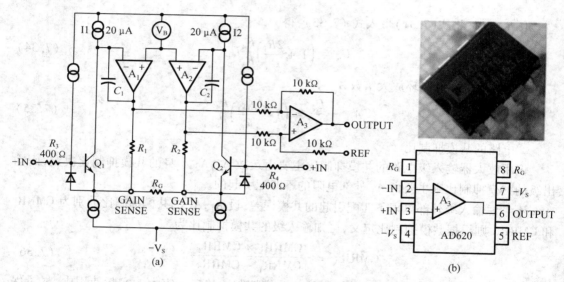

图 7.8 AD620 集成仪用放大器

(a)内部结构图;(b)实物图和引脚图

如图 7.8(a)所示,AD620 采用经典的三运放改进设计。输入晶体管 Q_1 , Q_2 提供高精度差分双极性输入;反馈环路 $Q_1 - A_1 - R_1$ 和 $Q_2 - A_2 - R_2$ 保证输入晶体管 Q_1 和 Q_2 的集电极电流保持恒定,使输入电压作用于电阻 R_G 上,电路增益(Gain)为

$$Gain = 1 + \frac{R_1 + R_2}{R_G} \tag{7.39}$$

式中 R_G ——外接增益调节电阻;

R_1 , R_2 ——芯片内固定增益电阻,值均为 24.7 Ω。

此时,电路增益为

$$\text{Gain} = 1 + \frac{49.4 \text{ k}\Omega}{R_G} \tag{7.40}$$

②AD612/AD614

AD612/AD614 是一种高精度、高速度的仪用放大器,能在恶劣环境下工作,具有很好的交直流特性。其内部电路结构如图 7.9 所示。

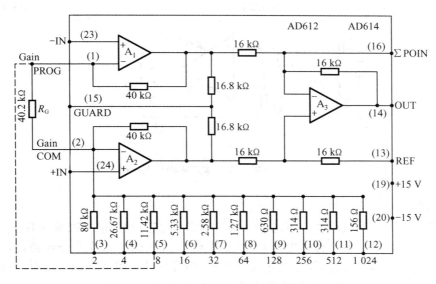

图 7.9　AD612 和 AD614 仪用放大器内部电路

如图 7.9 所示,AD612 也采用改进的三运放结构。电路中所有电阻均是采用激光自动修刻工艺制作的高精度薄膜电阻,用这些电阻构成的放大器增益精度高,最大增益误差不超过 $\pm 10 \times 10^{-6} (1/℃)$。

电阻 R_G 是输入端(1)和(2)之间接入的外接电阻,此时放大器的增益为

$$\text{Gain} = 1 + \frac{80 \text{ k}\Omega}{R_G} \tag{7.41}$$

当输入端(1)和(2)之间不接外接电阻,而是接入到精密电阻网络端(3)~(12)之间,则放大器的增益将按照二进制关系建立,其增益为

$$\text{Gain} = 1 + \frac{80 \text{ k}\Omega}{R_{(i)}} = 2^{i-2} (i = 3,4,\cdots,12) \tag{7.42}$$

式中,$R_{(i)}$ 为精密电阻网络的电阻值。如当 $R_{(i)} = R_{(3)} = 80 \text{ k}\Omega$ 时,增益为 $2 = 2^1$;$R_{(i)} = R_{(4)} = 26.67 \text{ k}\Omega$ 时,增益为 $4 = 2^2$;$R_{(i)} = R_{(5)} = 11.42 \text{ k}\Omega$ 时,增益为 $8 = 2^3$,……

（2）集成仪用放大器的使用要点

①为偏置电流提供回路

仪用放大器的两个输入端都有偏置电流,使用时要特别注意为偏置电流提供回路。因为偏置电流会对分布电容充电,造成输出电压不可控制的漂移或处于饱和。因此,对于浮置信号源,如变压器耦合电路、热电偶测量电路、交流电容耦合电路等,仪用放大器输入端的正确连接如图 7.10 所示。

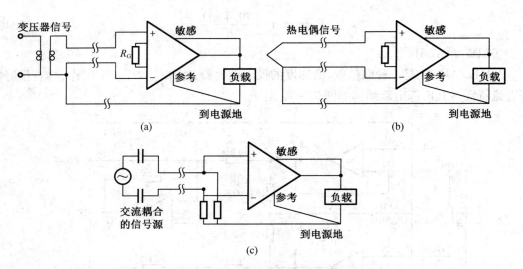

图 7.10　仪用放大器输入端的正确连接

②信号线与屏蔽层连接

如图 7.11 所示,当仪用放大器通过信号线与信号源连接时,信号线本身有电阻 R_1,R_2,同时信号线与屏蔽层之间有分布电容 C_1,C_2,则 R_1C_1 和 R_2C_2 构成两个分压器,由于两个分压器参数不完全对称相等,共模干扰输入电压 U_{cm} 在仪用放大器两个输入端也不相等,而是以差模形式呈现,并经过放大后带来严重干扰。

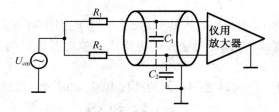

图 7.11　仪用放大器信号线屏蔽层连接

图 7.9 中,AD612 的 15 引脚是护卫端,引自仪用放大器输入级的两个运放输出的中点,将此引脚与信号线的屏蔽层相连能有效消除共模干扰。

(3)集成仪用放大器应用举例

图 7.12 是一个应变电阻的测量电路,属于典型的电桥放大电路。应变电阻在直流电桥作用下,将被测量应变转换成电阻的变化量,再转换成电压输出,由于此电压数值很小不便于传输和显示,需要利用仪用放大器进行放大。电路中仪用放大器选择 AD612。

设:直流电桥电源电压 E = 5 V,电桥中三个固定电阻的阻值均为 R = 100 Ω,应变电阻 R_x 的初始值为 100 Ω,其灵敏度系数为 2,被测量的应变大小为 0.005,AD612 共模抑制比为 120 dB,电路输出电压 U_o 计算步骤如下:

①第一步:计算应变电阻 R_x 的电阻变化量

$$\frac{\Delta R_x}{R_x} = K\varepsilon = 2 \times 0.005 = 0.01 \Rightarrow \Delta R_x = 0.01 \times 100 = 1 \ \Omega$$

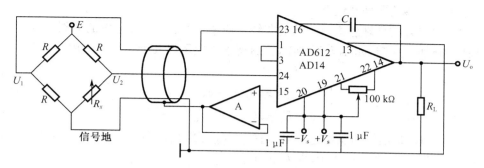

图 7.12 仪用放大器在应变电阻测量中的应用

②第二步:计算电桥中 U_1, U_2 的值

$$U_1 = \frac{R}{2R}E = \frac{5}{2} = 2.5 \text{ V}$$

$$U_2 = \frac{\Delta R_x + R_x}{R + \Delta R_x + R_x}E = \frac{1 + 100}{100 + 1 + 100} \times 5 = 2.512 4 \text{ V}$$

③第三步:计算仪用放大器对差模信号的输出电压

仪用放大器的差模输入电压为 $U_{id} = U_2 - U_1$,且因为 AD612 的 1,3 引脚相连,所以仪用放大器对差模信号的增益 $A_{ud} = 2$,则仪用放大器对差模信号的输出为

$$U_{od} = A_{ud} \times (U_2 - U_1) = 2 \times 0.012 4 = 0.024 8 \text{ V}$$

④第四步:计算仪用放大器对共模干扰信号的输出电压

仪用放大器共模输入电压为 $U_{ie} = (U_2 + U_1)/2$,且因为 AD612 共模抑制比为 120 dB,所以仪用放大器对共模干扰信号的增益 A_{uc} 为

$$\text{CMRR} = 20\lg\left|\frac{A_{ud}}{A_{uc}}\right| \Rightarrow A_{uc} = A_{ud}/10^{\frac{\text{CMRR}}{20}} = 2/10^{\frac{120}{20}} = 2 \times 10^{-6}$$

仪用放大器对共模干扰信号的输出为

$$U_{oc} = A_{uc} \times \frac{(U_2 + U_1)}{2} = 2 \times 10^{-6} \times 2.506 2 = 5.012 4 \times 10^{-6} \text{ V}$$

⑤第五步:仪用放大器总的输出为

$$U_o = U_{od} + U_{oc} = 0.024 8 + 5.012 4 \times 10^{-6} \approx 0.024 8 \text{ V}$$

显然,提高仪用放大器的共模抑制比能有效抑制共模干扰信号。

7.2 信号转换电路

由传感器输出的信号经过放大电路放大之后,一般根据需要还常常进行信号形式的转换,如电压 – 电流转换、电流 – 电压转换、电压 – 频率转换等。

7.2.1 电压比较器

电压比较器(voltage comparator)是一种常见的模拟信号处理电路。它将一个模拟输入电压与一个参考电压进行比较,并将比较的结果输出,且输出只有两种可能的状态:高电平或低电平。其可以实现模拟电压信号向脉冲频率信号的转换,在检测技术中被广泛应用。

1. 电压比较器的原理及性能

电压比较器实质是理想集成运放的非线性应用,而理想集成运放的非线性应用条件是运放开环或施加正反馈,如图 7.13 所示。当理想集成运放处于非线性应用时,有

$$\begin{cases} i_- = i_+ = 0 \\ U_- > U_+ \Rightarrow U_o = -V_{CC} = U_{oL} \\ U_- < U_+ \Rightarrow U_o = +V_{CC} = U_{oH} \end{cases} \tag{7.43}$$

式中,$-V_{CC}$,$+V_{CC}$ 是运放的供电电源电压;U_{oL},U_{oH} 分别是输出低、高电压。显然,运放两个输入端"虚短路"的概念不再适用,即 $U_- \neq U_+$。

图 7.14 所示的电压比较器的理想输入 - 输出关系和实际输入 - 输出关系如图 7.15(a)和图 7.15(b)所示。理论上比较器的差动输入极性的微小变化就会引起输出的状态变化,但从图 7.15(b)中可以看出由于死区的存在,比较器从一个状态翻转到另一个状态需要一定的差动电压。这个使比较器的输出翻转的最小差动输入电压值被称为比较器的灵敏度。

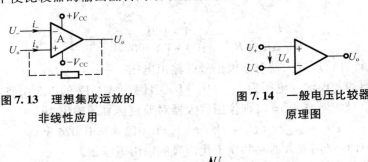

图 7.13 理想集成运放的
非线性应用

图 7.14 一般电压比较器
原理图

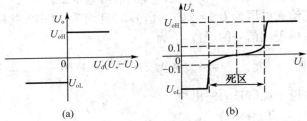

图 7.15 电压比较器输入输出关系图

(a)电压比较器理想输入输出关系;(b)电压比较器实际输入输出关系

2. 电压比较器基本电路

(1)反相电压比较器

反相电压比较器(inverted phase voltage comparator)的输入信号 U_i 加在反相端,参考电压 U_R 加在同相端,电路输入输出表达式为

$$\begin{cases} U_i < U_R \Rightarrow U_o = U_{oH} \\ U_i > U_R \Rightarrow U_o = U_{oL} \end{cases} \tag{7.44}$$

反相电压比较器电路原理图和输入输出关系曲线如图 7.16 所示。当该电路的参考电压为零时,则为反相过零比较器。

(2)同相电压比较器

同相电压比较器(same phase voltage comparator)的输入信号 U_i 加在同相端,参考电压 U_R 加在反相端,电路输入输出表达式为

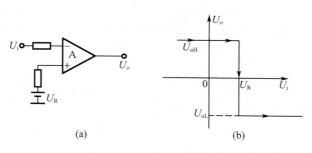

图 7.16 反相电压比较器

（a）电路原理；（b）输入输出关系

$$U_i < U_R \Rightarrow U_o = U_{oL}$$
$$U_i > U_R \Rightarrow U_o = U_{oH}$$

$$(7.45)$$

同相电压比较器电路原理图和输入输出关系曲线如图 7.17 所示。当该电路的参考电压为零时，则为同相过零比较器。

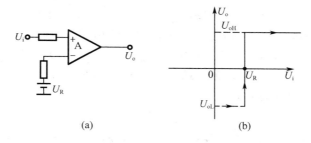

图 7.17 同相电压比较器

（a）电路原理图；（b）输入输出关系曲线

（3）输出接入稳压管的电压比较器

由于图 7.16 和图 7.17 所示的电压比较器输出受电源波动影响比较大，所以实际的电压比较器常常在输出端接入一个稳压管（voltage-regulator tube），稳压管可以是单极性也可以是双极性，使输出电压保持在稳定状态。图 7.18 给出输出接入双极性稳压管的电路原理图和输入输出关系曲线。

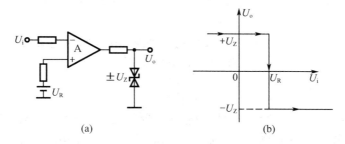

图 7.18 接入双极性稳压管的反相电压比较器

（a）电路原理；（b）输入输出关系

[**例7.2**] 　输入信号 $U_i = 5\sin\omega t$ V 如图7.19(a)所示,参考电压 $U_R = 2$ V,运放电源电压为 $\pm V_{CC} = \pm 12$ V,试画出反相和同相比较器的输出波形。当输出端接入 $\pm U_Z = \pm 10$ V 稳压管时,试画出反相和同相比较器的输出波形。

[**解**]

①反相电压比较器时,输入信号 $U_i = 5\sin\omega t$ V 加在反相端,参考电压 $U_R = 2$ V 加在同相端,运放电源电压为 $\pm V_{CC} = \pm 12$ V,电路输出为

$$U_i < U_R = 2 \text{ V} \Rightarrow U_{o1} = U_{oH} = + V_{CC} = + 12 \text{ V}$$
$$U_i > U_R = 2 \text{ V} \Rightarrow U_{o1} = U_{oL} = - V_{CC} = - 12 \text{ V}$$

当输出端接入稳压管时,且 $\pm U_Z = \pm 10$ V,电路输出为

$$U_i < U_R = 2 \text{ V} \Rightarrow U_{o1} = U_{oH} = + U_Z = + 10 \text{ V}$$
$$U_i > U_R = 2 \text{ V} \Rightarrow U_{o1} = U_{oL} = - U_Z = - 10 \text{ V}$$

输出曲线如图7.19(a)所示。

②同相电压比较器时,输入信号 $U_i = 5\sin\omega t$ V 加在同相端,参考电压 $U_R = 2$ V 加在反相端,电路输出为

$$U_i < U_R = 2 \text{ V} \Rightarrow U_{o2} = U_{oL} = - V_{CC} = - 12 \text{ V}$$
$$U_i > U_R = 2 \text{ V} \Rightarrow U_{o2} = U_{oH} = + V_{CC} = + 12 \text{ V}$$

当输出端接入稳压管时,且 $\pm U_Z = \pm 10$ V,电路输出为

$$U_i < U_R = 2 \text{ V} \Rightarrow U_{o2} = U_{oL} = - V_{CC} = - 10 \text{ V}$$
$$U_i > U_R = 2 \text{ V} \Rightarrow U_{o2} = U_{oH} = + V_{CC} = + 10 \text{ V}$$

输出曲线如图7.19(b)所示。

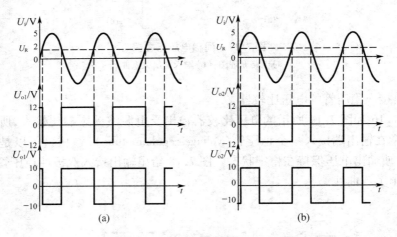

图7.19　正弦输入信号下的反相和同相比较器的输出波形
(a)反相输出;(b)同相输出

(4)迟滞电压比较器

简单的反相或同相电压比较器应用中存在主要问题有:输出电压转换时间受运放的限制,使高频脉冲的边缘不够陡峭;抗干扰能力差,在比较门限处,输出将产生多次跳变,如图7.20所示。

解决上述问题的办法是在比较器电路中施加正反馈,使其输出输入关系具有迟滞特性,这样就可以有效地克服这一缺陷。迟滞比较器(hysteresis comparator)是一个具有迟滞

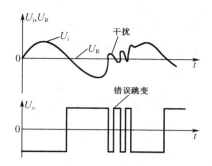

图 7.20 简单电压比较器大干扰下的误跳变

回环传输特性的比较器。在反相输入单门限电压比较器的基础上引入正反馈网络,就组成了具有双门限值的反相输入迟滞比较器。由于反馈的作用使迟滞电压比较器的门限电压随输出电压的变化而变化。它的灵敏度低一些,但抗干扰能力却大大提高。

图 7.21 给出反相和同相迟滞比较器的原理图和输入输出关系图。

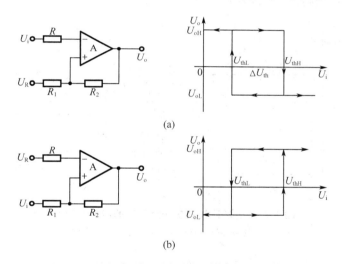

图 7.21 迟滞比较器的原理和输入输出关系图
(a)反相迟滞比较器;(b)同相迟滞比较器

图 7.21 中,U_i 为输入电压,U_o 为输出电压,U_R 为参考电压;U_{thH} 为上门限电压,U_{thL} 为下门限电压,$\Delta U_{th} = U_{thH} - U_{thL}$ 称为回差;U_{oH} 为输出高电压,U_{oL} 为输出低电压。下面以反相迟滞比较器(图 7.21(a)所示)为例,分析迟滞比较器工作特性。

运放同相端电位为

$$U_+ = \frac{(U_o - U_R)R_1}{R_1 + R_2} + U_R = \frac{R_1}{R_1 + R_2}U_o + \frac{R_2}{R_1 + R_2}U_R \qquad (7.46)$$

当 $U_i = U_- = U_+$ 时,比较器输出将发生翻转。因为 U_o 输出有 U_{oH} 和 U_{oL} 两种状态,所以比较器输出发生翻转的门限电压也有两个。

①当 $U_i = U_- = U_+ = U_{thH}$ 时,比较器输出由高电平 U_{oH} 变为低电平 U_{oL},由式(7.46)可知上门限电压 U_{thH} 为

$$U_{thH} = \frac{R_1}{R_1 + R_2}U_{oH} + \frac{R_2}{R_1 + R_2}U_R \qquad (7.47)$$

②当 $U_i = U_- = U_+ = U_{thL}$ 时,比较器输出由低电平 U_{oL} 变为高电平 U_{oH},由式(7.46)可知下门限电压 U_{thL} 为

$$U_{thL} = \frac{R_1}{R_1 + R_2}U_{oL} + \frac{R_2}{R_1 + R_2}U_R \qquad (7.48)$$

两个门限电压之差为

$$\Delta U_{th} = U_{thH} - U_{thL} = \frac{R_1}{R_1 + R_2}(U_{oH} - U_{oL}) \qquad (7.49)$$

有

$$(U_{oH} - U_{oL}) = \frac{R_1 + R_2}{R_1}\Delta U_{th} \qquad (7.50)$$

式(7.50)表明,当比较器输入在两个门限电压变化范围内时,比较器输出的值保持不变。这是迟滞比较器抗干扰的基本原理,如图7.22(a)所示。但如果干扰太大,超出门限电压之差,则抗干扰作用将失效,如图7.22(b)所示。

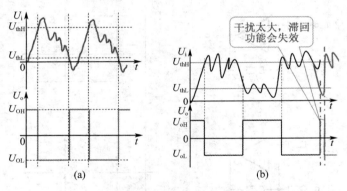

图7.22 迟滞比较器抗干扰原理的波形说明图
(a)迟滞比较器抗干扰;(b)迟滞比较器抗干扰失效

[**例7.3**] 试设计一个反相迟滞比较器,其输出高电压 $U_{oH} = +5\ V$,低电压 $U_{oL} = 0\ V$,参考电压 $U_R = 3.5\ V$,要求两个阈值点的电压差为 $\Delta U_{th} = 0.4\ V$,试计算比较器的参数及 U_{thH}、U_{thL} 的值。

[**解**]

由于

$$U_{thH} = \frac{R_1}{R_1 + R_2}U_{oH} + \frac{R_2}{R_1 + R_2}U_R$$

$$U_{thL} = \frac{R_1}{R_1 + R_2}U_{oL} + \frac{R_2}{R_1 + R_2}U_R$$

$$\Delta U_{th} = U_{thH} - U_{thL} = \frac{R_1}{R_1 + R_2}(U_{oH} - U_{oL})$$

由已知,有

$$U_{thH} = \frac{5R_1}{R_1 + R_2} + \frac{3.5R_2}{R_1 + R_2}$$

$$U_{thL} = \frac{0R_1}{R_1 + R_2} + \frac{3.5R_2}{R_1 + R_2}$$

$$\Delta U_{th} = U_{thH} - U_{thL} = \frac{5R_1}{R_1 + R_2} = 0.4 \Rightarrow \frac{R_1}{R_2} = \frac{2}{23}$$

取 $R_1 = 2\ \mathrm{k\Omega}$，则

$$R_2 / \mathrm{k\Omega} = 23$$

则有

$$U_{thH} = \frac{5R_1}{R_1 + R_2} + \frac{3.5R_2}{R_1 + R_2} = \frac{5 \times 2 + 3.5 \times 23}{2 + 23} = 3.62\ \mathrm{V}$$

$$U_{thL} = \frac{0 \times 2}{2 + 23} + \frac{3.5 \times 23}{2 + 23} = 3.22\ \mathrm{V}$$

（5）窗口比较器

在很多检测系统中，经常遇到被检测信号需要在某一给定的范围之内正常，而超出这一范围就不正常或不合格，电压窗口比较器（window comparator）可以很好地完成这一任务。"窗口比较器"又称"双限比较器"，是指在输入信号的上升沿和下降沿翻转电压不同的比较器，两个电压之间的值为窗口宽度，如图 7.23 所示。

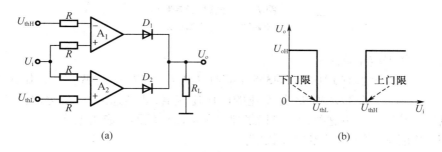

图 7.23 窗口比较器
（a）电路原理；（b）输入输出关系

图 7.23 中，U_i 为输入电压，U_o 为输出电压；U_{thH} 为上门限电压，U_{thL} 为下门限电压。显然，此窗口比较器的输入输出关系为

$$\begin{cases} U_i < U_{thL} \Rightarrow U_o = U_{oH} \\ U_{thL} < U_i < U_{thH} \Rightarrow U_o = 0 \\ U_i > U_{thH} \Rightarrow U_o = U_{oH} \end{cases} \tag{7.51}$$

图 7.23 所示的窗口电压比较器电路中，运算放大器 A_1 和 A_2 的输出端不能直接相连，而是通过二极管 D_1 和 D_2 连接，以防止当两个运放输出电压的极性相反时，互为对方提供低阻抗通路而导致运算放大器烧毁。

[例7.4] 如图 7.24 所示的窗口比较器，试计算电路参数，满足：当输入信号在 $-8 \sim +7\ \mathrm{V}$ 之间时，给出"1"电平，当输入信号超出这一范围时，给出"0"电平。

[解]

首先计算分压网络，设电阻分压器中流过的电流为 $1\ \mathrm{mA}$，则总电阻 R 为

$$R = R_1 + R_2 + R_3 = \frac{V_{CC} - (-V_{CC})}{I} = \frac{15 - (-15)}{1 \times 10^{-3}} = 30\ \mathrm{k\Omega}$$

取 $U_a = -8$ V, $U_b = +7$ V, 则有

$$R_1 = [U_a - (-V_{CC})]/I = (-8 + 15)/ \times 10^{-3} = 7 \text{ k}\Omega$$

$$R_2 = (U_b - U_a)/I = (7 + 8)/1 \times 10^{-3} = 15 \text{ k}\Omega$$

$$R_3 = R - (R_1 + R_2) = 8 \text{ k}\Omega$$

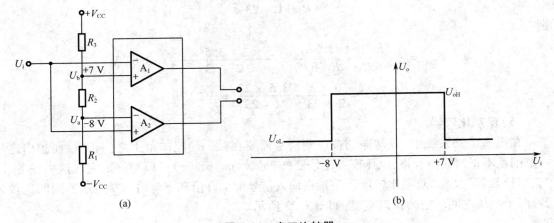

(a)   (b)

图 7.24 窗口比较器

(a)电路图;(b)输入输出关系

3. 电压比较器应用电路

常见的运算放大器有 LM324, LM358, uA741, OP07, OP27 等,这些都可以做成电压比较器(不加负反馈)。LM339, LM393 是专业的电压比较器,切换速度快,延迟时间小,可用在专门的电压比较场合。由这些运放可以搭建多种电压比较器的应用电路。

(1)移相电路和峰值(过零)检测电路

移相电路(phase shift circuit)和峰值检测电路(peak detection circuit)也是常用的检测电路,图 7.25 是一个对 400 Hz 正弦波峰值进行检测的电路原理和波形图。在图 7.25(a)中,通过调节可变电阻 R 的大小以达到对输入信号 U_i 进行不同大小的移相工作。这里,使

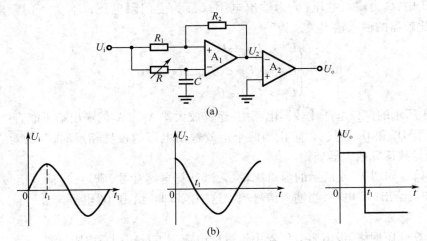

(a)

(b)

图 7.25 移相电路和峰值(过零)检测电路原理及波形图

(a)电路原理;(b)波形变化

400 Hz正弦波形移相90°,使其峰值点变成过零点,再通过与过零比较器进行比较以获得400 Hz 波形的峰值点。

（2）散热风扇自动控制电路

一些大功率器件或模块在工作时会产生较多热量使温度升高,一般采用散热片并用风扇来冷却以保证正常工作。

图7.26 所示为一个散热风扇自动控制电路。负温度系数（NTC）热敏电阻 R_t 粘贴在散热片上,用来检测功率器件的温度(散热片上的温度要比器件的温度略低一些)。初始设定80 ℃时接通散热风扇,则此温度即为阈值温度 T_{th},则根据热敏电阻的特性曲线可以知道在80 ℃时对应的 R_t 值。电源电压为 5 V。

R_t 和 R_1（R_1 选择随环境温度变化很小的材料制成的电阻）构成分压电阻,当散热片上的温度上升至80 ℃时,可以计算出此时 U_A 值。

R_2 和电位器 R_P 也组成一个分压器,调节 R_P 可以改变 U_B 的电压(电位器中心头的电压值)。U_B 值为比较器设定的阈值电压,称为 U_{th}。

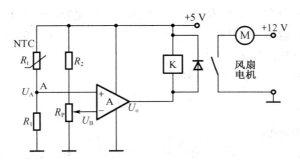

图 7.26　散热风扇自动控制电路

当 $U_A > U_{th}$,则比较器输出低电平,继电器 K 吸合,散热风扇(直流电机)接通工作,使大功率器件降温;当 $U_A < U_{th}$,则比较器输出高电平,继电器 K 断开,散热风扇(直流电机)停止工作。

需要说明的是在 U_A 开始大于 U_{th} 时,风扇工作,但散热体有较大的热量,要经过一定时间才能把温度降到80℃以下。此外,要改变阈值温度 T_{th} 十分方便,只要相应地改变 U_{th} 值即可。U_{th} 值增大,T_{th} 增大;反之亦然,调整十分方便。只要 R_t 确定,R_t 的温度特性确定,则 R_1,R_2,R_P 可方便求出。

7.2.2　U/F 和 F/U 转换电路

电压/频率（U/F）转换电路（voltage to frequency convertor, VFC）在不同的应用领域有不同的名称:在无线电技术中,它被称为频率调制（frequency modulation）;在信号源电路中,它被称为压控振荡器（voltage controlled oscillator）;在信号处理与变换电路中,它又被称为电压/频率转换电路和准模/数转换电路。电压/频率转换电路与频率/电压转换电路是一对转换电路,经常相伴出现。相对应的频率/电压转换电路也有几种不同的名称;鉴频器（frequency discrimination）,准数/模转换电路和频率/电压转换电路（frequency to voltage convertor, FVC）。

1. U/F 转换电路

（1）U/F 转换基本原理

绝大多数的 U/F 转换原理都可以用图 7.27 所示的原理框图来说明。

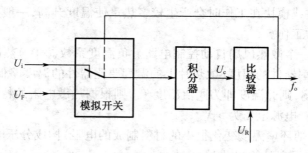

图 7.27　U/F 转换电路的原理框图

图 7.27 中，模拟开关在比较器输出的控制下将输入信号 U_i 输入到积分器，积分器通常采用线性积分电路，积分器的输出 U_c 与参考电压 U_R 相比较，当积分器的输出 U_c 达到 U_R 时，比较器翻转，其输出控制模拟开关切换到 U_F，U_F 是与 U_i 相反的电压，且幅值较高。积分器反向积分，输出迅速回零。

假设 $U_i > 0$，在对 U_i 积分时积分器的输出为

$$U_x = \frac{1}{\tau} \int U_i \mathrm{d}t \tag{7.52}$$

式中，τ 为积分器的时间常数。

假定在积分期间内 U_i 保持不变，在经过 T_1 时间后，$U_c = U_R$，比较器翻转，此时有

$$U_c = \frac{1}{\tau} U_i T_1 = U_R \tag{7.53}$$

比较器翻转后，控制模拟开关使积分器迅速回零，这个期间需时为 T_2。在设计电路时使 $T_2 \ll T_1$，则比较器输出的频率为

$$f_o = \frac{1}{T_1 + T_2} \approx \frac{1}{T_1} \approx \frac{1}{\tau U_R} U_i \tag{7.54}$$

由式（7.54）可以看出，电路的输出频率 f_o 与输入信号 U_i 的幅值成正比。

（2）U/F 转换电路

①普通恢复型 U/F 转换电路

图 7.28 所示为一实际恢复型 U/F 转换电路。电路由积分器，电压比较器和恢复单元（模拟开关）等部分组成。

当电源接通后，比较器 A_2 的反相端加有基准电压 $+U_B$，所以输出电压 $U_{o2} = -V_{CC}$，它使电压输出级处于截止状态，$U_o = -U_{omax}$，同时由于 U_{o2} 为负值，所以二极管 D 导通，负电压使作为开关的场效应晶体管 VT_1 处于截止状态。当加入输入电压 U_i（假设 $U_i > 0$）后，A_1 反相积分，输出电压 U_{o1} 负向增加，当 U_{o1} 略小于 $-U_B$ 值时，比较器 A_2 翻转，输出电压 U_{o2} 由 $-V_{CC}$ 跳变至 $+V_{CC}$，该电压使输出级三极管 VT_2 饱和导通，$U_o = +V_{CC}$。同时 $+V_{CC}$ 使二极管 D 截止，场效应晶体管 VT_1 导通，积分器中的电容 C_1 通过三极管 VT_2 迅速放电至零值，此时比较器 A_2 的反相端的电压又恢复为 $+U_B$，使比较器的输出电压再次变为 $-V_{CC}$，并再度进行反相积分，只要输入电压维持在某一电平，上述过程将持续不断地进行，从而产生一定频率的脉冲振

荡。

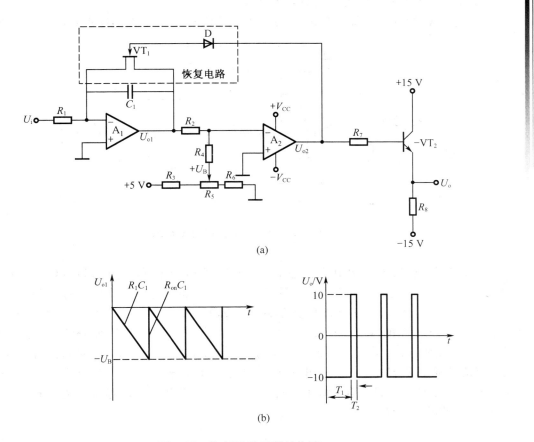

图 7.28　恢复型 U/F 转换电路

(a)恢复型 U/F 转换电路；(b)电路振荡周期

由于该电路的积分器放电时间常数为 $R_{on}C_1$(R_{on} 是三极管 T 的导通电阻,阻值很小)很小,所以该电路的振荡周期主要决定于反向积分时间 T_1,如图 7.28(b)所示。该时间发生在输出电压 U_{o1} 下降到 $-U_B$ 时,故振荡周期可由下式计算

$$T = T_1 + T_2 \approx T_1 = \frac{C_1}{I}U_B \tag{7.55}$$

式中　T——电路振荡周期；

$\quad\quad I$——电容 C_1 的充电电流值。

由图 7.28(a)可知,$I = U_i/R_1$,因此振荡周期为

$$T \approx R_1 C_1 \frac{U_B}{U_i} \tag{7.56}$$

振荡频率为

$$f_o = \frac{1}{T} = \frac{U_i}{R_1 C_1 U_B} \tag{7.57}$$

由式(7.57)可知,这种恢复型 U/F 转换器的输出频率 f_o 与输入电压 U_i 有较好的线性关系,调节电阻 R_1、电容 C_1 和基准电压 U_B,可以调整该 U/F 转换器的输出频率和变换灵敏度。

②基于集成时基电路的恢复型 U/F 转换器

采用集成时基电路(例如 555)可构成恢复型 U/F 转换器,其电路形式如图 7.29 所示。

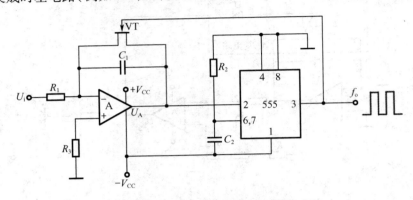

图 7.29　采用 555 的恢复型 U/F 转换电路

集成时基电路 555 工作在单稳态工作状态时,3 端处于低电平(接近 $-V_{CC}$),场效应晶体管 VT 截止。当输入电压 $U_i > 0$ 加至运算放大器 A 的反相输入端时,该反相积分器的输出 U_A 下降,一旦 U_A 下降到 555 电路 2 端的触发电平 $U_A = (2/3)V_{CC}$ 时,该单稳态电路就被触发翻转,555 电路的输出端 3 由低电平转换为高电平(接近 0 V),使场效应晶体管导通,电容 C_1 迅速放电,U_A 恢复为零值。回程时间不单决定电容 C_1 的放电时间,而且还取决于单稳态的时间常数 R_2C_2。只有当电容 C_2 上的电压下降至 $(1/3)V_{CC}$ 时,555 电路的输出端才从高电平变至低电平,VT 再次截止。循环以上过程。若忽略由单稳宽度决定的回程时间,该 U/F 电路的振荡频率为

$$f_o = \frac{U_i}{R_1 C_1 U_A} = \frac{3U_i}{2R_1 C_1 V_{CC}} \qquad (7.58)$$

由式(7.58)可知,该恢复型 U/F 转换器的输出频率 f_o 与输入电压 U_i 有较好的线性关系。

2. F/U 转换电路

与 U/F 变换相反,F/U 变换器(frequency to voltage converfor,FVC)用来将输入信号的频率 f_i 变换成与之成比例的电压 U_o 输出,若令 k 为频率 – 电压变换系数,则有

$$U_o = kf_i \qquad (7.59)$$

图 7.30 给出了采用模拟变换方式的 F/U 变换器原理框图及信号波形图。该电路主要包括电压比较器、单稳态触发器和低通滤波器三个部分,如图 7.30(a)所示。首先将输入信号用过零比较器变换成脉冲信号,然后再触发单稳态电路,从而得到宽度为 T_1、幅度为 U_R 的恒压定时脉冲(即各个脉冲的面积恒定,即 $S = T_1 U_R$),再通过低通滤波器得到输出电压 U_o,如图 7.30(b)所示。对于频率为 f_i 的输入信号来说,其输出电压 U_o 为

$$U_o = T_1 U_R f_i \qquad (7.60)$$

如果输入频率 f_i 是变化的,那么输出电压 U_o 也跟随着发生变化。这里采用低通滤波器的截止频率 f_c 应比最低输入信号的频率还低,以保证输出电压 U_o 只反映由于 f_i 变化而引起的电压变化。模拟变换方式电路简单,但变换精度较低。

3. 集成 U/F、F/U 转换电路

目前,模拟集成 U/F 和 F/U 转换器由于具有精度高、线性度好、温度系数低、功耗小及

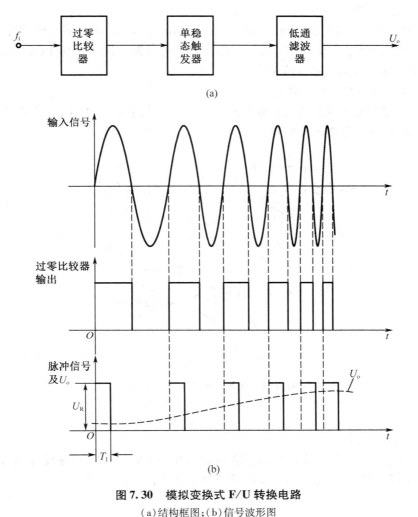

图 7.30 模拟变换式 F/U 转换电路

(a)结构框图;(b)信号波形图

动态范围宽等优点,已被广泛应用于自动控制、智能检测仪表中。常用的集成 VFC/FVC 有 LMx31 系列、VFC320 通用 VFC/FVC、VFC121 精密单电源 VFC、AD651 同步 VFC/FVC、VFC110 高频 VFC/FVC 等。

集成 LMx31 系列转换器包括 LM131A/LM131,LM231A/LM231,LM331A/LM331 等,是美国 NS 公司推出的高精度 VFC 和 FVC。芯片内部有温度补偿能隙基准电路,在整个工作温度范围内,当电源电压低到 4.0 V 时,也具有极高的精度,能满足 100 kHz 的 U/F 转换所需要的高速响应。

7.2.3 U/I 和 I/U 转换电路

在工业测控系统中,经常遇见把标准的电流信号(0～10 mA 或 4～20 mA)转换成标准的电压信号(0～5 V 或 1～5 V),或将标准的电压信号转换为标准的电流信号,以便于各类仪表的检测与控制;在检测系统中,为了便于信号的远距离传输,也需要将电压形式的信号转换为电流形式的信号。

1. U/I 转换电路

电压/电流(U/I)转换器(voltage to current convertor, VCC)用来将电压信号变换为与电压成正比的电流信号。U/I 转换器按负载接地与否可分为负载浮地型(load floating type)和负载接地型(load grounding type)两类。

(1)负载浮地型 U/I 转换电路

负载浮地型 VCC 常见的电路形式如图 7.31 所示。其中图 7.31(a)是反相式,图 7.31(b)是同相式,图 7.31(c)是电流放大式。

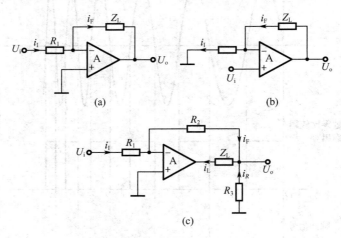

图 7.31　负载浮地型 U/I 转换电路

(a)反相式;(b)同相式;(c)电流放大式

①反相式负载浮地 VCC

在图 7.31(a)所示的反相式负载浮地型 VCC 中,输入电压 U_i 加在反相输入端,负载阻抗 Z_L 接在反馈支路中,故输入电流 i_I 等于反馈支路中的电流 i_F,即

$$i_I = i_F = \frac{U_i}{R_1} \tag{7.61}$$

式(7.61)表明,负载阻抗中的电流 $i_L = i_F$ 与输入电压 U_i 成正比,而与负载阻抗 Z_L 无关,从而实现了电压与电流变换。

这个电路的缺点是,要求信号源和运算放大器都能给出要求的负载电流值,这是由于输入信号 U_i 加于运算放大器反相输入端所造成的。

②同相式负载浮地 VCC

图 7.31(b)所示的同相式负载浮地型 VCC 中,信号接于运算放大器的同相端,由于同相端有较高的输入阻抗,因而信号源只要提供很小的电流。不难得出负载电流为

$$i_L = i_F = i_I = \frac{U_i}{R_1} \tag{7.62}$$

式(7.61)表明,负载电流 i_L 与输入电压 U_i 成正比,且与负载阻抗 Z_L 无关。

③电流放大式负载浮地 VCC

图 7.31(c)所示为电流放大式负载浮地型 U/I,在这个电路中,负载电流 i_L 大部分由运算放大器提供,只有很小一部分由信号源提供,且有

$$i_L = i_F + i_R \tag{7.63}$$

式中,反馈电流 i_F 和电阻 R_3 中的电流 i_R 分别为

$$i_F = i_1 = \frac{U_i}{R_1} \tag{7.64}$$

$$i_R = -\frac{U_o}{R_3} = \left(U_i \frac{R_2}{R_1} \right) \frac{1}{R_3} \tag{7.65}$$

将式(7.64)和式(7.65)分别代入式(7.63)中,则有

$$i_L = \frac{U_i}{R_1} + \frac{U_i R_2}{R_1 R_3} = \frac{U_i}{R_1} \left(1 + \frac{R_2}{R_3} \right) \tag{7.66}$$

由式(7.66)可知,调节 R_1,R_2 和 R_3 都能改变 U/I 转换器的变换系数,只要合理地选择参数,电路在较小的输入电压 U_i 作用下,就能给出较大的与 U_i 成正比的负载电流 i_L。

当需要较大的输出电流,或较高的输出电压(负载 Z_L 有较大的阻抗值)时,普通的运放可能难以满足要求。图7.32所示为大电流和高电压输出 U/I 变换器。根据图7.32(a)所示的电路,不难得出

$$i_L = i_R = \frac{U_i}{R} \tag{7.67}$$

由于采用了三极管 VT 来提高驱动能力,其输出电流可高达几安培,甚至于几十安培。

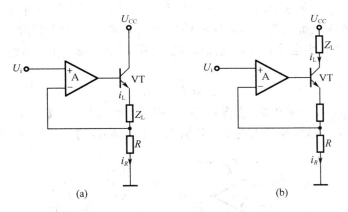

图7.32 大电流和高电压输出 U/I 变换器

(a)反相式;(b)同相式

当负载 Z_L 的阻抗值较高时,图7.32(a)所示的电路中的运放仍然需要输出较高的电压。普通运算放大器的输出最高幅值不超过 ± 18 V。即使是高压运算放大器,其输出最高幅值一般不超过 ± 40 V,而且价格昂贵。采用图7.32(b)所示的电路可以满足负载 Z_L 的阻抗值较高时需要较高输出电压的要求,该电路同时也能给出较大的负载电流。由于采用同相输入方式,也具有很高的输入阻抗。根据图7.32(b)所示的电路可有

$$i_L = \frac{\beta}{1+\beta} i_R = \frac{\beta}{1+\beta} \frac{U_i}{R} \tag{7.68}$$

式中,β 为晶体管 T 的直流电流增益。选用 β 值较大的晶体管,可有 $\beta \gg 1$,则

$$i_L = \frac{U_i}{R} \tag{7.69}$$

所以,对图7.33(b)所示的电路应选用 β 值较大的晶体管才能得到较高的精度。应该

指出的是，图 7.33 所示的电路只能用于 $U_i > 0$ 的信号。

（2）负载接地型 U/I 转换电路

图 7.33（a）所示为典型的负载接地型 U/I 转换电路。利用叠加原理，可以写出

$$U_o = - U_i \frac{R_F}{R_1} + U_L \left(1 + \frac{R_F}{R_1}\right) \tag{7.70}$$

式中，U_L 为负载阻抗 Z_L 两端的电压，也可看成是运算放大器输出电压 U_o 分压的结果，即

$$U_L = i_L Z_L = U_o \frac{R_2 // Z_L}{R_3 + (R_2 // Z_L)} \tag{7.71}$$

由式（7.70）和式（7.71）可解得

$$i_L = \frac{- U_i \dfrac{R_F}{R_1}}{\dfrac{R_3}{R_2} Z_L - \dfrac{R_F}{R_1} Z_L + R_3} \tag{7.72}$$

若取 $R_3/R_2 = R_F/R_1$，则有

$$i_L = - \frac{U_i}{R_2} \tag{7.73}$$

式（7.73）表明：只要满足 $R_3/R_2 = R_F/R_1$，该电路便能给出与输入电压 U_i 成正比的电流 i_L 输出，而且与负载阻抗无关。该电路的输出电流 i_L 将会受到运算放大器输出电流的限制，负载阻抗 Z_L 的大小也受到运算放大器输出电压 U_o 的限制，在最大输出电流 i_{Lmax} 时，应满足

$$U_{omax} \geqslant U_{R_3} + i_{Lmax} Z_L \tag{7.74}$$

为了减小电阻 R_3 上的压降，应将 R_3 和 R_F 取小一些，而为了减小信号源的损耗，应选用较大的 R_1 和 R_2 值。该电路最大的缺点是引入了正反馈，使得电路的稳定性降低。

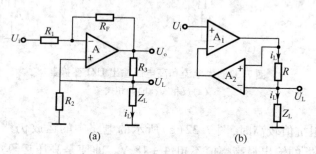

图 7.33 负载接地型 U/I 转换电路

(a)典型负载接地型；(b)高性能负载接地型

图 7.33（b）所示为高性能负载接地型 U/I 转换电路，既可以在负载接地的情况下得到很高的变换精度，又具有很高的工作稳定性。

电路中 A_1 为普通运算放大器，A_2 为仪器放大器（如 AD620）。假定 A_2 的增益为 K，则有

$$U_i = KRi_1 = KRi_L \tag{7.75}$$

所以

$$i_\mathrm{L} = \frac{1}{KR}U_\mathrm{i} \tag{7.76}$$

U/I 转换电路常用作传感器或其他检测电路中的基准(参考)恒流源,或在磁偏转的示波装置中常用来将线性变化电压变换成扫描用的线性变化电流,或在控制系统中作为可控电流源驱动某些执行装置,如记录仪、记录笔的偏转和电流表的偏转。

2. 电流/电压转换电路

电流/电压(I/U)转换电路(current to voltage convertor, CVC)用来将电流信号变换为成正比的电压信号。图 7.34 所示为 I/U 转换电路的原理图。

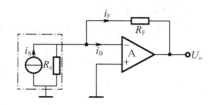

图 7.34 I/U 转换电路原理图

图 7.34 中 i_S 为电流源,R_S 为电流源内阻。理想的电流源的条件是输出电流与负载无关,也就是说电流源内阻 R_S 应很大。若将电流源接入运算放大器的反相输入端,并忽略运算放大器本身的输入电流 i_B,则有

$$i_\mathrm{F} = i_\mathrm{S} - i_\mathrm{B} \approx i_\mathrm{S} \tag{7.77}$$

也即输入电流 i_S 全部流过反馈电阻 R_F,电流 i_S 在电阻 R_F 上的压降就是该电路的输出电压 U_o,即

$$U_\mathrm{o} = -i_\mathrm{S}R_\mathrm{F} \tag{7.79}$$

式(7.79)表明输出电压 U_o 与输入电流 i_S 成正比,即实现了电流/电压的变换。若运算放大器的输出阻抗很低,那么可用一般的电压表在输出端直接测定输入电流值大小,其变换系数就是 R_F 值。若被测电流 i_S 很小,为了要有一定的输出电压数值应该取较大的 R_F 值。但 R_F 值若大,必然存在两个问题:一是大阻值的电阻不容易找到,精度也差;二是输出端的噪声也越大。在实用上,一是采用 T 形电阻网络替代大阻值电阻,这时可采用较小阻值的电阻;二是为了要降低噪声,可在电阻 R_F 的两端并接一个小电容来解决,且该电容本身的漏电流应足够小。图 7.35 给出了测量微弱电流信号的 I/U 变换电路。

由式(7.77)可知,测量电流 i_S 的下限值受运算放大器本身的输入电流 i_B 所限制,i_B 值越大,则带来的测量误差也越大,通常希望 i_B 的数值应比被测电流 i_S 第 1~2 个数量级以上。由于一般通用型集成运算放大器本身的输入电流在数十至数百纳安的量级,因此它只适宜用来测量微安级电流;若需测定更微弱的电流,可采用 CMOS 场效应管作为输入级的运算放大器,此时该运算放大器的输入电流 i_B 可降至皮安(pA)级。

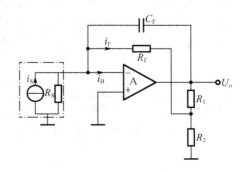

图 7.35 实用测量微弱电流信号的 I/U 变换电路

I/U 转换电路可作为微电流测量装置来测量漏电流,或在使用光敏电阻、光电池等恒电流传感器的场合,是一个常见的光检测电路。I/U 转换电路也可作为电流信号的相加器,这在数字/模拟转换器中是一种常见的输出电路形式。

7.3 心电弱信号检测、转换与抗干扰电路

7.3.1 心电信号特点及干扰来源

1. 心电信号特点

图 7.36 所示为人体心电信号幅值(电压)随时间变化的 V−T 曲线图。

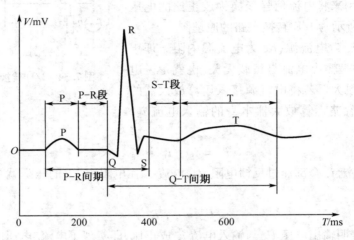

图 7.36 人体心电信号 V−T 图

医学上,人们用不同的英文字母来分别表示人体心电波形的每一个变化阶段。由图 7.36 可知,人体心电信号的 V−T 图由四大块组成,分别为 P 波、QRS 波群、T 波和静息区,每段波形频率大小、幅值大小和经历的时间等都各不相同,记录着心电信号电压随时间变化的规律,是典型的具有明显时频特性的生物医学电信号。从功率谱分析发现,QRS 波群的能量在心电信号中占了很大比例,它的峰值大约在 10～20 Hz 之间,分布于心电信号的中、高频区,这个特征在心电图 ECG(electro curdiograph)中显得非常突出,使得 QRS 成为心电信号中最易识别的信号段。每段波形的特点如表 7−1 所示。

表 7.1 心电信号分段波形特点

波形名称	产生原因	形态	属性
P 波	心房收缩前心房肌除极的电位变化	圆滑,没有明显尖峰	不超过 0.11 s,肢体导联电压值不超过 0.25 mV,胸导联电压值不超过 0.20 mV
QRS 波群	心室收缩前心室肌除极的电位变化	明显尖峰	宽度不超过 0.11 s,多数在 0.06～0.10 s
T 波	心室复极时的电位变化	圆滑,没有尖峰,顶光滑无切迹,没有明显起始点,上升支下降支不对称	在 R 波为主的导联中,其幅度不应小于同导联 R 波的 1/10

表 7.1（续）

波形名称	产生原因	形态	属性
P – R 段	心房开始除极到心室开始除极的时间段	基本无变化	成年人宽度为 0.12～0.20 s,随着年龄和心率的不同而不同,年龄越小,心率越快,P – R 段就越短
Q – T 段	心室肌除极和复极整个活动过程的时间段	包含 QRS 波群、S – T 段、T 波	成年人宽度为 0.32～0.44 s,随着年龄和心率的不同而不同,心率越快,Q – T 段就越短
S – T 段	心室缓慢复极过程的时间段	与等电位线平行	ST 段变化是判断心脏正常与否的重要因素

随着心脏有节律的搏动,心电信号也会随之变化。

从医学上来讲,心电信号的测量结果受到多方面影响,如人体当时的生理状态、测量过程中是否受到外界干扰等因素。因此,仪器测量出的心电波形图经常会呈现出复杂的形态;同时,个体之间存在的差异也会使心电波形图的图像千差万别。人体心电信号不同于其他生物电信号,主要体现在以下五个方面。

（1）微弱性

从人体皮肤表面所获得的心电信号都比较小,不易监测,当与人体表面有一定距离时就基本监测不到了,要求采集时必须使用特定设备。其幅值范围大约在 $10~\mu V～4~mV$ 之内,一般表现为 $1~mV$,是毫伏级的微弱信号。

（2）低频性

作为一种低频信号,频率范围大多在 0.05～100 Hz 之内,且集中表现在 0.05～40 Hz 范围之内。

（3）不稳定性

人体处于呼吸状态,心脏就会随其一直持续工作,呼吸的快慢、深浅都会使得人体的心电信号发生变化,令信号十分不稳定。

（4）随机性

生理参数都是生物体在生命活动过程中发出的微弱电信号,反映了不同人体的生理活动,是生物体所具有的一种基本属性。由于个体之间存在体型、健康状态等差异,且生物体在不停地与外界进行交换,内部器官也在相互影响使得心电信号具有随机性。

（5）干扰性

心电信号易受干扰,各个方面的干扰都会对其采集过程造成影响。如生物体自身存在的呼吸噪声、肌电噪声和脑电噪声等,生物体外界环境中存在的工频干扰噪声和人为操作不当引起的噪声等。无论是哪种方式的噪声,都会改变心电信号的波形。

2. 心电信号噪声来源

从人体体表获得的心电信号极其微弱,在实验采集的过程会将噪声一同采集进来,干扰信号大致可分为以下六种。

（1）工频干扰

工频（power frequency）是指工业上所用的交流电源的频率（50 Hz），人体心电信号经常被淹没在 50 Hz 工频噪声中，使得心电信号发生变化。工频干扰噪声的幅值一般等于甚至高于心电信号的有效值。

（2）肌电干扰

肌电（myoelectricity）噪声的产生由于人的肌肉在进行活动时，神经系统使人体肌肉颤抖，这时肌肉纤维会进行正常的收缩而引起人体内生物电的变化，也属于生物电信号的另一种表现形式。因为必须将心电信号多次放大后才能进行观察，且在这个过程中，肌电噪声会随着心电电极进入心电监测系统中，并与采集到的心电信号同时放大，成为不可避免的噪声干扰。肌电噪声通常表现为多变、形状不规整的波形，是一种频率较高的噪声信号，绝大部分集中在 5～40 Hz 范围之内，幅值为毫伏级。

（3）基线漂移

基线漂移（baseline drift）现象是实验过程中存在的一种普遍的干扰现象，心电监测系统本身和呼吸干扰都会引起基线漂移。基线漂移的频率不高，大约在 0.15～0.3 Hz 之内。

（4）共模信号

通过体表的导联可以采集到心脏正常活动产生的心电信号，同时还有其他不同种类的、无用的生物电信号，称之为共模信号。实验过程中，确实存在共模信号强度大于心电信号强度的现象，因此必须对其进行滤除。

（5）高频电磁场干扰

无线电技术随处可见的今天，空气中充斥着大量的电磁波，电磁波的密度越来越大，导线作为媒介可将不同频段的无线电广播信号、电视频道发射台信号、通讯站信号、雷达信号等工作产生的高频电磁干扰引到心电监测系统中，使得测量结果出现偏差，情况更糟糕时可能导致心电监测系统不能使用。

（6）电极极化干扰

极化电压是指电极与电解质溶液接触构成一个金属－电解质溶液环境，由于电化学反应，在二者之间产生的电位差。将人体可以看作一个大导体，心脏周围的组织液和体液都可以作为导电媒介，这样心脏工作过程中出现的生物电现象可以表现到皮肤表面。通过在人体的皮肤表面安置两个电极来采集心电信号，电极、组织液和体液三者组成一块化学电池，当有电流流过电极时，即在两电极端产生了一个电位差，这就是电极极化（polarization of electrode）现象。当双电极处在平衡状态时，产生的极化电压会相互抵消。电极极化干扰是不可避免的，且极化电压受电极材料、环境湿度、环境温度和电极与体表接触的情况等多种因素影响。此外，在采集过程中双电极在人体体表之间的移动摩擦也会引起电位差的变化。

7.3.2 心电信号检测基本要求及设计方案

1. 心电信号检测基本要求

人体心电信号是一种微弱的生物电信号，具有幅度小、频率低且易受干扰的特点，因此对其放大、滤波、陷波、隔离等处理的要求较高。其有以下四点：

（1）心电信号的采集:设计合理的导联系统。

（2）心电信号的放大、滤波:电路的总增益为800~1 200倍高输入阻抗高共模抑制比设计合理的低通滤波装置,保护频率在0.05~100 Hz范围之内的有用信号,并尽量滤除实验中交流电源带来的50 Hz工频干扰以及人体内部存在的肌电干扰。

（3）心电信号的A/D转换:设计符合心电监测系统要求的A/D转换电路。

（4）电源电路:提供稳定的工作电压。

2. 心电信号检测整体方案

通过人体表面采集出心电信号后,首先输入到模拟电路中,经过三运放仪用放大电路进行前置放大,然后对不同的噪声干扰信号进行隔直以及滤波处理;接下来通过光电隔离电路,进行电—光—电信号的转换,使信号的输入端与输出端完全电气隔离,抗干扰能力强且对人体进行了保护;再经过50 Hz陷波电路以减弱测量电路中存在的工频干扰;最后进入后置放大滤波电路,对心电信号进行再次放大,得到幅值范围在±5 V左右的心电信号。在数字电路中,将采样得到的心电信号进行A/D转换,再经过RS232串口,由STC89C52控制芯片传输到上位机当中,进行心电信号曲线的实时显示。整体方案如图7.37所示。

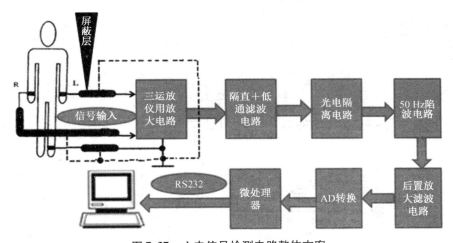

图7.37 心电信号检测电路整体方案

3. 心电信号的拾取

在人体的皮肤表面安置两个电极来采集心电信号。电极安放在身体上的具体位置和导线与心电监测系统之间的连接方式称为心电信号的导联(lead)。心电信号的导联方式有很多种,双极肢体导联、单极肢体导联、加压单极肢体导联和单极胸导联都是常见的导联方式。单极肢体导联方式如图7.38所示。

人体在生物活动过程中存在着不同的生物电现象,这些电信号都可以通过金属导体来提取,称之为导引电极(guide eledrode)。电极的种类很多,分为金属平板电极、吸附电极、圆盘电极、悬浮电极、软电极和干电极等,可以根据不同的实验需要选择不同的电极。医用式心电夹(ECG clamp)如图7.39所示,使用时采用双芯同轴屏蔽导线传输信号,将左、右手和左脚的三个导线屏蔽层连接在一起与左脚信号一同作为参考地信号,参考地线使用单芯屏蔽导线,起到静电屏蔽和电磁屏蔽的作用,尽可能降低干扰。

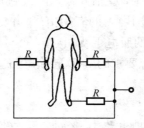

图 7.38　单级肢体导联的连接方法

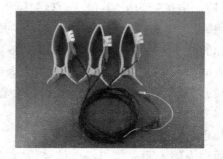

图 7.39　模拟医用式心电夹子及导线

7.3.3　心电信号检测电路设计与分析

1.心电信号检测模拟电路设计

根据心电信号特点和检测要求,设计了如图 7.40 所示的心电信号检测电路。

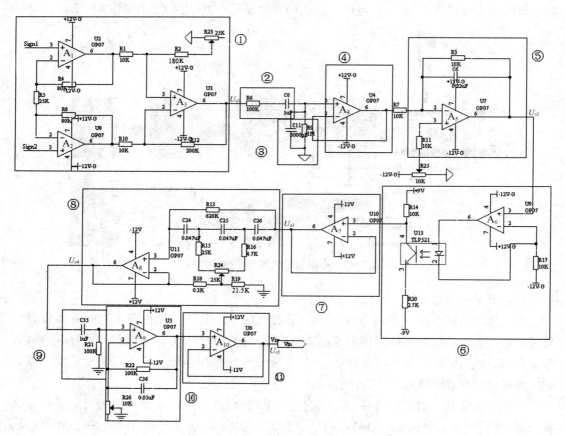

图 7.40　心电信号模拟电路部分电路图

该心电检测模拟电路主要包含五个环节。

（1）前置放大环节

人体体表电压信号通过左右手两个心电夹给系统两路输入,通过前置放大环节①放大。输入信号幅值约为 $0.05 \sim 25 \ mV$,放大倍数约为 150 倍。其中,电路设有调节电阻 R_{23} 使电路中电阻满足对称条件,提高电路抗共模干扰能力。

（2）带通滤波环节

由一个隔直电路②、泄流电路③且兼有滤波作用、起隔离作用的跟随器电路④和直流电位调整及低通滤波电路⑤构成,使频率为 $0.05 \ Hz \sim 100 \ Hz$ 之间的信号通过。调节电阻 R_{25} 可以调节后面光电隔离电路输入电位,使其工作在线性区。

（3）光电隔离环节

由光电耦合器电路⑥和跟随电路⑦组成。光电耦合器包括发光二极管与光敏三极管,将电信号转换成光信号进行信号传输,提高电路抗干扰性和安全性。

（4）50 Hz 工频陷波环节

采用双 T 结构的带阻滤波电路⑧构成,主要是抑制并滤除环境中 50 Hz 的工频干扰,调节电阻 R_{24} 可以调节滤波器的陷波中心频率,达到最佳滤除效果。

（5）后置滤波放大环节

该环节由隔直电路⑨、放大滤波电路⑩和阻抗匹配电路⑪构成。调节电阻 R_{26} 可以调节放大环节的增益。

2. 心电信号检测模拟电路中放大电路设计

根据前面的分析,心电信号检测电路中放大电路包括前置放大和后置放大两部分。

（1）前置放大电路

前置放大电路由仪用放大电路组成。如图 7.41 所示,电路前级由两个同相运算放大装置构成对称结构,输入为从左右手采集到的电压信号,具有高输入阻抗的特点;后级为一个差动放大电路,减少共模干扰信号的影响,将双端输入端变为单端输出,满足对地负载的要求。

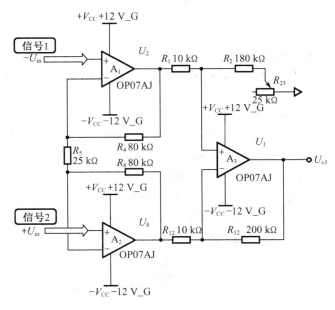

图 7.41　仪用放大电路图

当电路满足 $R_1 + (R_2 + R_{23}) \approx R_{10} + R_{12}$，即 $R_2 + R_{23} \approx R_{12} = 200 \text{ k}\Omega$ 时，前置放大电路的放大倍数可用叠加定理计算得到

$$\frac{U_o}{U_{in}^+ - U_{in}^-} = \left(1 + \frac{2R_4}{R_5}\right)\frac{(R_2 + R_{23})}{R_1} = \left(1 + \frac{2 \times 80}{25}\right) \times 20 = 148 \tag{7.80}$$

（2）后置放大电路

前置放大电路使心电信号放大 150 倍左右，后置放大电路只需放大信号 10 倍左右即可使毫伏级心电信号变成伏级输出。图 7.42 中，运放 OP07U5、电阻 R_{22}、电容 C_{36} 和可调电阻 R_{26} 构成了一个一阶有源放大滤波电路，调整 R_{26} 的阻值可以调节电路的增益，可使心电波形的幅度增大。

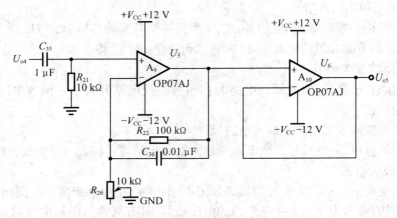

图 7.42 后置放大滤波电路图

后置放大电路的放大倍数可用下式计算得到

$$\frac{U_o}{U_i} = 1 + \frac{R_{22}}{R_{26}} \tag{7.81}$$

2. 心电信号检测模拟电路中滤波电路设计

心电信号检测电路中滤波电路主要任务是滤除频带 0.05 ~ 100 Hz 范围之外的干扰信号和 50 Hz 工频干扰信号。

（1）前级隔直与低通滤波电路设计

图 7.40 设计的心电信号检测电路中，在电路前级和后级分别两次用到隔直电路和低通滤波电路，其实质相当于带通滤波器，起到对一定带宽内心电信号的滤波作用。图 7.40 所示为图 7.43 电路中前级隔直与低通滤波电路。

图 7.43 中，R_9 与 C_8 构成了一个隔直电路，相当于高通滤波的作用，低频信号不能通过；C_{11} 是泄流电容，可以滤除掺杂在心电信号中的频率较高的干扰噪声信号；R_7，R_3，C_1 与运放 OP07U7 构成一阶有源低通滤波电路，其频率响应为

$$H(j\omega) = \frac{U_o}{U_i} = -\frac{R_3 // \dfrac{1}{j\omega C_1}}{R_7} = -\frac{R_3}{R_7} \cdot \frac{1}{j\omega R_3 C_1 + 1} \tag{7.82}$$

得到电路幅频特性为

$$A(\omega) = \frac{A_{up}}{\sqrt{\omega^2 R_3^2 C_1^2 + 1}} \tag{7.83}$$

式中，$A_{up} = R_3 / R_7$ 为滤波器通带电压放大倍数，当 $\omega = \dfrac{1}{R_3 C_1}$ 时，$A(\omega) = \dfrac{A_{up}}{\sqrt{2}}$。

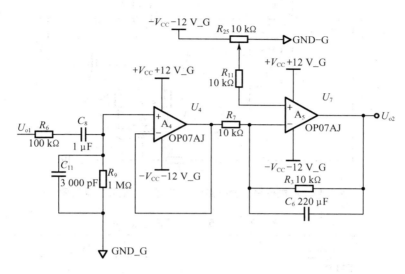

图 7.43　前级隔直与低通滤波电路图

所以图 7.43 所示一阶低通滤波器的截止频率为

$$f_{c1} = \frac{\omega_{c1}}{2\pi} = \frac{1}{2\pi R_3 C_6} = \frac{1}{2\pi \times 10 \times 10^3 \times 0.22 \times 10^6} = 72.34 \text{ Hz} \tag{7.84}$$

（2）后级隔直与低通滤波电路设计

图 7.40 设计的心电信号检测电路中，后级滤波电路也由隔直电路和低通滤波电路构成，结构与前级类似，起到进一步滤波的作用。

图 7.42 中，R_{21} 与 C_{35} 构成了一个隔直电路；R_{22}，R_{26}，C_{36} 与运放 OP07U5 构成一阶有源低通滤波电路，其截止频率为

$$f_{c2} = \frac{\omega_{c2}}{2\pi} = \frac{1}{2\pi R_{22} C_{36}} = \frac{1}{2\pi \times 100 \times 10^3 \times 0.01 \times 10^{-6}} = 159.15 \text{ Hz} \tag{7.85}$$

（3）50 Hz 工频陷波电路设计

心电信号检测中 50 Hz 的工频干扰是不可避免的，且对心电信号的正确检测有极大影响，图 7.44 为心电信号检测中双 T 型窄带陷波器电路图。该电路采用有源反馈桥式微分 RC 网络，陷波中心频率为

$$f_0 = \frac{1}{2\pi C \sqrt{3R_1 R_2}} \tag{7.86}$$

式中，R_1 为电阻 R_{15} 和电阻 R_{24} 左半部分阻值的串联，R_2 为电阻 R_{16} 和电阻 R_{24} 右半部分阻值的串联，调节 R_{24} 可以改变陷波中心频率，中心频率在 50 Hz 到 60 Hz 之内变化；$C = C_{24} = C_{25} = C_{26}$。

3. 心电信号检测模拟电路中隔离电路设计

（1）光电隔离电路主要器件

TLP521 - 1 是 TLP521 系列可控光电耦合器件中的一种，基本信息如表 7.2 所示。TLP521 - 1 外形和引脚定义分别如图 7.45(a)(b)所示。

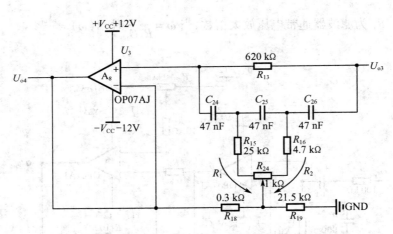

图 7.44　心电信号检测电路中双 T 型窄带陷波器电路图

表 7.2　TPL521 - 1 基本信息

性能指标	具体参数
通道数	1
供电电压	5 ~ 24 V
正向电流	16 ~ 25 mA
集电极 - 发射极间电压	55 V
隔离电压	2 500 Vrms(最小)
工作温度	25 ~ 85 ℃

表中,Vrms 表示正弦交流信号的有效电压值。

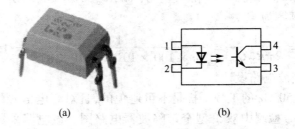

　　　　　(a)　　　　　　　　　　　　　　　(b)

图 7.45　TLP521 - 1 外形和引脚分布图

(a)实物外形;(b)引脚分布

1—正极;2—负极;3—发射极;4—集电极

(2)光电隔离电路设计

设计的光电隔离电路的原理图如图 7.46 所示。

光电耦合器件 TLP521 - 1 中包含一个发光二极管和一个光敏三极管,在线性电路中应用的光电耦合器件关键之处在于要保证发光二极管和光敏三极管都工作在线性区,为了防止失真情况发生,应加入以下四项条件。

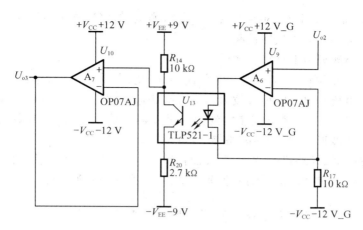

图 7.46　光电隔离电路原理图

①在前一级低通滤波电路中加入可调电阻 R_{25}，用来调节光电耦合器件发光管二极管的线性区，如图 7.47 所示。

②运放 A_6 的静态工作点由反相输入端到负电源的 R_{17} 下拉电阻所确定，同时发光二极管的阴极电位也由该电阻所确定。

③光敏三极管的工作点由 R_{14} 和 R_{20} 两个电阻及 ±9 V 电源决定。

④在光电耦合电路之后加入了一个电压跟随器，主要起到缓冲、隔离的作用，电路的负载能力变强。

4. 心电信号检测模拟电路中电源和"接地"技术

在人体心电信号检测电路中，虽然表面上 50 Hz 工频干扰源没有与测量电路直接连接，但是干扰依然存在，可以通过各种耦合途径进入测量电路，如导线和导线之间以及导线与元件、结构件之间电容性耦合带来的干扰电位；人体是良导体导致人体与 50 Hz 电源电线之间分布电引入电容性耦合干扰；测量系统内部的闭合回路或线圈引起的电感性耦合形成干扰电压等。

合理设计电源和"接地"能有效减小上述干扰。

（1）电源的设计

在图 7.40 设计的心电信号检测电路中，电源主要包括以下三种。

① ±12 V 外接电源：此电源由外部 ±12 V 电源提供，主要为心电信号检测电路中光电隔离器件之后的电路供电。

② ±12 V － G 内部电源：此电源由外部 ±12 V 电源经过 DC/DC 电源转换模块 WRA1212YMD 转换并稳压后输出得到，主要为心电信号检测电路中光电隔离器件之前的电路供电。

③ ±9 V 内部电源：此电源由外部 ±12 V 电源经过 7809 和 7909 稳压芯片稳压在 ±9 V 后输出得到，主要为心电信号电路中光电隔离器件 TLP521 － 1 供电；+9 V 连接到光耦 4 脚、−9 V 连接到光耦 3 脚。

（2）"接地"的区别

① ±12 V 外接电源对应的"地"为"GND"，此"地"与外接 ±12 V 电源的"地"共地。

② ±12 V － G 内部电源对应的"地"为"GND － G"，此"地"是经过 DC/DC 电源转换模

块 WRA1212YMD 转换后得到的参考地。在电路测量时,将"GND – G"与连接左脚的导线和导线外部的屏蔽层共同连接在一起。

5. 心电信号检测模拟电路综合测试

将设计的心电检测电路与相应的电源连接好,左、右手和左脚分别通过模拟医用式心电夹及导线与心电检测电路的前置放大器输入端相连,注意心电夹的贴片应贴近脉搏跳动的地方;通过导线将电路的输出端连接到数字示波器的输入端;打开电源、示波器,即可通过观察示波器上的波形,适当调整电路参数,可以采集并显示心电信号。

(1)对 50 Hz 陷波模块进行调试,示波器初始显示如图 7.47 所示为方波信号,调节可调电阻 R_{24},使 50 Hz 干扰方波信号幅度逐渐减小,直到趋近于一条直线。

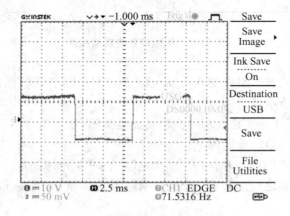

图 7.47　工频干扰信号波形

(2)适当调节电路中的可调电阻 R_{25},使光电耦合器件工作在线性区,用示波器测量电路输出端,得到如图 7.48 所示的波形。

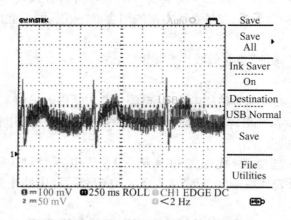

图 7.48　含有噪声干扰的心电信号波形

(3)适当调节电路中可调电阻 R_{26},得到二次放大后的心电信号。

(4)为减小共模干扰信号,可以调节前置仪用放大电路中的可调电阻 R_{23},最终得到尖峰明显、清晰的心电信号,如图 7.49 所示。

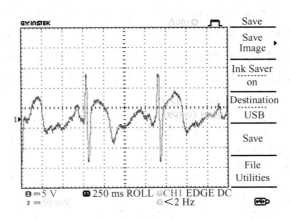

图 7.49　最终的心电信号波形

7.4　本章小结

本章主要介绍信号检测调理电路,重点介绍了仪用放大电路的构成、特点和电路设计,电压比较器的特点和电路分析计算以及电压/电流、电压/频率转换电路的原理和应用。本章结合第 6 章内容,以心电弱信号检测为例,给出检测与转换系统中信号的提取、转换和抗干扰技术的设计与实现。通过本章的学习,应具有分析常见信号调理电路,并能根据具体功能需求设计信号调理电路的能力。

7.5　思　考　题

1. 理想运算放大器的性能有哪些?

2. 差动放大电路的输入输出方式有几种? 各适合应用在何种场合? 举例说明。

3. 若一个差动放大电路的外接电阻误差为 $\delta = \pm 0.05\%$,运放本身的 $CMRR_{op} = 60\ dB$,分别求 $A_{ud} = 150, A_{ud} = 1$ 时,差动放大电路的 CMRR 是多少分贝?

4. 试计算题图 7.1 所示放大电路的放大倍数。

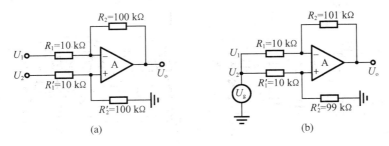

题图 7.1

5. 电桥放大电路单端输入和差动输入方式有什么区别?

6. 仪用放大器结构上有什么特点? 它是如何抑制共模干扰的?

7. 已知题图 7.2 所示的电路,电桥电源电压 $E = 5$ V,$R = 120$ Ω,R_x 为 120 Ω 应变片,灵敏度系数 $K = 2$;两应变片一个受拉,另一个受压,应变分别为 1 000 με 和 – 1 000 με(1 με $= 1 \times 10^{-6}$),电桥输出接入三运放仪用放大器,$R_g = 20$ kΩ,$R_1 = R_1' = 80$ kΩ,$R_2 = R_2' = 10$ kΩ,$R_3 = R_3' = 200$ kΩ。求 (1)$\Delta R/R$;(2)电桥输出电压;(3)输出电压 U_o。

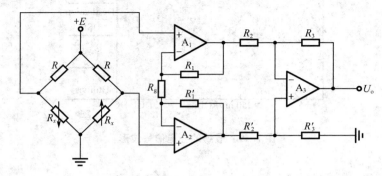

题图 7.2

8. 与简单的电压比较器相比,迟滞电压比较器有什么特点?

9. 题图 7.3 为一个同相迟滞比较器,已知参考电压 $U_R = 5$ V,运放供电电压为 ± 12 V,电路中的电阻 $R_1 = R_2 = R_f = 10$ kΩ,试画出比较器的输入输出特性。

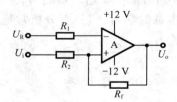

题图 7.3

10. 已知一个迟滞比较器如题图 7.4(a)所示,稳压管稳压范围 ± U_Z = ± 10 V,参考电压 $U_R = 10$ V,输入信号 U_i 波形如图 7.4(b)所示,计算这个迟滞比较器上、下门限电压,并画出比较器输出电压 U_o 波形。

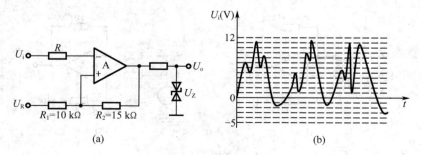

题图 7.4

11. 如题图 7.5 所示的 U/F 转换电路,(1)画出 U_{o1} 和 f_o 的波形图;(2)求出输出频率 f_o 和输入电压 U_i 之间的关系式;(3)若 $U_i = 5$ V,输出频率 f_o 为多少?

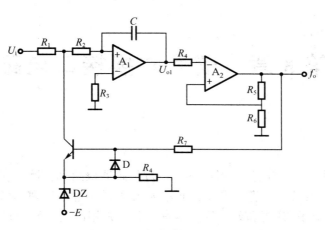

题图7.5

12. 欲将4~20 mA 的输入直流电流转换为0~10 V 的输出直流电压,试设计转换电路。

13. 欲将1~5 V 的输入直流电流转换为4~20 mA 的输出直流电压,试设计转换电路。

14. 心电信号是微弱信号,对心电信号的研究表明,心电信号频率一般在0.05 至100 Hz 之间,其中,工频干扰是主要的干扰来源,请问:

①可以采用何种滤波方式实现对工频干扰信号的滤除? 如何采用低通滤波器和高通滤波器实现这一滤波方式?

②心电信号频率一般在0.05 至100 Hz 之间,理论上可以设计带通滤波器实现滤波,但截止频率为0.05 Hz 的高通滤波器难以实现,一般可以采用什么方法滤掉0.05 Hz 以下的干扰信号?

③心电信号测量中,如何合理"接地",请根据图7.40 说明。

第8章　信号转换接口电路

【本章要点】

在自动检测系统中,非电量或者电参数经过传感器检测、信号调理电路转换成适当的电信号之后,为了对其特性作进一步分析研究,必须经过相应的处理,然后才能送给微处理器进行信号的自动显示、分析和处理等。本章主要对常用的信号转换接口电路,如模拟开关、采样/保持电路、模拟/数字转换电路以及通信接口电路等进行分析介绍。

8.1　多路模拟开关电路

模拟开关(analog switch)在信号检测电路中主要是完成信号切换功能,由于其功能类似于开关,而且用模拟器件的特性实现,所以被称为模拟开关。其在多路被测信号共用一个 A/D 转换器的数据采集系统中,可以将多路被测信号分别传送到 A/D 转换器进行转换。

模拟开关的基本构成如图 8.1 所示。每一个模拟开关至少都应包含两个部分:用于切换模拟信号的开关元件和按照控制指令驱动开关元件完成通断转换的驱动电路。

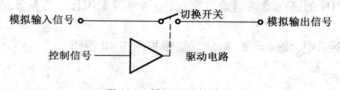

图 8.1　模拟开关构成图

常用的模拟开关有机电式和电子式两大类:前者主要包括各种电磁继电器,后者主要包括二极管、双极型晶体管(bipolar transistor)、场效应管(Field Effect Transistor,FET)等构成的开关。机电式模拟开关具有通断性能好、信号畸变小、但切换过渡时间太长(1 ~ 100 ms)等特点,一般用于大电流、高电压、低速切换等场合;电子式模拟开关则具有时间短(10 ~ 100 ns),通断特性不理想等特点,一般用于小电流、低电压、高速切换等场合。

8.1.1　晶体管模拟开关

1. 简单晶体管模拟开关

(1)工作原理

晶体三极管一般有三种工作状态:放大状态(amplification state)、饱和导通状态(saturation conduction state)和截止状态(cut – off state),如图 8.2 所示。

图 8.2(a)所示,当晶体管处于放大状态时,发射结正偏、集电结反偏,即 $U_{BE} > 0$、$U_{BC} < 0$,集电极和发射极之间的压降 $U_{CE} > 0$;图 8.2(b)所示,当晶体管处于饱和状态时,发射结和集电结都正偏,即 $U_{BE} > 0$、$U_{BC} > 0$,饱和压降 $U_{CE} \approx 0$,等效为饱和压降与导通电阻串联,二者

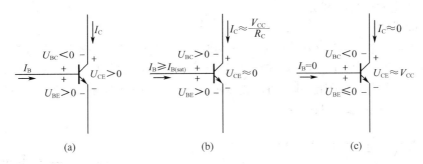

图8.2　晶体三极管三种工作状态

（a）放大状态；（b）饱和导通状态；（c）截止状态

较小，相当于模拟开关导通；图8.2（c）所示，当晶体管处于截止状态时，三极管发射结和集电结都反偏，即 $U_{BE} \leqslant 0$、$U_{BC} < 0$、$U_{CE} \approx V_{CC}$，等效为断开电阻与漏电流并联，断开电阻很高，漏电流很小，相当于模拟开关断开。这就是晶体管用作模拟开关的基本原理。

根据负载电阻 R_L 的接入位置不同，晶体管模拟开关有两种工作方式：正接方式和反接方式，分别如图8.3和图8.4所示。图中，U_i 为输入电压，U_c 为控制电压，R_L 为负载电压，R_b 为三极管基极电阻。

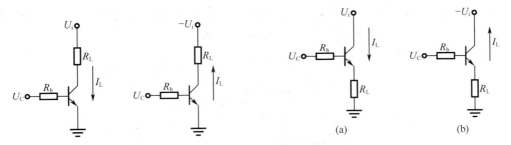

图8.3　晶体三极管正接工作方式

（a）正向运行状态；（b）反向运行状态

图8.4　晶体三极管反接工作方式

（a）正向运行状态　　（b）反向运行状态

理论和实践均证明，晶体管模拟开关反接工作时的饱和压降比正接工作时的饱和压降要小，反接时精度较高，因此晶体管模拟开关一般采取反接工作方式。

（2）基本应用电路

图8.5给出了晶体管模拟开关电路。电路由驱动级 VT_2 和倒接模拟开关 VT_1 构成，VT_1 和 VT_2 采用双极型晶体三极管。图中，U_i 为输入的切换信号，U_o 为输出信号，U_c 为逻辑控制数字信号。

当 $U_c = 0$ 时，VT_2 饱和导通，VT_1 基极电压为 +5 V，VT_1 导通条件是 $U_i > U_b = +5$ V，但此时 -10 V $< U_i < +5$ V，所以 VT_1 截止，开关断开，$U_o = 0$；当 $U_c = +5$ V 时，VT_2 截止，VT_1 基极电压为 -15 V，显然 $U_i > -15$ V，所以 VT_1 导通，开关接通，$U_o = U_i$。

晶体管模拟开关电路简单，但晶体管处于深度饱和状态时，基极电流过大，该电流流入（流出）信号源会引起误差。

2. 互补型晶体管模拟开关

（1）基本原理

采用两个晶体管，一个 PNP 型，另一个 NPN 型，并将二者互补连接就构成互补型晶体管模拟开关，如图 8.6 所示。VT_1 和 VT_2 导通时，饱和压降极性相反，可互相抵消，减小开关的饱和压降；导通时导通电阻并联，可获得很低的导通电阻。VT_1 和 VT_2 截止时，两管漏电流可互相抵消一部分，以减小漏电流。

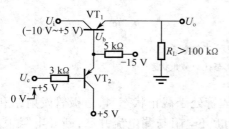 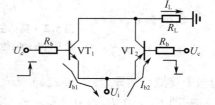

图 8.5　晶体管模拟开关电路　　　　图 8.6　互补型晶体管模拟开关电路原理

互补型晶体管模拟开关电路的优点是流入流出信号源的基极电流相互抵消，对信号源内阻要求不高。缺点是需要双极性的控制信号。

（2）基本应用电路

图 8.7 给出互补型双极型晶体管模拟开关应用电路。电路由驱动级 VT_1 和互补型开关 VT_2 和 VT_3 构成，VT_1、VT_2 和 VT_3 均采用双极型晶体三极管。

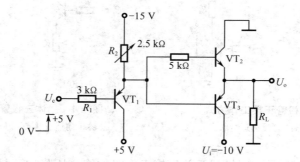

图 8.7　互补型晶体管模拟开关应用电路

当 $U_c = 0$ V 时，VT_1 饱和导通，$+5$ V 电压加到 VT_2 和 VT_3 基极，VT_2 基极电流为 1 mA，VT_2 饱和导通，输出端接地，即 $U_o = 0$；当 $U_c = +5$ V 时，VT_1 截止，-15 V 电压通过 R_2 加到 VT_2 和 VT_3 基极上，VT_2 反偏截止，VT_3 基极电流为 2 mA，VT_3 饱和导通，输出端接 -10 V，即 $U_o = U_i$。R_2 和 R_3 可调是为了使 VT_2 和 VT_3 的饱和压降尽可能小。

8.1.2　场效应管模拟开关

场效应管（Field Effect Transistor，FET）是一种利用电场效应来控制输出电流大小的半导体器件。从参与导电的载流子来划分，场效应管包括电子作为载流子的 N 沟道器件和空穴作为载流子的 P 沟道器件；根据结构不同来划分，场效应管包括结型（Junction Field Effect Transistor，JFET0）和绝缘栅型（Insulated Gate Junction Field Effect Transistor，IGFET）两种。绝缘栅型场效应管很多，目前应用最广的是以 SiO_2 为绝缘层的场效应管，称为金属－氧化物－半导体场效应管（Metal-Oxide-Semiconductor Field Effect Transistor, MOSFET）。结型和 MOS 型场效应管都包括 N 沟道和 P 沟道两种。结型场效应管主要是耗尽型, MOS 型场效应管包含了增强型和耗尽型。利用增强型 MOSFET 在可变电阻区的压控电阻特性,可以构成性能优良的电子模拟开关,在检测系统中得到广泛应用。

1. 增强型 MOSFET 模拟开关电路

（1）基本结构

N 沟道增强型 MOSFET 的结构示意图和符号如图 8.8 所示。

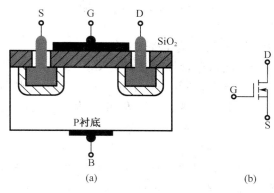

图 8.8 N 沟道增强型 MOSFET 结构示意图

（a）结构;（b）符号

MOSFET 采取左右对称的拓扑结构。N 型区引出两个电极,一个是漏极 D（drain electrode）,相当于晶体三极管 c 极;另一个是源极 S（source electrode）,相当于晶体三极管 e 极。源极和漏极间绝缘层上镀一层金属铝作为栅极 G（grid electrode）,相当于晶体三极管 b 极。P 型区称为衬底,用符号 B 表示。

N 沟道 MOSFET 场效应管在不同的栅源电压 U_{GS} 作用下,会呈现不同的工作状态。

①当 $U_{GS} = 0$ V 时,漏源之间相当于两个背靠背的二极管,即使加有漏源极电压 U_{DS},在 D,S 之间也不会形成电流。当 $0 < U_{GS} < U_T$（U_T 为开启电压）时,栅极下方出现了一薄层负离子耗尽层,但离子数目过少,不足以形成沟道,在 D,S 之间不会形成电流,也就是 N 沟道 MOSFET 场效应管处于截止状态的条件是

$$0 \leqslant U_{GS} < U_T \tag{8.1}$$

②当 $U_{GS} > U_T$ 时,栅极下方形成沟道,如果此时加有漏源极电压 U_{DS},则在 D,S 之间会形成电流,也就是 N 沟道 MOSFET 场效应管处于导通状态的条件是

$$U_{GS} > U_T \tag{8.2}$$

（2）开关原理

如图 8.9 所示,由于场效应管本身结构的对称性,其源极 S 和漏极 D 按实际的电流方向可以互换。U_i 吸入电流时,U_i 端为 S,U_o 端为 D;U_i 拉出电流时,U_i 端为 D,U_o 端为 S。为保证管子正常工作,衬底 B 应处于最低电位,使 B 与 S 和 D 之间的两个 PN 结反偏。控制电压 U_c 从 G 端接入,且 U_c 受数字逻辑控制,只有两种状态,即高电平 U_{cH} 和低电平 U_{cL}。

由 N 沟道 MOSFET 场效应管截止条件为 $0 \leqslant U_{GS} < U_T$,可知当栅极 G 上加低电平控制电压 U_{cL} 后,如果能保证 $0 \leqslant U_{GS} = U_{cL} - U_i < U_T$,即 $U_{cL} - U_T < U_i \leqslant U_{cL}$,则 MOSFET 开关处于

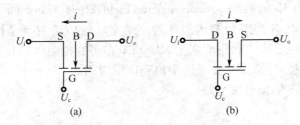

图 8.9　N 沟道增强型 MOSFET 模拟开关原理

(a)吸电流形式;(b)拉电流形式

截止状态。此时,开关关断电阻 R_{off} 约为 $10^{13}\,\Omega$ 量级。

同理,由 N 沟道 MOSFET 场效应管导通条件为 $U_{GS} > U_T$,可知当栅极 G 上加高电平控制电压 U_{cH} 后,如果能保证 $U_{GS} = U_{cH} - U_i > U_T$,即 $U_i < U_{cH} - U_T$,则 MOSFET 开关处于导通状态。导通电阻 R_{on} 随 U_i 的不同而改变,U_i 大,R_{on} 也变大。使用中 R_{on} 一般限制在几千欧姆范围内。

2. CMOS 模拟开关

N 沟道增强型 MOSFET 开关的缺点之一是导通电阻 R_{on} 随 U_i 的增大而增大,如果将一个 P 沟道增强型 MOSFET 与之并联构成 CMOS(Complementary Metal Oxide Semiconductor)开关电路,则可以克服这个缺点。

CMOS 电路基本结构如图 8.10 所示。N 沟道 MOSFET 和 P 沟道 MOSFET 两管的栅极工作电压极性相反,电阻变化特性也相反,故其等效电阻基本恒定,与输入信号无关。将两管栅极相连作为输入端,两个漏极相连作为输出端,如图 8.10(a)所示,则两管正好互为负载,处于互补工作状态;当输入低电平($U_i = U_{SS}$)时,PMOS 管导通,NMOS 管截止,输出高电平,如图 8.10(b)所示;当输入高电平($U_i = U_{DD}$)时,PMOS 管截止,NMOS 管导通,输出为低电平,如图 8.10(c)所示。两管如单刀双掷开关一样交替工作,构成反相器。

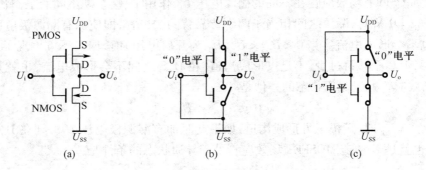

图 8.10　CMOS 开关原理

MOSFET 和 CMOS 的 $R_{on} - U_i$ 特性对比如图 8.11 所示。由此可见,CMOS 开关的 $R_{on} - U_i$ 曲线较为平坦,且 R_{on} 比较小。

CMOS 开关切换速度快,导通电阻小,且随信号电压变化波动小,易于和驱动电路集成,得到广泛应用。

3. 集成电路型模拟开关

集成模拟开关种类很多,在自动数据采集、程控增益放大等重要技术领域得到广泛应用。下面以 CMOS 型 CD4051 八选一多路集成模拟开关为例,介绍集成模拟开关的构成和应用。

(1)工作原理

CD4051 是单 8 通道数字控制模拟电子开关,相当于一个单刀八掷开关,开关接通哪一通道,由输入的 3 位地址码 ABC 来决定。CD4051 管脚分布如图 8.12 所示,其真值表如表 8.1 所示。"INH"是禁止端,当"INH"= 1 时,各通道均不接通。

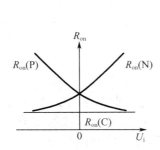

图 8.11 MOSFET 和 CMOS 的 $R_{on} - U_i$ 特性对比

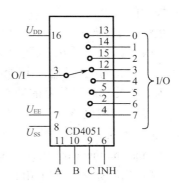

图 8.12 CD4051 管脚定义图

表 8.1 CD4051 真值表

输入状态				接通通道
INH	C	B	A	
0	0	0	0	"0"
0	0	0	1	"1"
0	0	1	0	"2"
0	0	1	1	"3"
0	1	0	0	"4"
0	1	0	1	"5"
0	1	1	0	"6"
0	1	1	1	"7"
1	ϕ	ϕ	ϕ	无

CD4051 电源端除了 U_{DD} 和 U_{SS} 外,还设有另外一个电源端 U_{EE} 作为电平位移时使用。其作用是使 CD4051 在单电源供电条件下,即 $U_{SS} = 0$ V 时,电路所提供的数字控制信号能直接控制这种多路开关,并使多路开关可传输峰 - 峰值达 20 V 的交流信号。例如,若模拟开关的供电电源 $U_{DD} = +5$ V,$U_{SS} = 0$ V,当 $U_{EE} = -5$ V 时,只要对此模拟开关施加 0 ~ 5 V 的数字控制信号,就可控制幅度范围在 $U_{EE} \sim U_{DD}$,即 -5 V ~ $+5$ V 的模拟信号。再如,若 $U_{DD} = +5$ V,$U_{SS} = 0$ V,$U_{EE} = -13.5$ V,则 0 ~ 5 V 的数字控制信号可控制 -13.5 V ~ $+5$ V 的模拟信号。

CD4051 开关电路在整个 $U_{SS} \sim U_{DD}$ 和 $U_{EE} \sim U_{DD}$ 电源范围内具有极低的静态功耗,与数

字控制信号的逻辑状态无关。CD4051 适用于信号通/断控制,能实现双向导通,有导通电阻;导通电流有限制,信号电压有限制。

CD4051 使用时要注意以下六点:

①使用单电源时,CD4051 的 V_{EE} 可以和 GND 相连;

②A,B,C 三路片选端要加上拉电阻;

③公共输出端不要加滤波电容(并联到地),否则不同通道转换后的电压经电容冲放电后会引起极大的误差;

④禁止输出端(INH)为高电平时,所有输出切断,所以在应用时此端接地。作音频信号切换时,最好在输入输出端串入隔直电容;

⑤模拟开关有内阻,只适合小电流小电压;

⑥电源电压要远高于信号的动态范围。

(2)CD4051 应用电路

图 8.13 所示是一个采用多路模拟开关 CD4051 实现多路温度巡回检测(multiple-channel scanning thermometrical detection)显示。图中 555 定时器组成的多谐振荡器产生的时钟脉冲,其输出频率为 f,调节电位器 R_p 可改变巡回显示的时间长短。为了使温度值有稳定的显示,输出脉冲不得小于 4 s。CD4031 组成一个二位二进制计数器,计数器的输出不但可作为 CD4051 的地址线输入,而且可经译码 74LS47 和数码显示,给出检测的是第几路。当按下开关 S 时,计数器脉冲被封锁,计数器保持状态不变,可实现定点显示。ICL7107 数字电压表用于温度电压的测量显示。

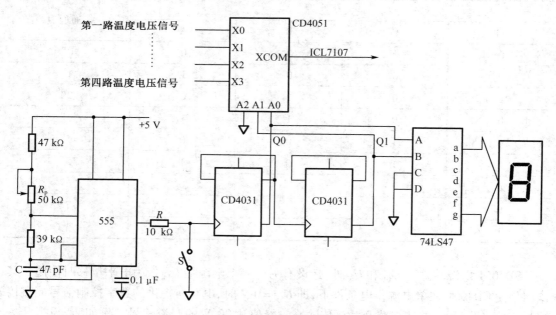

图 8.13　基于 CD4051 的多点温度巡回检测电路

8.1.3　模拟开关在检测系统中的应用

1. 在数据采集和分配中的应用

模拟开关电路用于需要将多个模拟通道的信号按一定的顺序变换为"单个通道"信号

源的地方。例如 A/D 转换器多通道应用时就要采用模拟开关电路。模拟开关在数据采集系统中的应用如图 8.14 所示。图中有 8 个模拟信号,这些模拟信号通过模拟开关分时接通到A/D转换器的输入端。所谓分时接通是指在某一段时间间隔内,只有某一个通道开关接通,其他通道开关断开。此时 A/D 转换器对接通的模拟信号进行变换。图 8.15 为模拟开关在数据分配系统中的应用。用一个 A/D 转换器得到多数字输入量的模拟电压,然后经过模拟开关电路分开。

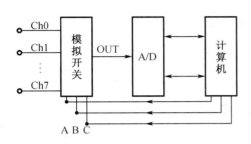 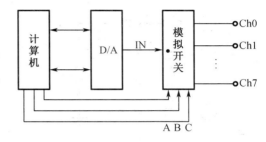

图 8.14　模拟开关在数据采集系统中的应用　　图 8.15　模拟开关在数据分配系统中的应用

2. 在前置放大器中的应用

图 8.16 给出了模拟开关在差动放大器中的应用,通过模拟开关控制差动放大器的输入。图 8.17 给出了模拟开关在程控放大器中的应用。

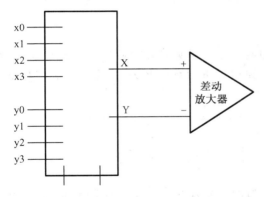 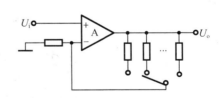

图 8.16　模拟开关在差动放大器中的应用　　图 8.17　模拟开关在程控放大器中的应用

8.1.4　模拟开关的性能分析

1. 截止通道对导通通道的影响

截止通道对导通通道的影响表现在漏电流产生的误差电压和高频信号的串扰上。

(1)截止通道的漏电流影响

截止通道对导通通道漏电流的影响如图 8.18 所示,设对 n 路信号进行顺序开关,各开关的漏电流相等,其值均为 $I_{D(off)}$,则它们在 A 点产生的误差电压为

$$U_A = (n-1)I_{D(off)}\left[R_L \,//\, (R_{i1} + R_{on1})\right] = (n-1)I_{D(off)}\frac{R_L \cdot (R_{i1} + R_{on1})}{R_L + R_{i1} + R_{on1}} \tag{8.3}$$

当 $R_L \gg R_{i1} + R_{on1}$ 时,有

$$U_A \approx (n-1)I_{D(off)}(R_{i1} + R_{on1}) \tag{8.4}$$

所以为了减少截止通道产生的误差电压,首要问题是控制具有公共输出端点的开关数目并降低信号源内阻,而开关的导通电阻和漏电流由器件决定。

(2)高频信号串扰影响

截止通道对导通通道高频信号串扰的影响如图 8.19 所示。当切换多路高频信号时,截止通道的高频信号会通过通道之间的寄生电容 C_x 和开关源漏极之间的寄生电容 C_{DS} 在负载端产生泄漏电压,形成串扰,寄生电容 C_{DS} 和 C_x 数值越大,信号频率越高,串扰就越严重。

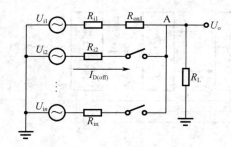 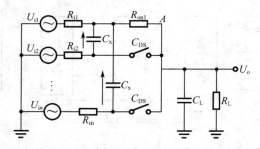

图 8.18　截止通道对导通通道　　　　图 8.19　截止通道对导通通道
　　　　漏电流的影响　　　　　　　　　　　高频信号串扰的影响

2. 各通道的开关导通电阻或信号源内阻失配所产生的切换噪声

如果各通道开关的导通电阻 R_{on} 或各信号源内阻 R_i 不等,即使各通道输入电压相同,其输出也不会相等,信号源内阻应尽量一致。

3. 模拟开关的切换速率

模拟开关必须"先断后开",设由一路切换到另一路所需要的最小时间为 $t_{on} + t_{off}$(t_{on} 为开关导通时间,t_{off} 为开关关断时间),若对 n 路信号进行顺序开关,则每个开关可用的最高切换速率为

$$f_{max} \leqslant 1/\left[n(t_{on} + t_{off}) \right] \tag{8.5}$$

8.2　信号采样/保持电路

采样/保持器(Sampling Holder,S/H)是数据采集和数据分配系统中的基本组件之一,在数据采集系统中,它被用于"冻结"时变信号的瞬时值,在数据分配系统中,用它做一个零阶保持器,把时间上不连续的模拟电压变成时间上连续的电压输出。

8.2.1　S/H 工作原理

S/H 的工作原理如图 8.20 所示,原理上一个开关和一个电容就可构成 S/H 电路,电容用于存储模拟电压,开关用来转换工作状态,其等效电路如图 8.21 所示。

图 8.21 中 U_i 是输入信号源,R_g 是内阻,R_{on} 和 R_{off} 分别是模拟开关 K 的导通电阻和断开电阻,且 $R_{off} \gg R_{on}$,R_{CL} 为存储电容 C 的泄漏电阻,R_L 为负载电阻,U_o 为输出电压,开关 K 受状态控制指令的控制。

1. 采样期间

开关 K 闭合,信号电压 U_i 通过电阻 R_g 和 R_{on} 对电容 C 充电,如果 R_{CL} 和 R_L 均很大,可以忽略其分流作用。电容 C 的端电压 $U_o(t)$ 按指数规律增大。设采样时间为 τ_s,电容初始

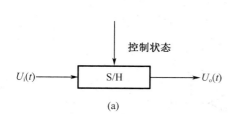

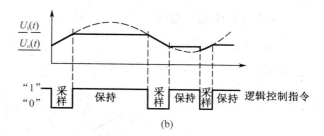

图8.20 采样/保持器的工作原理

（a）原理图;（b）时序图

电压为零,当 τ_s 结束时,输出电压为

$$U_o(\tau_s) = U_i(1 - e^{-\tau_s/R_s C}) \quad (8.6)$$

式中,$R_s = R_g + R_{on}$ 为充电回路等效电阻。

2. 保持期间

开关 K 断开,电容 C 上所充的电荷通过电阻 R_{off}, R_{CL} 和 R_L 逐渐放出,电容 C 的端电压服从指数规律下降,设保持时间为 τ_H,则 τ_H 结束时,输出电压为

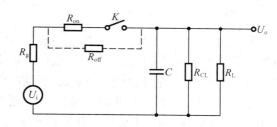

图8.21 采样/保持器的构成

$$U_o(\tau_H) = U_o(\tau_s)e^{-\tau_H/R_H C} \quad (8.7)$$

式中,$R_H = (R_g + R_{off}) /\!/ R_{CL} /\!/ R_L$ 为放电回路等效电阻。

假设经过 τ_s 这段时间的采样,电容端电压与输入电压的相对误差不超过 ε_1,即

$$\frac{U_o(\tau_s)}{U_i} \geqslant 1 - \varepsilon_1 \quad (8.8)$$

即

$$1 - e^{-\tau_s/R_s \cdot C} \geqslant 1 - \varepsilon_1 \Rightarrow \tau_s \geqslant -R_s \cdot C \cdot \ln\varepsilon_1 \Rightarrow C \leqslant -\frac{\tau_s}{R_s \ln\varepsilon_1} \quad (8.9)$$

再假设经过 τ_H 结束时,电容 C 端电压的相对衰变不超过 ε_2,应有

$$\frac{U_o(\tau_H)}{U_o(\tau_s)} \geqslant 1 - \varepsilon_2 \Rightarrow C \geqslant -\frac{\tau_H}{R_H \ln(1 - \varepsilon_2)} \quad (8.10)$$

由式(8.9)可以看出,采样时间 τ_s、充电电阻 R_s 和容许的采样误差 ε_1 限制了电容 C 的上限值。由式(8.10)可以看出保持时间 τ_H、放电电阻 R_H 和容许的保持误差 ε_2 限制了电容 C 的下限值。而对采样/保持器的基本要求是:采样时应尽快地逼近输入信号电压;而在保持期间,电路的输出应尽可能恒定。因此对于采样/保持器来讲,减少充电电阻 R_s 是保证采样精度的关键;增大放电电阻 R_H 是保证保持精度的关键。

因此,实际使用的采样/保持器在输入信号源和状态开关之间都有一个输入缓冲放大器,用于减小 R_s 以提供足够的充电电流;并在存储电容和负载之间都设置了输出缓冲放大器,以隔离有限的负载电阻对电容上存储电荷的泄放作用,并增强电路驱动负载能力。因此,一个完整的采样/保持器至少应包含存储电容、输入与输出缓冲放大器、状态开关及其驱动电路。

8.2.2 S/H 基本电路

1. 串联型 S/H

串联型 S/H（ series S/H）如图 8.22 所示。

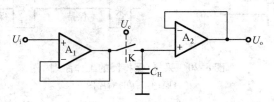

图 8.22 串联型 S/H

图中，运放 A_1，A_2 为输入、输出缓冲放大器（buffer amplifier），模拟开关 K 受控制信号 U_c 控制。采样时，K 导通，输入信号 U_i 通过 A_1 对保持电容 C_H 充电，开关导通电阻 R_{on} 和 A_1 的输出阻抗很小，充电速度很快，所以，C_H 两端电压跟踪输入电压的变化，输出电压 U_o 也跟踪输入电压的变化，实现采样功能。保持时，K 断开，由于输出缓冲器 A_2 的输入阻抗很大，所以，保持电容 C_H 两端电压保持在开关断开瞬时的输入电压值，输出电压 U_o 也保持在此电压值。

串联型 S/H 的输出电压 U_o 的失调误差（offset error）是两个运放失调误差的代数和。两个运放的共模抑制比有限所引起的共模误差，也会反应在输出端，因此，这种电路的精度不够高。通常选用输入阻抗高（场效应管输入级或超 β 管输入级）、失调参数小、共模抑制比高的运放作为缓冲放大器。若被采样的信号变化速率较高，则应选用高速运放。

2. 反馈型 S/H

反馈型 S/H（ feedback S/H）是应用较普遍的采样/保持电路。其结构特点是将串联型 S/H 的输出端通过电阻反馈到输入端，两块运算放大器均包括在反馈回路中，电路如图 8.23 所示。

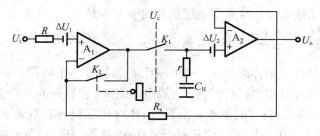

图 8.23 反馈型 S/H

（1）反馈型 S/H 的工作原理

采样时：开关 K_1 导通，K_2 断开，运放 A_1，A_2 构成跟随器。U_i 很快对 C_H 充电，使 $U_{C_H} = U_i$，且 U_{C_H} 在 A_2 的输出端输出，从而实现输出跟踪输入的变换。

保持时：开关 K_1 断开，K_2 导通，保持电容 C_H 两端的电压 U_{C_H} 保持在开关 K_1 断开瞬时的 U_i 值，输出电压 U_o 即保持在开关 K_1 断开瞬时的 U_i 值。

设置开关 K_2 的目的是避免保持阶段由于输入电压的变化引起运放 A_1 饱和（若无 K_2，

保持阶段运放 A_1 处于开环状态,则必将饱和;这样当保持阶段结束进行第二次采样时,运放 A_1 需退出饱和才能跟踪输入信号的变化,因此造成延时误差,使采样/保持器的动态性能变差)。与保持电容 C_H 相串联的电阻 r,用来抑制电路可能产生的振荡,并使运放 A_1 驱动较大的 C_H 时有平坦的频率特性,但 r 的存在限制了 C_H 的充电速度,增大了捕捉时间 t_{AC},所以 r 取值一般较小,为几十欧姆,因此高速采样/保持器中 $r = 0$。保持电容 C_H 的选择,应考虑精度要求,因保持电压的变化率、馈送、采样频率等均与 C_H 有关,所以,C_H 的容量一般选取 $0.01 \sim 0.1~\mu F$。必须选用低介质吸收效应小的电容,如聚苯乙烯,聚丙烯或聚四氟乙烯电容等。尤其是用于多通道数据采集系统中的采样/保持器,每次采样不同通道的信号,如其电压变化范围较大,因 C_H 的介质吸收效应来不及快速响应,所以出现误差。

(2)反馈型 S/H 的误差分析

设运放 A_1,A_2 折算到输入端的失调误差分别为 ΔU_1,ΔU_2,极性如图 8.23 所示。

采样阶段,输出跟踪输入的变化,采样/保持器的输出电压 U_o 为

$$U_o = \left[A_{o1}(U_i + \Delta U_1 - U_o) + \Delta U_2 - U_o \right] A_{o2} \tag{8.11}$$

式中,A_{o1},A_{o2} 分别为运放 A_1,A_2 的开环增益。

因此

$$U_o = \frac{A_{o1}A_{o2}(U_i + \Delta U_1)}{1 + A_{o1} + A_{o1}A_{o2}} + \frac{A_{o2}\Delta U_2}{1 + A_{o1} + A_{o1}A_{o2}}$$

$$= U_i + \Delta U_1 + \frac{\Delta U_2}{A_{o1}} \approx U_i + \Delta U_1 \tag{8.12}$$

由式(8.12)可知,反馈型 S/H 的误差近似于运放 A_1 的失调误差,运放 A_2 的失调误差由于反馈作用而减少到 $1/A_{o1}$,从而可忽略不计。所以,反馈型 S/H 具有较高的精度和工作速度。

反馈型 S/H 的元器件选择原则与串联型 S/H 相同,串联型 S/H 提高静态精度的措施是选用失调参数小的运放作输入、输出缓冲放大器。提高保持精度的措施是选用漏电流小的模拟开关和高质量的保持电容。不过反馈型 S/H 中的输出运放 A_2 对精度的影响不大。

8.2.3 S/H 有关参数

1. 捕捉时间 t_{AC}

当发出采样命令后,采样/保持电路输出从原来所保持的值,到达当前输入信号的值所需的时间,称为捕捉时间(capture time),如图 8.24 所示。

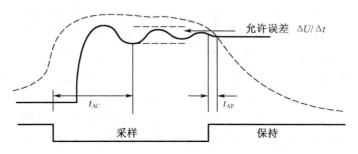

图 8.24 采样/保持电路的有关参数定义

2. 孔径时间 t_{AP}

理想的采样过程是在采样时刻瞬间,使开关 K 闭合,而其他时间则开关断开,并不参考开关的动作时间,而实际的采样/保持电路中,开关是需要一定的动作时间的。在保持命令发出后,直到开关完全断开所需要的时间称为孔径时间(aperture time)t_{AP}。由于这个时间的存在,延迟了采样时间。因此计算机控制 A/D 转换器进行采样的过程应考虑预留出该段时间。

3. 保持电压的衰减率

在信号保持期间,由于泄露电流的存在,将引起保持电压的衰减,衰减速率(decay rate)用下式计算

$$\frac{\Delta U_C}{\Delta t} = -\frac{I_D}{C_H} \tag{8.13}$$

式中　I_D——包括运放偏置电流、开关断开漏电流和保持电容内部泄露电流等;

　　　C_H——保持电容的电容量。

保持电压的衰减率常用单位有 $\mu V/\mu s$,$mV/\mu s$ 和 mV/s 等。增大 C_H 可减小保持电压的衰减率,但会导致 t_{AC} 的加大。

8.2.4　S/H 应用方法

1. 采样频率的选择

由前面讨论的内容可知,系统可用的最高采样频率为

$$f_s \leq 1/(t_{AC} + t_s + t_c) \tag{8.14}$$

式中　t_{AC}——捕捉时间;

　　　t_s——指模拟开关的稳定时间,通常只在高速和高精度的数据采集系统中考虑;

　　　t_c——A/D 转换时间。

2. 集成 S/H

目前大都把 S/H 所用的元件集成在一块芯片上,构成集成 S/H,但保持电容 C_H 由用户根据需要选择不同值进行外接。集成 S/H 芯片型号很多,大致可分为通用型、高速型和高分辨率型三类。下面简要介绍最常用的两种通用型集成采样/保持器 LF398 和 AD582 芯片。

(1)LF398 集成 S/H

LF398 是一种反馈型 S/H,采用双极型－结型场效应管工艺,将整个电路集成在一块芯片上。该芯片具有高的直流精度、较高的采样速度、低的保持电压变化率、高的输入阻抗(10^{10} Ω)和较宽的带宽特性等优点。LF398 原理电路如图 8.25 所示。

图中,A_1,A_2 是高输入阻抗运放。保持电容 C_H 需外接,其容量大小与所要求的精度和捕捉时间有关。如要求捕捉时间小于 12 μs,C_H 可取 0.01 μF。控制信号加在 7、8 端之间,一般 7 端接地,7、8 两端构成比较器 A_3 的两个输入端,用以适应各种控制电平。当控制电平 U_c ="0"(<1.4 V)时,电路处于保持状态。当 U_c 增大到 1.4 V 以上时,电路处于采样状态。

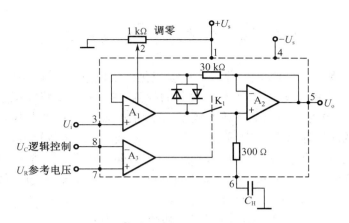

图 8.25　LF398 集成 S/H

（2）AD582 集成 S/H

AD582 是 Analog Devices 公司生产的一种反馈型 S/H，电路结构如图 8.26 所示。

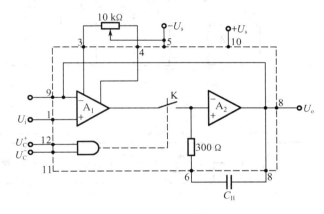

图 8.26　AD582 反馈型 S/H

图中，保持电容 C_H 外接在运放 A_2 的反相输入端和输出端之间，A_2 相当于积分器，利用"密勒效应"（Miller effect），可把 C_H 等效到运放 A_2 的输入端，等效电容为 $C_H^1 = (1 + A_{o2})C_H$。可知在相同的采样频率下，将同一输入信号寄存在保持电容上，AD582 的外接电容比 LF398 小得多，从而提高了采样的快速性。AD582 运放 A_1 的输出端和反相输入端之间没有接模拟开关。当电路处于保持状态时，运放 A_1 处于开环状态，即使 A_1 的输入电压变化较小，运放 A_1 必然进入"饱和"状态，因此采样开关 K 两端有较大的电位差。当模拟开关 K 闭合时，保持电容 C_H 的充电速度也比较快，所以芯片的工作速度较高。当 $C_H = 100$ pF 时，精度为 $\pm 0.1\%$，捕捉时间 $t_{AC} \leqslant 6$ μs。AD582 采用双极型 MOS 工艺，该工艺简单，成本低。控制信号 U_c^+，U_c^- 在 12、11 脚之间，11 脚常接地。当 $U_c^+ = 0$ 时，电路处于采样状态；当 $U_c^+ = 1$ 时，电路处于保持状态。

8.3 信号数模/模数转换电路

在生产控制过程,检测和控制的往往是连续变化的模拟量。例如,电流、电压、温度、压力、位移、流量等。利用计算机实现对生产设备的检测和控制,需要将模拟量转换成计算机所能接受的数字量,也需要将数字量转换成模拟量输出,驱动模拟调节执行机构工作。从模拟量到数字量的转换称为模/数转换,简称 A/D(Analog to Digital)转换;从数字信号到模拟信号的转换称为数/模转换,简称 D/A(Digital to Analog)转换。实现 A/D 转换的电路称为 A/D 转换器,简称 ADC(Analog to Digital Converter);实现 D/A 转换的电路称为 D/A 转换器,简称 DAC(Digital to Analog Converter)。

A/D 和 D/A 转换器在工业控制中的地位,如图 8.27 所示。

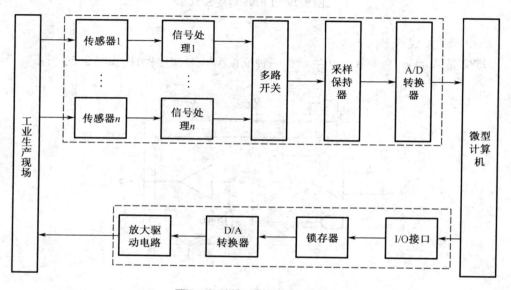

图 8.27 微机控制系统结构图

由图 8.27 可知,微型计算机控制主要由模拟量输入和模拟量输出通道组成,而 A/D 和 D/A 转换器则分别是两个通道的核心。

8.3.1 D/A 转换器

1. D/A 转换器工作原理

D/A 转换器是一种把二进制数字信号转换为模拟量信号(电压或电流)的电路。D/A 转换器品种繁多,按转换原理的不同,可分为权电阻 D/A 转换器、T 型电阻 D/A 转换器、倒 T 型电阻 D/A 转换器、变形权电阻 D/A 转换器、电容型 D/A 转换器和权电流 D/A 转换器等。各种 D/A 转换器电路结构上一般都由基准电源、解码网络、运算放大器和缓冲器寄存器等部件组成。不同 D/A 转换器的差别主要表现在采用不同的解码网络,其名称正是得于各自不同的解码网络形式特征。其中 T 型和倒 T 型电阻解码网络的 D/A 转换器,因其使用的电阻阻值种类很少,只有 R 和 $2R$ 两种,所以在集成 D/A 转换器产品的设计制造中格外受到青睐,它们具有简单、直观,转换速度快,转换误差小等优点。下面对权电阻 D/A 转换器、T型电阻 D/A 转换器、倒 T 型电阻 D/A 转换器的转换原理进行简要介绍。

（1）权电阻解码网络 D/A 转换器

图 8.28 是一个加权加法运算电路。图中电阻网络与二进制数的各位权相对应,权越大对应的电阻值越小,故称为权电阻网络(weighted resistor networks)。图中, U_R 为稳恒直流电压,是 D/A 转换电路的参考电压。n 路电子开关 $S_i(i=0,1,\cdots,n)$ 由 n 位二进制数 D 的每一位数码 $D_i(i=0,1,\cdots,n-1)$ 来控制,$D_i=0$ 时开关 S_i 将该路电阻接通"地端",$D_i=1$ 时,S_i 将该路电阻接通参考电压 U_R。集成运算放大器作为求和权电阻网络的缓冲,主要是为了减少输出模拟信号负载变化的影响,并将电流输出转换为电压输出。

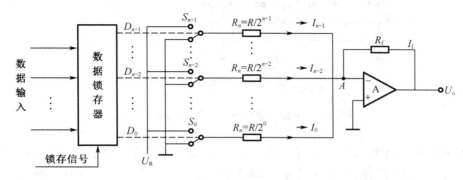

图 8.28 权电阻网络 D/A 转换器

图 8.28 中,因 A 点"虚地",$U_A=0$,各支路电流分别为

$$I_{n-1} = D_{n-1} \times U_R/R_{n-1} = D_{n-1} \times 2^{n-1} \times U_R/R$$
$$I_{n-2} = D_{n-2} \times U_R/R_{n-2} = D_{n-2} \times 2^{n-2} \times U_R/R$$
$$\vdots \tag{8.15}$$
$$I_0 = D_0 \times U_R/R_0 = D_0 \times 2^0 \times U_R/R$$
$$I_f = -U_o/R_f$$

又因放大器输入端"虚断",所以

$$I_{n-1} + I_{n-2} + \cdots + I_0 = I_f \tag{8.16}$$

式(8.15)和式(8.16)联立可得

$$U_o = -\frac{R_f}{R} \times U_R \times (D_{n-1} \times 2^{n-1} + D_{n-2} \times 2^{n-2} + \cdots + D_0 \times 2^0) \tag{8.17}$$

从式(8.17)可见,输出模拟电压 U_o 的大小与输入二进制数的大小成正比,实现了数字量到模拟量的转换。

权电阻网络 D/A 转换器电路简单,但该电路在实现上有明显缺点,各电阻的阻值相差较大,尤其当输入的数字信号的位数较多时,阻值相差更大。这样大范围的阻值,要保证每个都有很高的精度是极其困难的,不利于集成电路的制造。为了克服这一缺点,D/A 转换器广泛采用 T 型和倒 T 型电阻网络。

（2）T 型电阻解码网络 D/A 转换器

T 型电阻网络 D/A 转换的电路如图 8.29 所示。

这里给出的是一个 4 位 D/A 转换电路。图 8.29 中,各 R,$2R$ 电阻构成 T 型电阻解码网络(resistor decoding networks)。$S_0 \sim S_3$ 为 4 个电子模拟开关,分别受输入数字量的 $D_0 \sim D_3$

位控制，$D_i = 1$ 时 S_i 接通基准电压 U_R，$D_i = 0$ 时 S_i 接地。A 为求和运算放大器，它的作用是将各开关支路的电流迭加起来，转换成与输入数字量成比例的电压输出 U_o。

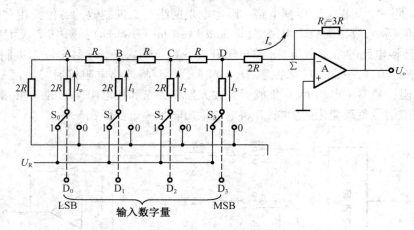

图 8.29 T 型电阻网络 D/A 转换的电路原理

T 型电阻解码网络的特点是：任一节点 A，B，C，D 都由三条支路相交而成，而且从任一节点向三条支路看过去的等效电阻都为 $2R$；或者说，任一节点对地的等效电阻都是 $2R/3$；或者说，从任意开关 S_i 向上看进去的等效电阻都为 $3R$，任意开关支路流进某节点的电流都等分为二，从该节点的另两条支路流出去。

输出电流 I_o 是由各位在解码网络输出端产生的电流分量线性叠加而成的，设 $D_3 \sim D_0$ 位产生的输出电流分量分别为 I_3, I_2, I_1, I_0，则 $I_o = I_3 + I_2 + I_1 + I_0$，而又因为

$$I_3 = \frac{U_R}{3R} \cdot \frac{1}{2^1} \cdot D_3 \qquad （经 1 次二等分到输出支路）$$

$$I_2 = \frac{U_R}{3R} \cdot \frac{1}{2^2} \cdot D_2 \qquad （经 2 次二等分到输出支路）$$

$$I_1 = \frac{U_R}{3R} \cdot \frac{1}{2^3} \cdot D_1 \qquad （经 3 次二等分到输出支路）$$

$$I_0 = \frac{U_R}{3R} \cdot \frac{1}{2^4} \cdot D_0 \qquad （经 4 次二等分到输出支路）$$

所以

$$I_o = \frac{U_R}{3R}\left(\frac{1}{2^1}D_3 + \frac{1}{2^2}D_2 + \frac{1}{2^3}D_1 + \frac{1}{2^4}D_0\right)$$

$$= \frac{U_R}{3R \times 2^4}(2^3 D_3 + 2^2 D_2 + 2^1 D_1 + 2^0 D_0)$$

$$= \frac{U_R}{3R \times 2^4}\sum_{i=0}^{3} 2^i D_i \qquad\qquad (8.18)$$

有了输出电流 I_o，便可进一步得到输出电压 U_o 为

$$U_o = -R_f I_o = -\frac{U_R \cdot R_f}{3R \cdot 2^4}\sum_{i=0}^{3} 2^i D_i \qquad\qquad (8.19)$$

将上列结果推广到一般情况，当输入数字量为 n 位时，则有

$$\begin{cases} I_{\text{o}} = \dfrac{U_{\text{R}}}{3R \cdot 2^n} \displaystyle\sum_{i=0}^{n-1} 2^i D_i \\[4mm] U_{\text{o}} = -\dfrac{U_{\text{R}} \cdot R_{\text{f}}}{3R \cdot 2^n} \displaystyle\sum_{i=0}^{n-1} 2^i D_i \xmapsto{\text{当}\ R_{\text{f}} = 3R\ \text{时}} -\dfrac{U_{\text{R}}}{2^n} \displaystyle\sum_{i=0}^{n-1} 2^i D_i \end{cases} \tag{8.20}$$

上述两式表明,输出电流 I_{o} 和输出电压 U_{o} 都与输入二进制数 $D_{n-1} D_{n-2} \cdots\cdots D_1 D_0$ 的大小成正比,实现了从数字量到模拟量的转换。

①T 型电阻网络 D/A 转换器的突出优点

D/A 转换的结果 U_{o} 只与电阻的比值有关,不取决于电阻的绝对值,这就为集成单元的制作提供了很大的方便。因为在集成电路中,要求每个电阻的绝对值做得非常精确很困难,但要求电阻之间的比值做得很准确则容易得多。它的静态转换误差除了受内部电阻比值偏差的影响外,还受基准电压 U_{R} 的准确性、模拟开关的导通压降、运算放大器的零点漂移等因素的影响。

②T 型电阻网络 D/A 转换器的缺点

各位数字输入端的信号变化到达运算放大器输入端的时间明显不相同。这样,在输入数字量变化的动态过程中,就可能在输出端产生很大的尖峰脉冲,从而带来比较大的动态误差,这种动态误差对 D/A 转换器的转换精度有较大影响。为了消除动态误差的影响,可以采取一定的措施。例如在 D/A 转换器的输出端附加一个采样/保持电路,并将采样时间选在过渡过程结束以后,这样就可避开出现尖峰脉冲的时间,使采样值完全不受动态误差的影响。但是这样将使电路复杂化。

为了既避免动态尖峰脉冲的影响,又不增加电路,人们对这种 T 型电阻网络 D/A 转换器作了改进,使之变成倒 T 型电阻网络 D/A 转换器。

（3）倒 T 型电阻解码网络 D/A 转换器

对图 8.29 所示的 T 型电阻网络 D/A 转换器电路稍加改动,即将输出支路接"运放"反相输入端的 2R 电阻去掉,再把原来 T 型电阻网络接"运放"反相输入端和基准电压 U_{R} 的两端子互相调换,即可得到倒 T 型电阻网络 D/A 转换器电路,如图 8.30 所示。

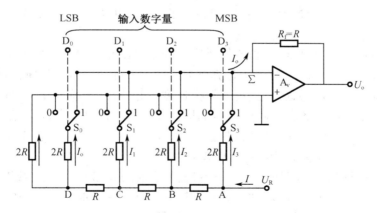

图 8.30　倒 T 型电阻网络 D/A 转换器的电路原理

该电路特点如下:

①无论 S_i 接"1"或接"0",对应支路的电流 I_i 都恒定不变(或者流入地或者流入虚地

$\sum$),只是接"1"时,I_i 经 $\sum$ 和 R_f 流过输出端,成为 I_o 的一部分,接 0 时,I_i 直接流入地,与 I_o 无关。

②从右边向任一节点看过去,等效电阻均为 R,且两个支路的电阻相等,均为 $2R$。可见,电流 I 每经一个节点即平均分流一次。

由图 8. 30 可知

$$I_3 = \frac{I}{2},I_2 = \frac{I}{2^2},I_1 = \frac{I}{2^3},I_0 = \frac{I}{2^4}$$

由

$$\begin{cases} I = U_R/R \\ I_o = D_3 I_3 + D_2 I_2 + D_1 I_1 + D_0 I_0 \end{cases} \tag{8.21}$$

可得:

$$\begin{aligned} I_o &= I\left(\frac{1}{2^1}D_3 + \frac{1}{2^2}D_2 + \frac{1}{2^3}D_1 + \frac{1}{2^4}D_0\right) \\ &= \frac{U_R}{R \times 2^4}(2^3 D_3 + 2^2 D_2 + 2^1 D_1 + 2^0 D_0) \\ &= \frac{U_R}{R \times 2^4}\sum_{i=0}^{3} 2^i D_i \end{aligned} \tag{8.22}$$

$$U_o = - I_o \cdot R_f = - \frac{U_R \cdot R_f}{R \cdot 2^4}\sum_{i=0}^{3} 2^i D_i \tag{8.23}$$

推广到 n 位 D/A 转换器,有

$$\begin{cases} I_o = \frac{U_R}{R \cdot 2^n}\sum_{i=0}^{n-1} 2^i D_i \\ U_o = - \frac{U_R \cdot R_f}{R \cdot 2^n}\sum_{i=0}^{n-1} 2^i D_i \xrightarrow{\text{当 } R_f = R \text{ 时}} - \frac{U_R}{2^n}\sum_{i=0}^{n-1} 2^i D_i \end{cases} \tag{8.24}$$

式(8.24)表明,在 U_R 不变时,输出的模拟信号 U_o 和 I_o 与输入的数字信号的大小成正比,且和 T 型电阻 D/A 转换器的转换结果相同。这样也就实现了从数字量到模拟量的转换。

这个电路的优点是转换速度比较快,动态过程中输出端的尖峰脉冲也很小。原因是电阻网络中各支路的电流都直接接到了运算放大器的输入端,所以它们之间不存在传输时间差,从而有效地减小了动态误差,提高了转换速度。此外,由于模拟开关在转换时,满足先通后断的条件,流过各支路的电流不变,因而即使在状态转换过程中,也不需要电流的建立或消失时间,从而进一步提高了电路的转换速度。由于倒 T 型电阻网络 D/A 转换器具有上述优点,使之成为目前普遍采用的一种 D/A 转换器。

从倒 T 型电阻和 T 型电阻网络 D/A 转换器的转换结果都可以看出,数模转换的结果不仅与输入二进制数 $N = D_{n-1}D_{n-2}\cdots D_1 D_0$ 成正比,还与运放的反馈电阻 R_f、基准电压 U_R 和解码网络的电阻 R、$2R$ 有关。因为解码网络电阻是做在芯片内部的,所以实际中常常是通过调整 R_f 和 U_R 这两个量来达到 D/A 转换器调满刻度值和调零的目的。有的芯片中将 R_f 也做进去了,这时就只能通过调 U_R 来进行零和满刻度值得调整,当然也可以在芯片外再串入一个小阻值的可变电阻到 R_f 支路中去进行调整。

2. D/A 转换器的主要技术指标

D/A 转换器性能指标的好坏常用一组基本参数来反映。主要有精度参数、速度参数和分辨率。

（1）精度参数

D/A 转换器的精度参数可分为绝对精度和相对精度，用于表明 D/A 转换的精确程度，一般用误差大小表示。

①绝对精度

是指满刻度数字量输入时，模拟量输出的实际值与理论值之差。它是由 D/A 转换器的零点误差、增益误差、噪声和线性误差、微分线性误差等引起的。因此，D/A 转换器的参数手册上也常以单独给出各种误差的形式来说明绝对精度。

②相对精度

是指在整个转换范围内，对应任一数字量输入，其模拟量输出的实际值与理论值之差。它实际上反映了 D/A 转换器的线性度好坏。

在 D/A 转换器参数手册中，精度特性常以满刻度电压（满量程电压）U_{FS} 的百分数或以最低有效位 LSB 的分数形式给出，有时也用二进制位数的形式给出。

例如，精度为 $\pm 0.1\%$ 指的是，转换时最大误差为 $\pm 0.1\% U_{FS}$。如果 $U_{FS}=5$ V，则最大误差为 ± 5 mV。

再如，一个 n 位的 D/A 转换器，其精度为 $\pm LSB/2$，指的是其最大误差为

$$\pm \frac{1}{2} \times \frac{1}{2^n} U_{FS} = \pm \frac{1}{2^{n+1}} U_{FS}$$

精度为 n 位的 D/A 转换器指的是最大误差为 $\pm U_{FS}/2^n$。

（2）速度参数

D/A 转换器的速度参数主要是建立时间（setting time），通常定义为输入数字量为满刻度值（各位全 1）时，从输入加上到输出模拟量达到满刻度值或满刻度值的某一百分比（如 90%）所需的时间。当输出的模拟量为电流时，这个时间很短；当输出是电压，则它主要是输出运算放大器所需的响应时间。

（3）分辨率

分辨率表示 D/A 转换器对微小模拟信号的分辨能力。是数字输入量的最低有效位（LSB）所对应的模拟值。它决定着能由 D/A 转换器产生的最小模拟量变化。分辨率通常用二进制位数表示，对于一个 n 位 D/A 转换器，其分辨能力为满量程输出电压的 $1/2^n$。

要注意：精度和分辨率是两个根本不同的概念。精度取决于构成转换器的各个部件的误差和稳定性，而分辨率则取于转换器的位数。

最后还要说明两点：

（1）芯片参数手册和一些教科书可能在上述几种基本参数之外还给出了一些其他参数，如温度系数、馈送误差、电源抑制比（或电源敏感度）等，一般来说，这些参数所带来的影响基本上包含在上述基本参数（特别是精度参数）中。

（2）不同厂家对同一参数术语往往给出不完全相同的定义；不同教材给出的定义也不统一。这里介绍的是通常使用的定义。即使对于定义相同的参数，不同厂家给出的参数值也常常是在不同规定条件下测试的结果。所以为了选用合适的器件去查阅性能说明书和参数手册时，要多加注意。

3. 典型 D/A 转换器接口芯片

从 D/A 转换器与 CPU 接口的角度看，D/A 转换器可以分为如下几类。

（1）按片内缓存器（buffer memory）分

①片内无输入缓存器的 D/A 转换器，如 AD1408 等。

②片内有单级输入缓存器的 D/A 转换器，如 AD7524 等。

③片内有双极输入缓存器的 D/A 转换器，如 AD0832 等。

（2）按转换分辨率分

①8 位 D/A 转换器，如 AD0832 等。

②分辨率高于 8 位的 D/A 转换器，如 12 位的 AD1210/1209 等。

（3）按输入方式分

①并行输入 D/A 转换器。

②串行输入 D/A 转换器，如 AD7543 等。

③串/并输入 D/A 转换器，如 AD7522 等。

这里，仅介绍 12 位有二级输入数据缓存器的并行 D/A 转换芯片 AD1210，内部结构框图如图 8.31 所示。

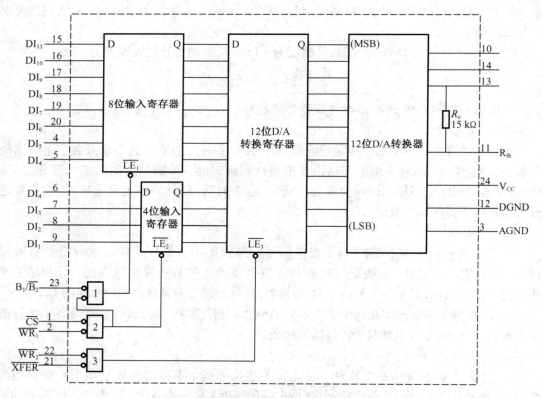

图 8.31　AD1210 内部逻辑结构与外部引脚图

由图 8.31 可见，AD1210 内部有三个寄存器：一个 4 位输入寄存器，用于存放 12 位数字量中低 4 位；1 个 8 位输入寄存器，存放 12 位数字量中高 8 位；一个 12 位 D/A 转换寄存器，存放上述两个输入寄存器送来的 12 位数字量。12 位 D/A 转换器由 12 个电子开关和 12 位

T 型电阻网络组成,用于完成 12 位 D/A 转换。

AD1210 控制管脚$\overline{WR_2}$和$\overline{XFER}$用来控制"12 位 D/A 转换寄存器",$\overline{CS}$和$\overline{WR_1}$控制输入寄存器。但为了区分 4 位还是 8 位输入寄存器,D/A 转换器增加了一条($B_1/\overline{B_2}$),即($BYTE_1/\overline{BYTE_2}$)控制线。当 $BYTE_1/\overline{BYTE_2}$ 为"0"时,与门 3 封锁和与门 2 输出高电平,选中 4 位输入寄存器;当 $BYTE_1/\overline{BYTE_2}$ 为"1"时,门 2 和门 3 输出高电平选中 8 位和 4 位输入寄存器工作。因此,MPU 给 AD1210 送 12 位输入数字量时,必须先送高 8 位,再送低 4 位。否则,结果就会不正确。

4. D/A 转换器的应用

D/A 转换器用途很广,在此介绍 AD1210 的具体应用。图 8.32 给出 MCS - 8051 与 AD1210 的一种连接电路图。

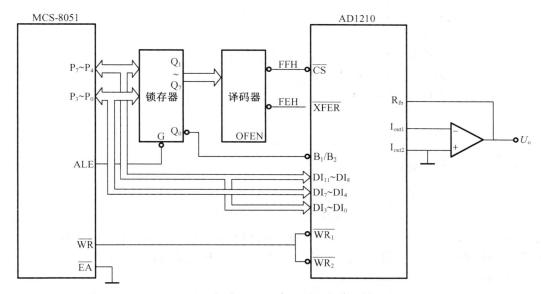

图 8.32 MCS - 8051 与 AD1210 的连接图

由图 8.32 可见,由于和$\overline{CS}$相连的译码器输出线为:$Q_7Q_6Q_5Q_4Q_3Q_2Q_1 = 1111111B$,而$\overline{XFER}$的译码器输出线为:$Q_7Q_6Q_5Q_4Q_3Q_2Q_1 = 1111110B$。而 $BYTE_1/\overline{BYTE_2}$ 和 MCS - 8051 地址线中 A_0(即 Q_0)相连,因此,AD1210 内部三个 I/O 端口实际上占用了四个 I/O 端口地址。其中,"4 位输入寄存器"端口地址为 FEH,"8 位输入寄存器"地址为 FFH,12 位 D/A 转换寄存器地址为 FCH 或 FDH。图中还可以看到:D/A1210 是以双缓冲方式工作的。和 MCS - 8051 遵守先送高 8 位和后送低 4 位原则,分两批把 12 位数字量送到输入寄存器,然后通过 FCH 或 FDH 端口使 12 位 D/A 转换寄存器同时从输入寄存器接收数字量,进行 D/A 转换。因此,U_0 端不会出现"毛刺"。相反,如果让 AD1210 工作在单缓冲方式,那么 U_0 输出必然会在 MCS - 8051 两次送数字量间产生电压突变而形成"毛刺"。

下面给出一个例程:设内部 RAM 的 DA 和 DA + 1 单元内存放一个 12 位数字量(DA 中为高 8 位,DA + 1 中为第 4 位),编程把它们进行 D/A 变换的程序如下。

(1)分析:AD1210 各端口的地址如下:

FEH——4 位输入寄存器地址;

FFH——8 位输入寄存器地址；

FCH 或 FDH——12 位 D/A 转换寄存器地址。

（2）相应程序为：

```
                ORG      1200H
DA              DATA     20H
D/A 转换：MOV    R₀,#0FFH      ;8 位数字量口地址送 R₀
         MOV     R₁,#DA        ;DA 送 R₁
         MOV     A,@R₁         ;高 8 位数字量址送 A
         MOVX    @R₀,A         ;高 8 位数字量址送 D/A 转换
         DEC     R₀            ;4 位数字量口地址送 R₀
         INC     R₁            ;DA +1 送 R₁
         MOV     A,@R₁         ;低 4 位数字量址送 A
         SWAP    A;            A 中高低 4 位交换
         MOVX    @R₀,A         ;低 4 位数字量送 D/A 转换
         MOV     R₀,#0FFH
         MOVX    @R₀,A         ;启动 D/A 转换工作
         RET
         END
```

8.3.2 A/D 转换器

1. A/D 转换基本步骤

A/D 转换是把模拟量（通常是模拟电压）信号转换为 n 位二进制数字量信号的电路。这种转换通常分为采样—保持—量化—编码（sampling – holding – quantization – coding）四个步骤。其中前两步在采样保持电路中完成，后两步在 A/D 转换过程中同时实现。

（1）采样

这是将一个时间上连续变化的模拟量转换为时间上断续变化的（离散的）模拟量。或者说，采样是把一个时间上连续变化的模拟量转换成一串脉冲，脉冲的幅度取决于输入模拟量，时间上通常采用等时间间隔采样。

（2）保持

保持是将采样得到的模拟量值保持下来，即是说，在采样开关断开时，采样电路的输出并不是等于 0，而是等于采集控制脉冲存在的最后瞬间的采样值。实际中进行 A/D 转换时所用的输入电压，就是这种保持下来的采样电压，也就是每次采样结束时的输入电压。

（3）量化

量化是用基本的量化电平的个数来表示采样—保持电路得到的模拟电压值。这一过程实质上是把时间上离散而数值上连续的模拟量以一定的准确度变为时间上、数值上都离散的、量级化的等效数字值。也就是说，量化是把采样保持下来的模拟量值舍入成整数的过程。量级化的方法通常有只舍不入和有舍有入（四舍五入）两种。

（4）编码

编码是把已经量化的模拟数值（它一定是量化电平的整数倍）用二进制数码、BCD 码或其他码来表示并输出。

经过采样—保持—量化—编码四个步骤,即完成了 A/D 转换的全过程,将各采样点的模拟电压转换成了与之一一对应的二进制数码。

2. A/D 转换器工作原理

根据 A/D 转换原理和特点的不同,可把 A/D 转换器分成两大类:直接 A/D 转换器和间接 A/D 转换器。直接 A/D 转换器是将模拟电压直接转换成数字代码,较通用的有逐次逼近式 A/D 转换器、计数式 A/D 转换器和并行转换式 A/D 转换器等。间接 A/D 转换器是将模拟电压先变成中间变量,如脉冲周期 T、脉冲频率 f、脉冲宽度 τ 等,再将中间变量变成数字代码,较常见的有单积分式 A/D 转换器、双积分式 A/D 转换器和 V/F 转换式 A/D 转换器等。这里对逐次逼近式 A/D 转换器、计数式 A/D 转换器、并行转换 A/D 转换器、双积分式 A/D 转换器以及 V/F 转换式 A/D 转换器几类 A/D 转换器的工作原理进行简要介绍。

(1)逐次逼近式 A/D 转换器

逐次逼近式(Successive Approximation Register,SAR)A/D 转换器的基本特点为二分搜索,反馈比较,逐次逼近。它的基本思想与天平称重思想极为相似。它利用一套标准的"电压砝码"进行测量,而这些"电压砝码"的大小,相互间成二进制关系。将这些已知的"电压砝码"由大到小连续与未知的被转换电压相比较,并将比较结果以数字形式送到逻辑控制电路予以鉴别,以便决定"电压砝码"的去留,最后将全部留下的"电压砝码"加在一起,便是被转换电压的结果。这种 A/D 转换器的工作原理可用图 8.33 表示。

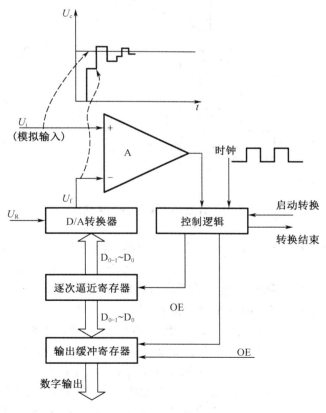

图 8.33 逐次逼近式 A/D 转换器原理图

由图 8.33 可知,逐次逼近式 A/D 转换器由电压比较器 A、D/A 转换器逐次逼近寄存器、控制逻辑和输出缓冲锁存器等部分组成。当出现启动脉冲时,逐次逼近寄存器和输出缓存器清零,故 D/A 输出也为零。当第一个时钟脉冲到时,寄存器最高位置 1,这时 D/A 输入为 100…0,其转换输出电压 U_f 为其满刻度值的一半,它与输入电压 U_i 进行比较,若 $U_f <$ U_i,则该位的 1 被保留,否则被清除。然后寄存器下一次再置 1,再比较,决定去留……直至最低位完成同一过程,便发出转换结束信号。此时,寄存器从最高位到最低位都试探过一遍的最终值便是 A/D 转换的结果。

(2)计数式 A/D 转换器

这是最简单的 A/D 转换器,其原理如图 8.34 所示。

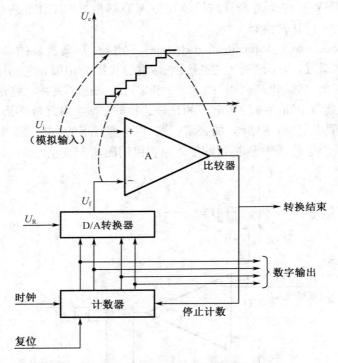

图 8.34 计数式 A/D 转换器原理图

计数式 A/D 转换器的核心部件是一个由计数器控制的 D/A 转换器,外加一个电压比较器。随着计数器由零开始计数,DAC 将输出一个逐步增大的梯形电压。输入的模拟电压 U_i 和 D/A 转换器生成的电压被送至比较器进行比较。当二者一致或基本一致(在允许的量化误差范围内)时,比较器输出一个指示信号,令计数器停止计数。此时,D/A 转换器的输出值就是采样信号的模拟近似值,与该值相应的数字值由计数器给出。

这种计数式 A/D 转换器类似于逐次逼近式 A/D 转换器,也可用天平称重来类比。但这种 A/D 采用的不是许多个大小成二进制递增关系的"电压砝码",而是一系列"重量"等于量化电平的相同的"电压砝码"。通过一个个地添加最小"重量"的"砝码",来称量被测输入电压的总"重量"。这就决定了计数式 A/D 转换器的转换时间长,且对不同大小输入电压的转换时间长短相差很大。

（3）并行转换 A/D 转换器

这种 A/D 转换器的速度最快、成本最高，但它的原理最简单。并行转换采用的是直接比较法，它把参考电压 U_R 经电阻分压器直接给出 $2^n - 1$ 个量化电平。转换器需要 $2^n - 1$ 个比较器，每个比较器的一端接某一级量化电平。被转换的输入电压 U_i 同时送到各个比较器的另一端，$2^n - 1$ 个比较器同时比较，比较结果由编码器编成 n 位数字码，而达到转换的目的。其原理如图 8.35 所示。

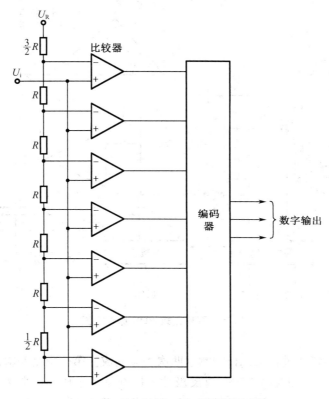

图 8.35 并行转换 A/D 转换器原理图

值得注意的是量化电平的分级。如果采用四舍五入量化法，对于 3 位并行转换 A/D 转换器，应有的 7 个量化电平是满刻度的 1/16,3/16,5/16,7/16,9/16,11/16,13/16。其分压电阻是 8 个，和 U_R 相接的是 3R/2，和地相接的是 R/2，其余 6 个电阻都是 R。

由于比较参照的各级量化电平是时刻存在的，并行转换 A/D 转换器的转换时间只是比较器和编码器的延迟，因此转换速度极快，有效转换速度可达 10^7 次/秒以上。这种 A/D 转换器芯片一般不提供"转换结束"信号，因为转换几乎是立即完成的。但是并行式 A/D 转换器的分辨率通常是比较低的，一般不高于 5 位。因为 n 位转换器需要 2^n 个电阻和 $2^n - 1$ 个比较器，而且每增加一位，元器件的数目就要增加一倍。因此，这种转换器的成本随分辨率的提高而迅速增加，位数多了，成本太高，也难于实现。有时将它和逐次逼近式 A/D 转换器混合使用，以提高位数，获得速度和分辨率的较理想成果。

（4）双积分式 A/D 转换器

双积分式（dual integration）A/D 转换器的原理如图 8.36 所示，它由积分器 A_1、零电压比较器 A_2、计数器、控制逻辑、参考电压（也可是电流）和由控制逻辑控制的模拟开关组成。两个"V/I"是电压—电流变换器。

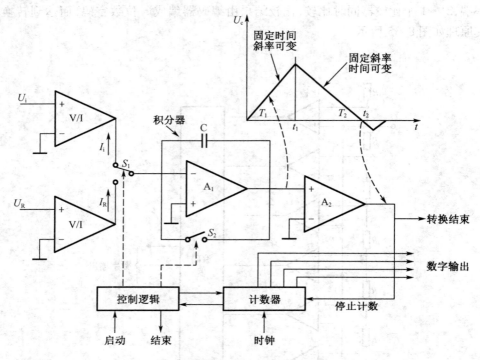

图 8.36　双积分式 ADC 原理框图

双积分 ADC 的转换过程由采样和测量两次积分完成。第一次是对输入模拟电压 U_i 进行积分，积分时间是固定的；第二次是对反极性的标准参考电压 U_R 进行积分，斜率是固定的。具体方法是当发出启动信号时，控制逻辑立即将开关 S_2 瞬时接通一下，使积分器 A_1 输出为零，并对计数器清零。紧接着，控制逻辑使开关 S_1 接向 I_i 端，I_i 正比于输入电压 U_i，此电流使积分电容器 C 的两极右正左负地被充电，积分电路的输出电压 U_c 逐渐升高。此正斜率持续一个固定的时间 T_1 后，控制逻辑使 MOS 开关接向基准电流 I_R 输出端，计数器也重新开始对时钟计数。I_R 是 U_R 经电压—电流变换后的输出，它的大小是固定的。由于设置 U_R 的极性与 U_i 的极性相反，故 I_R 是反向充电电流，即是积分电容的放电电流。当逐渐降低的 U_c 电压越过零点时，比较器的输出发生状态改变，而使计数器立即停止计数。此负斜率持续的时间 T_2 等于计数器值 n 与时钟周期的乘积。于是

$$\frac{1}{C}\int_0^{t_1} I_i \mathrm{d}t = \frac{1}{C}\int_{t_1}^{t_2} I_R \mathrm{d}t \quad 或 \quad I_i \cdot T_1 = I_R \cdot T_2$$

若两个电压—电流转换器是线性的，并增益相等，则有

$$U_i \cdot T_1 = U_R \cdot T_2 \tag{8.25}$$

$$U_i \cdot N \cdot T_{CLK} = U_R \cdot n \cdot T_{CLK} \tag{8.26}$$

N 是 T_1 期间的固定计数值，最后得

$$n = \frac{N}{U_R} \cdot U_i \qquad\qquad (8.27)$$

即计数器的最终二进制数值与模拟输入电压的幅值成正比,完成了 A/D 转换。

双积分 A/D 转换器由于不要 D/A 转换器而省掉了高精度电阻网络,故能以相对低的成本实现高分辨率。双积分 A/D 转换器的实质是电压—时间变换,因而抗干扰性能好。但是,二次积分过程使它的转换时间比同类更长,典型的如 8 位双积分 A/D 转换芯片,其转换时间约为 10 ms。

　　2. A/D 转换器的主要技术指标

和 D/A 转换器一样,A/D 转换器也有三种最主要的性能参数:分辨率、精度和转换时间(即速度)。

（1）分辨率

分辨率是转换器对输入电压微小变化响应能力的量度。对于 A/D 转换器来说,它是数字输出的最低位(LSB)所对应的模拟输入电平值,或说是相邻的两个量化电平的间隔,即量化当量 $Q = U_{FS}/(2^n - 1)$。这里的 U_{FS} 是输入电压的满刻度值,n 是转换器的位数。

例如,10 位 A/D 转换器的分辨率为满刻度值的 1/1 023,或 0.1%,若 $U_{FS} = 10$ V,则分辨率为

$$\frac{10 \text{ V}}{1\,024 - 1} \approx 0.01 \text{ V}$$

模拟输入电压低于此值,转换器则不予响应。

由于分辨率与转换器的位数 n 有直接关系,所以也常以位数来表示分辨率。

（2）精度

精度是指 A/D 转换器的实际变换函数与理想变换函数的接近程度,通常用误差来表示。

① 绝对精度

绝对精度是指对于一个给定的数字量输出,其实际上输入的模拟电压值与理论上应输入的模拟电压值之差。

例如:给定一个数字量 800H,理论上应输入 5 V 电压才能转换成这个数,但实际上输入 4.997 V 到 4.999 V 都能转换出 800H 这一数值,因此绝对误差应为

$$(4.997 + 4.999)/2 - 5 = -2 \text{ mV}$$

图 8.37 给出了 3 位 A/D 转换器的理想变换函数,它是一个匀称的梯形函数。

由图 8.37 可知,除 0 V 之外,有 7 个量化电平,它们的间隔都是量化当量 $q = U_{FS}/2^n$,即 1 LSB 对应的模入电平。输入的模拟电平从大于等于某一级量化电平到小于更高一级的量化电平,这样一个范围内都对应着同一数字输出值。若从步进电压的中间点算起,相当于有 $\pm$ LSB/2 的量化误差。

② 相对精度

相对精度较普遍被采用的定义是:实际变换函数各步进电压中间点的连线与零点－满刻度点直线间的最大偏差,又称为端基线性度,它反映了实际变换函数的整体非线性程度。图 8.38 给出的是相对精度为 +1 LSB 的 3 位 A/D 转换器情况。也有按差分线性度来定义相对精度的,它反映的是实际变换函数的局部不匀称性。

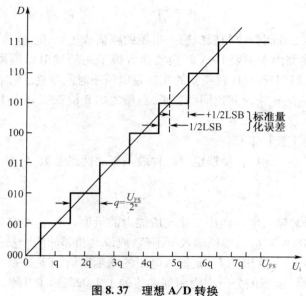

图 8.37　理想 A/D 转换

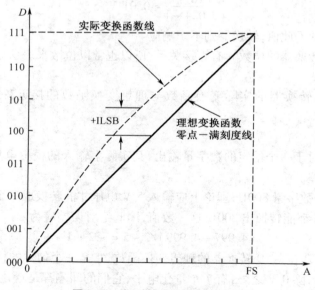

图 8.38　相对精度(线性度)示意

　　A/D 转换器的转换误差来源于两个方面,即数字误差和模拟误差。数字误差基本上就是量化误差,主要由分辨率决定,即由 A/D 的位数决定,是一种原理性误差,只能减小,无法消除。模拟误差又称设备误差,主要由比较器和 D/A 转换器中的解码电阻、基准电压源和模拟开关等模拟电路的误差造成。量化引起的原理性误差可以通过增多位数来减小,但当量化误差减小到一定程度时,转换器精度主要由设备引起的模拟误差所决定。此时,再增加位数,减小量化误差,对于提高精度已没有意义了,反而只会无谓地增加电路的复杂性和完成转换的时间。

（3）转换时间

转换时间指完成一次 A/D 转换所需的时间，即从输入转换启动信号开始到转换结束所经历的时间。转换时间的倒数称为转换速率。例如，一个 12 位的逐次逼近式 A/D 可能有 20 μs 初始建立时间和每位 5 μs 的转换时间，于是芯片总的转换时间是 80 μs，其转换速率则为 12 500 次/秒。

A/D 转换器芯片按速度分档的一般约定：转换时间大于 1 ms 的为低速，1 ms ~ 1 μs 的为中速，小于 1 μs 的为高速，小于 1 ns 为超高速。

3. 典型 A/D 转换器接口芯片

尽管 A/D 转换芯片的品种，型号很多，但无论哪种芯片，都必不可少的包括以下四种基本信号引脚端：模拟信号输入端（单极性或双极性）；数字量输出端（并行或串行）；转换启动信号输入端；转换结束信号输出端。选用 A/D 转换芯片时，除了必须考虑各种技术要求外，还需考虑下面两点。

（1）数字输出的方式是否有可控三态输出

有可控三态输出的 A/D 转换芯片允许输出线与微机系统的数据总线直接相连，并在转换结束后利用读数信号选通三态门，将转换结果送上总线。没有可控三态输出（包括内部根本没有输出三态门和虽有三态门、但外部不可控两种情况）的 A/D 转换芯片则不允许数据输出线与系统的数据总线直接相连，而是必须通过 I/O 接口与 MPU 交换信息。

（2）启动转换的控制方式是脉冲控制式还是电平控制式

脉冲启动转换的 A/D 转换芯片只需在其启动转换引脚上施加一个宽度符合芯片要求的脉冲信号，转换就能启动并自动完成。此外，一般能和 MPU 配套使用的芯片，MPU 的 I/O 写脉冲都能满足 A/D 转换芯片对启动脉冲的要求。电平启动转换的 A/D 转换芯片，在转换过程中启动信号必须保持规定的电平不变；否则，如中途撤销，就会停止转换而可能得到错误的结果。为此，必须用 D 触发器或可编程并行 I/O 接口芯片的某一位来锁存这个电平，或用单稳态电路来对启动信号进行定时变换。

这里，介绍一种典型 A/D 转换芯片——AD1674 的性能和使用方法。

AD1674 是美国 AD 公司推出的一种完整的 12 位并行模/数转换单片集成电路，是一款高速 A/D 转换器，该芯片内部自带采样保持器（SHA）、10 V 基准电压源、时钟源以及可和微处理器总线直接接口的暂存/三态输出缓冲器，图 8.39 是 AD1674 实现 A/D 转换的电路原理图。

AD1674 的引脚按功能可分为逻辑控制端口、并行数据输出端口、模拟信号输入端口和电源端口四种类型。

AD1674 的工作模式可分为全控模式和独立模式。在这两种模式下，工作时序是相同的。独立模式主要用于具有专门输入端系统，因而不需要有全总线的接口能力。而采用全控工作模式则有利于和 CPU 进行总线连接。

图 8.40 和图 8.41 分别是 AD1674 在全控工作模式下的转换启动时序和读操作时序。转换启动时，在 CE 和 $\overline{CS}$ 有效之前，R/$\overline{C}$ 必须为低，如果 R/$\overline{C}$ 为高，则立即进行读操作，这样会造成系统总线的冲突。AD1674 真值表如表 8.2 所示。

图 8.40 所示的开始转换时序中，各时间符号含义如下：

①t_C：转换时间；

②t_{DSC}：从 CE 到 STS 的延迟时间；

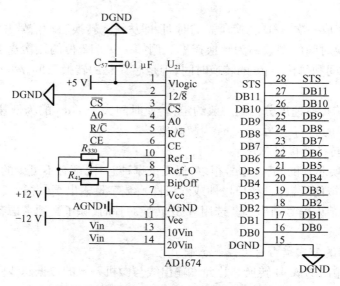

图 8. 39　AD1674 实现 A/D 转换电路原理图

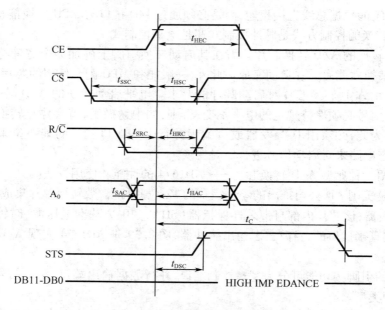

图 8. 40　AD1674 开始转换时序

③t_{HCE}：CE 脉冲的宽度；

④t_{SSC}：$\overline{CS}$到 CE 有效的时间；

⑤t_{HSC}：CE 为高时$\overline{CS}$为低的时间；

⑥t_{SRC}：R/$\overline{C}$到 CE 有效的时间；

⑦t_{HRC}：CE 为高时 R/$\overline{C}$为低的时间；

⑧t_{SAC}：A_0 到 CE 有效的时间；

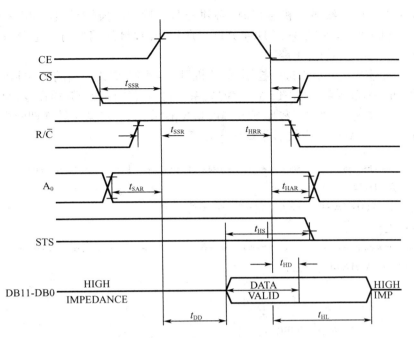

图 8.41　AD1674 读时序

⑨t_{HAC}：CE 为高时 A_0 有效的时间。

图 8.41 所示读转换时序中,各时间符号含义如下:

①t_{DD}：存取时间;

②t_{HD}：CE 为低之后数据有效的时间;

③t_{HL}：输出浮动延时;

④t_{SSR}：$\overline{CS}$ 到 CE 有效的时间;

⑤t_{SRR}：R/$\overline{C}$ 到 CE 有效的时间;

⑥t_{SAR}：A_0 到 CE 有效的时间;

⑦t_{HSR}：CE 为低之后 $\overline{CS}$ 的有效时间;

⑧t_{HRR}：CE 为低之后 R/$\overline{C}$ 为高的时间;

⑨t_{HAR}：CE 为低之后 A_0 的有效时间。

表 8.2　AD1674 真值表

CE	$\overline{CS}$	R/$\overline{C}$	12/$\overline{8}$	A_0	操作
0	X	X	X	X	无
X	1	X	X	X	无
1	0	0	X	0	启动 12 位转换
1	0	0	X	1	启动 8 位转换
1	0	1	1	X	12 位并行输出使能
1	0	1	0	0	高 8 位使能
1	0	1	0	1	低 4 位使能

AD1674 与 8 位总线单片机接口时,必须分两次读取转换结果,且 DB3 ~ DB0 只能与 DB11 ~ DB8 并联而不能和 DB7 ~ DB4 并联。所以,在设计线路板时一定要考虑到如何避免外界噪声引入到模拟信号电路中。

AD1674 通过对 STS 引脚进行控制,单片机可以采用查询或中断的方式判断 A/D 转换的状态。例如:一旦转换开始,STS 立即为高,系统将不再执行转换开始命令,直到这次转换周期结束。而数据输出缓冲器将比 STS 提前 0.6 μs 变低,且在整个转换期间内不导通。下面给出单片机控制 A/D 采样的部分 C 语言程序。

```
/ ********************************************************
函数名:AD1674
功  能:对 AD1674 进行控制,完成一个采样动作。
说  明:无
******************************************************** /
unsigned int AD1674（void）
{
    unsignedint temp;
    usigned char temp1,temp2;
    CS = 1;
    CE = 0;          //初始化,关闭数据采集
    CS = 0;
    A0 = 0;
    RC = 0;
    CE = 1;          //CE = 1,CS1 = 0,R/C = 0,A₀ = 0 启动 12 位转换
    _nop_（）;
    CE = 0;          //芯片使能关闭
    RC = 1;
    A0 = 0;
    CE = 1;          //CE = 1,CS1 = 0,R/C = 1,12/8 = 1,A₀ = 0 允许高八位数据并行输出
    _nop_（）;
    temp1 = P0;      //读取转换结果的高八位
    CE = 0;          //芯片使能关闭
    RC = 1;
    A0 = 1;
    CE = 1;          //CE = 1,CS1 = 0,R/C = 1,12/8 = 0,A₀ = 1 允许低四位数据并行输出
    _nop_（）;
    temp2 = P0;      //读取转换结果的低四位
    CE = 0;
    CS1 = 1;         //关闭 AD1674 数据采集
    temp = （temp1 << 8）|temp2;//高位和低位合成 12 位转换结果,temp2 为 P₀ 口的高四位
    return（temp >> 4）;//最终转换结果,右移四位是因为 temp2 为 P₀ 口的高四位
}
```

8.4 信号通信接口电路

8.4.1 串行通信

串行通信(serial communication)是一种能把二进制数据按位传送的通信,它所需传输线条数少,特别适用于分级、分层和分布式控制系统以及远程通信之中。

在计算机系统中,串行通信是指计算机主机与外设之间以及主机系统与主机系统之间数据的串行传送。由于串行通信和通信制式、传送距离以及 I/O 数据的串并变换等许多因素有关,因此必须率先对串行通信基本概念进行了解。

1 串行通信的分类

按照串行数据的同步方式,串行通信可以分为同步通信(synchronous co mmunication)和异步通信(asynchronous co mmunication)两类。异步通信是一种利用字符的再同步技术的通信方式,同步通信是按照软件识别同步字符来实现数据发送和接收的。

(1)异步通信

在异步通信中,数据通常是以字符(或字节)为单位组成字符帧传送的。字符帧由发送端一帧一帧地发送,通过传输线被接收设备一帧一帧地接收。发送端和接收端可以有各自的时钟来控制数据的发送和接收,这两个时钟源彼此独立,互不同步。

那么,究竟发送端和接收端依靠什么协调数据的发送和接收呢?或者说,接收端怎么会知道发送端何时开始发送和结束发送呢?这是由字符帧格式规定的。平时,发送线为高电平(逻辑"1"),每当接收端检测到传输线上发送过来的低电平逻辑"0"(字符帧中起始位)时就知道发送端已开始发送,每当接收端接收到字符帧中停止位时就知道一帧字符信息已发送完毕。

在异步通信中,字符帧格式和波特率是两个重要指标,由用户根据实际情况选定。

①字符帧

字符帧(character frame)也叫数据帧,由起始位、数据位、奇偶校验位和停止位等四部分组成,如图 8.42 所示。

图 8.42(a)所示为无空闲位字符帧,各部分结构和功能介绍如下。

a.起始位:位于字符帧开头,只占一位,始终为逻辑 0 低电平,用于向接收设备表示发送端开始发送一帧信息。

b.数据位:紧跟起始位之后,用户根据情况可取 5 位、6 位、7 位或 8 位,低位在前高位在后。若所传数据为 ACSII 字符,则常取 7 位。

c.奇偶校验位:位于数据位后,仅占一位,用于表征串行通信中采用奇校验还是偶校验,由用户根据需要决定。

d.停止位:位于字符帧末尾,为逻辑"1"高电平,通常可取 1 位、1.5 位(0.5 位指的是此位的持续时间是正常位的持续时间的一半)或 2 位,用于向接收端表示一帧字符信息已发送完毕,也为发送下一帧字符作准备。

在串行通信中,发送端一帧一帧发送信息,接收端一帧一帧接收信息。两相邻字符帧之间可以无闲位,也可以有若干空闲位,这由用户根据需要决定。图 8.42(b)展示了具有三个空闲位时的有空闲位字符帧格式。

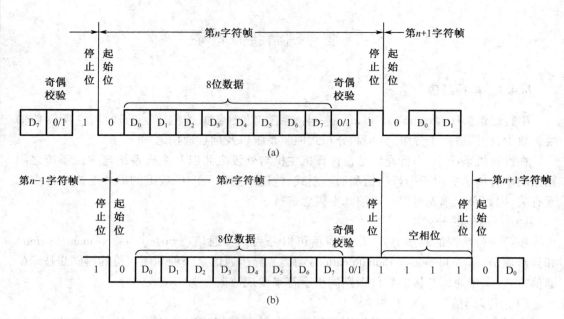

图8.42 异步通信的字符帧格式

(a)无空闲位字符帧；(b)有空闲位字符帧

② 波特率

波特率(baud rate)的定义为每秒钟传送二进制数码的位数(亦称比特数)，单位是 b/s。波特率是串行通信的重要指标，用于表征数据传输的速度。波特率越高，数据传输速度越快，但和字符的实际传输速率不同。字符的实际传输速率是指每秒钟内所传字符帧的帧数，和字符帧格式有关。例如，波特率为 1 200 b/s 的通信系统，若采用图 8.42(a)的字符帧，则字符帧的实际传输速率为 1 200/11 = 109.09 帧/秒；若改用图 8.42(b)的字符帧，则字符的实际传输速率为 1 200/14 = 85.71 帧/秒。

每位的传输时间定义为波特率的倒数。例如，波特率为 1 200 b/s 的通信系统，其每位的传输时间应为

$$T_d = \frac{1}{1\ 200} = 0.833\ (\mathrm{ms})$$

波特率还和信道的频带有关。波特率越高，信道频带越宽。因此，波特率也是衡量通道频宽的重要指标。通常，异步通信的波特率在 50 ~ 9 600 b/s 之间。波特率不同于发送时钟和接收时钟，常是时钟频率的 1/16 或 1/64。

比特率(bit rate)也是数据传输速率的测量单位，但它与波特率并不完全等同。波特率是每秒传输的有效数据的位数，而比特率则是指在传输介质上每秒实际传输的位数。所以比特率可以大于或等于波特率。这主要是由于信号的调制而产生的两个概念。比如每秒要传 100 个数据位，则其波特率为 100。如果将数据发送到传输介质时是一个脉冲发送一位数据，则其比特率也为 100，与波特率相等；而如果将数据送上传输介质时是用 n 个脉冲来调制一位数据，则其比特率为 $100n$，比波特率大。

异步通信的优点是不需要传送同步脉冲，字符帧长度也不受限制，故所需设备简单，缺点是字符帧中因包含有起始位和停止位而降低了有效数据的传输速率。

③收/发时钟

在串行通信中,无论发送或接收,都必须有时钟脉冲信号对传送的数据进行定位和同步控制。这点由图8.43给出的串行通信简单原理图可清楚地看出。

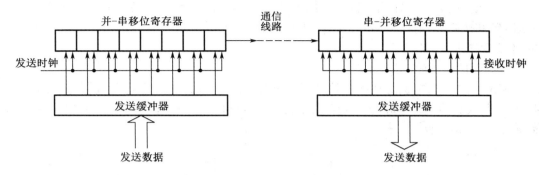

图8.43 串行通信简单原理图

一般在发送端是由发送时钟的下降沿使送入移位寄存器的数据串行移位输出。而接收端则是在接收时钟的上升沿作用下将传输线上的数据逐位打入移位寄存器。所以,收/发时钟不仅直接决定了通信线路上数据传输的速率,更主要的是对于收/发双方之间数据传输的同步有十分重要的作用。收/发时钟频率与波特率之间通常有下列关系:

$$收/发时钟频率 = n \times 波特率$$

一般 n 取 1、16、32、64 等。对于异步通信,常采用 $n=16$;对于同步通信,则取 $n=1$。

(2)同步通信

同步通信是一种连续串行传送数据的通信方式,一次通信只传送一帧信息。这里的信息帧(information frame)和异步通信中的字符帧不同,通常含有若干个数据字符,如图8.44所示。

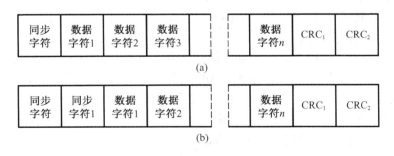

图8.44 同步通信中的字符帧结构

(a)单步字符帧结构;(b)双同步字符帧结构

图8.44(a)为单步字符帧结构,图8.44(b)为双同步字符帧结构。它们均由同步字符、数据字符和校验字符CRC三部分组成。其中,同步字符位于帧结构开头,用于确认数据字符的开始(接收端不断对传输线采样,并把采样到的字符和双方约定的同步字符比较成功后才会把后面接收到的字符加以存储);数据字符在同步字符之后,个数不受限制,由所需传输的数据块长度决定;校验字符有 1~2 个,位于字符帧结构末尾,用于接收端对接收到的数据字符的正确性校验。

在同步通信中,同步字符可以采用统一标准格式,也可由用户约定字符格式。在单同步字符帧结构中,同步字符常采用 ASCII 码中规定的 SYN(即 16H)代码,在双同步字符帧结构中,同步字符一般采用国际通用标准代码 EB90H。

同步通信的数据传输速率较高,通常可达 56 000 bps 或更高。同步通信的缺点是要求发送时钟和接收时钟保持严格同步,故发送时钟除和发送波特率保持一致外,还要求把它同时传送到接收端去。

2 串行通信的数据传送方式

在串行通信中,数据是在两个站之间传送的。按照数据在通信线路上的传送方式有三种:单工方式(simplex mode)、半双工方式(half-duplex mode)和全双工方式(full-duplex mode),如图 8.45 所示。

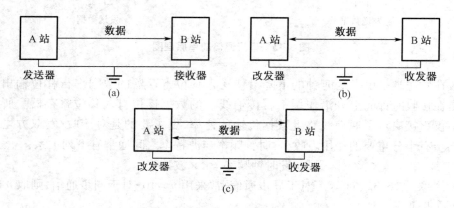

图 8.45　数据传送三种方式示意图

(1)单工方式

这种方式只允许数据按一个固定的方向传送,如图 8.45(a)所示。图中 A 站只能发送,叫发送器;B 站只能接收,叫接收器。数据只能从发送器 A 传到接收器 B,而不能反过来。

(2)半双工制式

这种方式如图 8.45(b)所示。数据既能从 A 传到 B,也能从 B 传到 A,因此双方都是既可作为发送器、又可作为接收器,通常称之为收发器。从这个意义上说,这种方式属于双向工作方式。但是,A、B 之间只有一根传输线,信号只能分时在两个方向传输,不能同时双向传输,所以才称之为"半双工"方式。在这种方式下工作时,要么 A 发送,B 接收,要么 B 发送,A 接收。但不工作时,一般让 A、B 方都处于接收方式以便随时响应对方的呼并组成一个单方向传输的通信线路。

(3)全双工制式

这种方式如图 8.45(c)所示。A、B 双方都既是发送器,又是接收器,且由于相互间有两根信号传输线,A 站、B 站在可以同时发送或接收。显然,为了实现这种全双工传输,两个方向的资源必须完全独立,A 站和 B 站必须具有独立的发送器和接收器,两个方向的数据通道必须完全分开。这样,在 A、B 方控制逻辑的协调下,数据才可以同时 A 向 B 发送,B 向 A 发送。这种全双工方式在通信线路和通信机理上都相当于将两个方向相反的单工方式组合在一起。

这三种数据传输方式尽管在收发控制上有差别,但其数据发送和接收时使用的基本原理是相同的。

8.4.2 串行通信数据差错控制

1 误码率

在串行通信中,由于系统本身的硬件、软件故障,或者外界电磁干扰等原因,数据在传输中发生错误总是难免的。一般来说,信号传输过程中的差错由两大噪声引起的。一类是信道所固有的,持续存在的随机热噪声,其引起随机错,造成某位码元的差错是孤立的。提高信噪比即可减少热噪声。另一类是由特定的短暂原因造成的冲击噪声,该噪声幅度大,称为突发错误,是传输差错的主要原因。从突发错误发生的第一个码元到有错的最后一个码元间的所有码元的个数称为突发长度。

所谓误码率(Symbol Error Rate,SER),是指数据经传输后发生错误的位数(也叫码元数)与总传输位数(码元数)之比。在计算机通信中,一般要求达到 10^{-6} 数量级。误码率与通信线路质量、干扰大小及波特率等因素有关。

2 差错控制

为减小误码率,一方面要从硬件和软件两方面对通信系统进行可靠设计,以达到尽量少出错的目的;另一方面还要对传输的信息采用一定的检错、纠错编码技术,以便发现和纠正传输过程中可能出现的差错。通常将这两方面统称为差错控制技术(error control technology),这里仅仅介绍常用的检错、纠错编码技术。

实际中,具体实现检错、纠错的编码方法很多,常见有奇偶校验(Parity Check)、循环冗余校验(Cyclic Redundancy Check,CRC)、海明码校验(Hamming Code Check)和交叉奇偶校验(Interleaved Parity Check)等。在串行通信中应用最多的是奇偶校验和循环冗余校验,前者是因为简单,后者则是因为较适于逐位出现的信号的运算。

不管哪种编码方法,为了检错、纠错,都必须在有效信息位的基础上附加一定的冗余信息位,利用各二进制位的组合来监督数据误码情况。一般来说,附加的冗余位越多,监督作用和检错、纠错能力就越强,但通信效率也就越低,而且冗余位本身出错的可能性也相应增大。

(1)奇偶校验

奇偶校验的基本原理是发送端通过奇偶产生器在每个字符中增加一个奇偶校验位,使其中的"1"的个数固定为偶数或奇数;到了接收端,再通过一个奇偶校验电路,校验每个带奇偶位的字符中"1"的个数是否为偶数或奇数,如果不是,说明至少有一位出错。也可能由奇数个位出错,如是则说明没差错或有偶数个位出错。可见,奇偶检验位可以检出奇数个位差错,但检测不错偶数个位差错,而且检测出错后,也不能"自纠错"。而只能采用反馈重传的"重发纠错"法来纠正错误。

由于一般同时有两位以上出错的概率很少,绝大多数差错还是出现在一位上,所以奇偶校验是实际中一种常见的检错方法。此方法可以用软件实现,也可以用硬件实现,已有专用的奇偶发生器/奇偶校验器如 SN75/54180,SN75/54280。但是在使用通用串行通信接口电路时,奇偶校验电路均集成在其内部,自动实现编程指定的奇偶校验方法。

(2)循环冗余码校验

CRC 校验不同于奇偶校验,奇偶校验是一个字符校验一次,而 CRC 校验是一个数据块校验一次。所以 CRC 校验广泛用于检测数据块差错,是错码检测方式中最重要、最常见的一种,其优点是对随机错码和突发错码都能以较低的冗余度进行严格检查。同步串行通信中几乎都使用 CRC 校验,此外,还用于校验 ROM 或 RAM 存储区的完整性。

CRC 的基本思想是利用线性编码理论,在发送端根据要传送的串行二进制码序列(信息码),以一定的规则产生一个校验的监督码(CRC,也叫校验码),附加在信息码后面,构成一个新的二进制码序列发出,接收端则根据信息码和监督码之间所遵循的规则进行检测,确定传送过程中是否出错。由此可见,循环码 = (信息码 + 校验码)。

循环冗余码校验中的基本概念如下。

①码多项式

任何一个二进制码可以用多项式表示,叫作码多项式。如 6 位二进制码 110101 可表示为码多项式

$$B(X) = X^5 + X^4 + X^2 + X^0 = X^5 + X^4 + X^2 + 1 \tag{8.28}$$

作为一般形式,一个 n 位二进制码可表示为码多项式:

$$B(X) = \sum_{i=0}^{n-1} a_i \cdot X^i \tag{8.29}$$

其中 $a_i = 0$ 或 1,为第 i 项的系数。

②码多项式的加减运算

二进制码多项式的加减运算为模 2 加减运算,即两个码多项式相加减时,对应项系数进行模 2 加减。所谓模 2 加减就是各位作不带进位、借位的按位加减,这种加减运算实际上就是逻辑上的"异或"运算,即加法减法等价运算。

③码多项式的乘除运算

二进制码多项式的乘法和除法,与普通代数多项式的乘法和除法一样,符合同样的规律:

$$\frac{B_1(X)}{B_2(X)} = Q(X) + \frac{R(X)}{B_2(X)} \tag{8.30}$$

式中,$Q(X)$ 为 $B_1(X)$ 和 $B_2(X)$ 相除的商,$R(X)$ 为余数。若能除尽,则 $R(X) = 0$。

④循环码的组成和校验原理

可以在一个信息长度为 m 的二进制位序列后面附加上符合一定规则的 r 位($r = n - m$)校验位组成一个总长度为 n 的新的二进制位序列

$$V = \underbrace{B_{m-1}B_{m-1}\cdots B_1 B_0}_{m\text{位信息码}} \quad \underbrace{R_{r-1}R_{r-1}\cdots R_1 R_0}_{r\text{位校验码}}$$

$$\underbrace{\phantom{B_{m-1}B_{m-1}\cdots B_1 B_0 \quad R_{r-1}R_{r-1}\cdots R_1 R_0}}_{n\text{位序列}}$$

一般将这样新组成的二进制位序列叫作循环码。

假设原来的 m 位信息码用码多项式表示为 $B(X)$,附加的 r 位校验多项式用 $R(X)$ 表示,新组成的循环码多项式用 $V(X)$ 表示,则有

$$V(X) = X^r B(X) + R(X) \tag{8.31}$$

显然,要得到每个信息码所对应的循环码,关键是要产生相应的校验码,通常每个循环码都有它自己的生成多项式 $G(X)$,校验码中的每一位都可在原信息码的基础上利用这个

生成多项式生成。具体生成方法如下。

将信息码多项式 $B(X)$ 乘以 X^r（提高 r 阶）后，与一定的生成多项式 $G(X)$ 相除，可以得到商多项式 $Q(X)$ 和余数多项式 $R(X)$

$$\frac{X^r B(X)}{G(X)} = Q(X) + \frac{R(X)}{G(X)} \tag{8.32}$$

这里的余数多项式 $R(X)$ 所对应的二进制数码就是所需的校验码，即 CRC 码。对上式进行多项式运算，可以相继得到

$$X^r \times B(X) = G(X) \times Q(X) + R(X) \tag{8.33}$$

$$X^r \times B(X) - R(X) = G(X) \times Q(X) \tag{8.34}$$

因为码多项式的加法和减法是等价的，所以

$$X^r \times B(X) + R(X) = G(X) \times Q(X) \Rightarrow V(X) \tag{8.35}$$

可以看出：第一，信息码多项式 $B(X)$ 和 CRC 码多项式 $R(X)$ 可以合成一个新的多项式 $V(X)$，这个多项式即为前面所说的循环码多项式，且这个多项式是生成多项式 $G(X)$ 的整数倍，即正好能被 $G(X)$ 除尽；第二，新生成的循环码多项式 $V(X)$ 中，高次多项式 $X^r B(X)$ 的系数仍是信息码，而低次多项式就是余数多项式，它的各项系数即为 CRC 校验码。也就说，信息位和校验位在整个循环码中完全分开，串行传送过程中一个在前一个在后，很容易区分和识别。

综上所述，CRC 冗余校验的具体过程如下：

步骤一：发送方将信息码表示成信息码多项式，并将信息码多项式升阶；

步骤二：运用循环码生成多项式（校验码中的每一位都可在信息码的基础上利用这个生成多项式生成）得到余数多项式；

步骤三：将余数多项式表示成二进制码（就是校验码）；

步骤四：发送信息码；

步骤五：发送校验码；

步骤六：接收方将信息码和校验码合成循环码，用同一生成多项式去除，若除尽则无误。

在数据存储和数据通信领域，著名的通信协议 X.25 的 FCS（帧检错序列）采用的就是 CRC，CCITT，ARJ 和 LHA 等压缩工具软件采用的是 CRC32，磁盘驱动器的读写采用了 CRC16（$X^{16} + X^{15} + X^2 + 1$），通用的图像存储格式 GIF，TIFF 等也都用 CRC 作为检错手段。

8.4.3　串行通信标准接口

1. RS-232 串行通信标准

串行通信的基本原理如图 8.46 所示。它是在数据的收发两端插入移位寄存器，同时发送端为并入串出，将发送锁存器中的并行数据转换成按位输出的串行数据，由驱动器发送到通信线路上；接收端则先经过串入并出移位寄存器恢复发送端的原始数据。

PC 机中提供了 2 个串行通信接口，亦称 COM 端口，它们均采用 RS-232C 串行通信标准。从外观上看，COM 端口是一个 25 针的 D 形连接座，后来简化为 9 针，如图 8.47 所示。

表 8.3 列出了各引脚信号的定义以及 25 针引脚与 9 针引脚之间的对应关系。

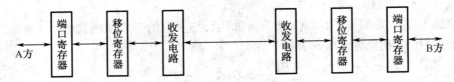

图 8.46　串行通信原理图

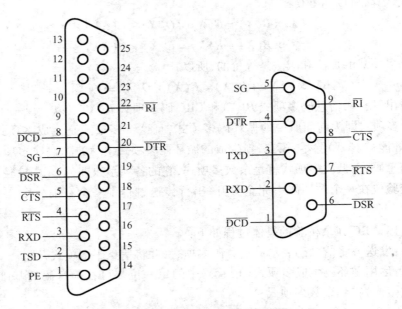

图 8.47　COM 口的 D 形针式连接器

表 8.3　RS－232C 接口引脚信号的定义

9 针	25 针	信号	方向	功能
3	2	TXD	O	发送数据
2	3	RXD	I	接收数据
7	4	$\overline{RTS}$	O	请求发送
8	5	$\overline{CTS}$	I	清除发送
6	6	$\overline{DSR}$	I	数据通信装置（DCE）准备就绪
5	7	SG		信号公共参考地
1	8	$\overline{DCD}$	I	数据载波检测
4	20	$\overline{DTR}$	O	数据终端设备（DTE）准备就绪
9	22	$\overline{RI}$	I	振铃提示

　　RS－232C 标准的诞生比个人微型计算机问世还早,因此当时不可能考虑到微型计算机系统的应用要求,从而使得有些规定同微型计算机系统并不一致,最明显之处就是逻辑电平不兼容。

　　表 8.4 列出了 RS－232C 标准的主要电气特性参数。

表 8.4 RS-232C 标准的电气特性

项目	功能
带 3~7 kΩ 负载时驱动器的输出电平	逻辑 0 为 +3~+25 V,逻辑 1 为 -25~-3 V
不带负载时驱动器的输出电平	-25~+25 V
驱动器通断时的输出阻抗	>300 Ω
输出短路电流	<0.5 A
驱动器转换速率	<30 V/μs
接收器输入阻抗	3~7 kΩ
接收器输入电压	-25~+25 V
输入开路时接收器的输出逻辑	"1"
输入开关时接收器的输出逻辑	"1"
+3 V 输入时接收器的输出逻辑	"0"
-3 V 输入时接收器的输出逻辑	"1"
最大负载电容	2 500 pF
不能识别的过渡区	-3~+3 V

它的逻辑"0"又称为空号,电平规定在 +3~+25 V 之间;逻辑"1"又称为传号,电平规定在 -25~-3 V 之间;因而不仅要使用正负极性的双电源,而且与传统的 TTL 数字电路的逻辑电平不兼容,两者之间必须使用电平转换器。

常见的电平转换收发器件有以 MC1488 与 MC1489 为代表的集成电路,如图 8.48 所示。

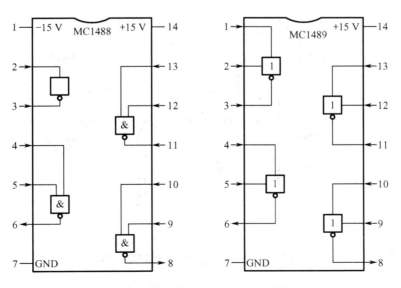

图 8.48 MC1488 与 MC1489 发送器、接收器的结构图

MC1488 实质上是由 3 个与非门与 1 个反相器组成,通过它们可将 4 路 TTL 电平转换成 RS - 232C 电平,它需要 ±15V 或 ±12V 双路电源,适用于数据发送。MC1489 实质上是 4 个带控制门的反相器,可将 4 路 RS - 232C 电平转换成 4 路 TTL 电平。它只使用单一的 5V 电源,适用于数据接收。其控制端通常接一只滤波电容到地。

由于 MC1488/ MC1489 是功能单一的发送/接收器,所以双向数据传输中接收/发送各端都要同时使用这两个器件,此外又必须同时具备正、负两组电源,因而在很多应用场合下显得不方便,为此市场上推出了只有单一 5V 电源的 RS - 232 收发器。图 8.49 描述了美国美信(MAXIM)公司 MAX220/232/232A 收发芯片的引脚、内部功能原理以及外接电容等信息。芯片内除了两个发送驱动器与两个接收缓冲器外,还有两个电源变换电路,其中一个升压泵将 +5V 提高到 +10V,另一个则将 +10V 转换成 -10V,对于外接电容,MAX232 要求 $C_1 \sim C_5$ 全为 1.0 μF;MAX232A 则要求 $C_1 \sim C_5$ 全为 0.1 μF;MAX220 要求 C_1、C_2 与 C_5 为 4.7 μF,C_3 与 C_4 为 10 μF。

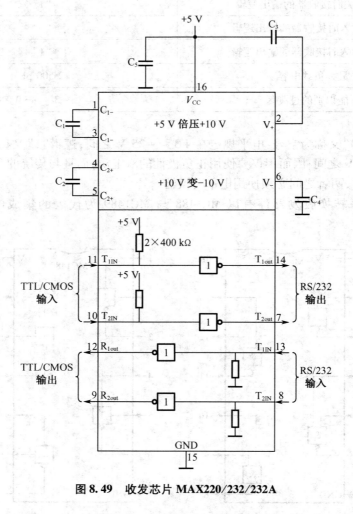

图 8.49 收发芯片 MAX220/232/232A

RS - 232C 的主要问题是基于单端非对称电路的接口设计。这种结构对共模信号没有抑制能力,它同差摸信号叠加在一起,在传输电缆上产生较大的压降损耗,压缩了有用信号的动态范围。

RS－232C 所使用的电缆通常均有 40～50 pF/inch 的分布电容,该标准规定最大的线间电容量不能超过 2 500 pF,所以它只能局限于传输距离为 50 inch(约 15 m)的范围内。它的数据传输速率上限只有 20 kbps。

为了克服 RS－232C 的这类缺陷,20 世纪 70 年代初期又推出了 RS－422、RS－423 等标准,后来又推出增强改进版 RS－485,这是目前广泛使用的一种现场总线标准。它们的最大特点是采用了平衡差分(balance differential transform)传输技术。从理论上讲,这种电路结构对共模信号的抑制比为无穷大,大大减小了地线电位差引起的麻烦。其传输速率与距离都明显提高。由于信号对称于地,在实际应用中甚至可以不使用地线,从而只需要使用一对双绞线。

2. RS－422A/RS－423A 串行通信标准

RS－422A/RS－423A 与 RS－232C 的主要差别是信号在导线上的传输方法不同:前者是利用信号导线之间的电压表示信号,而后者(RS－232C)则是利用传输信号线与公共地之间的电压表示信号。其中 RS－423A 标准提供的是"非平衡电压数字接口电路的电气特性"标准,是为既改善 RS－232C 的电气特性,又考虑与 RS－232C 兼容而制定的。它采用非平衡发送器(单端发送器)和差分接收器,规定逻辑"1"电平为发送端 +4 V～+6 V,接收端不低于 +0.2 V;逻辑"0"电平为发送端 －4 V～－6 V,接收端不高于 －0.2 V。而 RS－422A 提供的是"平衡电压数字接口电路的电气特性"标准,它与 RS－423A 的不同点在于发送器采用了平衡式发送(双端发送),从而形成了一种平衡驱动(balance driver)、差分接收(differential receiver)的传输体系,因此它比 RS－423A 标准允许更高的数据传输率,而且串扰更小。RS－422A 允许发送端电平为:逻辑"1", +2 V～+6 V;逻辑"0", －2 V～－6 V。接收端可检测到的输入电平允许低到 0.2 V。

RS－423A 标准的电气接口示意图如图 8.50 所示。其中非平衡驱动器和差分接收器分别采用的是非平衡驱动器 DS3961 和差分接收器 26L32,它们分别将 TTL 电平信号转换为 RS－423 接口信号和将 RS－423 接口信号转换为 TTL 电平信号。

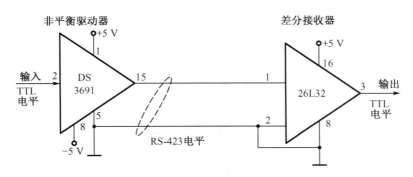

图 8.50　RS－423 的电气接口示意图

RS－422A 标准的电气接口示意图如图 8.51 所示。

其中,平衡驱动器 75174 和差分接收器 75175 分别可将 TTL 电平转换为 RS－422 电平和将 RS－422 电平转换为 TTL 电平。75174 是一个具有三态输出的四差分线驱动器芯片,75175 是一个具有三态输出的四差分线接收器芯片,两者的输出均应受允许端(EN)控制,与 75174 和 75175 完全兼容的芯片有 MC3487 和 MC3486，MC3487 与 75174、MC3486 与 75175 可直接互换。

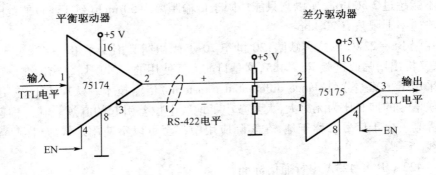

图 8.51 RS－422A 的电气接口示意图

RS－422A 和 RS－423A 定义了 26 芯连接器，各信号线与 RS－232C 的 25 芯信号线定义不同。表 8.5 给出了两者的引脚信号对照情况。

表 8.5　RS－422A/RS－423A 与 RS－232C 信号引脚对照表

RS－422A/ RS－423A 引脚号	信号名称	RS－232C 引脚号
1	保护地（PGND）	1
2	N/C（未分配）	14
3	发送数据（TXD）	2
4	N/C（未分配）	15
5	接收数据（RXD）	3
6	N/C（未分配）	16
7	请求发送（RTS）	4
8	N/C（未分配）	17
9	清除发送（CTS）	5
10	N/C（未分配）	18
11	DCE 准备好（DSR）	6
12	N/C（未分配）	19
13	信号地（SGND）	7
14	DTE 准备好（DTR）	20
15	N/C（未分配）	8
16	N/C（未分配）	21
17	N/C（未分配）	9
18	N/C（未分配）	22
19	N/C（未分配）	10
20	N/C（未分配）	23

表 8.5(续)

RS－422A/ RS－423A 引脚号	信号名称	RS－232C 引脚号
21	N/C(未分配)	11
22	N/C(未分配)	24
23	N/C(未分配)	12
24	N/C(未分配)	25
25	N/C(未分配)	13
26	N/C(未分配)	无

RS－422A/RS－423A 与 RS－232C 在电气特性上的主要区别如表 8.6 所示。

表 8.6　RS－422A/ RS－423A 与 RS－232C 信号引脚对照表

电气特性		RS－232C	RS－423A	RS－422A
最大传输距离		20 m	90 m	1 200 m (对应传输速度 10 kb/s 时)
最大传输速度		20 kb/s	100 kb/s	10 Mb/s (对应传输距离 12m 时)
发送端电压	逻辑"1"	－5 V ～ －15 V	+4 V ～ +6 V	+2 V ～ +6 V
	逻辑"0"	+5 V ～ +15 V	－4 V ～ －6 V	－2 V ～ －6 V
接收端允许最小电压		±3 V	±200 mV	±200 mV
收发方式		单端收发	单端发差分收	差分收发

3. RS－485 串行通信标准

在许多应用环境中,要求用较少的信号线来实现通信,或者要求在同一个通信网络中能允许多个发送器,由此导致了目前应用广泛的 RS－485 串行接口总线的产生。它实际上是 RS－422A 的变形,即 RS－422A 为全双工模式、而 RS－485 为半双工模式,这一改动,对实现多站互连提供了很大的方便。图 8.52 给出点对点通信时,RS－485 与 RS－422A 的连接形式电路。这个电路既可以构成 RS－422A 电气接口(按图中虚线连接,即采用 4 线传输信号),也可以构成 RS－485 电气接口(按图中实线连接,即采用 2 线传输信号)。此外,在 RS－485 互连中,因是半双工方式,某一时刻只能有一个站发送数据,另一个站只能接收,因此,RS－485 的发送端必须由使能端加以控制,一般情况下,此端应为"无效",以禁止发送。只有在本站需要发送时,才将使能端变为有效,由 TXD 端将数据发出,且发生完后,应将使能端关闭,以便接收对方来的数据。

尽管 RS－485 推出较晚,但由于其能实现多点对多点的半双工通信,在同一网络中的平衡电缆上,最多可连接 32 个发送器/接收器对;再加上抗干扰能力、最大传输距离和最大传输速率方面均大大优于 RS－232C,因此在许多场合,特别是实时控制、微机测控网络等领域得到了广泛的应用。

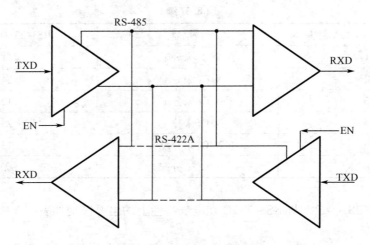

图 8.52　RS－485 与 RS－422 的连接形式比较

8.4.4　串行通信在心电弱信号检测中的应用

在心电信号自动检测系统中,被测对象是人体心电信号,通过模拟电路对信号进行放大、滤波、陷波、隔离等处理得到有效的采样信号。对采样信号进行 A/D 转换,再通过 RS232 口,将信号由控制芯片传输到上位机当中。然后利用计算机对采样得到的信号进行数字滤波、数字陷波得到最终的所需要的信号,并由相应的显示软件把信号转换为波形,供分析研究使用。

51 单片机有一个全双工的串行通讯口,所以单片机和计算机之间可以方便地进行串口通信。进行串行通讯时要满足一定的条件,比如计算机的串口是 RS232 电平的,而单片机的串口是 TTL 电平的,两者之间必须有一个电平转换电路,在此采用了专用芯片 MAX232 进行转换,电路中采用了三线制连接串口:第 5 脚的 GND、第 2 脚的 RXD、第 3 脚的 TXD。这是最简单的连接方法,电路图如图 8.53 所示,MAX232 的第 12 脚和单片机的 11 脚连接,第 11 脚和单片机的 10 脚连接。

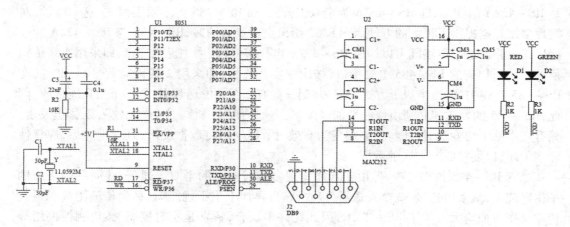

图 8.53　基于 8051 单片机串口通信

基于 51 单片机的串行数据接收和发送可采用查询方式,软件流程图如图 8.54 和图 8.55 所示。

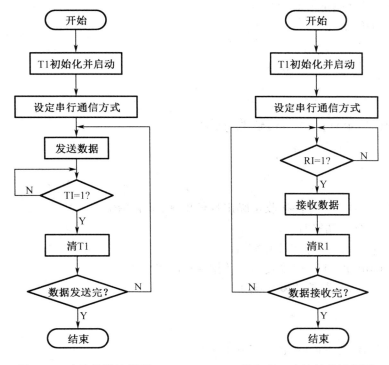

图 8.54 查询发送流程图   图 8.55 查询接收流程图

对 8051 进行编程使用的是 C 语言,编译环境采用的 Keil 编译软件。Keil 是美国 Keil Software 公司出品的兼容单片机 C 语言软件开发系统。Keil 提供了包括 C 编译器、宏汇编、连接器、库管理和一个功能强大的仿真调试器等在内的完整开发方案,通过一个集成开发环境(μVision)将这些部分组合在一起。进行适当设置,编译之后一般会产生后缀为 . hex 的文件,通过 STC – ISP 下载软件将. hex 文件下载到 51 单片机上,之后再进行调试,就完成了对单片机的控制。

基于 51 单片机的串行数据通信程序如下:

```
#include < reg51. h >

sbitPIN_RXD = P3^0;//接收引脚定义
sbitPIN_TXD = P3^1;//发送引脚定义

bitRxdOrTxd = 0;//指示当前状态为接收还是发送
bitRxdEnd = 0;//接收结束标志
bitTxdEnd = 0;//发送结束标志
unsignedcharRxdBuf = 0;//接收缓冲器
unsignedcharTxdBuf = 0;//发送缓冲器
```

```
    voidConfigUART( unsignedintbaud) ;
    voidStartTXD( unsignedchardat) ;
    voidStartRXD( ) ;

    voidmain( )
    {
    EA = 1 ;//开总中断
    ConfigUART( 9600) ;//配置波特率为9600

    while( 1 )
    {
    while( PIN_RXD) ;//等待接收引脚出现低电平,即起始位
    StartRXD( ) ;//启动接收
    while( ! RxdEnd) ;//等待接收完成
    StartTXD( RxdBuf + 1 ) ;//接收到的数据 + 1 后,发送回去
    while( ! TxdEnd) ;//等待发送完成
    }
    }
    / * 串口配置函数,baud – 通信波特率 * /
    voidConfigUART( unsignedintbaud)
    {
    TMOD& = 0xF0 ;//清零 T0 的控制位
    TMOD| = 0x02 ;//配置 T0 为模式 2
    TH0 = 256 – ( 11059200/12) /baud ;//计算 T0 重载值
    }
    / * 启动串行接收 * /
    voidStartRXD( )
    {
    TL0 = 256 – ( ( 256 – TH0) > >1) ;//接收启动时的 T0 定时为半个波特率周期
    ET0 = 1 ;//使能 T0 中断
    TR0 = 1 ;//启动 T0
    RxdEnd = 0 ;//清零接收结束标志
    RxdOrTxd = 0 ;//设置当前状态为接收
    }
    / * 启动串行发送,dat – 待发送字节数据 * /
    voidStartTXD( unsignedchardat)
    {
    TxdBuf = dat ;//待发送数据保存到发送缓冲器
    TL0 = TH0 ;//T0 计数初值为重载值
```

```
ET0 = 1;//使能 T0 中断
TR0 = 1;//启动 T0
PIN_TXD = 0;//发送起始位
TxdEnd = 0;//清零发送结束标志
RxdOrTxd = 1;//设置当前状态为发送
}
/ * T0 中断服务函数,处理串行发送和接收 * /
voidInterruptTimer0( )interrupt1
{
staticunsignedcharcnt = 0;//位接收或发送计数

if( RxdOrTxd)//串行发送处理
{
cnt + + ;
if( cnt < = 8)//低位在先依次发送 8bit 数据位
{
PIN_TXD = TxdBuf&0x01;
TxdBuf > > = 1;
}
elseif( cnt = = 9)//发送停止位
{
PIN_TXD = 1;
}
else//发送结束
{
cnt = 0;//复位 bit 计数器
TR0 = 0;//关闭 T0
TxdEnd = 1;//置发送结束标志
}
}
else//串行接收处理
{
if( cnt = = 0)//处理起始位
{
if(! PIN_RXD)//起始位为 0 时,清零接收缓冲器,准备接收数据位
{
RxdBuf = 0;
cnt + + ;
}
else//起始位不为 0 时,中止接收
```

```
{
    TR0 = 0;//关闭 T0
}
}

elseif(cnt < =8)//处理 8 位数据位
{

RxdBuf > > =1;//低位在先,所以将之前接收的位向右移
if(PIN_RXD)//接收脚为 1 时,缓冲器最高位置 1,
{//而为 0 时不处理即仍保持移位后的 0
RxdBuf| =0x80;
}
cnt + + ;
}
else//停止位处理
{

cnt =0;//复位 bit 计数器
TR0 =0;//关闭 T0
if(PIN_RXD)//停止位为 1 时,方能认为数据有效
{
RxdEnd =1;//置接收结束标志
}
}
}
}
```

上位机的程序是用 VC++ 编写而成的。主要是接收串口传输来的数据并做相应陷波和滤波的处理,并最终把图形显示出来。

做好之前的工作之后,连接好串口。双击打开软件,会出现如图 8.56 所示的串口设置窗口,选定相关参数,点击确定进入应用程序,如图 8.57 所示。

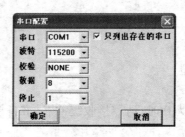

图 8.56 串口设置窗口

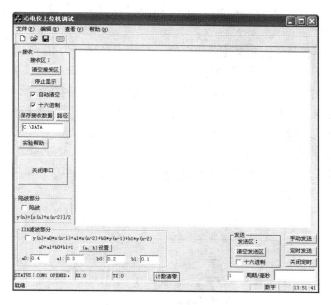

图 8.57 软件主界面

8.5 本 章 小 结

本章主要介绍信号自动检测接口电路,包括:多路模拟开关电路、信号采样和保持电路、信号 D/A 和 A/D 转换电路以及计算机信号接口电路。重点介绍了模拟开关电路的构成和特点,反馈型采样保持电路特点和电路分析,几种 A/D 转换电路的特点以及串行通信的原理。并结合第 6 章内容,以心电弱信号转换为例,给出检测与转换系统中基于串行通信接口的信号转换电路的设计与实现。通过本章的学习,应具有分析常见信号转换电路,并能根据具体功能需求设计信号转换电路的能力。

8.6 思 考 题

1. 试述晶体管工作在开关状态的条件。

2. 试述 P 沟道增强型场效应管工作在开关状态的条件。

3. 8 路多路模拟开关中,已知 $t_{AC} = 1.2\ \mu s$,开关通断时间 $1\ \mu s$,求开关的最高切换速率。

4. 八选一开关 CD4051 供电电源 $U_{DD} = +5\ V$,$U_{SS} = -5\ V$,若对此模拟开关施加 $0 \sim 5\ V$ 的数字控制信号,可控制的输入信号幅度范围是多少? $U_{DD} = +5\ V$,$U_{SS} = 0\ V$,$U_{EE} = -8.5\ V$,则同样的数字控制信号,可控制的输入信号幅度范围是多少?

5. 试述在采样/保持电路中对模拟开关、保持电容及运算放大器三种主要元器件的选择有什么要求?

6. 计算八位单极性 D/A 转换器的数字量分别为 7FH,81H,F3H 时的模拟输出电压值,设其满量程电压为 10 V。

7. 一个 12 位 A/D 转换器,量程范围有 $0 \sim 5\ V$,$-5 \sim +5\ V$,$0 \sim 10\ V$,$-10 \sim +10\ V$ 四

种。已知输入模拟电压为 4.112 V,则单极性和双极性输入时,输出分别为多少?（用二进制和十六进制表示）

8. 双积分 A/D 转换器中时钟频率为 100 kHz,若要求分辨率为 10 位,求最高的采样频率。

9. 串行通信有什么特点? 有几种通信方式?

10. 什么是误码率? 为减小误码率,可以采用哪些差错控制技术?

11. RS232C 标准规定接口定义了 25 条连线,但通常只有哪 9 个信号经常使用?

12. 试比较 RS232、RS – 485 与 RS – 422 三种串行通信标准。

13. 一个多点温度巡回检测电路如题图 8.1 所示,图中被测量的温度一共有 6 路,被测温度以一定的频率波动,经电桥式放大电路测量并放大后,在某一时刻,6 路输出 – 5 V 至 + 5 V 范围内的电压值如图所示。

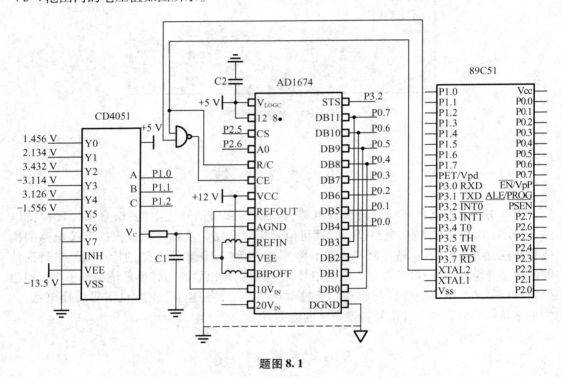

题图 8.1

请看图分析回答或计算下列问题:

①图中 CD4051 器件的 A,B,C 三端的作用是什么? 当 CBA = 011,输出是多少?

②AD1674 是何种类型的模/数转换器件? 有什么特点? 若其转换周期为 10 μs,那么此 A/D 转换器能转换的信号的最高截止频率为多少?

③计算当前状态下 AD1674 的数字量转换结果(量化误差采取四舍五入法);

④当输入电压发生变化时,AD1674 转换电压所需的转换时间是否发生改变? 为什么?

⑤电路中 AD1674 为 12 位,如果用 8 位单片机 89C51 对其控制,二者可以通过一个并口接收数据吗? 为什么?

⑥图中单片机是采用什么方式实现对 AD1674 的状态判断?

14. 通过本章的学习,总结自动检测与转换系统接口电路的设计要点有哪些?

第9章 传感器与信号检测转换技术实验

【本章要点】

传感器与信号检测转换技术实验的目的是检验学生对传感器理论知识的掌握程度,引导学生将理论知识应用到实践中,并将计算机技术、数据采集处理技术与传感器技术融合在一起,拓宽传感技术的应用领域,逐步建立工程应用的概念。本章主要介绍实验主要仪器设备的使用、实验具体内容。重点是对基本型实验和综合设计型实验内容进行介绍。

9.1 实验仪器与实验装置

9.1.1 数字万用表

万用表(multimeter)又叫多用表、三用表、复用表,是一种多功能、多量程的测量仪表。一般万用表可测量直流电流、直流电压、交流电压、电阻和音频电平等,还可以测交流电流、电容量、电感量及半导体晶体管的一些参数。

万用表有模拟式(analogy multimeter)(标准的指针式电表)和数字式(digital multimeter)(带电子数字显示)两种类型。目前,数字式万用表已成为主流。与模拟式万用表相比,数字式万用表灵敏度高,准确度高,显示清晰,过载能力强,便于携带,使用更简单。

下面以数字式万用表为例,简单介绍万用表的结构、性能、使用方法和注意事项。

1. 数字万用表基本结构

数字万用表主要由直流数字电压表(Digital Voltage Meter,DVM)和功能转换器(function converter)构成,数字电压表是数字万用表的核心。数字万用表的内部结构如图9.1所示。

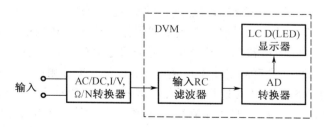

图9.1 数字万用表的内部结构框图

虚线框表示直流数字电压表DVM,它由阻容滤波器、A/D转换器、LCD(Liquid Crystal Display)显示器组成。在数字电压表的基础上,再增加交流－直流(AC/DC)转换器、电流－电压(I/V)转换器和电阻－电压(Ω/V)转换器,就构成了数字万用表。

由数字万用表内部结构框图可以看出,被测量经功能转换器后都变成直流电压量,再由 A/D 转换器转换成数字量,最后以数字形式显示出来。

DT9205A 型数字万用表面板如图 9.2 所示,由 LCD 液晶显示屏、电源开关、量程开关、表笔插孔、晶体管插孔和电容器插孔等部分构成。各部分的作用如下。

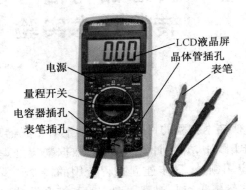

图 9.2　DT9205A 型数字万用表的面板图

（1）LCD 液晶显示屏

DT9205A 型数字万用表的 LCD 液晶显示屏的显示位数是 4 位,因最高位（千位）只能显示数字"1"或者不显示数字,故算半位,称为三位半。最大显示数为 1 999 或 -1 999。当测量直流电压和直流电流时,仪表有自动显示极性功能,若测量值为负,显示的数字前面将带"-"号。当仪表输入超载时,屏上出现"1"或"-1"。

（2）电源开关

按下接通电源,万用表处于准备状态;弹出则切断电源,万用表不工作。万用表用 9V 电池,装在表内电池盒中。在电池盒内还装有 0.25 A 快速熔断器,当"DC·A"和"AC·A"量程内超载测量时,熔断器将立刻被烧断,起到保护电路的作用,此时显示器上也无读数。

（3）量程开关

旋转式量程开关位于面板中央,用于转换工作种类和量程。开关周围用不同的颜色和分界线标出各种不同工作状态的范围。转动此开关可分别测量二极管的好坏、电阻、直流电压、交流电压、直流电流、交流电流、电容、晶体管的 hFE 及环境温度等。

（4）输入插口

输入插口是万用表通过表笔和测量点连接的部位,共有"COM""V·Ω""mA"和"20A"四个孔。负表笔始终置于"COM"插口,正表笔要根据工作种类和测量值的大小置于"V·Ω""mA"或"20A"中。在"COM"和"V·Ω"之间的连线上,印有标记,表示从此两孔输入时,测交流电压不得超过 750 V,测直流电压不得超过 1 000 V。此时测量"V"和"Ω"都处于同一插口内,因此应谨慎检查量程开关选择位置是否正确。在"COM""mA"之间和"COM""20 A"之间的连线上也分别附有标记,表示在对应的插口间所测量的电流值不能超过 200 mA 和 20 A。

（5）hFE 插口

此插口是插放被测晶体管用的。测量时管子的 e,b,c 三脚应分别插入"E""B""C"三孔中,"E"有两个孔,作用一样,发射极管脚可就便插入。

（6）电容器插孔

控制面板的左下角是电容器插孔,插孔上边标注为"CX",检测电容器时插入此孔,将转换开关根据电容器的容量置于相对应的档位,按下电源开关,即可读出该电容器的容量值。

2.使用方法

（1）直流电压的测量

将量程开关转至"COM"范围内适当的档位,负表笔置于"COM"插口,正表笔置于"V·Ω"插口,电源开关按下,表笔接触测量点之后,屏上便出现测量值。若量程开关置于"200 mA",显示屏上所显示数值以"mV"为单位;置于其他四档时,显示的值以"V"为单位。这里应该指出,量程开关所置的档位不同,测量的精度也不同。

（2）交流电压的测量

将量程开关转至"AC·V"范围内适当的档位上,表笔所在插口不变,具体测量方法与测直流电压时相同。

（3）直流电流的测量

将量程开关转至"d₀"范围。当测量的电流值小于200 mA时,正表笔应置于"mA"插口,按照测量值的大小,把量程开关转至适当位置上,接通表内电源,将仪表串入被测量的电路中,即可显示出读数。当量程开关置于"200 mA""20 mA""2 mA"三档时,显示屏上的读数以"mA"为单位;如果被测量的电流值大于200 mA,量程开关只能置于"20 A"处,同时要将正表笔置于"20 A"插口,其读数以"A"为单位。

（4）交流电流的测量

将量程开关置于"AC·A"范围,正表笔依被测量程不同置于"mA"或"20 A"插口,具体测量方法与测直流时相同。

（5）电阻的测量

将量程开关置于"Ω"范围,正表笔置于"V·Ω"插口,接通电源开关于"ON"位置。所测数值的单位和各量程上所标明的相对应。例如当量程开关置于"200"上时以"Ω"为单位,置于"2M"或"20M"上时,显示的数字以"MΩ"为单位。若测量值超量限时,显字屏左端将出现"1"字,这时应改变量程范围。

（6）电路连通性的检查

将量程开关转至")))"位置,表笔所在的位置和测电阻时相同,接通万用表电源,让表笔触及被测电路,若两只表笔间电路的电阻值小于20 Ω,则仪表内的蜂鸣器发出叫声,说明电路是接通的;若听不到声音,表示电路不通或接触不良。

（7）二极管的检查

将量程开关置于"◄⊢"位置,正表笔置于"V·Ω"插口,其测试电路如图9.3（a）（b）所示。按图9.3（a）连接,若显示屏显示出二极管正向电压降在0.5 V和0.8 V之间,则表明硅二极管是正常的;若在屏上显示"000"或"1",则表明二极管是短路或断路;按图（b）连接,若在显示屏显示"1",则表明二极管是正常的;若在屏上显示"000"或其他数值,则表明二极管是不良的。

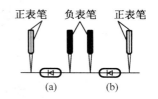

图9.3　检查二极管的电路

（8）晶体管 hFE 的测量

将量程开关置于"NPN"或"PNP"位置,把被测管子的基极、集电极和发射极分别插入 hFE 的"B""C"和"E"插孔内,在屏上显示出 hFE 参数在40～1 000之间,则表明晶体三极管是好的。

3.注意事项

（1）当遇到电阻、电流和二极管不能进行测试时,应检查一下熔断器,如发现已熔断,则更换新的熔断器。

（2）当电池电压低于工作所需电压时,在显示屏上将闪现符号,如"BATT"或"LOW BAT"等时,表示电池电压低于工作电压,此时提醒使用者更换电池。

（3）当测量工作完毕时,一定要将开关置于"OFF"位置。

（4）如果无法预先估计被测电压或电流的大小,则应先拨至最高量程档测量一次,再视情况逐渐把量程减小到合适位置。测量完毕,应将量程开关拨到最高电压挡,并关闭电源。

（5）误用交流电压挡去测量直流电压,或者误用直流电压挡去测量交流电压时,显示屏将显示"000",或低位上的数字出现跳动。

（6）禁止在测量高电压（220 V 以上）或大电流（0.5 A 以上）时换量程,以防止产生电弧,烧毁开关触点。

9.1.2 数字示波器

示波器(oscilloscope)是观察波形的窗口,能让设计人员或维修人员详细看见电子波形,达到眼见为实的效果。因此,示波器也称为波形多用表。示波器也有模拟和数字两类。数字示波器(digital storage oscilloscope)是数据采集,A/D 转换,软件编程等一系列的技术制造出来的高性能示波器,一般支持多级菜单,能提供给用户多种选择,多种分析功能。还有一些示波器可以提供存储,实现对波形的保存和处理。

下面以台湾固伟 GDS – 1102A – U 数字存储示波器为例,介绍数字示波器的使用方法。

GDS – 1102A – U 数字示波器实物外形如图 9.4 所示,主要性能:带宽 DC ~ 100 MHz（ – 3 dB）,上升时间约 < 3.5 ns,灵敏度 2 mV/div ~ 10 V/div,精确度 ±（3% × |读值| + 0.1 div + 1 mV）。

图 9.4   GDS – 1102A – U 数字示波器实物图

1.前面板说明

前面板布局如图 9.5 所示,图中各部分功能和含义如下:

（1）1 端:POWER 电源开关,最大输入电压 300 V（DC + AC 峰值）。

（2）2 端:USB 接口,USB1.1&2.0 全速兼容。

（3）3 端:探棒补偿输出,输出 2Vp – p 方波信号,或用于补偿探棒。

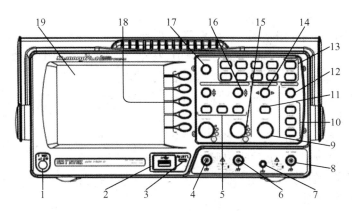

图 9.5　GDS－1102A－U 前面板布局图

(4)4 端:CH1 输入端子,在 X－Y 模式下,为 X 轴的信号输入端。

(5)5 端:设置 CH1/CH2 垂直档位和耦合模式。

(6)6 端:CH2 输入端子,在 X－Y 模式下,为 Y 轴的信号输入端。

(7)7 端:连接接地导线,一般接地。

(8)8 端:EXT TRIG 外部触发输入,接收外部触发信号。

(9)9 端:TIME/DIV 旋钮,选择水平档位。

(10)10 端:Trigger 键区域,包括:

①Trigger Menu 键:触发设置;

②Single Trigger 键:选择单次触发模式;

③Trigger force 键:无论此时触发条件如何,获取一次输入信号。

(11)端:Horizontal position 旋钮,水平移动波形。

(12)端:Trigger level 旋钮,设置触发。

(13)端:菜单键区域,包括:

①Acquire 键:设置获取模式;

②Display 键:设置屏幕设置;

③Utility 键:设置 Hardcopy 功能,显示系统状态,选择菜单语言,运行自我校准,设置探棒补偿信号,选择 USBhost 类型;

④Help 键:显示帮助内容;

⑤Autoset 键:根据输入信号自动进行水平、垂直以及触发设置;

⑥Cursor 键:运动光标测量;

⑦Measure 键:设置和运行自动测量;

⑧Save/Recall 键:存储和调取图像,波形或面板设置;

⑨Hardcopy 键:将图像、波形或面板设置存储至 USB,或从 PictBridge 兼容打印机直接打印屏幕图像;

⑩Run/Stop 键:运行或停止触发。

(14)14 端:Horizontal menu 旋钮,设置水平视图。

(15)15 端:VOLTS/DIV 旋钮,选择 CH1/CH2 垂直衰减挡位。偏移范围:2 mV/div ～ 50 mV/div:±0.4 V;100 mV/div ～ 500 mV/div :±4 V ;1 V/div ～ 5 V/div:±40 V; 10 V/

div：±300 V。

（16）16 端：Vertical position 旋钮，垂直移动波形。

（17）17 端：Variable 旋钮，增大或减小数值，移至下一个或上一个参数。

（18）18 端：Function 键，打开 LCD 屏幕左侧的功能。

（19）19 端：LCD 显示，320×234 分辨率。

2. 后面板说明

前面板布局如图 9.6 所示，图中各部分功能和含义如下：

（20）20 端：安全锁槽，标准手提电脑安全锁槽。

（21）21 端：保险丝插孔。

（22）22 端：电源插座。

（23）23 端：CAL 输出，输出校准信号，用于精确校准垂直档位。

（24）24 端：USB slave 接口，连接 B 类公头 USB 接口，用于示波器的远程控制或兼容打印机。

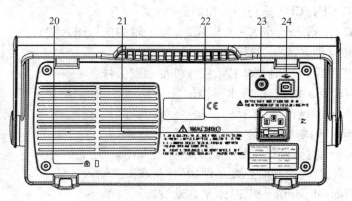

图 9.6　GDS－1102A－U 后面板布局图

3. LCD 显示区说明

LCD 显示区如图 9.7 所示，图中各部分功能和含义如下。

1：垂直状态；2：水平状态；3：输入信号频率，"＜2Hz"说明信号频率小于低频限制（2Hz），不准确；4：触发条件；5：显示菜单选择；6：数据获取方式；7：触发状态；8：显示的波形的位置；9：波形显示。

9.1.3　螺旋测微器

1. 用途和构造

螺旋测微器（screw micrometer）是比游标卡尺（vernier calipers）更精密的测量长度的工具，用它测长度可以准确到 0.01 mm，测量范围为几个厘米。螺旋测微器的构造如图 9.8 所示。螺旋测微器的小砧固定在框架上，旋钮、微调旋钮、可动刻度和测微螺杆连在一起，通过精密螺纹套在固定刻度上。

2. 使用原理

螺旋测微器是依据螺旋放大的原理制成的，即螺杆在螺母中旋转一周，螺杆便沿着旋转轴线方向前进或后退一个螺距的距离。因此，沿轴线方向移动的微小距离，就能用圆周

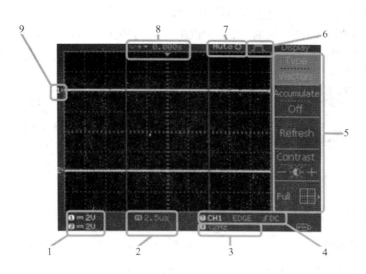

图 9.7 GDS-1102A-U LCD 液晶显示布局图

上的读数表示出来。螺旋测微器的精密螺纹的螺距是 0.5 mm,可动刻度有 50 个等分刻度,可动刻度旋转一周,测微螺杆可前进或后退 0.5 mm。因此螺杆旋转一个小分度,相当于测微螺杆前进或后退这 0.5/50 = 0.01 mm。可见,可动刻度每一小分度表示 0.01 mm,所以以螺旋测微器可准确到 0.01 mm。由于还能再估读一位,可读到毫米的千分位,故又名千分尺。

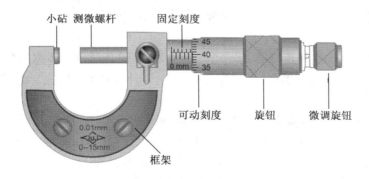

图 9.8 螺旋测微器的构造

测量时,当小砧和测微螺杆并拢时,可动刻度的零点若恰好与固定刻度的零点重合,旋出测微螺杆,并使小砧和测微螺杆的面正好接触待测长度的两端,那么测微螺杆向右移动的距离就是所测的长度。这个距离的整毫米数由固定刻度上读出,小数部分则由可动刻度读出。

3. 使用要点

(1)测量时,在测微螺杆快靠近被测物体时应停止使用旋钮,而改用微调旋钮,避免产生过大的压力,既可使测量结果精确,又能保护螺旋测微器。

(2)在读数时,要注意固定刻度尺上表示半毫米的刻线是否已经露出。

(3)读数时,千分位有一位估读数字,不能随便扔掉,即使固定刻度的零点正好与可动刻度的某一刻度线对齐,千分位上也应读取为"0"。

(4)当小砧和测微螺杆并拢时,可动刻度的零点与固定刻度的零点不相重合,将出现零误差,应加以修正,即在最后测长度的读数上去掉零误差的数值。读数范例如图9.9。

图9.9 螺旋测微器读数范例

9.1.4 CSY2001B 型传感器系统综合实验仪

CSY2001B 型传感器综合实验仪是为传感器及检测技术设计制作的一种综合性、多功能系统实验装置。将 24 种传感器(增强型 28 种)集中在 9 个模块上(增强型为 12 个模块),其余实验所需的各种器件全部集中在主机上,完全实现了模块化。除能满足传感器基本实验外,结合具体实验项目内容,添加相应的对象和测试仪器,还能完成设计性实验内容。

1. 系统基本构成

CSY2001B 型传感器系统综合实验台分主机(Host)和实验模块(experiment module)两部分。根据用户不同的需求分为基本型和增强性两种配置。全套 12 个实验模块中均包含一种或一类传感器及实验所需的电路和执行机构(位移装置均由进口精密导轨组成,以确保纯直线性位移),实验时模块可按实验要求灵活组合,仪器性能稳定可靠,方便实用。

2. 传感器部分

基本型实验台含 24 种传感器,增强型实验台含 28 种传感器。传感器名称和指标如下。

(1)金属箔式应变传感器(箔式应变片:工作片 4 片,温度补偿片:2 片,应变系数:2.06,精度 2 %)。

(2)称重传感器(标准商用双孔悬臂梁结构:量程 0~500 g,精度 2 %)。

(3)MPX 扩散硅压阻式压力传感器(差压式:量程 0~50 KP,精度 3 %)。

(4)半导体应变传感器(BY350:工作片 2 片,应变系数 120)。

(5)标准 K 分度热电偶(量程 0~800 ℃,精度 3 %)。

(6)标准 E 分度热电偶(量程 0~800 ℃,精度 3 %)。

(7)MF 型半导体热敏传感器(负温度系数,25 ℃时电阻值 10 kΩ)。

(8)Pt100 铂热电阻(量程 0~800 ℃,精度 5 %)。

(9)半导体温敏二极管(精度 5 %)。

(10)集成温度传感器(电流型,精度 2 %)。

(11)光敏电阻传感器(C_dS 器件,光电阻≥2 MΩ)。

(12)光电转速传感器(近红外发射 – 接收量程 0~2 400 rad/min)。

(13)光纤位移传感器(多模光强型,量程≥2 mm,在其线性工作范围内精度 5%)。

(14)热释电红外传感器(光谱响应 7~15 μm,光频响应 0.5~10 Hz)。

(15)半导体霍尔传感器(由线性霍尔元件与梯度磁场组成。工作范围:位移 ±2 mm,

精度 5 %）。

（16）磁电式传感器（动铁与线圈）。

（17）湿敏电阻传感器（高分子材料,工作范围 5% ~95% RH）。

（18）湿敏电容传感器（高分子材料,工作范围 5% ~95% RH）。

（19）MQ3 气敏传感器（酒精气敏感,实验演示用）。

（20）电感式传感器（差动变压器,量程 ±5 mm,精度 5 %）。

（21）压电加速度传感器（PZT 压电陶瓷与质量块。工作范围 5 ~30 Hz）。

（22）电涡流传感器（线性工作范围 1 mm,精度 3%）。

（23）电容传感器（同轴式差动变面积电容,工作范围 ±3 mm,精度 2%）。

（24）力平衡传感器（综合传感器系统）。

（25）PSD 光电位置传感器（增强型选配单元,PSD 器件与激光器组件,采用工业上的三角测量法,量程 25 mm,精度 0.1 %）。

（26）激光光栅传感器（增强型选配单元,光栅衍射及光栅莫尔条纹,莫尔条纹精密位移记数精度 0.01 mm）。

（27）CCD 图像传感器（增强型选配单元,光敏面尺寸:1/3 英寸（1 英寸 ≈2.54 cm）。采用计算机软件与 CCD 传感器配合,进行高精度物径及高精度光栅莫尔条纹位移自动测试）。

（28）超声波测距传感器（增强型选配单元,量程范围 30 ~600 mm,精度 10 mm）。

3. 主机部分

主机由实验工作平台、传感器综合系统、高稳定交直流信号源、温控电加热源、旋转源、位移机构、振动机构、仪表显示、电动气压源、数据采集处理和通信系统（RS232 接口）,实验软件等组成,如图 9.10 所示。

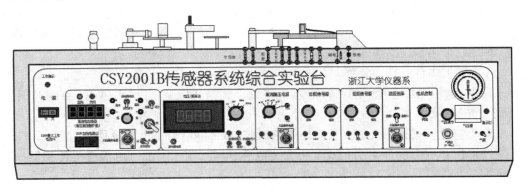

图 9.10 CSY2001B 型传感器系统综合实验台主机正面图

（1）电源、信号源部分

①直流稳压电源（DC regulated power supply）:传感器工作直流激励源与实验模块工作电源,包括: +2 V ~ +10 V 分五档输出,最大输出电流 1.5 A; +15 V（ ±12 V）,最大输出电流 1.5 A,激光器电源。

②音频信号源（Audio signal source）:传感器工作交流激励源,包括:0.4 kHz ~10 kHz 输出连续可调,最大 V_{p-p} 值 20 V;0°、180°端口反相输出;0°、LV（低功率信号输出）端口功率输出,最大输出电流 1.5 A;180°端口电压输出,最大输出功率 300 mW。

③低频信号源（Low frequency signal source）：供主机位移平台与双平行悬臂梁振动激励,实现动态测试,包括:1 Hz ~ 30 Hz 连续可调输出,最大输出电流 1.5 A,最大 V_{p-p} 值 20 V,激振Ⅰ（双平行悬臂梁）、激振Ⅱ（圆形位移平台）的振动源。转换纽子开关的作用:（请特别注意）当倒向 V_o 侧时,低频信号源正常使用,V_o 端输出低频信号,倒向 V_i 侧时,断开低频信号电路,V_o 端无低频信号输出,停止激振Ⅰ、Ⅱ的激励。V_i 作为电流放大器的信号输入端,输出端仍为 V_o 端。（特别注意:激振不工作时激振选择开关应位于置中位置）。

④温控电加热源（Temperature control electric heating source）：温度传感器加热源,包括由 E 分度热电偶控温的 300 W 电加热炉,最高控制炉温 400 ℃,实验控温≤200 ℃。交流 220 V 插口提供电炉加热电源,作为温度传感器热源、及热电偶测温、标定和传感器温度效应的温度源等。（注意:所有温控实验都需插入热电偶进行温度控制）。

⑤旋转源（Rotating source）：光电、电涡流传感器测转速之用,包括低噪声旋转电机,转速 m,连续可调。（特别注意:电机不工作时纽子开关应置于"关",否则直流稳压电源 −2 V 会无输出）。

⑥气压源（Air pressure source）：提供压力传感器气压源,包括:电动气泵,气压输出 m,连续可调;手动加压气囊:可加压至满量程 40 kPa,通过减压阀调节气压值。

（2）仪表显示部分

①电压/频率表（Voltage/frequency meter）：三位半数字表、电压显示分 0 ~ 2 V、0 ~ 20 V 两档;频率显示分 0 ~ 2 kHz、0 ~ 20 kHz 两档,灵敏度≤50 mV。

②数字温度表（digital thermometer）：E 分度,温度显示:0 ~ 800 ℃（用其他热电偶测温时应查对相应的热电偶分度表）。

③气压表（Air pressure gauge）：0 ~ 40 kPa（0 ~ 300 mmHg）显示。

④计算机通信与数据采集（computer co mmunication and data acquisition）。

⑤通信接口（co mmunication interface）：标准 RS232 口,提供实验台与计算机通信接口。

⑥数据采集卡（data acquisition card）：12 位 A/D 转换,采集卡信号输入端为电压/频率表的"IN"端,采集卡频率输入端为"转速信号入"口。

（3）主机工作台上其他装置

①磁电式、压电加速度、半导体应变（2 片）、金属箔式应变（工作片 4 片,温度补偿片 2 片）、衍射光栅（增强型）。

②双平行悬臂梁旁的支柱安装有螺旋测微仪,可带动悬臂梁上下位移。

③圆形位移（振动）平台旁的支架可安装电感、电容、霍尔、光纤、电涡流等传感器探头,在平台振动时进行动态实验。

4. 实验模块

实验台含九个实验模块,每个模块包含一种或一类传感器。模块具体名称和作用如下。

（1）实验公共电路模块:提供所有实验中所需的电桥、差动放大器、低通滤波器、电荷放大器、移项器、相敏检波器等公用电路,如图 9.11（a）所示。

（2）应变传感器实验模块:（包含电阻应变及压力传感器）,提供金属箔式标准商用称重传感器（带加热及温度补偿）、悬臂梁结构金属箔式、半导体应变、MPX 扩散硅压阻式传感器、放大电路,如图 9.11（b）所示。

（3）电感传感器实验模块:提供差动变压器、螺管式传感器、高精位移导轨、放大电路。

（4）电容传感器实验模块:提供同轴差动电容组成的双 T 电桥检测电路,高精位移导轨,如图 9.11(c)所示。

(5)霍尔传感器实验模块:提供霍尔传感器、梯度磁场、变换电路及进口高精位移导轨,如图 9.11(d)所示。

(6)光电传感器实验模块:提供光纤位移传感器与光电耦合器、光敏电阻及信号变换电路,精密位移导轨、电机旋转装置,如图 9.11(e)所示。

(7)温度传感器实验模块:提供七种温度传感器及变换电路,可控电加热炉如图 9.11(f)所示。

(8)电涡流传感器实验模块:提供电涡流探头、变换电路及日本进口精密位移导轨。

(9)湿敏气敏传感器实验模块:提供高分子湿敏电阻、湿敏电容、MQ3 气敏传感器及变换电路。

(10)超声波传感器测距实验模块:提供超声波发射、接收探头,电源、测试状态、时间、距离数码显示,显示微调旋钮。此外有测距导轨如图 9.11(g)所示。

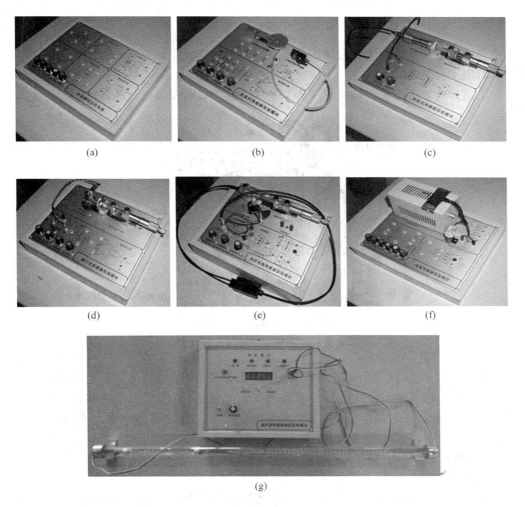

(a)　　　　　　(b)　　　　　　(c)

(d)　　　　　　(e)　　　　　　(f)

(g)

图 9.11　CSY2001B 型传感器系统综合实验台主要实验模块

(a)实验模块公共电路模块;(b)应变传感器实验模块;(c)电容传感器实验模块;
(d)霍尔传感器实验模块;(e)光纤光电传感器实验模块;(f)温度传感器实验模块;(g)超声波传感器实验模块

5. 实验操作注意事项

（1）在实验前认真详细阅读本仪器使用的相关说明。

（2）熟悉仪器基本构成，对模块和主机的输入输出、各类电压源和信号源、各种显示仪表的输入信号类型、量程、使用方法要十分清楚。

（3）注意正确检查和使用各种实验连接导线，如主机和模块之间灯笼状簧片结构的连接线插头，注意插头和插槽之间的形状对接；模块中各部分的连接导线要注意插头是否连接牢靠、断裂等。

（4）实验进行时遵循以下原则：先打开总电源、再根据传感器要求选择信号源和电源、然后选择显示仪表；使用的模块先与主机接通、再调零、最后进行实验电路总体测试；不使用的信号源必须处于关闭状态，以免给测量带来干扰。

（5）实验结束后，注意保持实验桌面整洁，传感器模块放置于实验桌搁架内，万用表、连接导线、螺旋测微仪等放置于实验桌抽屉内，并填写实验记录本。

9.1.5 心电信号检测实验仪

实验用心电信号检测实验电路的基本原理和电路构成详见第7章7.3节，不再赘述，这里主要给出实验装置的硬件电路板构成和操作须知。

心电信号检测实验装置构成如图9.12所示，包括心电夹和心电仪两部。

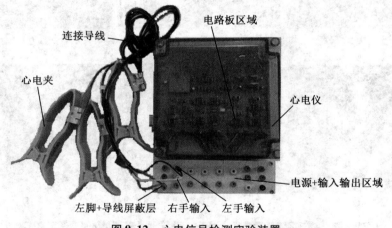

图 9.12　心电信号检测实验装置

心电仪包括上、下两部分：上半部分为电路板区域，由透明的绝缘盖包围；下半部分为电源以及信号的输入输出接线端口。电路板区域又包括：上层模拟电路部分，主要进行信号的采集；下层是数字电路部分，主要完成实验仪与上位机的数据传输。下面对上述部分结构进行详细说明。

1. 电路板区域

（1）模拟电路部分

图9.13为心电实验仪模拟电路PCB板，主要部分的名称如图中方框所示。

心电实验仪模拟电路包含六个部分，电源电路、前置放大电路、中间级滤波电路、光电隔离电路、工频干扰的陷波电路和后置放大滤波电路。

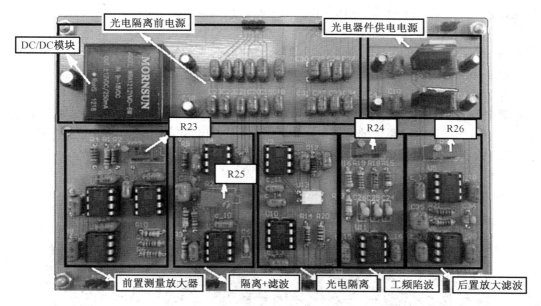

图9.13 心电实验仪模拟电路

①电源电路

主要功能是为心电仪中的有源器件提供电压,如运放的±12 V电压和光电耦合器件的±9 V电压。电压变换过程和用途见图9.14。

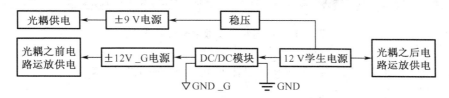

图9.14 心电实验仪电源电路框图

图9.14中,GND:学生12 V电源地,光耦隔离之后的电路如果接地必须接此地;GND_G:DC/DC模块输出地,为参考地,光耦隔离之前的电路如果接地必须接此地;±9 V电源中,+9 V连接到光耦4脚、−9 V连接到光耦3脚。

②前置测量放大电路

前置测量放大电路两个输入端分别连接左、右手两个心电夹输入的信号,输入信号幅值约为$0.05 \sim 25$ mV,放大倍数约为150倍。电路中的可调电阻R_{23}可以调节测量放大电路的后级差动放大器电阻参数的对称性,提高电路共模抑制比。

③中间级滤波电路

该电路包括一个隔直电路、一个反向跟随器和一个一阶有源低通滤波电路,利用示波器观察信号通频带范围为0.05 Hz ~ 100 Hz。电路中的可调电阻R_{25}起到调节后面光电耦合器的输入电路的线性工作区的作用。

④光电隔离电路

光电耦合器件为TLP521−1,内部有一个发光二极管与光敏三极管。需要注意隔离前、后电路以及耦合器件本身的供电电压均不相同,并且接地点也不相同。

⑤工频干扰的陷波电路

前面介绍过,该电路采用双 T 带阻滤波器结构,起到抑制并滤除工频 50 Hz 干扰的作用。电路中的可调电阻 R_{24} 起到调节带阻滤波器的 Q 值得作用。

⑥后置放大滤波电路

该电路包括一个隔直电路、一个一阶有源低通滤波电路和一个反向跟随器,起到进一步放大信号的作用。电路中的可调电阻 R_{26} 可以调节心电信号幅值达到 ±10 V 左右。

(2)数字电路部分

图 9.15 为心电实验仪数字电路 PCB 板,主要部分名称如图中方框所示。

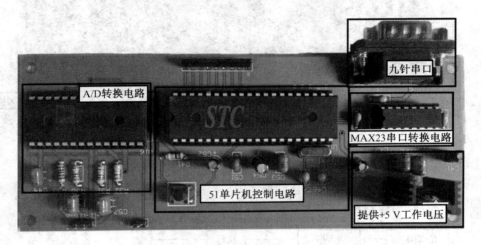

图 9.15 心电实验仪数字电路 PCB 板

①A/D 转换电路:主要实现心电信号由模拟向数字的转换,采用的主要转换芯片是 AD1674。具体电路详见第 8 章。

②51 单片机控制电路:采用 STC89C52 作为微处理器,控制信号在 AD1674 的转换,同时负责向上位机传输数据。

③+5 V 工作电压提供电路:采用 7809 和 7909 稳压芯片,将模拟电路部分 DC/DC 模块输出的直流电压稳定在 +5 V,为单片机和其他芯片供电。

④串口转换:采用 MAX232 实现串口转换接口电路。

⑤九针串口:完成与上位机通信。

2.电源以及信号的输入输出接线端口区域

图 9.16 为心电实验仪电源以及信号的输入输出接线端口区域实物图,各部分说明标注在图中。关键部分说明如下。

(1)+12 V 电源和 -12 V 电源:实验中,通过导线从 +12 V 外接学生电源引入,"GND"是该电源的"地",此"地"与 +12 V 外接学生电源"地"要"共地"。

(2)+12V_G 电源和 -12V_G 电源:它们是经过 DC/DC 变换得到的,实验中给光电隔离之前电路的所有运算放大器供电。"GND_G"是该电源的"地",此"地"与连接左脚的心电夹的导线以及导线的屏蔽线共同接在一起。

(3)左、右手连接心电夹时,尽量将心电夹上的金属贴片贴在脉搏那一面。左、右手心电夹通过连接导线接入到心电仪上的插线孔的位置尽量不要颠倒,否则采集的心电信号将出现倒置的情况。

（4）由于心电仪中各部分电路的输入、输出都留有独立的接口,所以学生可以单独设计各部分电路模块,通过导线接入到电路中进行测试。

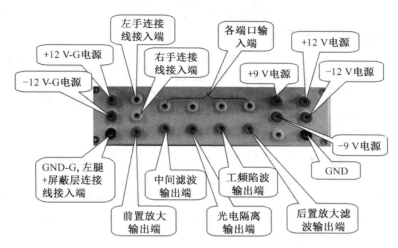

图9.16　心电实验仪电源以及信号的输入输出接线端口区域实物图

9.2　传感器制作及特性测试实验

本实验属于综合设计型实验,主要研究热电阻传感器的制作过程、制作方法。并设计热电阻传感器特性测量电路,主要包括电桥电路、差动放大电路。在此基础上,用计算机软件作为数据分析处理的工具。能很好锻炼和培养学生对传感器信号检测系统的综合认知能力。,在此基础上,用计算机软件作为数据分析处理的工具。能很好锻炼和培养学生对传感器信号检测系统的综合认知能力。

9.2.1　铜热电阻制作实验

[实验目的]

（1）了解铜热电阻的基本组成。

（2）了解铜热电阻的制作方法。

（3）掌握分度号 Cu50 的铜热电阻的制作过程。

[实验原理]

铜热电阻是利用铜在温度变化时本身电阻阻值也随之发生变化的原理制成的温度测量传感器,主要由接线盒、保护管、接线端子、绝缘套管和感温元件组成。感温元件有陶瓷元件、玻璃元件、云母元件,由铜丝分别绕在陶瓷骨架、玻璃骨架和云母骨架上再经过复杂的工艺加工而成。

根据 $T_0 = 0$ ℃时热电阻的初始阻值的不同,铜热电阻常见的有两种分度号:Cu50 和 Cu100 铜热电阻。Cu50 铜热电阻在 0 ℃时的阻值为 50 Ω,Cu100 铜热电阻在 0 ℃时阻值为 100 Ω。

当被测温度范围 $-50\ ℃ < T < +150\ ℃$ 时，Cu50 铜热电阻的电阻温度关系为

$$R_{Cu50} = R(0\ ℃)[1 + AT + BT(T - 100\ ℃) + CT^2(T - 100\ ℃)] \quad (9.1)$$

式中，$A = 4.280 \times 10^{-3}/℃^2$；$B = 9.31 \times 10^{-8}/(℃)^2$；$C = 1.23 \times 10^{-9}/(℃)^3$。

当被测温度范围 $0\ ℃ < T < 100\ ℃$ 时，Cu50 铜热电阻的电阻温度关系近似线性

$$R_{Cu50} = R(0\ ℃)(1 + \alpha T) \quad (9.2)$$

式中，$\alpha = (4.25 \sim 4.28) \times 10^{-3}/℃$。

[实验仪器]

0.1 mm 高强度聚酯绝缘铜丝，棒形塑料骨架、1 mm 铜丝、酚醛树脂交联剂、数字万用表、水银温度计、CSY2001B 型传感器系统实验台主机和温度传感器实验模块以及其他辅助材料，如金属管套、导线等。该实验项目所需部件说明：

（1）0.1 mm 高强度聚酯绝缘铜丝用于制作热电阻本体；

（2）棒形塑料骨架作为热电阻缠绕的支架；

（3）1 mm 铜丝作为引出线；

（4）酚醛树脂是为防止铜丝松散以及提高绝缘性和机械强度，使用时将整个元件用其浸渍；

（5）数字万用表用来测量电阻；

（6）水银温度计用来测量温度；

（7）CSY2001B 型传感器系统实验台主机提供温控器；

（8）CSY2001B 型传感器系统实验台温度传感器实验模块提供加热炉；

（9）主机和模块之间的电源连接线 1 根、实验连接导线若干、金属管套 1 段。

[实验线路]

实验制成的铜热电阻传感器外形如图 9.17（a）所示，热电阻本体结构如图 9.17（b）所示。

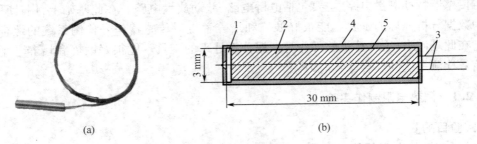

(a)　　　　　　　　　　　　　　　　(b)

图 9.17　铜热电阻

（a）外形图；（b）外形图

1—骨架；2—热电阻本体；3—引出线；4—金属保护管；5—酚醛树脂

[实验步骤]

步骤一：熟悉各种实验仪器和器件，了解各部件的使用方法，测试各部件的参数。

步骤二：设计实验方法，用给的铜丝制作 Cu50 铜热电阻，满足 t = 0 ℃ 时 R = 50 Ω。

步骤三：用步骤二制作的铜热电阻和骨架制作铜热电阻本体。

步骤四：将步骤三制作完成的铜热电阻本体与引出线（注意引出线要绝缘）连接。

步骤五：将步骤四制作完成的铜热电阻置于酚醛树脂内浸渍。

步骤六：将步骤五制作完成的铜热电阻外部放置金属保护管，并进一步用酚醛树脂密

封管内空间,冷却待用。

图 9.17(b)中,热电阻本体采用双线绕法,其他请查阅相关参考资料自行设计。

[实验报告]

(1)简述步骤一中参数测量步骤,并给出测量结果。

(2)说明步骤二中 Cu50 铜热电阻长度选择和测量的依据。

(3)分别测试制作完成的 Cu50 铜热电阻以及引线的电阻值。

(4)分析 Cu50 铜热电阻阻值误差的可能来源。

9.2.2　铜热电阻特性测试实验

[实验目的]

(1)了解热电阻常用测量线路。

(2)掌握热电阻二线制桥路测量的原理。

(3)熟练掌握 CSY2001B 型传感器系统实验台主机和相关模块的使用。

[实验原理]

在一定被测温度范围内,Cu50 铜热电阻的电阻变化和温度近似线性关系,而直流不平衡电桥的电阻和输出电压又是线性关系,所以可以利用直流不平衡电桥作为 Cu50 铜热电阻的温度测量线路。

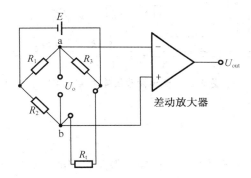

图 9.18　二线制热电阻测温电桥

考虑到在被测温度范围为 $0\ ℃<T<100\ ℃$ 时,上述电桥的电压输出在零点几伏,不利于信号传输和显示,所以还要采用放大环节。Cu50 铜热电阻实验室测量电路采用图 9.18 所示的结构。

如图 9.18 所示,测温电桥电源电压为 E,桥中 $R_1=R_2=R_3=R$,忽略连接导线电阻,则电桥输出电压:

$$U_o=\frac{R-R_t}{2(R+R_t)}\times E \tag{9.3}$$

[实验仪器]

自制 Cu50 铜热电阻、CSY2001B 型传感器系统实验台。该实验项目所需部件说明:

(1)传感器实验台主机上的温控器。

(2)主机上的直流稳压电源 +4 V 档。

(3)主机上的电压/频率数字显示仪表。

（4）应变传感器实验模块——组桥电路、差动放大电路。

（5）温度传感器实验模块——电加热炉。

（6）主机和模块之间的电源连接线 2 根、实验连接导线若干。

[实验线路]

实验采用的线路图如图 9.19 所示,主要部件及注意事项说明如下。

（1）热电阻 R_t 引入桥路的连接导线不宜过长,且注意绝缘。

（2）+4 V 电压来自于主机直流稳压电源,为电桥供电电源。此直流输出电压不可随意加大,以造成热电阻工作电流过大。

（3）W_D,r 是用来调整直流电桥初始平衡的电阻。

（4）放大器采用差动放大结构,其双端输入来自于电桥的输出。

（5）注意主机上电压/频率表的量程选择。

（6）注意加热器温度一定不能过高,以免损坏传感器的包装,其要注意操作以免被烫伤。

（7）注意主机和传感器实验模块的共地。

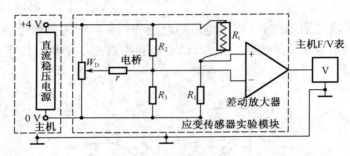

图 9.19　热电阻直流电桥测量电路

[实验步骤]

（1）差动放大器调零

步骤一:连接主机与应变式传感器实验模块电路之间的电源连接线,打开主机电源开关。然后用导线将实验模块的输出连接到主机上电压/频率数字显示表（量程开关置于 +4 V 处）的输入端、将实验模块的"地"连接到主机上"地"。

步骤二:将实验模块上差动放大器 "＋""－" 输入端对地用实验线短路,一边观察主机上电压的显示,一边调节差动放大器的调零旋钮,当输出电压为零时停止调节。

（2）电桥调零

步骤一:按图 9.19,首先将所需实验部件连接成单臂测量桥路,图中 R_1,R_2,R_3 固定电阻采用应变传感器实验模块上的标准电阻,R_t 为铜热电阻。

步骤二:将主机上的直流稳压电源输出置于 +4 V,检查实验电路无误后,打开电源开关,并预热数分钟,使电路工作趋于稳定。

步骤三:调节实验模块上的 W_D 电位器,使电压表读数为零,则此时桥路输出为零。

（3）实验数据测试

步骤一:在上述（1）（2）基础上,接通温度传感器上的加热炉,设定加热炉温度为 "≤100 ℃"。

步骤二：调节差动放大器增益,使主机电压表电压在零点几伏级以上,然后保持此增益大小不变。

步骤三:观察并记录随炉温上升铜电阻测量电桥输出电压,将数据填写在表 9.1。由于实验时主机温度表上显示的温度值是加热炉的炉内温度,并非是加热炉顶端传感器感受到的温度,所以加热炉顶部温度需要用工业用温度计测量。

表 9.1 铜热电阻二线直流桥路性能测试数据表 1

实验次数	1	2	3	4	5	6	7	8	9	10
$T/℃$										
U_{out}/V										

[实验报告]

根据表 9.1 中所测数据,做出 $U_{out} - T$ 曲线,观察其工作线性范围。

[思考问题]

(1)分析在实验所使用的测量电路下,热电阻测温产生误差的主要原因。

(2)减小热电阻测温误差的测试有哪些?

(3)如果热电阻连接导线过长会有什么影响?

(4)实验中几次调零的顺序能否颠倒? 为什么?

9.3 传感器信号调理电路综合实验

本实验属于基本型实验,主要研究传感器典型信号调理电路的组成、特点和实验测量方法,包括移相器电路、相敏检波电路以及交流电桥。在此基础上,以应变电阻传感器信号检测为例,运用上述信号调理电路进行了信号的检测。能很好锻炼和培养学生对传感器信号调理电路知识的运用和分析能力。

9.3.1 移相器电路实验

[实验目的]

掌握由运算放大器构成的移相电路的工作原理。

[实验原理]

图 9.20 为移相器电路原理示意图。

由图 9.20 可求得该电路的闭环增益 $G(s)$

$$G(s) = \frac{1}{R_1 R_4} \left[\frac{R_4 + R_5}{R_W C_2 s + 1} - R_5 \right] \left[\frac{R_2 C_1 s (R_3 + R_1)}{R_2 C_1 s + 1} - R_3 \right] \tag{9.4}$$

则

$$G(j\omega) = \frac{1}{R_1 R_4} \left[\frac{R_4 + R_5}{J R_W C_2 \omega + 1} - R_5 \right] \left[\frac{j R_2 C_1 \omega (R_3 + R_1)}{j R_2 C_1 \omega + 1} - R_3 \right] \tag{9.5}$$

整理上式,得到

$$G(j\omega) = \frac{(1 - \omega^2 C_2 R_W^2)(R_2 C_1^2 \omega^2 - 1) + 4\omega^2 C_1 C_2 R_2 R_W}{(1 - \omega^2 C_2 R_W^2)(1 + R_2 C_1^2 \omega^2)} \tag{9.6}$$

当 $R_1 = R_2 = R_3 = R_4 = R_5 = 10 \text{ k}\Omega$ 时有

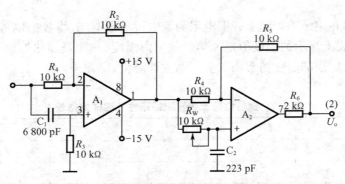

图 9.20　移相器电路原理示意图

$$| G(\mathrm{j}\omega) | = 1, \quad \tan\varphi = \frac{2\left(\dfrac{1 - \omega^2 R_2 C_1 C_2 R_\mathrm{W}}{\omega C_2 R_\mathrm{W} + \omega C_1 R_2}\right)}{1 - \left(\dfrac{\omega^2 C_1 C_2 R_2 R_\mathrm{W} - 1}{R_2 C_1 \omega + C_2 R_\mathrm{W} \omega}\right)^2} \tag{9.7}$$

由正切三角函数半角公式可得

$$\tan\varphi = \frac{2\tan\dfrac{\varphi}{2}}{1 - tg^2\dfrac{\varphi}{2}} \Rightarrow \varphi = 2\arctan\left(\frac{1 - \omega^2 R_2 C_1 C_2 R_\mathrm{W}}{\omega C_2 R_\mathrm{W} + \omega R_2 C_1}\right) \tag{9.8}$$

当 $R_\mathrm{W} > \dfrac{1}{\omega^2 R_2 C_1 C_2}$ 时，输出相位滞后输入；当 $R_\mathrm{W} < \dfrac{1}{\omega^2 R_2 C_1 C_2}$ 时，输出相位超前输入，电路起到移相器的作用。

[实验仪器]

实验主要设备为 CSY2001B 型传感器系统实验台。该实验项目所需的部件为：

（1）主机上的音频信号源。

（2）公共电路实验模块——移相器。

（3）数字示波器。

（4）主机和模块之间的电源连接线 1 根、实验连接导线若干。

[实验线路]

实验采用的线路图如图 9.21 所示。

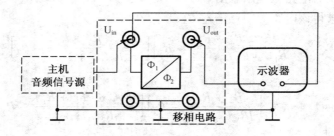

图 9.21　移相器实验电路线路图

主要部件和注意事项说明如下。

（1）主机音频信号源可以调整信号幅值和频率,注意调整范围。

（2）移相电路在公共电路实验模块上。

（3）数字示波器采用双通道输入。

（4）注意主机、移相器、数字示波器三者共地。

（5）因为主机音频信号是由函数发生器产生,不是纯正弦信号,所以通过移相器后波形局部有失真,这并非仪器故障。

（6）正确设置数字示波器,以保证能看到移相波形的变化。

[实验步骤]

步骤一:连接主机与公共电路实验模块之间的电源线。音频信号源频率、幅值旋钮均居中,信号输出端0°连接至移相器的输入端。

步骤二:按图9.21连接实验线路。打开主机电源,数字示波器的两个探头分别接移相器输入与输出端,调整示波器,观察两路波形,并记录波形(注意:可以用数字示波器的图形存储功能进行波形记录,结束后用U盘拷出)。

步骤三:调节移相器的"移相"调节旋钮,观察两路波形相应变化,并记录波形。

步骤四:改变音频信号源频率,观察频率不同时移相器移相范围的变化,并记录波形。

[实验报告]

分析实验波形,并说明频率不同时移相器的工作性能。

[思考问题]

（1）对照移相器电路图分析其工作原理。

（2）实验中,为什么移相器的移相范围是有限的?

9.3.2 相敏检波电路实验

[实验目的]

（1）掌握由施密特开关电路及运放组成的相敏检波器电路的原理。

（2）了解直流和交流参考信号下的相敏检波器电路的输出特性。

（3）验证相敏检波器的检幅特性和鉴相特性。

[实验原理]

相敏检波电路原理如图9.22所示。

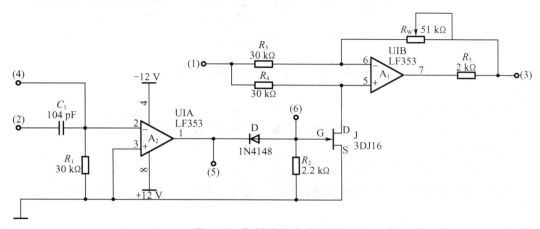

图9.22 相敏检波电路原理图

图中,(1)为输入信号端,(2)为交流参考电压输入端,(3)为检波信号输出端,(4)为直流参考电压输入端,(5)为电压比较器输出端,(6)为开关二极管输出端。

当(2)、(4)端输入参考电压信号时,通过差动电路的作用使 D 和 J 处于开或关的状态,从而把(1)端输入的正弦信号转换成全波整流信号,详见第 3 章。

[实验仪器]

实验主要设备为 CSY2001B 型传感器系统实验台。该实验项目所需的部件为:

(1)主机上的音频信号源。

(2)主机上的直流稳压电源 ±2V 档。

(3)主机上的电压/频率数字显示仪表。

(4)公共电路实验模块——移相器、相敏检波器、低通滤波器。

(5)数字示波器。

(6)主机和模块之间的电源连接线 1 根、实验连接导线若干。

[实验线路]

实验采用的线路图如图 9.23 所示。

主要部件和注意事项说明如下。

(1)主机音频信号源有三个信号输出端:0°端、180°端和 LV 端(低功率信号输出),产生的交流信号不同:0°、180°端口输出相位相反的交流信号;0°、LV 端口输出信号相位相同,但后者输出功率信号。实验中注意根据对信号的不同要求,选择不同的输出端口。

(2)主机音频信号源和直流电压源均作为相敏检波电路的参考信号发生装置,产生的参考信号接到相敏检波器的不同端子上:音频信号源产生的交流信号接到(2)端,直流稳压源产生的直流信号接到(4)端,图 9.23 给出了音频信号源产生的 180°相位的交流信号作为参考信号接到检波器的(2)端的接法。

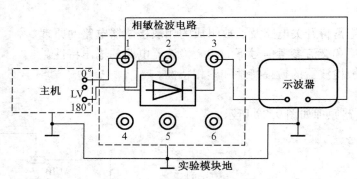

图 9.23 相敏检波电路实验电路线路图

(3)数字示波器采用双通道输入。

(4)注意主机、移相器所在的实验模块、数字示波器三者共地。

[实验步骤]

(1)参考信号为直流电压的波形观察实验

步骤一:将主机音频信号源的 0°输出端口接至相敏检波器的输入端(1),作为输入信号。

步骤二:将主机上的直流稳压电源 +2 V 接入相敏检波器参考信号输入端(4),用数字示波器双通道分别观察相敏检波器的(1)～(5)、(1)～(6)和(1)～(3)端口的波形,并用示波器记录下来。

步骤三:将主机上的直流稳压电源－2 V接入相敏检波器参考信号输入端(4),用数字示波器双通道分别观察相敏检波器的(1)～(5)、(1)～(6)和(1)～(3)端口的波形,并用示波器存储记录下来。

(2)参考信号为交流电压的波形观察实验

步骤一:将主机音频信号源的0°输出端口接至相敏检波器的输入端(1),作为输入信号。

步骤二:将音主机频信号源的0°输出端口接至相敏检波器的输入端(2),作为参考信号,用数字示波器双通道分别观察相敏检波器的(1)～(2)、(1)～(5)、(1)～(6)和(1)～(3)端口的波形,并用示波器存储记录下来。

步骤三:在步骤一的基础上,将音主机频信号源的180°输出端口接至相敏检波器的输入端(2),作为参考信号,用数字示波器双通道分别观察相敏检波器的(1)～(2)、(1)～(5)、(1)～(6)和(1)～(3)端口的波形,并用示波器存储记录下来。

(3)相敏检波器检幅特性测试实验

步骤一:将相敏检波器的输出端(3)接至低通滤波器的输入端,将低通滤波器的输出端接至主机上的电压/频率数字显示表。

步骤二:将主机音频信号源的0°输出端口接至相敏检波器的输入端(1),将主机音频信号源的0°输出端口接至(2)作为参考信号接。改变音频信号输出信号峰－峰值的幅值V_{p-p}(用示波器观察测量此值),用主机上的数字电压表测量滤波器输出的数值,填入表9.2。

步骤三:在步骤一的基础上,将主机音频信号源的0°输出端口接至相敏检波器的输入端(1),将主机音频信号源的180°输出端口接至(2)作为参考信号接。改变音频信号输出信号的幅值V_{p-p}(用示波器观察测量此值),用主机上的数字电压表测量滤波器输出的数值,也填入表9.2。

表9.2 相敏检波器检幅特性测试实验数据表

实验次数		1	2	3	4	5	6	7	8	9	10	11
音频信号输出电压 V_{p-p}/V		0.5	1	2	3	4	5	6	7	8	9	10
输出电压 V/mV	同相											
	反相											

(4)相敏检波器鉴相特性测试实验

步骤一:将主机音频信号源的0°输出端口接至相敏检波器的输入端(1),作为输入信号。

步骤二:将主机音频信号源的0°输出端口接至移相器的输入端IN,移相器电路输出U_o接至相敏检波器参考信号输入端(2)。

步骤三:主机音频信号源输出信号幅值不变,旋转移相器的移相调节旋钮,改变相敏检波器(2)端输入参考电压的相位,音频振荡器输出幅值不变,用示波器观察相敏检波器(1)

~（2）、（1）~（5）、（1）~（6）和（1）~（3）端口的波形，用示波器存储记录下来。并读出不同相位对应的主机上数字电压表的数值填入表9.3中。

表9.3　相敏检波器鉴相特性测试实验数据表

实验次数	1	2	3	4	5	6	7	8	9	10	11
输出电压 V/mV											
输入信号和参考信号相位差 Φ(°)											

[实验报告]

（1）分析图9.23，给出直流信号参考作用下的相敏检波器各端口输出波形的分析过程。

（2）分析直流信号和交流信号参考作用下的相敏检波器各端口输出波形的异同。

（3）分析在交流信号参考作用下，如果信号源产生的输入信号频率与参考信号频率不同，相敏检波器各端口输出波形会有什么变化？

（4）分析相敏检波器检幅的基本原理。

（5）把表9.3分析填写完整，分析相敏检波器鉴相的基本原理。

[思考问题]

（1）图9.23所示的相敏检波电路中，放大器 A_1、A_2 的作用分别是什么？

（2）为什么说图9.23所示的相敏检波电路为全波检波电路？

（3）本实验的交流信号源采用的是音频信号源，实际上主机上还有低频信号源，请问本实验采用低频信号源可不可以？为什么？

9.3.3　电阻应变传感器在交流电桥下的特性测试实验

[实验目的]

（1）观察了解箔式应变片的结构及粘贴方式。

（2）熟悉金属箔式应变片的性能。

（3）掌握交流单臂、半桥、全桥测量桥路的工作过程及电路原理。

[实验原理]

应变片电阻是最常用的测力敏感元件。当用应变片测试时，应变片要牢固地粘贴在测试体表面，被测工件受力发生形变时，应变片也随之变形，其电阻值也就发生相应的变化，金属应变片电阻 R、电阻变化量 ΔR、应变片灵敏度系数 S_r 和被测应变 ε_L 之间的关系为

$$\frac{\Delta R}{R} = S_r \cdot \varepsilon_L \tag{9.9}$$

应变片电阻的变化量可以用直流不平衡电桥测量（本书第2章有详细介绍），也可以用交流不平衡电桥测量，并通过放大电路放大后以电压形式输出。不平衡电桥可以接成全桥、双臂和单臂电桥三种形式，其输出也不相同。

如图9.24交流电桥，当电桥平衡时，电桥输出为零。若桥臂阻抗发生相对变化时，则电桥的输出与桥臂阻抗相对变化成正比，输出为

$$\dot{U}_o = \frac{Z_1 Z_3 - Z_2 Z_4}{(Z_1 + Z_2)(Z_3 + Z_4)}\dot{E} = \frac{Z_1 Z_3 - Z_2 Z_4}{(Z_1 + Z_2)(Z_3 + Z_4)}E_{max}\cos\omega t \tag{9.10}$$

式中，Z_1，Z_2，Z_3，Z_4 表示桥臂上的复阻抗，$\dot{U} = E_{\max}\cos\omega t$ 表示电源是高频交流电压，$\dot{U}_o$ 为电桥输出。

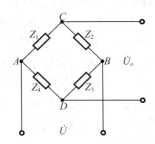

图 9.24　相敏检波电路实验电路线路图

[实验仪器]

实验主要设备为 CSY2001B 型传感器系统实验台。该实验项目所需的部件为：

(1)主机上的音频信号源；

(2)主机工作台上双平行悬臂梁上的金属箔式应变片；

(3)主机上的电压/频率数字显示仪表；

(4)主机工作台上的螺旋测微仪；

(5)应变传感器实验模块——组桥插座、电桥、差动放大电路；

(6)公共电路实验模块——移相器、相敏检波器、低通滤波器；

(5)数字示波器；

(6)主机和模块之间的电源连接线 2 根、实验连接导线若干。

[实验线路]

全桥实验采用的线路图如图 9.25 所示，单臂和半桥实验将组桥电阻做适当改变即可。

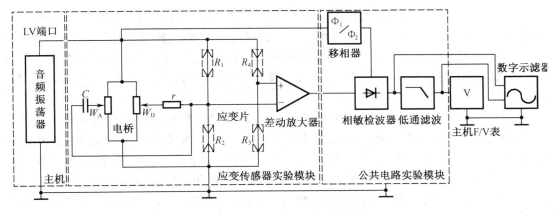

图 9.25　交流全桥实验线路接线图

主要部件和注意事项说明如下。

(1)主机音频信号源使用 LV 端口输出。

(2)图 9.25 中给出的是应变片交流全桥测量电路，即 R_1，R_2，R_3 和 R_4 全为应变片电阻。当为半桥、单臂电桥实验时，这四个电阻中分别有两个、一个是应变片电阻，这些应变片电阻均来自于粘贴于主机工作台悬臂梁上的箔式应变片(注意:箭头方向标注相同的应变片意味着受力时,电阻变化趋势相同;接入桥路中时,要遵循相邻桥臂应变电阻变化趋势相反、相对桥臂应变电阻变化趋势相同的原则,才能获得较大灵敏度的电桥输出)。应变传感器实验模块中,组桥网络虚线框所示的四个应变电阻并不存在。

(3)W_D、W_A是用来粗调和细调交流电桥平衡的电位器。

(4)放大器采用差动放大结构,其双端输入来自于电桥的输出。

(5)由于悬臂梁弹性恢复的滞后及应变片本身的机械滞后,所以当螺旋测微仪回到初始位置后,桥路电压输出值并不能马上回到零,此时可一次或几次将螺旋测微仪反方向旋动一个较大位移,使电压值回到零后再进行反向采集。

(6)数字示波器采用双通道输入。

(7)注意主机、两个实验模块、主机电压/频率数字显示仪表以及数字示波器五者共地。

(8)本书实验中,凡用交流信号激励的传感器测试电路的实验,电桥电路调节都可以本实验的调节方式,以增加相位差,系统输出达到较高的灵敏度。

[实验步骤]

(1)差动放大器调零

步骤一:连接主机与应变式传感器实验模块电路之间的电源连接线,打开主机电源开关。然后用导线将实验模块的输出连接到主机上电压/频率数字显示表(量程开关置于2 V处)的输入端,并将实验模块的"地"连接到主机上的"地"。

步骤二:调节实验模块上差动放大器增益调节旋钮,观察主机上电压/频率数字显示表的电压显示,显示数值在零点几伏时停止调节。

步骤三:将实验模块上差动放大器"＋""－"输入端对地用实验线短路,一边观察主机上电压的显示,一边调节差动放大器的调零旋钮,当输出电压为零时停止调节。

注意:经过上述步骤调零后,模块上的"增益、调零"旋钮均不应再变动。

(2)实验数据测试

步骤一:连接主机与实验模块的电源线,按图9.25接线,测试全桥输出特性。音频信号源幅度可以调大些(以波形不失真为准),频率旋钮居中,开启主机电源。

步骤二:用主机工作台上的螺旋测微仪调节悬臂梁至水平位置,调节电桥粗调电位器W_D,使系统输出基本为零,再用W_A进一步细调至零,数字示波器接至相敏检波器(3)端观察波形。

步骤三:用手将悬臂梁自由端往下压至最低,调节移相器的"移相"旋钮使检敏检波器(3)端输出的波形成首尾相接的全波整流波形,用数字示波器观察并存储记录此时相敏检波器(1)～(2)、(1)～(5)、(1)～(6)和(1)～(3)端口的波形。然后放手,悬臂梁恢复至水平位置,再调节电桥中W_D和W_A电位器,使系统输出电压为零,此时桥路的灵敏度最高。

步骤四:调节主机工作台上的螺旋测微仪,分别从水平位置将悬臂梁上移和下移各5 mm,每隔1 mm测量一个数据,将测得的数据填入表9.4。

步骤五:将图9.25中的组桥电阻换成R_1和R_2是应变电阻,R_3和R_4是固定电阻,测试半桥输出特性,重复步骤一、二、三之后,调节主机工作台上的螺旋测微仪,分别从水平位置将悬臂梁上移和下移各5 mm,每隔1 mm测量一个数据,将测得的数据填入表9.4。

步骤六:将图9.25中的组桥电阻换成R_1是应变电阻,R_2、R_3和R_4是固定电阻,测试单臂电桥输出特性,重复步骤一、二、三之后,调节主机工作台上的螺旋测微仪,分别从水平位置将悬臂梁上移和下移各 5 mm,每隔 1 mm 测量一个数据,将测得的数据填入表9.4。

表9.4　金属箔式应变片三种交流桥路性能测试数据表

实验次数		1	2	3	4	5	6	7	8	9	10	11
位移 X/mm		-5	-4	-3	-2	-1	0	1	2	3	4	5
输出电压 V/mV	全桥											
	半桥											
	单臂											

[实验报告]

在坐标轴上做出三种桥路下输出电压和位移 $V-X$ 曲线,求出相应交流电桥的灵敏度。

[思考问题]

(1)步骤三的作用是什么?

(2)差动电桥测量时存在非线性误差的主要原因是什么?

(3)如果相对桥臂的应变片阻值相差很大会造成什么结果,应采取怎样的措施和方法?

(4)如果连接全桥时应变片的方向接反会是什么结果,为什么?

(5)实验线路的灵敏度与哪些因素有关?

(6)分析实验中误差的主要来源。

9.4　传感器特性测试及应用实验

本节的实验属于基本型实验,主要研究一些典型信号检测传感器的结构特点、性能特点以及它们在各种信号测量中的应用原理,包括电容传感器、霍尔传感器、光电传感器、热电偶传感器以及压电(超声波)传感器特性测试及典型应用实验。能够让学生对各种信号检测传感器的结构构成、测量原理以及典型应用有充分的直观认识,提高学生学习兴趣。

9.4.1　电容传感器特性测试及位移测量实验

[实验目的]

(1)掌握变面积差动电容传感器基本结构。

(2)掌握电容传感器的一般特性,学会用实验方法测试电容传感器的一般特性。

(3)了解电容传感器测量位移的基本原理。

[实验原理]

由第 3 章 3.1 节可知:根据工作原理,电容式传感器可分为极距变化型、面积变化型、介质变化型三类。面积变化型有三种类型:平面线位移型、角位移型和柱面线位移型。变柱面面积型电容传感器见图9.26。

图 9.26 所示,初始电容量为

$$C_0 = \frac{2\pi\varepsilon}{\ln(R/r)}x \tag{9.11}$$

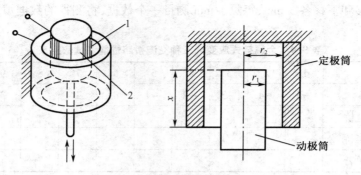

图9.26 变柱面面积型电容传感器

1—动极板;2—定极板

式中 x——动极筒在定极筒中的位移,m;

r——动极筒的半径,m;

R——定极筒的半径,m;

ε——极板间介质绝对介电常数,F/m。

动极向上移动 Δx,电容量变为

$$C = \frac{2\pi\varepsilon}{\ln(R/r)}(x + \Delta x) \tag{9.12}$$

电容变化量为

$$\Delta C = C - C_0 = \frac{2\pi\varepsilon}{\ln(R/r)}(x + \Delta x) - \frac{2\pi\varepsilon}{\ln(R/r)}x = \frac{2\pi\varepsilon}{\ln(R/r)}\Delta x \tag{9.13}$$

灵敏度 S_C 为

$$S_C = \frac{\Delta C}{\Delta x} = \frac{2\pi\varepsilon}{\ln(R/r)} \tag{9.14}$$

很明显,这种电容传感器输出电容的变化与输入位移之间呈线性关系,因而其量程不受线性范围的限制,适合于测量较大的直线位移和角位移。

在实际应用中,为提高传感器灵敏度,一般采用差动式结构。变柱面面积型电容传感器差动结构如图9.27所示,图中两个电容器的定极材料和中间介质材料均一致。

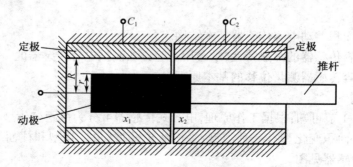

图9.27 变柱面面积型电容传感器差动结构

如图9.27所示,如果令初始时 $x_1 = x_2$,则初始电容量为

$$C_0 = |C_{01} - C_{02}| = \left| \frac{2\pi\varepsilon}{\ln(R/r)}x_1 - \frac{2\pi\varepsilon}{\ln(R/r)}x_2 \right| = \frac{2\pi\varepsilon}{\ln(R/r)}|x_1 - x_2| = 0 \qquad (9.15)$$

式中　x_1——左边动极筒在定极筒中的位移,单位为 m;

　　　x_2——右边动极筒在定极筒中的位移,单位为 m。

动极向左移动 Δx,电容量变为

$$C = |C_1 - C_2| = \left| \frac{2\pi\varepsilon}{\ln(R/r)}(x_1 + \Delta x) - \frac{2\pi\varepsilon}{\ln(R/r)}(x_2 - \Delta x) \right|$$

$$= \frac{2\pi\varepsilon}{\ln(R/r)}|x_1 - x_2 + 2\Delta x| = \frac{4\pi\varepsilon}{\ln(R/r)}\Delta x \qquad (9.16)$$

则电容变化量为

$$\Delta C = C - C_0 = \frac{4\pi\varepsilon}{\ln(R/r)}\Delta x \qquad (9.17)$$

灵敏度 S_C 为

$$S_C = \frac{\Delta C}{\Delta x} = \frac{4\pi\varepsilon}{\ln(R/r)} \qquad (9.18)$$

很明显,差动结构的电容传感器输出电容的变化量和灵敏度与图 9.27 所示的结构相比,均提高 2 倍。

[实验仪器]

实验主要设备为 CSY2001B 型传感器系统实验台。该实验项目所需的部件为:

(1)主机上的电压/频率数字显示仪表;

(2)电容传感器实验模块——电容传感器、双 T 电桥、整流滤波、差动放大电路;

(3)螺旋测微仪;

(4)数字示波器;

(5)主机和模块之间的电源连接线 1 根、实验连接导线若干。

[实验线路]

电容传感器特性测试和位移测量实验采用的线路图如图 9.28 所示,主要部件和注意事项如下。

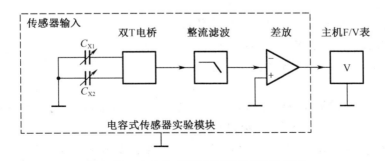

图 9.28　电容传感器特性测试实验线路图

①电容传感器实验模块上的电路零位和增益调节旋钮,调整的是差放的零位和增益。

②操作中,电容传感器动极必须放置于环型定极中间,安装时须仔细作调整,实验时电容不能发生擦片,否则信号会发生突变。

③实验过程中,不要用力拖拽电容传感器动极,会导致内部导线脱落。

④电容传感器动极的位置调整由螺旋测微仪完成,此螺旋测微仪在抽屉中放置,不能拆卸主机上的螺旋测微仪。

⑤注意主机、实验模块、主机电压/频率数字显示仪表、数字示波器几者共地。

[实验步骤]

步骤一:观察电容传感器结构,连接主机与实验模块的电源线及传感器接口,按图9.28接好实验线路,增益适当。

步骤二:打开主机电源,用螺旋测微仪带动传感器动极位移至两组定极中间(测微仪位置在12.5 mm处),调整调零电位器,此时模块电路输出为零。

步骤三:前后移动电容传感器动极,每次0.5 mm,直至动静极完全重合为止,记录极距和输出电压的变化于表9.5。

表9.5 电容传感器特性测试实验数据表

正向位移 X_1/mm	0	0.5	1.0	1.5	2.0	2.5	3.0	3.5	4.0	4.5	5.0
输出电压 U_{o1}/mV											
反向位移 X_2/mm	0	-0.5	-1.0	-1.5	-2.0	-2.5	-3.0	-3.5	-4.0	-4.5	-5.0
输出电压 U_{o2}/mV											

[实验报告]

根据表9.5记录的数据,做出 $V-X$ 曲线,并求其灵敏度。

[思考问题]

(1)实验中用到的电容传感器属于何种类型?

(2)电路中整流滤波电路和差动放大电路的作用分别是什么?

(3)如果传感器动极初始位置不在两组定极中间,对测量会有什么影响?

9.4.2 霍尔传感器特性测试及振幅测量实验

[实验目的]

(1)了解霍尔式传感器基本结构及工作原理。

(2)掌握直流、交流激励时霍尔式传感器的特性的差异。

(3)掌握霍尔传感器用于振动测量的原理。

[实验原理]

霍尔元件是根据霍尔效应原理制成的磁电转换元件,当霍尔元件位于由两个环形磁钢组成的梯度磁场中时就成了霍尔位移传感器。

根据霍尔效应,霍尔电势 $U_H = S_H IB$。当霍尔元件通以恒定电流处在梯度磁场中运动时,就有霍尔电势输出,霍尔电势的大小正比于磁场强度(磁场位置),当所处的磁场方向改变时,霍尔电势的方向也随之改变。利用这一性质可以进行位移测量。详见第3章3.2节。

[实验仪器]

实验主要设备为CSY2001B型传感器系统实验台。该实验项目所需的部件为:

(1)主机上的直流稳压电源(2 V);

(2)主机上的电压/频率数字显示仪表;

（3）主机上的音频信号源；

（4）主机上的低频信号源；

（5）主机上的激振器Ⅰ；

（6）霍尔传感器实验模块——霍尔传感器、梯度磁场、电桥、差动放大电路；

（7）公共电路实验模块——移相器、相敏检波器、低通滤波器；

（8）螺旋测微仪；

（9）数字示波器；

（10）主机和模块之间的电源连接线2根、实验连接导线若干。

[实验线路]

直流激励下霍尔传感器特性测试实验采用的线路图如图9.29所示,交流激励下霍尔传感器特性测试实验和振幅测量实验采用的线路图如图9.30所示。

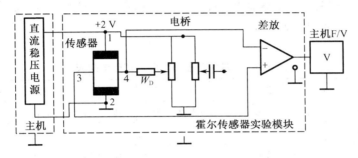

图9.29 直流激励下霍尔传感器特性测试

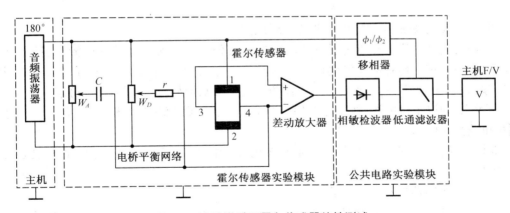

图9.30 交流激励下霍尔传感器特性测试

主要部件和注意事项如下：

（1）注意区分霍尔传感器的输入电源端和输出电压端,红色导线是电源端,黄色导线是电压输出端；

（2）霍尔传感器的霍尔片初始必须放置于梯度磁场中间,安装时须仔细作调整,使霍尔片即靠近极靴又不至于被卡住；一旦调整好测量系统,测量时不能移动磁路系统；

（3）直流激励电压只能是2 V,不能接±2 V（4 V）,否则锑化铟霍尔元件会烧坏；

（4）交流激励信号勿从（0°或LV）输出端引出,幅度限制在峰–峰值5 V以下；

（5）由于霍尔传感器实验模块上的 W_A、W_D 是代用的，因此交流不等位电势不能调得太小；

（6）注意，主机、实验模块、主机电压/频率数字显示仪表、数字示波器几者共地；

（7）激振Ⅰ振源振动幅值和频率需要缓慢调节，以免突然振动过大。

[实验步骤]

（1）直流信号激励的霍尔传感器特性测试实验

步骤一：安装好霍尔传感器实验模块上的梯度磁场、霍尔传感器以及螺旋测微仪，连接主机与实验模块电源及传感器接口，确认霍尔元件直流激励电压为 +2 V，霍尔元件另一激励端接地，实验接线如图9.29所示，差动放大器增益10倍左右。

步骤二：用螺旋测微仪调节精密位移装置使霍尔元件置于梯度磁场中间，并调节电桥直流电位器 W_D，使输出为零。

步骤三：从中点开始，调节螺旋测微仪，前后移动霍尔元件各 3.5 mm，每变化 0.5 mm 读取相应的电压值，并记入表9.6。

表9.6　霍尔传感器特性测试实验数据表

	测量次数	1	2	…	6	7	8	9	10	…	14	15
直流激励	X/mm	−3.5	−3.0		−1.0	−0.5	0	0.5	1.0		3.0	3.5
	U_o/mV											
交流激励	X/mm	−3.5	−3.0		−1.0	−0.5	0	0.5	1.0		3.0	3.5
	U_o/mV											

（2）交流信号激励的霍尔传感器特性测试实验

步骤一：连接主机与霍尔传感器实验模块以及公共电路实验模块的电源线，按图9.30接好实验电路，霍尔传感器实验模块上的差动放大器增益适当，音频信号输出从180°端口（电压输出）引出，幅度 $V_{p-p} \leq 4$ V，示波器两个通道分别接相敏检波器（1）（2）端。

步骤二：开启主机电源，按交流全桥的调节方式调节移相器及电桥，使霍尔元件位于磁场中间时输出电压为零。

步骤三：调节螺旋测微仪，带动霍尔元件在磁场中前后各移 3.5 mm，记录电压读数并记入表9.6。

（3）霍尔传感器振动测试实验

步骤一：将梯度磁场安装到主机振动平台旁的磁场安装座上，霍尔元件连加长杆插入振动平台旁的支座中，调整霍尔元件于梯度磁场中间位置。按实验9.30连接实验连接线。

步骤二：激振器开关倒向"激振Ⅰ"侧，振动台开始起振，保持适当振幅，用示波器观察输出波形。

步骤三：提高振幅，改变频率，使振动平台处于谐振（最大）状态，示波器可观察到削顶的正弦波，说明霍尔元件已进入均匀磁场，霍尔电势不再随位移量的增加而增加。

步骤四：重按9.30接线，调节移相器、电桥，使低通滤波器输出电压波形正负对称。

步骤五：接通"激振Ⅰ"，保持适当振幅，用示波器观察差动放大器和低通滤波器的波形。

[实验报告]

（1）做出直流信号激励下 $V-X$ 特性曲线，求灵敏度和线性工作范围。对非线性部分，请说明原因。

（2）做出交流信号激励下的 $V-X$ 特性曲线，求出灵敏度，并与直流激励测试系统进行比较。

（3）根据示波器波形，说明测得的振幅幅值大小。

[思考问题]

（1）实验测出的实际上是磁场分布情况，它的线性好坏是否影响位移测量的线性度好坏？

（2）霍尔传感器是否适用于大位移测量？

（3）霍尔片工作在磁场的那个范围灵敏度最高？

（4）试解释激励源为交流且信号变化也是交流时需用相敏检波器的原因。

9.4.3 光电传感器特性测试及报警电路设计实验

[实验目的]

（1）通过实验掌握光敏电阻的工作特性。

（2）通过实验掌握红外发光管与光敏三极管实验的工作特性。

（3）通过实验掌握光续断器（光电开关）的应用特点。

[实验原理]

由第 4 章 4.1 节可知：

（1）由半导体材料制成的光敏电阻，工作原理是基于内光电效应，当掺杂的半导体薄膜表面受到光照时，其导电率就发生变化。不同的材料制成的光敏电阻有不同的光谱特性和时间常数。由于光敏电阻存在非线性，因此光敏电阻一般用在控制电路中，不适用作测量元件。

（2）作为一种光电传感器，光敏三极管工作原理也是基于内光电效应。光敏三极管与半导体三极管结构类似，但通常引出线只有二个，当具有光敏特性的 PN 结受到光照时，形成光电流，不同材料制成的光敏三极管具有不同的光谱特性，且具有很高的灵敏度。

（3）与光敏管相似，不同材料制成的发光二极管也具有不同的光谱特性，由光谱特性相同的发光二极管与光敏三极管组成对管，形成了光电开关（光耦合器或光断续器）。

[实验仪器]

实验主要设备为 CSY2001B 型传感器系统实验台，及其他元器件和测试仪器仪表。具体所需部件有：

（1）传感器系统实验台主机上电压/频率数字显示仪表。

（2）传感器系统实验台主机工作台上旋转电机控制旋钮。

（3）光纤光电传感器实验模块——光敏电阻、光断续器、旋转电机、信号变换器、暗灯控制。

（4）数字示波器。

[实验线路]

光敏电阻特性测试实验采用的线路图如图 9.31 所示，光断续器特性测试实验采用的线路图如图 9.32 所示。

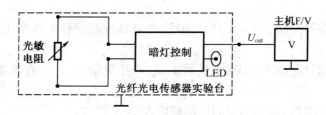

图 9.31 光敏电阻实验接线图

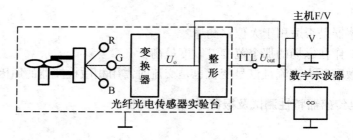

图 9.32 光断续器实验线路图

[实验步骤]

（1）光敏电阻特性测试实验

步骤一：观察实验模块上的光敏电阻,分别将光敏电阻置于光亮和黑暗之处,测得其亮电阻和暗电阻,暗电阻和亮电阻之差为光电阻值。在给定工作电压下,通过亮电阻和暗电阻的电流为亮电流和暗电流,其差为光敏电阻的光电流。光电流越大,灵敏度越高。

步骤二：连接主机与实验模块的电源线及传感器接口线,光敏电阻转换电路输出端 U_{out} 接主机上电压表与数字示波器。

步骤三：开启主机电源,通过改变光敏电阻的光照程度,调节光电阻暗灯控制电位器,观察输出电压的变化情况。实验电路又是一个暗光亮灯控制电路,可以设定暗光程度,依次测验环境光照不同时光敏电阻控制亮灯的情况。

（2）光断续器特性测试实验

步骤一：观察光断续器开关结构:传感器是一个透过型的光断续器,工作波长 3 μm 左右,可以用来检测物体的有无,物体运动方向等。

步骤二：连接主机与实验模块电源线及传感器接口,数字示波器接光电输出端。

步骤三：开启主机电源,用手转动电机叶片分别挡住与离开传感光路,观察输出端信号波形。

步骤四：开启转速电机,调节转速,观察 U_{out} 端连续方波信号输出,并用电压/频率表 2 kHz 档测电机转速。

[实验报告]

（1）测量计算实验中光敏电阻的暗电阻、光电阻、暗电流和光电流大小,给出型号。

（2）定性分析光敏电阻光照强度与输出电压的关系。

（3）分析如果通过电压/频率表的频率值得到被测电机的转速的?

9.4.4 热电偶传感器温度测量实验

[实验目的]

(1)掌握热电偶基本结构和工作原理。

(2)掌握热电偶测温原理和线路。

[实验原理]

由第4章4.2节可知:由两根不同质的导体熔接而成的闭合回路叫作热电回路,当其两端处于不同温度时则回路中产生一定的电流,这表明电路中有电势产生,此电势即为热电势。

图9.33中,通常 T_0 端称为参考端或冷端,T 端称为测量端或工作端或热端。两种材料称为热电极,所产生的电势叫热电势,用 $E_{AB}(T,T_0)$ 表示,其大小反映了两个接点的温度差,表示为 $E_{AB}(T,T_0)=f(T)-f(T_0)$。若保持 T_0 不变,则热电势就随温度 T 而变化,因此测出热电势的值,就可知道温度 T 的值。

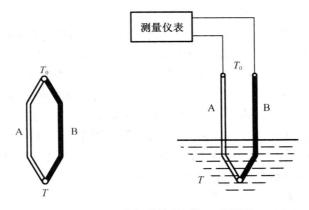

图9.33 热电偶结构及测温工作原理

[实验仪器]

实验主要设备为CSY2001B型传感器系统实验台。该实验项目所需的部件为:

(1)主机上的温控电加热器;

(2)温度传感器实验模块——300 W电加热炉;

(3)K(镍铬－镍硅)E(镍铬－铜镍)分度热电偶;

(4)4位半数字电压表;

(5)主机和模块之间的电源连接线1根、实验连接导线若干。

[实验线路]

热电偶传感器温度测试实验采用的线路图如图9.34所示。

主要部件和注意事项如下。

(1)主机上的温控器作为热源的温度指示、控制、定温之用。温度调节方式为时间比例式,绿灯亮时表示继电器吸合电炉加热,红灯亮时加热炉断电。

(2)主机上的温控器进行温度设定时,拨动开关需拨向"设定"位,调节设定电位器,仪表显示的温度值℃随之变化,调节至实验所需的温度时停止。然后将拨动开关扳向"测量"侧(注意:首次设定温度不应过高,以免热惯性造成加热炉温度过冲)。

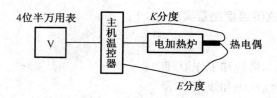

图 9.34　热电偶传感器温度测量实验线路

（3）温度传感器实验模块上的加热炉温度请勿超过 200 ℃，当加热开始，热电偶一定要插入炉内，否则炉温会失控，同样做其他温度实验时也需用热电偶来控制加热炉温度。

（4）因为温控仪表为 E 分度，加热炉的温度就必须由 E 分度热电偶来控制，E 分度热电偶必须接在面板的"温控"端。所以当钮子开关倒向"测试"方接入 K 分度热电偶时，数字温度表显示的温度并非为加热炉内的温度。

（5）注意主机、实验模块共地。

[实验步骤]

步骤一：观察热电偶结构（可旋开热电偶保护外套），了解温控电加热器工作原理。

步骤二：将电加热炉电源插头插入主机加热电源出插座，热电偶插入电加热炉内，K 分度热电偶为标准热电偶，冷端接主机"测试"端，E 分度热电偶接主机"温控"端，注意热电偶极性不能接反，而且不能断偶。主机上的热电偶转换开关扳向"测试"端。

步骤三：打开主机上的加热开关，调节温度设定旋钮，首先将温度设定在 50 ℃ 左右，设定完毕关闭加热开关，热电偶转换开关打向"温控"端，设定开关打向"测量"端。

步骤四：4 位半万用表置 200 mV 档，当转换开关打向"温控"时，测 E 分度热电偶的热电势，并记录电炉温度与热电势 E 的关系。数据记录于表 9.7 中。

步骤五：继续将炉温提高到 70 ℃，90 ℃，110 ℃，130 ℃ 和 150 ℃，重复上述实验，观察热电偶的测温性能。数据记录于表 9.7 中。

表 9.7　热电偶传感器温度测试实验数据表

炉温/℃	50	70	90	110	130	150
输出热电势 V/mV						

[实验报告]

（1）采用适当方法对所测的热电势值进行修正。

（2）查阅热电偶分度表，对实验测量热电势与计算修正结果对照，得出结论。

[思考问题]

（1）实验中为什么要对热电偶输出热电势进行修正？

（2）分析实验中测温误差的主要来源有哪些？

9.4.5　超声波传感器测距实验

[实验目的]

（1）了解压电效应产生的基本原理及压电效应在传感器中的典型应用。

（2）了解超声波传感器的测距原理。

[实验原理]

由第4章4.3节可知,在某些电介质的一定方向上施加机械力而产生变形时,会导致其两个相对表面上出现符号相反的束缚电荷,当外力消失,又恢复不带电原状,当外力变向,电荷极性随之而变,称之为正压电效应;若对上述电介质施加电场,则会引起电介质内部正负电荷中心发生相对位移而导致电介质产生变形,称之为逆压电效应。即,具有压电性的电介质(称压电材料),能实现机-电能量的相互转换。利用上述压电效应可以制成多种传感器,如压电式加速度传感器、超声波传感器(详见第5章5.1节)等。

超声波传感器发射探头内部有两个压电晶片和一个共振板。当它的两极外加脉冲信号,其频率等于压电晶片的固有振荡频率时,压电晶片将会发生共振,并带动共振板振动,产生超声波。反之,如果两电极间未外加电压,当共振板接收到超声波时,将压迫压电晶片作振动,将机械能转换为电信号,这就是超声波接收探头。

超声波传感器测距的方法一般常采用回声探测法,这里采用直接接收法,如图9.35所示。超声波发射器向某一方向发射超声波,在发射时刻的同时计数器开始计时,超声波在空气中传播,超声波接收器收到超声波就立即停止计时。超声波在空气中的传播速度为340 m/s,根据计时器记录的时间t,就可以计算出发射点距障碍物面的距离S,即$S = 340t$。

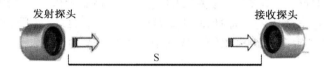

图9.35 超声波传感器测距原理

[实验仪器]

实验主要设备为CSY2001B型传感器系统实验台。该实验项目所需的部件为:

(1)主机;

(2)超声波传感器测距实验模块;

(3)超声波传感器测距标尺滑轨;

(4)主机和模块之间的电源连接线1根、实验连接导线若干。

[实验线路]

超声波传感器测距实验采用的线路图如图9.36所示。主要部件和注意事项如下。

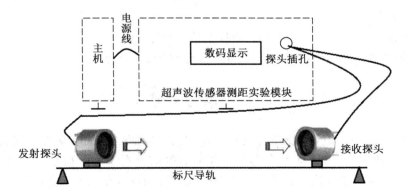

图9.36 超声波传感器测距实验线路

（1）标尺滑轨上安装有超声发送和接收探头，超声发射探头安装在标尺滑轨一端，另一端安装有超声接收探头，两端均可在标尺滑轨上自由滑动，工作频率为 40 kHz。

（2）超声波传感器测距实验模块上的"显示微调"旋钮可以调节距离显示值。

（3）整套仪器的最小测距范围应≥5 cm。

（4）超声波探头工作时应避免剧烈震动，否则会使数字显示发生故障。移动探头时请推移螺丝，切不可用力拉扯探头连接线，以免造成仪器故障。

（5）注意主机、实验模块共地。

[实验步骤]

步骤一：观察超声波传感器测距实验模块和标尺滑轨的结构。

步骤二：连接主机和模块电源线，分别依次打开主机和测距仪电源开关后，电源指示灯亮，测距仪开始工作；每隔 2 秒钟，由发射探头发出一超声脉冲。超声发射指示灯有规律地闪烁时，表示发射探头正间隔性地发射出超声脉冲。接收探头接收超声脉冲，如果正确接收到超声脉冲，测距仪将显示测量结果，否则显示"－－－－"。

步骤三：移动标尺滑轨上超声波接收探头在道轨上的位置，记录下测距仪的显示结果和发射头和接收头之间的实际距离。数据记录于表 9.8 中。

步骤四：按下"时间/距离/转换开关"，则测距仪数码显示由显示"距离"变为显示"时间"，可根据超声波在空气中的传播速度与仪器显示的发射、接收时间，计算出两探头之间的距离，并与仪器直接显示的距离比较。数据记录于表 9.8 中。

表 9.8　超声波传感器测距实验数据表

距离测量	数码显示距离/cm					
	标尺读出距离/cm					
时间测量	发射、接收时间/s					
	标尺读出距离/cm					

[实验报告]

（1）分析表 9.8 距离测量数据，计算测量误差，分析误差产生原因。

（2）分析表 9.8 时间测量数据，给出依据时间计算得到的测量距离，分析误差产生原因。

[思考问题]

（1）超声波传感器测距方法中的回声探测法原理是什么？

（2）实验中，如果标尺导轨发生了移动对测量有什么影响？

9.5　心电弱信号检测与转换电路设计实验

本节实验属于综合设计型实验，主要研究微弱心电信号测量电路的组成、特点和测量方法。实验包括两部分：基于心电信号检测仪的心电信号测量实验和心电信号检测电路制作实验。两个实验能很好锻炼和培养学生对微弱信号调理电路知识的运用和分析能力。

9.5.1　心电信号检测仪实验

[实验目的]

(1)了解心电信号检测实验仪的基本构成。

(2)学会心电信号采集方法和心电信号检测实验仪的使用。

(3)掌握心电信号检测中各种干扰和噪声产生的原因。

[实验原理]

具体原理参阅第7章7.3节内容。实验电路信号主要输入端、测试端口如图9.37所示。

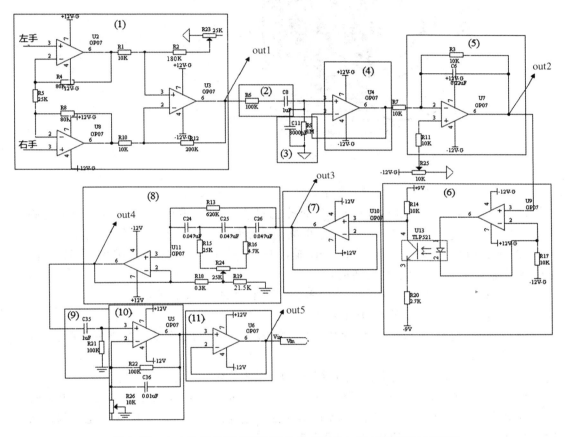

图9.37　心电信号检测电路实验信号主要输入端、测试端口示意图

图9.37中,out1:前置放大器输出;out2:前置滤波电路输出;out3:光电隔离电路输出;out4:工频陷波电路输出;out5:后置放大滤波电路输出。实验中,将利用示波器反复观察这几个输出点的波形,然后进行电路参数调节,使得输出的心电信号波形清晰。

[实验仪器]

实验主要设备为心电信号检测实验仪和CSY2001B型传感器系统实验台,此外还需要数字示波器、数字万用表。所有设备说明如下:

(1)CSY2001B型传感器系统实验台——直流稳压电源(±12 V);

(2)心电信号检测实验仪——心电仪(信号模拟电路部分、电源和输入输出信号接口区域)、心电夹;

（3）数字示波器——信号波形显示；

（4）数字万用表——线路检查；

（5）主机和模块之间的电源连接线1根、实验连接导线若干。

[实验线路]

实验采用的线路图如图9.38所示。

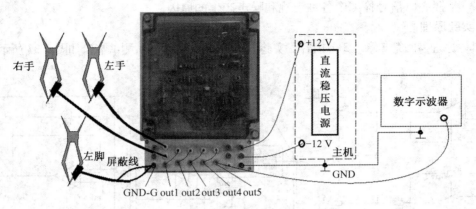

图9.38　心电信号实验仪线路接线图

主要部件和使用注意事项说明如下。

（1）左右手腕分别通过心电夹连接到两个信号输入端时，顺序不能颠倒；左脚通过心电夹和屏蔽线一块连接到GND_G。注意心电夹上的贴片应贴近脉搏那一面。

（2）若通过数字示波器观察out1、out2输出时，表笔参考地要接到GND_G；而观察out3，out4，out5输出时，表笔参考地要接到GND。

（3）实验中，被提取心电信号的实验者要保持平稳的呼吸，不能乱动。

（4）注意主机、心电仪的GND要共地。

（5）实验过程中，为减小干扰，手机、手表等易产生干扰的物件禁止摆放在实验台面上。

[实验步骤]

步骤一：按图9.38连接实验线路，打开主机电源开关。

步骤二：用数字示波器分别接至电路out1、out2、out3，out4，out5，使输出端，简单观察各端口输出信号波形及幅值，并调整out5输出端幅值范围在 -10 V ～ $+10$ V。注意调整示波器的"TIME/DIV"旋钮和"VOLTS/DIV"旋钮。

步骤三：示波器接至电路out5输出端（建议，如果可能可以同时使用模拟示波器与数字示波器）观察波形，调整工频陷波电路中可调电阻 R_{24} 使数字示波器显示出50 Hz方波，再反向调整 R_{24} 使方波逐渐消失，调整时要慢一些，方波消失成直线即停止调整阻值。此时，表示电路中的50 Hz工频干扰已经达到最小。记录此过程中信号变化波形。

步骤四：将模拟示波器的时间刻度调到较小的位置，使其聚成一个光点。调整前置滤波电路中可调电阻 R_{25}，当观察到示波器上的光点上下跳动即可停止调整幅值。此时，调整数字示波器的"VOLTS/DIV"旋钮，幅值在0.5 V，1 V，2 V，5 V范围内切换，调整"TIME/DIV"旋钮，时间周期在25 ms，50 ms，100 ms，250 ms范围内切换，直到显示出完整的周期性的心电波形。记录此过程中信号变化波形。

步骤五:调整后置放大滤波电路中可调电阻 R_{26} 使心电波形幅值增大,当峰值尖锐清晰,且幅值不超过 -10 V ~ 10 V 时停止调节,满足 A/D 量程需求。

步骤六:最后反复调整几个滑动变阻器,如微调 R_{24} 使信号毛刺更平缓、抗 50 Hz 工频干扰效果更好,微调 R_{23} 抑制共模干扰效果更好。可以得到较为理想的心电信号波形。记录此过程中信号变化波形。

[实验报告]

(1)通过分析实验中示波器存储记录的波形,说明心电信号的特点。

(2)分析电路中各部分的主要功能以及可调电阻的作用。

[思考题]

(1)实验线路中,地 GND 和地 GND_G 有什么不同,可以通用吗?

(2)输入信号连接中,屏蔽层没有接地会出现什么现象? 左右手反接会出现什么现象?

(3)为什么实验中要先调整 R_{24} 可调电阻?

(4)R_{25} 调整不当会出现什么现象?

(5)在调节各可调电阻的时候需要注意什么?

(6)最终测量的心电信号为什么还存在很多干扰? 这些干扰来自哪儿? 可以采用哪些措施提高抗干扰能力。

9.5.2 心电信号检测电路制作实验

[实验目的]

(1)掌握心电信号检测转换模拟电路制作、调试方法。

(2)学会正确分析和解决信号检测转换电路设计、制作、调试中出现的问题。

[实验原理]

具体原理参阅第 7 章 7.3 节内容。

[实验仪器]

数字示波器,数字万用表,万用板,连接导线,运算放大器、电阻、电容等元器件,电源。所有设备说明如下:

(1)CSY2001B 型传感器系统实验台——± 12 V 直流稳压电源、低频信号源;

(2)心电信号检测实验仪——提供 ± 12 V_G、± 9 V 电源;

(3)数字示波器——信号波形显示;

(4)数字万用表——线路检查;

(5)主机和模块之间的电源连接线 1 根、实验连接导线若干;

(6)运算放大器、电阻、电容、光电耦合器件等——搭建电路;

(5)主机和模块之间的电源连接线 1 根、实验连接导线若干。

[实验线路]

实验采用的电路板连接图如图 9.39 所示。

图 9.39 中,电路板 1 包括原理图 7.43 中的(1)(2)(3)(4),电路板 2 包括(5)(6)(7)(8),电路板 3 包括(9)(10)(11)。电路板左侧均为输入、右侧均为输出,采用排线插针结构;上面均为正电源、下面均为负电源和地。

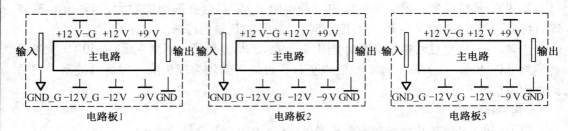

图 9.39　心电信号检测电路制作实验电路板连接图

[实验步骤]

（1）电路板 1 制作

步骤一：认真安排电路板上元器件、输入、输出、电源、地的位置。

步骤二：检查电子元器件，焊接电路。注意电路的输入输出要预留测试接口。

步骤三：给步骤二中焊接好的电路板供电。注意此电路板上电路属于光耦隔离之前的电路，需要采用心电仪面板左侧 ±12 V_G 供电；此外，电路板的"GND_G"和心电仪的"GND_G"共地。

步骤四：用心电夹采集人体心电信号输入到电路板 1 的输入端，调节可调电阻 R_{23}，用数字示波器分别观察电路板（1）（2）（4）模块输出，当（4）模块输出端出现杂波明显。

（2）电路板 2 制作

步骤一：认真安排电路板上元器件、输入、输出、电源、地的位置。

步骤二：检查电子元器件，焊接电路。注意电路的输入输出要预留测试接口。

步骤三：给步骤二中焊接好的电路板供电。注意此电路板上电路包括光耦隔离之前的电路、光耦隔离电路和光耦隔离之后的电路，三部分电路供电电源不同：光耦隔离之前的电路采用心电仪面板左侧 ±12 V_G 供电；光耦隔离电路采用心电仪面板右侧 ±9 V 电源供电，+9 V 连接到光耦 4 脚、−9 V 连接到光耦 3 脚；光耦隔离之后的电路采用心电仪面板右侧 ±12 V 供电。此外，也要注意电路板的"GND"和心电仪的"GND"以及主机的"地"共地；电路板的"GND_G"和心电仪的"GND_G"共地。

步骤四：用传感器实验台主机低频信号源产生 30 Hz 低频信号，输入到电路板 2 的输入端，调节可调电阻 R_{25}、R_{24}，用数字示波器分别观察电路板（5）（6）（7）（8）模块输出。

（3）电路板 3 制作

步骤一：认真安排电路板上元器件、输入、输出、电源、地的位置。

步骤二：检查电子元器件，焊接电路。注意电路的输入输出要预留测试接口。

步骤三：给步骤二中焊接好的电路板供电。注意此电路板上电路属于光耦隔离之后的电路，需要采用心电仪面板右侧 ±12 V 供电。此外，同样要注意电路板的"GND"和心电仪的"GND"以及主机"地"共地。

步骤四：用传感器实验台主机低频信号源产生 30 Hz 低频信号，输入到电路板 3 的输入端，调节可调电阻 R_{26}，用数字示波器分别观察电路板（1）（2）（3）（4）模块输出。

（4）三块电路板综合调试

步骤一：将上述制作调试完成的电路板 1、电路板 2、电路板 3 按顺序用导线连接好，注意导线尽可能短、连接处注意绝缘。

步骤二:给所有电路板供电,供电原则参考上面实验内容。

步骤三:用心电夹采集人体心电信号输入到电路板输入端,用数字示波器分别观察电路板 out1,out2,out3,out4,out5 输出端波形,反复调整 R_{26},R_{24},R_{25},R_{23} 可调电阻,当在 out5 端得到较为理想的心电信号波形时,说明电路制作和调试正确。

[**实验报告**]

(1)分析各电路板各模块,在给定的输入信号下,理论和实际测得波形的不同的原因。

(2)总结整个心电信号检测电路实验,给出实验体会。

9.6　本　章　小　结

本章主要介绍传感器与信号检测转换技术实验,包括:实验常规测试仪器仪表的使用以及具体实验内容。重点是结合全书理论知识内容,对相关的基础型实验和综合设计型实验的实验目的、实验原理、实验仪器、实验线路、实验步骤等进行了详细介绍。通过本章的学习和实践,学生应具有分析、设计、制作和调试典型信号检测与转换测量电路的能力。

附录 A 常用热电阻分度表

表 A.1 铂热电阻 Pt10 分度表

分度号：Pt10 $R(0\ ℃) = 10.000\ Ω$

测量端温度 /℃	0	10	20	30	40	50	60	70	80	90
	电阻值 $R(t\ ℃)/Ω$									
−200	1.852	2.283	2.710	3.134	3.554	3.972	4.388	4.800	5.211	5.619
−100	6.026	6.430	6.833	7.233	7.633	8.031	8.427	8.822	9.216	9.609
0	10.000	10.390	10.779	11.167	11.554	11.940	12.324	12.708	13.090	13.471
100	13.851	14.229	14.607	14.983	15.358	15.733	16.105	16.477	16.848	17.217
200	17.586	17.953	18.319	18.684	19.047	19.410	19.771	20.131	20.490	20.848
300	21.205	21.561	21.915	22.268	22.621	22.972	23.321	23.670	24.018	24.364
400	24.709	25.053	25.396	25.738	26.078	26.418	26.756	27.093	27.429	27.764
500	28.098	28.430	28.762	29.092	29.421	29.749	30.075	30.401	30.725	31.049
600	31.371	31.692	32.012	32.330	32.648	32.964	33.279	33.593	33.906	34.218
700	34.528	34.838	35.146	35.453	35.759	36.064	36.367	36.670	36.971	37.271
800	37.570	37.868	38.165	38.460	38.755	39.048				

表 A.2 铂热电阻 Pt100 分度表

分度号：Pt100 $R(0\ ℃) = 100.00\ Ω$

测量端温度 /℃	0	10	20	30	40	50	60	70	80	90
	电阻值 $R(t\ ℃)/Ω$									
−200	18.52	22.83	27.10	31.34	35.54	39.72	43.88	48.00	52.11	56.19
−100	60.26	64.30	68.33	72.33	76.33	80.31	84.27	88.22	92.16	96.09
0	100.00	103.90	107.79	111.67	115.54	119.40	123.24	127.08	130.90	134.71
100	138.51	142.29	146.07	149.83	153.58	157.33	161.05	164.77	168.48	172.17
200	175.86	179.53	183.19	186.84	190.47	194.10	197.71	201.31	204.90	208.48
300	212.05	215.61	219.15	222.68	226.21	229.72	233.21	236.70	240.18	243.64
400	247.09	250.53	253.96	257.38	260.78	264.18	267.56	270.93	274.29	277.64
500	280.98	284.30	287.62	290.92	294.21	297.49	300.75	304.01	307.25	310.49
600	313.71	316.92	320.12	323.30	326.48	329.64	332.79	335.93	339.06	342.18
700	345.28	348.38	351.46	354.53	357.59	360.64	363.67	366.70	369.71	372.71
800	375.70	378.68	381.65	384.60	387.55	390.48				

表 A.3 铜热电阻 Cu50 分度表

分度号：Cu50 $R(0℃) = 50.000\ \Omega$

R_t/Ω $T/℃$ ↘ $T/℃$	0	−1	−2	−3	−4	−5	−6	−7	−8	−9
0	50	49.786	49.571	49.356	49.142	48.927	48.713	48.498	48.284	48.069
−10	47.854	47.639	47.425	47.21	46.995	46.78	46.566	46.351	46.136	45.921
−20	45.706	45.491	45.276	45.061	44.846	44.631	44.416	44.2	43.985	43.77
−30	43.555	43.349	43.124	42.909	42.693	42.478	42.262	42.047	41.831	41.616
−40	41.4	41.184	40.969	40.753	40.537	40.322	40.106	39.89	39.674	39.458
−50	39.242									

R_t/Ω $T/℃$ ↘ $T/℃$	0	1	2	3	4	5	6	7	8	9
0	50	50.214	50.429	50.643	50.858	51.072	51.286	51.501	51.715	51.929
10	52.144	52.358	52.572	52.786	53	53.215	53.429	53.643	53.857	54.071
20	54.285	54.5	54.714	54.928	55.142	55.356	55.57	55.784	55.998	56.212
30	56.426	56.64	56.854	57.068	57.282	57.496	57.71	57.924	58.137	58.351
40	58.565	58.779	58.993	59.207	59.421	59.635	59.848	60.062	60.276	60.49
50	60.704	60.918	61.132	61.345	61.559	61.773	61.987	62.201	62.415	62.628
60	62.842	63.056	63.27	63.484	63.698	63.911	64.125	64.339	64.553	64.767
70	64.981	65.194	65.408	65.622	65.836	66.05	66.264	66.478	66.692	66.906
80	67.12	67.333	67.547	67.761	67.975	68.189	68.403	68.617	68.831	69.045
90	69.259	69.473	69.687	69.901	70.115	70.329	70.544	70.762	70.972	71.186
100	71.4	71.614	71.828	72.042	72.257	72.471	72.685	72.899	73.114	73.328
110	73.542	73.751	73.971	74.185	74.4	74.614	74.828	75.043	75.258	75.477
120	75.686	75.901	76.115	76.33	76.545	76.759	76.974	77.189	77.404	77.618
130	77.833	78.048	78.263	78.477	78.692	78.907	79.122	79.337	79.552	79.767
140	79.982	80.197	80.412	80.627	80.843	81.058	81.272	81.488	81.704	81.919
150	82.134									

表 A.4 铜热电阻 Cu53 分度表

分度号：Cu53 $R(0℃) = 53.000\ \Omega$

R_t/Ω $T/℃$	0	−1	−2	−3	−4	−5	−6	−7	−8	−9
0	53	52.77	52.55	52.32	52.1	51.87	51.65	51.42	51.2	50.97
−10	50.75	50.52	50.3	50.07	49.85	49.62	49.4	49.17	48.95	48.72
−20	48.5	48.27	48.04	47.82	47.59	47.37	47.14	46.92	46.69	46.47
−30	46.24	46.02	45.79	45.57	45.34	45.12	44.89	44.67	44.44	44.22
−40	43.99	43.76	43.54	43.31	43.09	42.86	42.64	42.41	42.19	41.96
−50	41.74									

R_t/Ω $T/℃$	0	1	2	3	4	5	6	7	8	9
0	53	53.23	53.45	53.68	53.9	54.13	54.35	54.58	54.8	55.03
10	55.25	55.48	55.7	55.93	56.15	56.38	56.6	56.83	57.05	57.28
20	57.5	57.73	57.96	58.18	58.41	58.63	58.86	59.08	59.31	59.53
30	59.75	59.98	60.21	60.43	60.66	60.88	61.11	61.33	61.56	61.78
40	62.01	62.24	62.46	62.69	62.91	63.14	63.36	63.59	63.81	64.04
50	64.26	64.49	64.71	64.94	65.16	65.39	65.61	65.84	66.06	66.29
60	66.52	66.74	66.97	67.19	67.42	67.64	67.87	68.09	68.32	68.54
70	68.77	68.99	69.22	69.44	69.67	69.89	70.12	70.34	70.57	70.79
80	71.02	71.25	71.47	71.7	71.92	72.15	72.37	72.6	72.82	73.05
90	73.27	73.5	73.72	73.95	74.17	74.4	74.62	74.85	75.07	75.3
100	75.52	75.75	75.98	76.2	76.43	76.65	76.88	77.1	77.33	77.55
110	77.78	78	78.23	78.45	78.68	78.9	79.13	79.35	79.58	79.8
120	80.03	80.26	80.48	80.71	80.93	81.16	81.38	81.61	81.83	82.06
130	82.28	82.51	82.73	82.96	83.18	83.41	83.63	83.86	84.08	84.31
140	84.54	84.76	84.99	85.21	85.44	85.66	85.89	86.11	86.34	86.56
150	86.79									

表 A.5 铜热电阻 Cu100 分度表

分度号：Cu100

R_t/Ω ↘ $T/℃$ $T/℃$	0	−1	−2	−3	−4	−5	−6	−7	−8	−9
−50	78.48	78.05	77.62	76.19	76.76	76.33	75.90	75.47	75.03	74.60
−40	82.80	82.37	81.94	81.51	81.08	80.65	80.22	79.79	79.36	78.92
−30	87.11	86.68	86.25	85.82	85.39	84.96	84.53	84.10	83.67	83.24
−20	91.41	90.98	90.55	90.12	89.69	89.26	88.83	88.40	87.97	87.54
−10	95.71	95.28	94.85	94.42	93.99	93.56	93.13	92.70	92.27	91.84
0	100.00	99.57	99.14	98.71	98.28	97.86	97.43	97.00	96.57	96.14

R_t/Ω ↘ $T/℃$ $T/℃$	0	1	2	3	4	5	6	7	8	9
0	100.00	100.43	100.86	101.29	101.72	102.14	102.57	103.00	103.43	103.86
10	104.29	104.72	105.14	105.57	106.00	106.43	106.86	107.29	107.72	108.15
20	108.57	109.00	109.43	109.86	110.29	110.71	111.14	111.57	112.00	112.43
30	112.85	113.28	113.71	114.14	114.57	114.99	11.42	115.85	116.28	116.71
40	117.13	117.56	117.99	118.42	118.84	119.27	119.70	120.13	120.56	120.99
50	121.41	121.84	122.27	122.69	123.12	123.55	123.98	124.41	124.84	125.27
60	125.68	126.11	126.54	126.97	127.40	127.83	128.26	128.69	129.12	129.55
70	129.96	130.39	130.82	131.25	131.68	132.11	132.54	132.97	133.40	133.82
80	134.24	134.67	135.10	135.53	135.96	136.39	136.82	137.25	137.68	138.11
90	138.52	138.95	139.38	139.81	140.24	140.67	141.10	141.53	141.96	142.39
100	142.80	143.23	143.66	144.09	144.52	144.95	145.38	145.81	146.24	146.67
110	147.08	147.52	147.95	148.38	148.81	149.24	149.67	150.10	150.53	150.96
120	151.37	151.80	152.24	152.67	153.10	153.53	153.96	154.39	154.83	155.26
130	155.67	156.10	156.53	156.96	157.39	157.83	158.26	158.69	159.12	159.56
140	159.96	160.40	160.33	161.26	161.70	162.13	162.56	163.00	163.43	163.86
150	164.27	164.70	165.14	165.57	166.00	166.44	166.87	167.31	167.74	168.17

附录 B 常用热电偶分度表

表 B.1 铂铑 30 – 铂铑 6 热电偶分度表

分度号:B

(冷端温度为 0 ℃)

测量端温度 /℃	0	10	20	30	40	50	60	70	80	90
	输出热电势/mV									
0	−0.000	−0.002	−0.003	−0.002	0.000	0.002	0.006	0.011	0.017	0.025
100	0.033	0.043	0.053	0.065	0.078	0.092	0.107	0.123	0.140	0.159
200	0.178	0.199	0.220	0.243	0.266	0.291	0.317	0.344	0.372	0.401
300	0.431	0.462	0.494	0.527	0.561	0.596	0.632	0.669	0.707	0.746
400	0.786	0.827	0.870	0.913	0.957	1.002	1.048	1.095	1.143	1.192
500	1.241	1.292	1.344	1.397	1.450	1.505	1.560	1.617	1.674	1.732
600	1.791	1.851	1.912	1.974	2.036	2.100	2.164	2.230	2.296	2.366
700	2.430	2.499	2.569	2.639	2.710	2.782	2.855	2.928	3.003	3.078
800	3.154	3.231	3.308	3.387	3.466	3.546	3.626	3.708	3.790	3.873
900	3.957	4.041	4.126	4.212	4.298	4.386	4.474	4.562	4.652	4.742
1 000	4.833	4.924	5.016	5.109	5.202	5.297	5.391	5.487	5.583	5.680
1 100	5.777	5.875	5.973	6.073	6.172	6.273	6.374	6.475	6.577	6.680
1 200	6.783	6.887	6.991	7.096	7.202	7.308	7.414	7.521	7.628	7.736
1 300	7.845	7.935	8.063	8.172	8.283	8.393	8.504	8.616	8.727	8.839
1 400	8.952	9.065	9.178	9.291	9.405	9.519	9.634	9.748	9.863	9.979
1 500	10.094	10.210	10.325	10.441	10.558	10.674	10.790	10.907	10.024	11.141
1 600	11.257	11.374	11.491	11.608	11.725	11.842	11.959	12.076	12.193	12.310
1 700	12.426	12.543	12.659	12.776	12.892	13.008	13.124	12.239	13.354	13.470
1 800	13.585	13.699	13.814							

表 B.2　铂铑 10－铂热电偶分度表

分度号:S　　　　　　　　　　　　　　　　　　　　　　　　　　　　（冷端温度为 0 ℃）

测量端温度 /℃	0	10	20	30	40	50	60	70	80	90
	输出热电势/mV									
0	0.000	0.055	0.133	0.173	0.235	0.299	0.365	0.432	0.502	0.573
100	0.645	0.719	0.795	0.872	0.950	1.029	1.109	1.190	1.273	1.356
200	1.440	1.525	1.611	1.698	1.785	1.873	1.962	2.051	2.141	2.232
300	2.323	2.414	2.506	2.599	2.692	2.786	2.880	2.974	3.069	3.164
400	3.260	3.356	3.452	3.549	3.645	3.743	3.840	3.938	4.036	4.135
500	4.234	4.333	4.432	4.532	4.632	4.732	4.832	4.933	5.034	5.135
600	5.237	5.339	5.442	53544	5.648	5.751	5.855	5.960	6.064	6.169
700	6.274	6.380	6.486	6.592	6.699	6.805	6.913	7.020	7.128	7.236
800	7.345	7.454	7.563	7.672	7.782	7.892	8.003	8.114	8.225	8.336
900	8.448	8.560	8.673	8.786	8.899	9.012	9.126	9.240	9.355	9.470
1 000	9.585	9.700	9.816	9.932	10.048	10.165	10.282	10.400	10.517	10.635
1 100	10.745	10.872	10.991	11.110	11.229	11.348	11.467	11.587	11.707	11.827
1 200	11.947	12.067	12.188	12.308	12.429	12.550	12.671	12.792	12.913	13.034
1 300	13.155	13.276	13.397	13.519	13.640	13.761	13.883	14.004	14.125	14.247
1 400	14.368	14.489	14.610	14.731	14.852	14.973	15.094	15.215	15.336	15.456
1 500	15.576	15.697	15.817	15.937	15.057	16.176	16.296	16.415	16.534	16.653
1 600	16.771	16.890	17.008	17.125	17.243	17.360	17.477	17.594	17.711	17.826
1 700	17.942	18.056	18.170	18.282	18.394	18.504	18.612			

表 B.3 镍铬－镍硅热电偶分度表

分度号：K   （冷端温度为 0℃）

测量端温度/℃	0	1	2	3	4	5	6	7	8	9
	输出热电势/mV									
－50	－1.889	－1.925	－1.961	－1.996	－2.032	－2.067	－2.102	－2.137	－2.173	－2.208
－40	－1.527	－1.563	－1.600	－1.636	－1.673	－1.709	－1.745	－1.781	－1.817	－1.853
－30	－1.156	－1.193	－1.231	－1.268	－1.305	－1.342	－1.379	－1.416	－1.453	－1.490
－20	－0.777	－0.816	－0.854	－0.892	－0.930	－0.968	－1.005	－1.043	－1.081	－1.118
－10	－0.392	－0.431	－0.469	－0.508	－0.547	－0.585	－0.624	－0.662	－0.701	－0.739
－0	0	－0.039	－0.079	0.118	－0.157	－0.197	0.236	－0.275	－0.314	－0.353
0	0	0.039	0.079	0.119	0.158	0.198	0.238	0.277	0.317	0.357
10	0.397	0.437	0.477	0.517	0.557	0.597	0.637	0.677	0.718	0.758
20	0.798	0.838	0.879	0.919	0.960	1.000	1.041	1.081	1.122	1.162
30	1.203	1.244	1.285	1.325	1.366	1.407	1.448	1.489	1.529	1.570
40	1.611	1.652	1.693	1.734	1.776	1.817	1.858	1.899	1.940	1.981
50	2.022	2.064	2.105	2.146	2.188	2.229	2.270	2.312	2.353	2.394
60	2.436	2.477	2.519	2.560	2.601	2.643	2.684	2.726	2.767	2.809
70	2.850	2.892	2.933	2.875	3.016	3.058	3.100	3.141	3.183	3.224
80	3.266	3.307	3.349	3.390	3.432	3.473	3.515	3.556	3.598	3.639
90	3.681	3.722	3.764	3.805	3.847	3.888	3.930	3.971	4.012	4.054
100	4.095	4.137	4.178	4.219	4.261	4.302	4.343	4.384	4.426	4.467

参 考 文 献

[1] 颜本慈. 自动检测技术[M]. 北京:国防工业出版社,1994.

[2] 吕俊芳. 传感器调理电路设计理论及应用[M]. 北京:北京航空航天大学出版社,2010.

[3] 高延滨,周雪梅,曾建辉. 检测与转换技术[M]. 哈尔滨:哈尔滨工程大学出版社,2007.

[4] 常健生. 检测与转换技术[M]. 北京:机械工业出版社,1999.

[5] 王家桢. 传感器与变送器[M]. 北京:清华大学出版社,1998.

[6] 刘迎春,叶湘滨. 传感器原理设计与应用[M]. 北京:国防工业出版社,2004.

[7] 王雪文,张志勇. 传感器原理及应用[M]. 北京:北京航空航天大学出版社,2004.

[8] 费业泰. 误差理论与数据处理[M]. 北京:机械工业出版社,2005.

[9] 张宏健,孙志强. 现代检测技术[M]. 北京:化学工业出版社,2007.

[10] 王庆有. 图像传感器应用技术[M]. 北京:电子工业出版社,2003.

[11] 刘存. 现代检测技术[M]. 北京:机械工业出版社,2005.

[12] 张宏润. 传感器技术与实验[M]. 北京:清华大学出版社,2005.

[13] 何金田. 传感检测技术实验教程[M]. 哈尔滨:哈尔滨工业大学出版社,2005.

[14] 孙传友. 测控电路及装置[M]. 北京:北京航空航天大学出版社,2002.

[15] 马忠丽. 信号检测与转换技术[M]. 哈尔滨:哈尔滨工业大学出版社,2012.

[16] CSY2001B 型传感器系统综合实验台实验指导[M]. 杭州:浙江大学仪器科学与工程学系检测技术研究所.

[17] 陈裕泉,葛文勋. 现代传感器原理及应用[M]. 北京:科学出版社,2007.

[18] 何希才. 实用传感器接口电路实例[M]. 北京:中国电力出版社,2007.

[19] 王煜东. 传感器应用 400 例[M]. 北京:中国电力出版社,2008.

[20] 刘轻尘. 哈尔滨工程大学极品飞车 1 号技术报告[R]. 哈尔滨:哈尔滨工程大学,2011.

[21] 谭吉来. 基于 FPGA 的嵌入式图像拼接系统设计[D]. 哈尔滨:哈尔滨工程大学,2010.

[22] 孙余凯. 传感技术基础与技能实训教程[M]. 北京:电子工业出版社,2006.

[23] 马忠丽. 信号检测与转换实验技术[M]. 哈尔滨:黑龙江人民出版社,2008.

[24] 范晶彦. 传感器与检测技术应用[M]. 北京:机械工业出版社,2005.

[25] 傅攀. 传感技术与实验[M]. 成都:西南交通大学出版社,2007.

[26] 沈聿农. 传感器及应用技术[M]. 北京:化学工业出版社,2005.

[27] 胡广书. 数字信号处理[M]. 北京:清华大学出版社,2003.

[28] 高晋占. 微弱信号检测[M]. 北京:清华大学出版社,2003.

[29] 赵光宇,舒勒. 信号分析与处理[M]. 北京:机械工业出版社,2001.

[30] 徐守时,谭勇,郭武. 信号与系统理论、方法和应用[M]. 2 版. 北京:中国科学技术大学出版社,2010.

[31] 张峰生,龚全宝. 光电子器件应用基础[M]. 北京:机械工业出版社,1993.

[32] 谈振藩. 导航系统信息转换[M]. 北京:国防工业出版社,1988.

[33] 孙传友. 测控系统原理与设计[M]. 北京:北京航空航天大学出版社,2002.

［34］张靖,刘少强.检测技术与系统设计［M］.北京:中国计量出版社,2002

［35］钟豪.非电量电测技术［M］.北京:机械工业出版社,1988.

［36］华成英.模拟电子技术基础［M］.4 版.北京:高等教育出版社,2006.

［37］刘继承.电子技术基础［M］.北京:科学技术出版社,2004.

［38］林平勇.电工电子技术［M］.2 版.北京:高等教育出版社,2004.

［39］黄俊.电力电子交流技术［M］.2 版.北京:机械工业出版社,2002.

［40］王成华.电路与模拟电子学［M］.北京:科学出版社,2003.

［41］贾学堂.电工学习题与路解［M］.上海:上海交通大学出版社,2005.

［42］周渭,于国建,刘海霞.测试与测量技术基础［M］.西安:西安电子科技大学出版社,2004.

［43］叶明超.测量技术［M］.北京:北京理工大学出版社,2007.

［44］邓善熙.测试信号分析与处理［M］.北京:中国计量出版社,2003.

［45］常丹华.数字电子技术基础［M］.北京:电子工业出版社,2011.

［46］朱幼莲.数字电子技术［M］.北京:机械工业出版社,2011.

［47］黄锦安.电路与模拟电子技术［M］.北京:机械工业出版社,2009.

［48］郭天祥.新概念 51 单片机 C 语言教程:入门、提高、开发、拓展全攻略［M］.北京:电子工业出版社,2009.

［49］张毅刚.新编 MCS－51 单片机应用设计［M］.2 版.哈尔滨:哈尔滨工业大学出版社,2006.

［50］周京华.CPLD/FPGA 控制系统设计［M］.北京:机械工业出版社,2011.

［51］王连英,吴静进.单片机原理及应用［M］.北京:化学工业出版社,2011.

［52］李秀霞.Protel DXP2004 电路设计与仿真教程［M］.2 版.北京:北京航空航天大学出版社,2010.

［53］顾升路,官英双,杨超.Protel DXP 2004 电路板设计实例与操作［M］北京:航空工业出版社,2011.

［54］马淑华,王凤文.单片机原理与接口技术［M］.2 版.北京:北京邮电大学出版社,2005.

［55］张毅刚,刘杰.MCS－51 单片机原理及应用［M］.2 版.哈尔滨:哈尔滨工业大学出版社,2004.

［56］李宁.基于 MDK 的 STM32 处理器开发应用［M］.北京:北京航空航天大学出版社,2008.

［57］孙丽明.TMS320F2812 原理及其 C 语言程序开发［M］.北京:清华大学出版社,2008.

［58］周立功.SOPC 嵌入式系统基础教程［M］.北京:北京航空航天大学出版社,2006.

［59］夏宇闻.Verilog 数字系统设计教程［M］.2 版.北京:北京航空航天大学出版社,2008.

［60］李肇庆,韩涛.串行端口技术［M］.北京:国防工业出版社,2004.

［61］阳宪惠.现场总线技术及其应用［M］.2 版.北京:清华大学出版社,2008.

［62］金纯,祖秋,罗凤,等.ZigBee 技术基础及案例分析［M］.北京:国防工业出版社,2008.

［63］潘焱,田华,魏安全.无线通信系统与技术［M］.北京:人民邮电出版社,2011.

［64］董学建.数字万用表的分析与制作［D］.大连:大连交通大学,2011.

［65］谢红.模拟电子技术基础［M］.3 版.哈尔滨:哈尔滨工程大学出版社,2013.